4 桁の原子量表（2017）

（元素の原子量は，質量数 12 の炭素（^{12}C）を 12 とし，これに対

本表は，実用上の便宜を考えて，国際純正・応用化学連合（IUPAC）で承認された最新の原 独自に作成したものである。本来，同位体存在度の不確定さは，自然に，あるいは人為的に起こ な る。従って，個々の原子量の値は，正確度が保証された有効数字の桁数が大きく異なる。本表の 起 することが望ましい。

なお，本表の原子量の信頼性は亜鉛の場合を除き有効数字の 4 桁目で±1 以内である。また，安定同位体がなく，天然で特定の同位体組成を示さない元素については，その元素の放射性同位体の質量数の一例を（ ）内に示した。従って，その値を原子量として扱うことは出来ない。

原子番号	元素名	元素記号	原子量
1	水素	H	1.008
2	ヘリウム	He	4.003
3	リチウム	Li	6.941†
4	ベリリウム	Be	9.012
5	ホウ素	B	10.81
6	炭素	C	12.01
7	窒素	N	14.01
8	酸素	O	16.00
9	フッ素	F	19.00
10	ネオン	Ne	20.18
11	ナトリウム	Na	22.99
12	マグネシウム	Mg	24.31
13	アルミニウム	Al	26.98
14	ケイ素	Si	28.09
15	リン	P	30.97
16	硫黄	S	32.07
17	塩素	Cl	35.45
18	アルゴン	Ar	39.95
19	カリウム	K	39.10
20	カルシウム	Ca	40.08
21	スカンジウム	Sc	44.96
22	チタン	Ti	47.87
23	バナジウム	V	50.94
24	クロム	Cr	52.00
25	マンガン	Mn	54.94
26	鉄	Fe	55.85
27	コバルト	Co	58.93
28	ニッケル	Ni	58.69
29	銅	Cu	63.55
30	亜鉛	Zn	65.38*
31	ガリウム	Ga	69.72
32	ゲルマニウム	Ge	72.63
33	ヒ素	As	74.92
34	セレン	Se	78.97
35	臭素	Br	79.90
36	クリプトン	Kr	83.80
37	ルビジウム	Rb	85.47
38	ストロンチウム	Sr	87.62
39	イットリウム	Y	88.91
40	ジルコニウム	Zr	91.22
41	ニオブ	Nb	92.91
42	モリブデン	Mo	95.95
43	テクネチウム	Tc	(99)
44	ルテニウム	Ru	101.1
45	ロジウム	Rh	102.9
46	パラジウム	Pd	106.4
47	銀	Ag	107.9
48	カドミウム	Cd	112.4
49	インジウム	In	114.8
50	スズ	Sn	118.7
51	アンチモン	Sb	121.8
52	テルル	Te	127.6
53	ヨウ素	I	126.9
54	キセノン	Xe	131.3
55	セシウム	Cs	132.9
56	バリウム	Ba	137.3
57	ランタン	La	138.9
58	セリウム	Ce	140.1
59	プラセオジム	Pr	140.9
60	ネオジム	Nd	144.2
61	プロメチウム	Pm	(145)
62	サマリウム	Sm	150.4
63	ユウロピウム	Eu	152.0
64	ガドリニウム	Gd	157.3
65	テルビウム	Tb	158.9
66	ジスプロシウム	Dy	162.5
67	ホルミウム	Ho	164.9
68	エルビウム	Er	167.3
69	ツリウム	Tm	168.9
70	イッテルビウム	Yb	173.0
71	ルテチウム	Lu	175.0
72	ハフニウム	Hf	178.5
73	タンタル	Ta	180.9
74	タングステン	W	183.8
75	レニウム	Re	186.2
76	オスミウム	Os	190.2
77	イリジウム	Ir	192.2
78	白金	Pt	195.1
79	金	Au	197.0
80	水銀	Hg	200.6
81	タリウム	Tl	204.4
82	鉛	Pb	207.2
83	ビスマス	Bi	209.0
84	ポロニウム	Po	(210)
85	アスタチン	At	(210)
86	ラドン	Rn	(222)
87	フランシウム	Fr	(223)
88	ラジウム	Ra	(226)
89	アクチニウム	Ac	(227)
90	トリウム	Th	232.0
91	プロトアクチニウム	Pa	231.0
92	ウラン	U	238.0
93	ネプツニウム	Np	(237)
94	プルトニウム	Pu	(239)
95	アメリシウム	Am	(243)
96	キュリウム	Cm	(247)
97	バークリウム	Bk	(247)
98	カリホルニウム	Cf	(252)
99	アインスタイニウム	Es	(252)
100	フェルミウム	Fm	(257)
101	メンデレビウム	Md	(258)
102	ノーベリウム	No	(259)
103	ローレンシウム	Lr	(262)
104	ラザホージウム	Rf	(267)
105	ドブニウム	Db	(268)
106	シーボーギウム	Sg	(271)
107	ボーリウム	Bh	(272)
108	ハッシウム	Hs	(277)
109	マイトネリウム	Mt	(276)
110	ダームスタチウム	Ds	(281)
111	レントゲニウム	Rg	(280)
112	コペルニシウム	Cn	(285)
113	ニホニウム	Nh	(278)
114	フレロビウム	Fl	(289)
115	モスコビウム	Mc	(289)
116	リバモリウム	Lv	(293)
117	テネシン	Ts	(293)
118	オガネソン	Og	(294)

†：市販品中のリチウム化合物のリチウムの原子量は 6.938 から 6.997 の幅をもつ。
*：亜鉛に関しては原子量の信頼性は有効数字 4 桁目で±2 である。

テキストブック

有機スペクトル解析

―1D, 2D NMR・IR・UV・MS―

楠見 武徳 著

裳華房

Spectrometric Analysis of Organic Compounds

by

Takenori KUSUMI DR. SCI.

SHOKABO
TOKYO

ま え が き

本書は理・工・農・薬・医学および生命科学の分野で、「有機機器分析」「有機構造解析」等に対応する科目の教科書または参考書として書かれたものである。内容は ^{1}H NMR, ^{13}C NMR, IR, UV および MS スペクトル法の基礎原理とスペクトルの解析法の解説であり、それらの理解を助けるための演習も含まれている。

有機機器分析の中心である NMR スペクトル法については、旧来の CW–NMR スペクトルから導入するのではなく、パルス FT–NMR スペクトルからスタートする手法をとった。FT–NMR の原理については概略を述べるにとどめたが、さらに深い理解を求める学生のために、温度可変（VT）NMR と、回転座標系を用いた FT–NMR の解説を独立した節として設けた。また、有機化学とも連動するホモトピック、エナンチオトピック、ジアステレオトピックの概念についてやや詳しく説明した。IR スペクトル、UV スペクトルについては、本書の前身ともいえる、柿沢 寛・楠見武徳 著、『有機機器分析演習（基礎化学選書 17）』（裳華房）の内容を一部踏襲したが、MS については FAB, TOF, MALDI, ESI, MS/MS などの近代的な手法の紹介、さらに不飽和度と構造式との関係、HR–MS における $[M+2H]^{2+}$ などの多価イオンの見分け方などを取り入れ、実際に役に立つ内容を盛り込んだ。

本書を執筆するにあたり、有機化学を学ぶ学部学生と大学院生を念頭に置いたが、有機化学以外を専門とする学生・院生にもわかりやすい内容とするように努めた。

薬剤師国家試験や理科系公務員試験などによく出題される内容については、試験直前におさらいできるように【要点】として簡略にまとめた。

本書を精読することにより、有機化合物の分子式や化学構造の決定法についての理解が進み、読者の化学に対する興味がますます増大することを願ってやまない。

最後に、本書を作成するきっかけを作っていただいた柿沢 寛 筑波大学名誉教授、各種の NMR スペクトルを測定していただいた東京工業大学の高橋治子博士、たゆまぬ激励をいただいた東京工業大学の鈴木啓介教授、NMR の原理の部分に批判的な意見をいただいたサントリー生命科学財団の岩下 孝博士、原稿を詳細に校閲していただいた市場（大谷）郁子博士、マススペクトルの資料を提供し原稿を検討していただいた（株）アジレント・テクノロジーの内田秀明博士、二次元スペクトルを提供して下さった徳島文理大学の安元（森）加奈未博士、さらに長期にわたりご鞭撻いただいた（株）裳華房編集部の小島敏照、内山亮子両氏に心から感謝する。また、作成にあたって、巻末にあげた参考書およびウェブホームページを常に参考にさせていただいた。深く感謝する。

なお、内容の誤りについては著者がすべて責任を負うものである。

平成 27 年 10 月

楠見　武德

目　次

第1章　^{1}H 核磁気共鳴（NMR）スペクトル

第2章　^{13}C 核磁気共鳴（NMR）スペクトル

第3章　赤外線（IR）スペクトル

第4章　紫外・可視（UV-VIS）吸収スペクトル

第5章　マススペクトル（Mass Spectrum：MS）

総合問題　193

第1章 ^{1}H 核磁気共鳴（NMR）スペクトル

ほとんどの有機化合物の分子中には炭素原子以外に水素原子が含まれている。有機化合物を強い磁場中に置き電波を与えると、水素原子の原子核であるプロトン（^{1}H）は、その環境に応じた固有の周波数を持つ電波と共鳴現象を示す。これはプロトンが小さな磁石（核磁気）としてふるまうためである。この共鳴現象を核磁気共鳴とよび、電波の周波数と共鳴現象との関係をスペクトルとして描いたものが ^{1}H 核磁気共鳴スペクトル（^{1}H NMR spectrum）である。

§1.1 プロトンの核磁気と磁場

水素原子の原子核であるプロトン（陽子）は正の電荷（$+e$）（e は電子の電荷）を持ち自転しており、プロトンが占める空間に環状の電流が休みなく流れていると考えることができる。銅線で作ったコイルに電流を流すと磁場が生じるように、プロトンによる環状電流から発生する磁場が恒常的に存在する。原子核による磁場を**核磁気**（Nuclear Magnetism）とよび、核磁気の大きさを**核磁気モーメント**（μ）で表す。核磁気モーメントは小さな磁石とみなすことができ、この磁石を**核スピン**とよぶ（図1.1）。

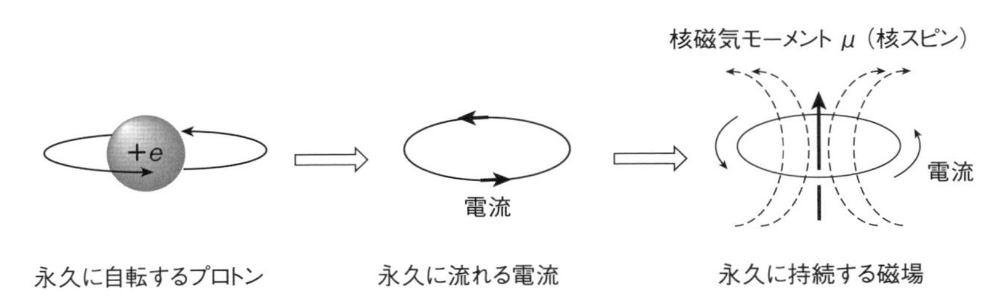

図1.1 プロトンは小さな磁石（核スピン）であり、磁場の大きさは核磁気モーメント（μ）で表される。

原子核を磁場中におくと、核スピンは磁場の向きに対していくつかの状態をとる。状態の数は原子核の**核スピン量子数**（I）により次の式で決定される。

核スピン量子数 I の原子核が磁場中でとる状態の数 $= 2I+1$　　（式1.1）

核スピン量子数（I）は原子核の質量数（陽子と中性子の数の和：元素記号の左上に記入）と原子番号（陽子の数：元素記号の左下に記入）に従って、次のような値をとる。

・質量数が偶数：

原子番号が偶数：$I = 0$　(NMR 不活性)

例) $^{12}_{6}$C，$^{16}_{8}$O，$^{32}_{16}$S

原子番号が奇数：$I = 1, 2, 3, 4\cdots$　(NMR 活性)

例) $^{2}_{1}$H (重水素) ($I = 1$)，$^{14}_{7}$N ($I = 1$)，$^{10}_{5}$B ($I = 3$)

・質量数が奇数：$I = 1/2, 3/2, 5/2\cdots$　(NMR 活性)

例) $^{1}_{1}$H ($I = 1/2$)，$^{13}_{6}$C ($I = 1/2$)，$^{15}_{7}$N ($I = 1/2$)，$^{19}_{9}$F ($I = 1/2$)，$^{31}_{15}$P ($I = 1/2$)，$^{11}_{5}$B ($I = 3/2$)，$^{35}_{17}$Cl ($I = 3/2$)，$^{37}_{17}$Cl ($I = 3/2$)

プロトンの場合は$I = 1/2$であり、核スピンは磁場中で2個($2I + 1 = 2$)の状態をとる。磁場(B_0)に対して同じ向きの核スピンをα、逆の向きの核スピンをβと命名する［図1.2(a)］。

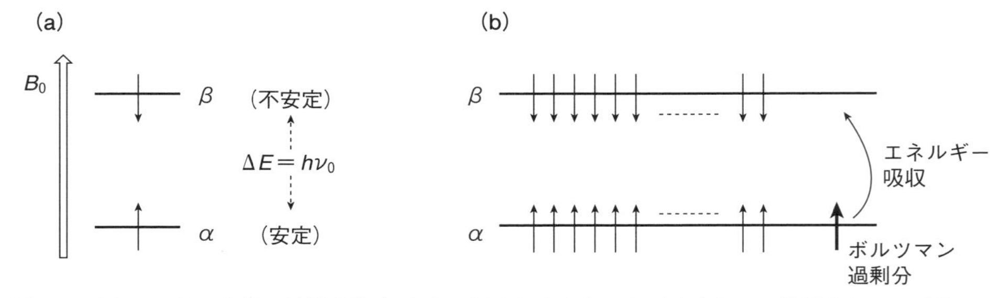

図1.2　(a) プロトンを強い外部磁場(B_0)中に置くと安定なαと不安定なβの状態をとる。両者のエネルギー差ΔE、共鳴周波数ν_0、プランク定数h。(b) ほんのわずかに存在するボルツマン過剰分(上向きの太矢印)のαスピンのみがエネルギーを吸収する。

αの状態はβの状態よりわずかに安定であり、両者の間には小さなエネルギー差(ΔE)が生じる。量子の世界では、エネルギー(E)は電磁波(電波)の周波数(ν)と式1.2で関係づけられる。

$$E = h\nu \quad (h：プランク定数) \qquad (式1.2)$$

$$\Delta E = h\nu_0 \qquad (式1.3)$$

したがって、αとβとの間のエネルギー差(ΔE)は式1.3で表され、ν_0を**共鳴周波数**とよぶ。この共鳴周波数を観測する分析機器が**NMR** (**Nuclear Magnetic Resonance：核磁気共鳴**) 装置である。ΔEは磁場強度B_0に比例するので共鳴周波数も磁場強度に比例する。例えば9.4 T (テスラ：磁場強度の単位) の磁場中におくと、プロトンの共鳴周波数(ν_0)は400×10^6 Hz = 400 MHzのFM波に相当する。またB_0が18.8 Tであれば、プロトンの共鳴周波数は800 MHzとなる。このような強い磁場(外部磁場)は液体ヘリウムで冷却された超伝導磁石によりもたらされる。

NMR装置は、備え付けられた磁石から発生する定まった強度の磁場を使用する。一般にNMR装置は、その磁場強度で共鳴するプロトンの共鳴周波数により分類される。すなわち、9.4 Tの磁場を発生させる装置は「400 MHz NMR装置」とよばれる。

サンプルを強い磁場中におくと、サンプル分子中のプロトンはαまたはβの状態をとる［図1.2(a)］。ΔEが極めて小さいのでαおよびβの状態のプロトン数(N_α, N_β)はほぼ同じであるが、**ボルツマン式**(式1.4)により見積もると、ほぼ10万個のプロトンのうち1個だけがより安定なαのスピン状態をとることがわかる。この過剰なαスピンを**ボルツマン過剰分**とよぶ［図1.2(b)上向きの太い矢印］。

$$\frac{N_\alpha}{N_\beta} = \exp\frac{\Delta E}{kT} \quad (k：ボルツマン定数、T：絶対温度)(ボルツマン式) \qquad (式1.4)$$

αスピンに共鳴周波数(ν_0)を持つ電波をあてる(照射する)とボルツマン過剰分のαスピンがエネルギーを吸収してβへ励起する。NMR装置はこのわずかな吸収に伴う現象を観測する。

【問題1.1】　炭素の主たる同位体^{12}C、および酸素の主たる同位体^{16}Oは核磁気共鳴現象を起こさず「NMR不活性」である。その理由を述べよ。

サンプルに、強い共鳴電波を短時間照射(約0.01ミリ秒＝10μsecの**パルス**として発振)すると、全てのプロトンのボルツマン過剰分(αスピン)はβスピンへ励起する。励起したβスピンはゆっくりと(プロトンの場合0.1～1秒)元のαスピンへ戻る。この過程を**緩和**とよぶ。緩和の過程でサンプルのプロトンは、それらの共鳴周波数を持つ電波を放出する。この電波を受信器で検出すると図1.3(a)のようなパターンが得られるが、これを**FID**(Free Induction Decay：**自由誘導減衰**)シグナルとよぶ。FIDは横軸が時間(時間領域スペクトル)であるので、これをコンピュータ処理［**フーリエ変換：FT**(Fourier Transform)］により横軸を周波数

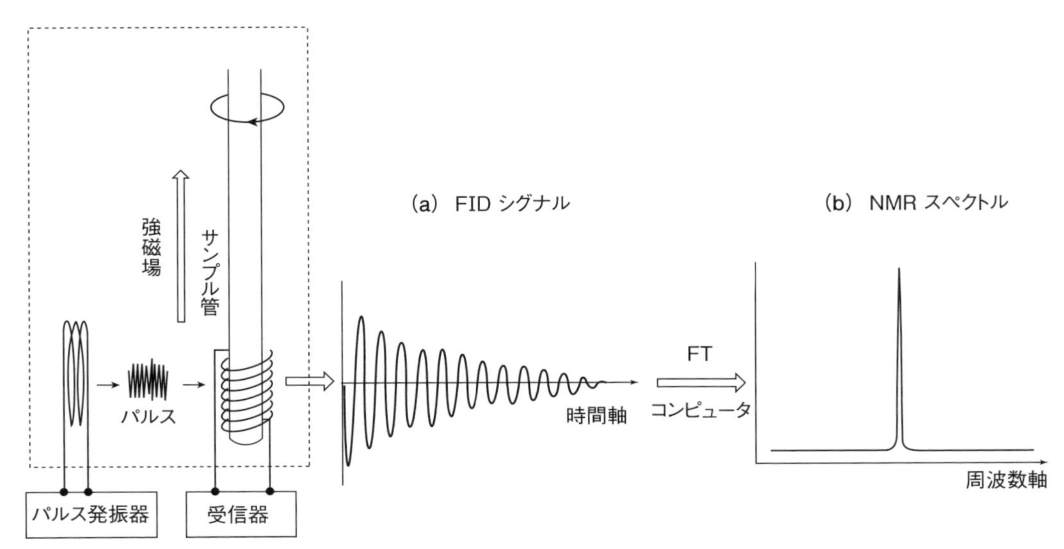

図1.3　FT-NMR装置の概略図。点線四角内はプローブとよばれるユニットで強磁場中に置かれている。サンプル溶液を含むサンプル管は外から出し入れできる。(a)パルス照射後に、プロトンの緩和過程で放出される電波を受信器でとらえた信号(FIDシグナル)。(b)FIDシグナルをコンピュータによりフーリエ変換(FT)して得られるNMRスペクトル。

へ変換して周波数領域スペクトルとしたものが NMR スペクトル［図 1.3（b）］である。図 1.3 は FT–NMR スペクトル装置の概略図である。なお、FT–NMR の詳細については§1.7 および§2.4 で、パルスについては §2.5 で改めて説明する。

【問題 1.2】　有機化学の実験室で初期に用いられた NMR 装置は永久磁石を使用するものであった。永久磁石の磁場が 1.4 T である場合、この装置におけるプロトンの共鳴周波数を求めよ。また、世界最大級の強さを持つ超伝導磁石が備わった NMR 装置（日本製）の共鳴周波数は 1020 MHz である。この超伝導磁石の磁場強度（T）を求めよ。

§1.2　プロトンの化学シフト

1.2.1　化学シフトの原理（1）（電子密度と電気陰性度）

前節で説明した磁場中でのプロトンのふるまいを、視覚的にわかりやすい半古典力学的な手法で記述する。磁場中で電波を吸収するのはボルツマン過剰分の α スピン（磁場と平行）のみである。核磁気モーメント（μ）が外部磁場（B_0）中に置かれると、μ は外部磁場を軸とする歳差運動（傾いて回るコマのイメージ）を行う。この運動を**ラーモア（Larmor）歳差運動**とよぶ（図 1.4）。ラーモア歳差運動の回転速度（角周波数）は、

$$\omega_0 = \gamma_{\mathrm{H}} B_0 \text{（ラジアン/秒）} \qquad \text{（式 1.5）}$$

という極めて単純な式で表される。ω_0 は回転速度をラジアンで表した角速度（ラジアン/秒）で、γ は**磁気回転比**とよばれる原子核に固有の定数であり、γ_{H} はプロトンについての定数である。スピン量子数が I である核種の磁気回転比 γ は、

$$\gamma = \frac{2\pi}{hI}\mu \qquad \text{（式 1.6）}$$

の式で求められる。

式 1.5 を有機化学者になじみが深い周波数（ν）（Hz）を用いて変換すると、$\omega = 2\pi\nu$ である

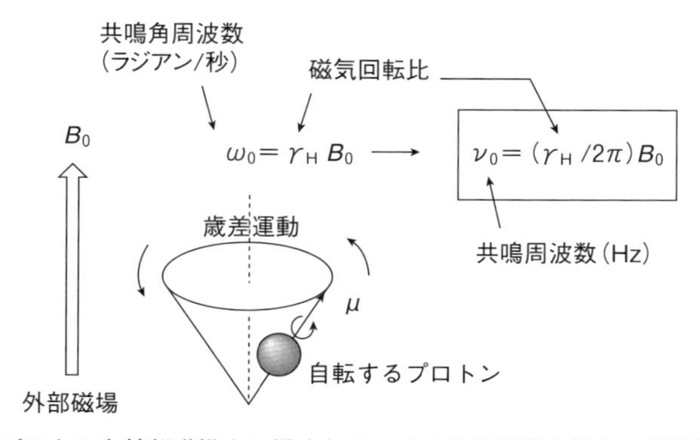

図 1.4　自転するプロトンを外部磁場中に置くとラーモア歳差運動を行う。歳差運動の速度（周波数 ν_0）と磁場強度（B_0）は磁気回転比（γ_{H}）の $1/(2\pi)$ を定数とする単純な式で関係づけられる。

ので、式 1.7 が得られる。

$$\nu_0 = \frac{\gamma_H}{2\pi} B_0 \ (\mathrm{Hz}) \qquad （式 1.7）$$

式 1.7 は共鳴周波数（ν_0）が外部磁場の強さ（B_0）に比例することを示している。また、$\Delta E = h\nu_0$（式 1.3）および式 1.7 から

$$\Delta E = \frac{h\gamma_H}{2\pi} B_0 \qquad （式 1.8）$$

が導かれ、α スピンと β スピン間のエネルギー差も磁場強度と比例関係にあることがわかる。

一般に有機化合物中の水素は水素原子として存在する。水素原子は 1 個のプロトンとそれを取り囲む 1 個の電子から成り立っている。水素原子を外部磁場中に置くと、電子の存在がプロトンの振る舞いにどのように影響するだろうか。

銅線を巻いたコイルに棒磁石の N 極を接近させると、ファラデーの法則（発電機の原理）によりコイルに電流が流れる。この電流を**誘起電流**とよぶ。誘起電流が流れるとコイルに磁場（**誘起磁場**）が発生する。誘起磁場の向きは棒磁石の N 極の接近を妨げる（コイルの内側に N 極が発生する）方向である［図 1.5 (a)］。コイルに誘起電流が流れるのは、銅線中の自由電子が一方向に移動するからである。

水素原子をボーアモデルで見てみると、プロトンから一定距離にある軌道上を回転する電子が存在する。水素原子に外部磁場（B_0）があたると、軌道上の電子の動きにより誘起電流が流れ、それと共に誘起磁場（B_1）が発生する［図 1.5 (b)］（電子の動く方向と電流の方向は逆方向に定義されているので電子は矢印と逆方向へ移動する）。B_1 の向きは棒磁石の例と同様、B_0 と逆向きになる。すなわち、水素原子中ではプロトンにあたる磁場の強さは（$B_0 - B_1$）となる。このような電子による外部磁場をさえぎる効果を反磁性遮蔽効果、または単に**遮蔽**(しゃへい)**効果**（**シールディング**）とよぶ。

電子を持たない裸のプロトンの共鳴周波数は式 1.7 すなわち $\nu_0 = (\gamma_H/2\pi)B_0$ で表された。水素原子ではプロトンにあたる磁場が B_1 だけ減少するため、水素原子の共鳴周波数（ν_H）は

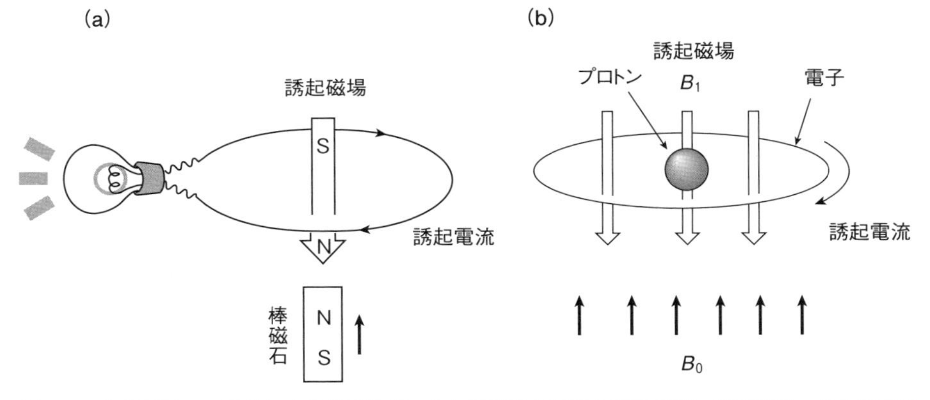

図 1.5　水素原子中の電子による遮蔽効果。(a) 発電機の原理と誘起電流、誘起磁場。(b) 磁場中に置かれた水素原子中の電子により誘起磁場（B_1）が発生し、外部磁場（B_0）を遮蔽する。

$$\nu_H = \frac{\gamma_H}{2\pi}(B_0 - B_1) \quad （式 1.9）$$

となる。式1.7と1.9から

$$\nu_0 - \nu_H = \frac{\gamma_H}{2\pi}B_1 \;\; (\gamma_H > 0) \quad （式 1.10）$$

が得られ、右辺が正の値であるので $\nu_0 > \nu_H$ すなわち、水素原子の共鳴周波数（ν_H）は電子による遮蔽効果により、裸のプロトンの共鳴周波数（ν_0）より低周波数になることが理解される。またB$_0$が大きくなるとB_1も比例して大きくなり、

$$B_1 = \sigma B_0 \quad （式 1.11）$$

の関係が成り立つ。σは遮蔽定数とよばれ分子内の各水素に固有の値をとる。σは100万分の1（10^{-6}：ppm）程度の大きさである。電子密度が大きい水素原子の遮蔽定数は大きく、遮蔽効果も大きくなる。

図1.6は500 MHzの装置で測定した1-ブロモブタンのプロトンNMR（^{1}H NMR）スペクトルである。大きく見ると4群のシグナルが現れている。各シグナルに対応するプロトンをブタン骨格の位置番号（1～4）とともに書き入れてある。このような操作をシグナルの**帰属**とよぶ。

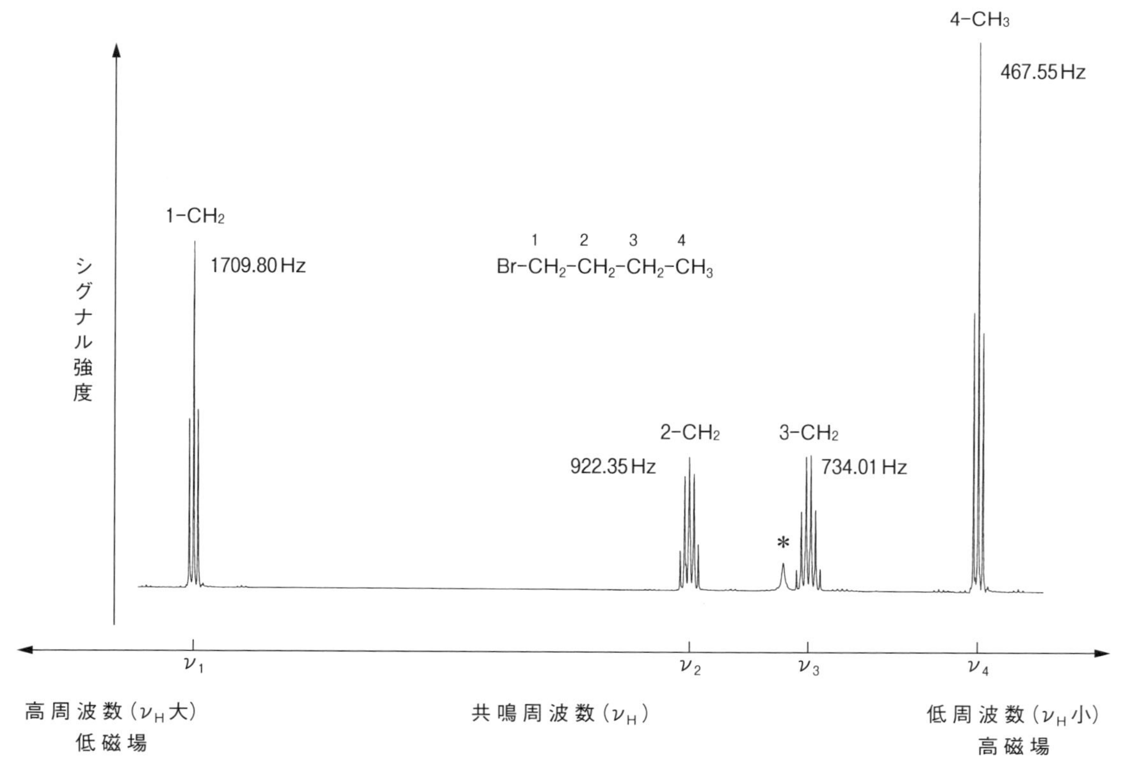

図1.6　1-ブロモブタンの^{1}H NMRスペクトル（$CDCl_3$, 500 MHz）。シグナル脇の数値はTMS（後述）を基準とした共鳴周波数。＊は溶液中のH_2Oのシグナル。

スペクトルの縦軸はシグナルの強度、横軸は共鳴周波数［周波数軸：図 1.3 (b) 参照］(ν_H) を示す。スペクトル中の数値は基準物質のシグナル（後述）からの周波数の差 (Hz) で、数値が大きいほど高周波数であることを示す。各シグナルは 3〜6 本に分裂しているが、この現象については力ップリングの節（§1.4）で説明する。

このスペクトルは、1-ブロモブタンを重クロロホルム（$CDCl_3$：クロロホルム $CHCl_3$ のプロトンを重水素 D で置き換えた化合物）に溶かした溶液について測定したものである。通常 NMR スペクトルはプロトンを重水素で置換した重水素化溶媒（重溶媒）［重ベンゼン（C_6D_6）、重水（D_2O）、重メタノール（CD_3OD）など］を用いて測定する。重水素化溶媒については §1.3 で詳しく説明する。

注意すべきことは、横軸については、右方向が低周波数（ν_H 小）、左方向が高周波数（ν_H 大）となるように設定されていることである。また、歴史的な諸事情（初期の装置は周波数を一定とし、磁場強度を変化させて NMR スペクトルを得ていた）から、低周波数側を高磁場、高周波数側を低磁場とよぶ習慣になっている。以下の説明ではしばらくの間、高周波数・低周波数および高磁場・低磁場という表現を並列して説明し、実際のスペクトル解析では、現在用いられている高磁場・低磁場というよび方のみを使用することとする。

1-ブロモブタンには 9 個のプロトンが存在するが、なぜ 4 群のシグナルを示すのであろうか。式 1.9：$\nu_H = (\gamma_H/2\pi)(B_0 - B_1)$ を再度見てみよう。装置の超伝導磁石から発生する B_0 は一定である。しかし電子の遮蔽によりもたらされる B_1 は、水素原子の**電子密度**が異なると式 1.11 に従い変動する。すなわち要点 1.1 のようになる。

要点 1.1

水素の電子密度大 → 遮蔽効果による B_1 大 → ν_H 小（低周波数：高磁場）
水素の電子密度小 → 遮蔽効果による B_1 小 → ν_H 大（高周波数：低磁場）

原子 X と結合している炭素上の水素（H–C–X）の電子密度は、原子 X の**電気陰性度**に大きく影響を受ける。電気陰性度は原子が自分の方へ電子を引きつける能力を数値化したものである。表 1.1 に有機化合物に含まれる（炭素と安定な結合を作る）主な原子の電気陰性度を示す。

図 1.7 に電気陰性度が電子密度へ与える影響を示した。X–Y という分子で両原子の電気陰

表 1.1　炭素と安定な結合を作る原子の電気陰性度

元素記号	電気陰性度	元素記号	電気陰性度
C	2.55	Si	1.90
H	2.20	F	3.98
N	3.04	Cl	3.16
O	3.44	Br	2.96
S	2.58	I	2.66
P	2.19	B	2.04
Se	2.55	Sn	1.96

性度が等しいかほぼ等しい時はX–Y結合の電子に偏りは見られない(a)。ところが、Xの電気陰性度がYより大きい場合は、結合電子はX原子に引き寄せられて電子密度の偏りが出てくる。すなわち、Xの周囲の電子密度が大きくなりXはわずかに負電荷(δ−)を帯びるようになる。その結果、Yの周囲の電子密度が低下するのでYはわずかに正電荷(δ+)を帯びる(b)。

このような電子密度の偏りはNMRスペクトルにおいて顕著な効果をもたらす。図1.7(c)は1–ブロモブタンの炭素1および2の部分の電子密度の偏りを示したものである。表1.1から、臭素の電気陰性度(2.96)が炭素の電気陰性度(2.55)より大きいことがわかる。すなわちBr–C結合の結合電子は臭素の方向へ大きく引き寄せられ、C_1が正の性質を帯び、さらにC_1の正の電荷がC–Hの結合電子を引き寄せるため、H_1がδ+の性質を帯びる。その結果H_1の電子密度が小さくなるのでH_1は最も高周波数(低磁場)にシグナルを示す。臭素原子の大きな電気陰性度の影響は2–位の炭素にまで及ぶため、H_2もδ+の性質を持つようになる。しかし臭素原子と距離的に離れているためH_1よりも低周波数(高磁場)にシグナルを示す。H_3、H_4についても同様の考察が成り立つ(図1.6)。

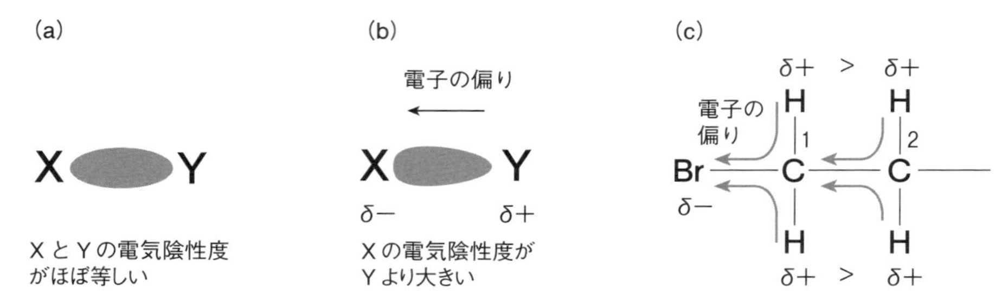

図1.7　電気陰性度が結合電子に与える影響。(a) XとYの電気陰性度が等しければ結合電子に偏りが見られない。(b) Xの電気陰性度がYより大きいと、結合電子はXに引き寄せられXがδ−、Yがδ+の性質を持つようになる。(c) 1–ブロモブタンの炭素1および2に結合する水素も、臭素の大きな電気陰性度によりδ+の性質を帯びる。

実際の測定では、サンプル溶液に**基準物質**として**テトラメチルシラン**(tetramethylsilane：**TMS**)[通常の有機化合物のうちで最も低周波数側(高磁場側)にシグナルを与える](図1.9 a)を加え、その共鳴周波数(ν_{TMS})とサンプルシグナルの共鳴周波数(ν_{sample})(Hz)との差を装置の共鳴周波数(MHz)で割った値を用い、

$$\delta = \frac{(\nu_{\mathrm{sample}} - \nu_{\mathrm{TMS}}) \times 10^6}{\text{装置の共鳴周波数 (MHz)}} \qquad \text{(式 1.12)}$$

と表す。このδの値を**化学シフト**とよぶ。NMRスペクトルは横軸をδ値(化学シフト)、縦軸をシグナル強度として表したものであり、TMSのδ値は0である(図1.8参照)。δは単位を持たない。式1.12で分子に10^6が掛けてあるのは、($\nu_{\mathrm{sample}} - \nu_{\mathrm{TMS}}$)が装置の共鳴周波数の百万分の一($10^{-6}$：ppm)程度の小ささであるためである。したがって化学シフトをppmとして表記してもよい。しかしppmとδを併用してはならない。すなわち、化学シフトとしてδ1.58または1.58 ppmと書くことはできるが、δ1.58 ppmという書き方は誤りである。TMSのシグナルをδ0とすると、ほとんどの有機化合物のシグナルはδ0～10の間に現れるのも大きな

利点である。

式 1.12 で共鳴周波数 ($\nu_{\mathrm{sample}} - \nu_{\mathrm{TMS}}$) は磁場強度に比例して変化するが、同様に分母である装置の共鳴周波数も磁場強度に比例するので、化学シフト (δ) は磁場強度に依存しない。

要点 1.2

- NMR シグナルの位置は化学シフト (δ または ppm) で表す。
- 化学シフトの基準は TMS シグナル (δ 0)
- δ 値が小さい → 高磁場シフト (スペクトルの右側)
- δ 値が大きい → 低磁場シフト (スペクトルの左側)
- 電子密度が大きい水素 → 高磁場シフト (δ 値が小さい)
- 電子密度が小さい水素 → 低磁場シフト (δ 値が大きい)

ある環境下 (図 1.7 (c) の 1-ブロモブタンの場合は電子密度の減少) で、誘起磁場 B_1 が減少し、シグナルが低磁場側へシフトすることを**反遮蔽効果** (**デシールディング**) という。

図 1.8 は 1-ブロモブタンの ^{1}H NMR スペクトルである。図 1.6 と異なるのは、横軸が化学シフト (δ) で表されていることである。図 1.6 中の各シグナルの周波数は TMS シグナルとの差であり、スペクトルは 500 MHz で測定しているので、各数値を 500 で割ると δ 値が求まる。

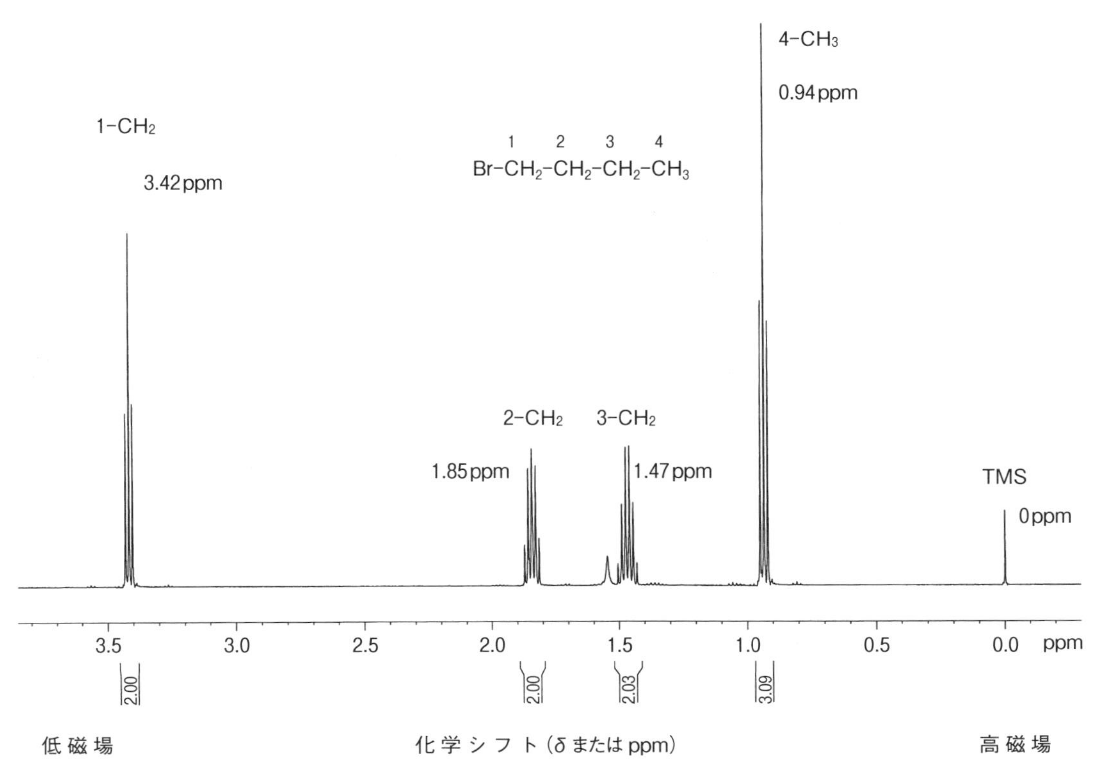

図 1.8　1-ブロモブタンの ^{1}H NMR スペクトル (500 MHz, $CDCl_3$) (横軸は δ 値)。

すなわち各シグナルの化学シフト（シグナルの中央の位置）は、1–CH_2（δ3.42）、2–CH_2（δ1.85）、3–CH_2（δ1.47）、4–CH_3（δ0.94）となる。

^{1}H NMRスペクトルの大きな特徴の一つは、シグナルの面積がプロトン数に比例することである。図1.8における各シグナル下部の数値はシグナルの積分値とよばれ、各シグナルの面積比を表す。例えば1–CH_2のシグナルを2.00と指定すると、他のシグナルの1–CH_2に対する面積比が自動的に計算される。2–CH_2および3–CH_2の積分値はほぼ2.0であり、4–CH_3の積分値はほぼ3.0である。すなわちδ0.94のシグナルはメチル基によるものであることがわかる。

ここで化学シフトの基準物質として使われるTMSについて考察してみよう。TMS［図1.9(a)］はケイ素原子に4個のメチル基が結合した化合物である。C–Si結合において両原子の電気陰性度を比較すると（表1.1）(p.7)、Cが2.55、Siが1.90であり、結合電子が炭素の方に偏ることがわかる［図1.9(b)］。すなわち、C–Si結合においてはCがδ−、Siがδ+を帯びている。水素は電子密度が大きい炭素に結合しているため、自らも電子密度が大きくなり、プロトンシグナルは高磁場側へシフトする。TMSは通常の有機化合物の中で最も高磁場に化学シフトを持つ化合物である。電気陰性度が小さい原子が炭素に結合している安定な化合物はTMSを除いて数少ない。

基準物質としてのTMSは以下の利点を持つ。

・最も高磁場に1本の鋭いシグナルを示す（図1.8）。
・沸点が低い（bp 27℃）ためサンプル回収時に容易に除去できる。
・ほとんどの有機溶媒に溶ける。
・化学的に安定なため他の化合物と反応しない。

サンプルが水溶性で溶媒が重水（D_2O）である場合は、水溶性の基準試薬DSS（sodium 2,2–dimethyl–2–silapentane–5–sulfonate）［図1.9(c)］のメチル基のシグナルをδ0とする。ただし、この化合物はサンプル回収時に取り除くのが困難であること、およびメチル基以外のシグナル（3個のCH_2）が共存することが欠点である。そこで、1,4–ジオキサンなどの、水溶性で揮発性を持ち、かつあらかじめ化学シフトを決めてある有機化合物を基準物質とすることもある。

有機化合物の最も基本的な官能基である、メチル基（CH_3）、メチレン基（CH_2）、メチン基（CH）の化学シフトについて考察する。炭素および水素の電気陰性度（表1.1）はそれぞれ2.55および2.20で、C–H結合では炭素の方に電子が引きつけられている。図1.10(a)～(c)はそ

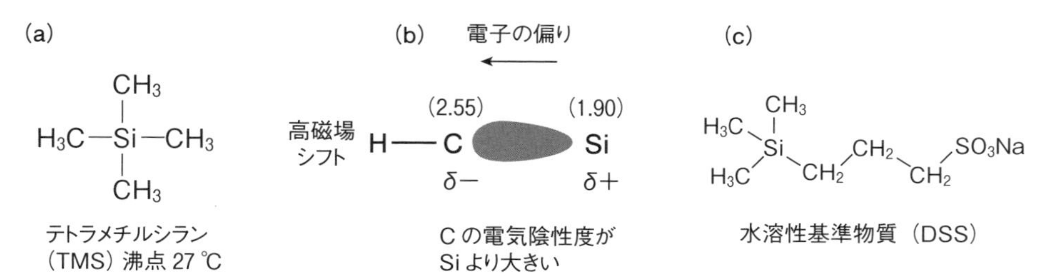

図1.9　(a) テトラメチルシランの構造。(b) 炭素–ケイ素結合電子の偏り。（　）内の数値は電気陰性度。(c) 重水溶液に使われる基準物質DSSの構造。

れぞれ炭素原子に結合したメチン基、メチレン基、メチル基を示している。印をつけた水素に注目しメチン基 (a) とメチル基 (c) を比較すると、(a) では (c) の 2 個の水素がより電気陰性度が大きい 2 個の炭素に置き換わっているので (a) の水素の $\delta+$ は (c) のものより相対的に大きく、メチン基のプロトンはメチル基のプロトンより低磁場シフトを示す。メチレン基 (b) の化学シフトは両者の中間となる。メチン基、メチレン基、メチル基の平均的な化学シフトはそれぞれ δ 1.5, 1.2, 0.9 である。(d) と (e) において，それぞれの官能基は平均的な化学シフトを示している。(f) では Br の大きな電気陰性度により CH_2 と CH プロトンのシグナルは平均的な化学シフトより低磁場にシフトしている。しかし電気陰性度の効果は Br から遠いメチル基では無視できるほど小さい。このように電気陰性度の効果は結合を経るに従って減少する。

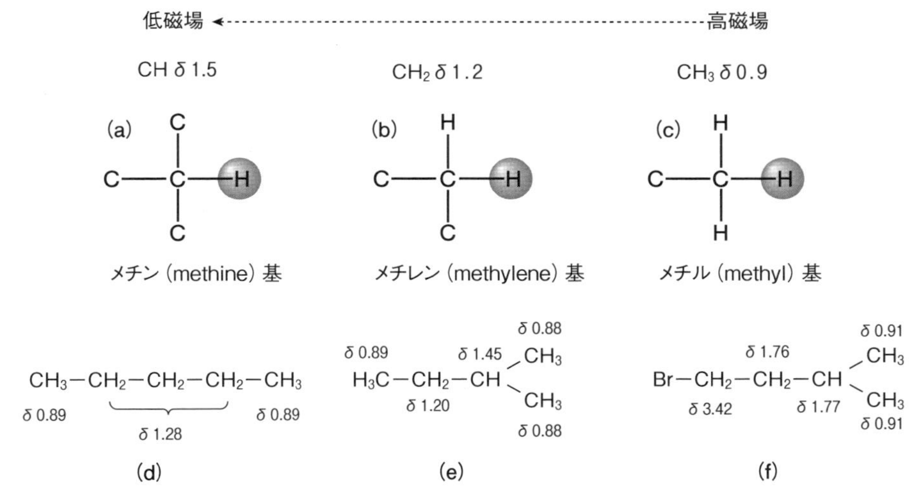

図 1.10　(a)～(c) メチン基、メチレン基、メチル基のプロトンの化学シフトの比較。(d)～(f) それぞれペンタン、2–メチルブタン、1–ブロモ–3–メチルブタンの化学シフト。

置換基の電気陰性度と化学シフトとの関係をさらに詳しく見てみよう。図 1.11 (a) には、メチル基に各種の原子が直接結合した化合物 (CH_3–X) の化学シフトと原子の電気陰性度を示してある。結合原子の電気陰性度が大きくなると、メチル基の化学シフトは低磁場へシフトすることがわかる。

(b) には塩素および酸素を含む 3 種の化合物の化学シフトが記してある。化学シフトと共に注目してほしいのは、矢印で結んだ 2 個の官能基である。これらは分子の中心に対して対称的な位置にあり、化学的に区別ができない。このような関係を**化学的等価な関係**とよぶ。化学的等価な関係にあるプロトンは等しい化学シフトを持つ。(c) は一つの炭素に複数のヘテロ原子（炭素、水素以外の原子）が結合した場合の化学シフトの変化を示している。ヘテロ原子の電気陰性度が大きく、また原子の数が多くなるとプロトンは低磁場側に大きくシフトする。塩素が 3 個結合したクロロホルムでは δ 7.26 まで低磁場にシフトしている。

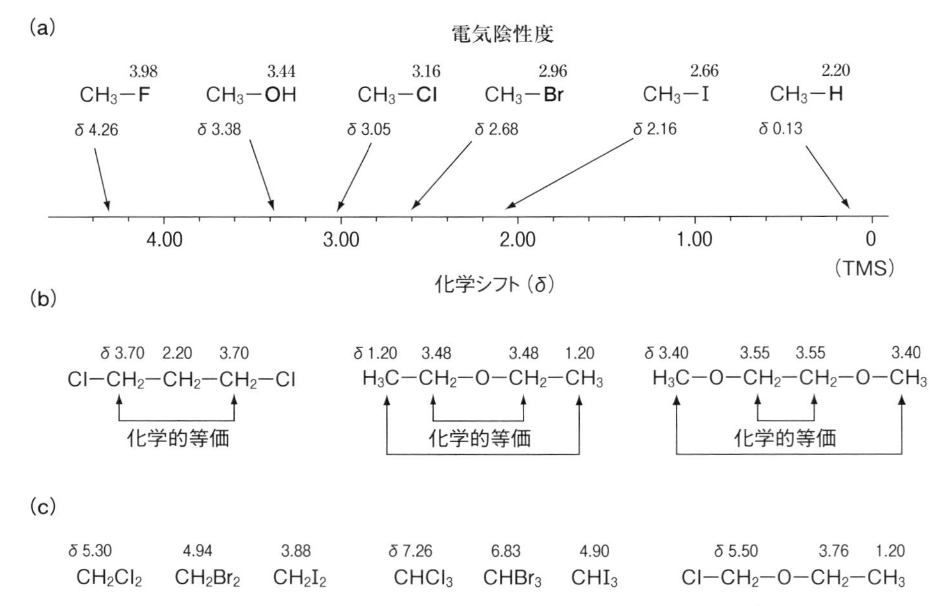

図 1. 11　(a) 電気陰性度とメチル基の化学シフトの関係。(b) 塩素や酸素が結合した 1,3-ジクロロプロパン、ジエチルエーテル、1,2-ジメトキシエタンの化学シフト。矢印で示した化学的等価なプロトンは同じ化学シフトを持つ。(c) 同一炭素に複数のヘテロ原子が結合した化合物の化学シフト。

要点 1. 3

- 電気陰性度が大きな原子が結合した炭素上のプロトンは低磁場シフトを示す。
- 化学的等価な関係にあるプロトンは同じ化学シフトを持つ。

1. 2. 2　化学シフトの原理 (2) (π 電子と磁気異方性効果)

これまでは sp^3 炭素からなる化合物の化学シフトを見てきたが、本項では sp^2 炭素から構成されるオレフィン化合物 (アルケン) や芳香族化合物の化学シフトを考察する。図 1. 12 には 2 個のオレフィン化合物 (a), (b) と 2 個の芳香族化合物 (c), (d) の化学シフトを示してある。アンダーラインで示した化学シフトは sp^2 炭素に直接結合しているプロトンの値である。驚くべきことに、特に電気陰性度が大きい原子が結合しているわけではないのに、これらのプロトンは著しく低磁場の化学シフト [オレフィンプロトン (a), (b) では δ 5.39～5.41、ベンゼン環

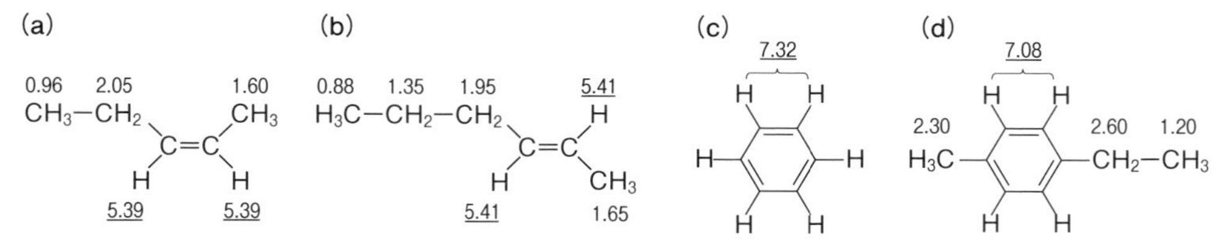

図 1. 12　オレフィンおよび芳香族化合物の化学シフト (δ)。(a) シス-2-ペンテン、(b) トランス-2-ヘキセン、(c) ベンゼン、(d) p-エチルトルエン。

プロトン(c), (d)ではδ7.08〜7.32]を示している。また、オレフィンおよびベンゼン環に結合しているメチルプロトン、メチレンプロトンも平均的な値(それぞれδ0.9およびδ1.2)と比べると大きく低磁場側へシフトしている。

オレフィン結合はsp^2軌道同士のσ結合と、2p軌道同士の重なりによるπ結合から成り立っている[図1.13(a)]。π結合は電子雲とよばれる自由に動く電子から形成されている。このπ電子雲に外部磁場B_0を与えると、電子雲中に誘起電流が発生し、それに伴い誘起磁場が発生する[図1.13(b)]。誘起磁場の向きはB_0の侵入を防ぐ向き(B_2)である。しかし、磁場は「閉じて」いるため、オレフィン炭素に結合する置換基の付近では外部磁場と同じ向き(B_3)になる。これを単純化したものが図1.13(c)である。オレフィンの置換基(R_1〜R_4)に当たる磁場は(B_0+B_3)であることが理解される。

水素原子中のプロトンの共鳴周波数は式1.9：$\nu_H=(\gamma_H/2\pi)(B_0-B_1)$で表され[注意：$B_1$は水素原子の電子(1s軌道)による反磁性磁場]、オレフィンの置換基プロトンの共鳴周波数($\nu_{H'}$)については磁場がB_3だけプラスされるので、

$$\nu_{H'}=\frac{\gamma_H}{2\pi}(B_0-B_1+B_3)\ \text{(Hz)} \qquad \text{(式1.13)}$$

となる。すなわち、オレフィンに結合したプロトンの共鳴周波数は通常のプロトンより$(\gamma_H/2\pi)B_3$だけ高周波数側(低磁場側)にシフトする。外部磁場と同じ向きの誘起磁場B_3による効果を**常磁性シフト**(paramagnetic shift)とよぶ。常磁性シフトにより、プロトンのシグナルは低磁場側へシフトする。そのため、常磁性シフトも反遮蔽効果とよばれる。図1.12でC=Cに結合したプロトンおよび置換基プロトンが低磁場に現れるのは、この常磁性シフトによる。

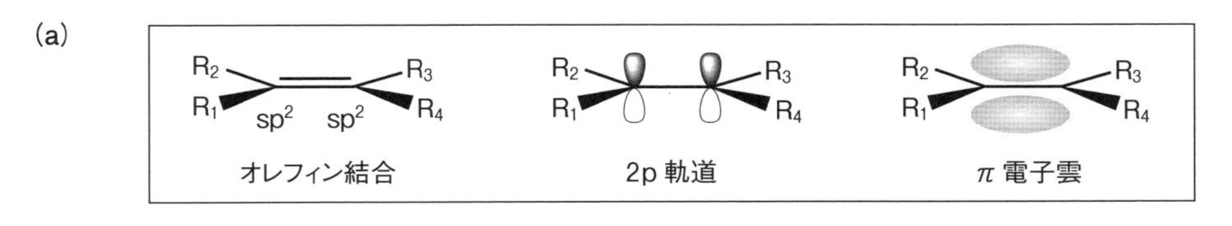

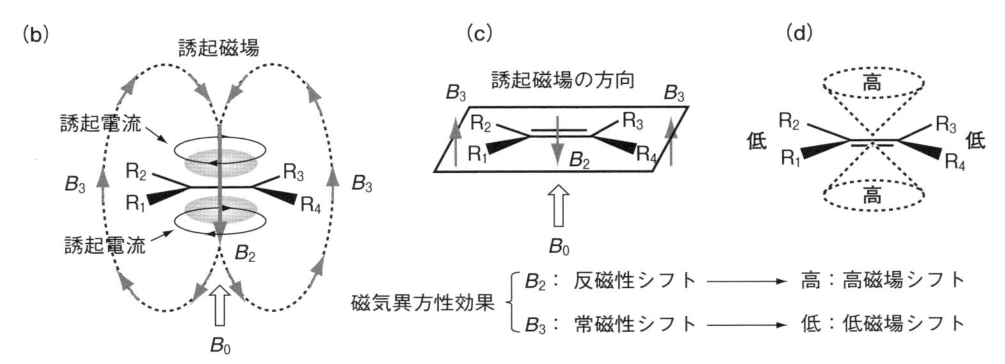

図1.13　(a)オレフィン結合の成り立ち。π結合は自由に動く電子によるπ電子雲から形成されている。(b)π電子雲が外部磁場B_0中に置かれた時の誘起電流と誘起磁場。(c)π電子雲によりもたらされるB_0と逆向きの誘起磁場(B_2)と同じ向きの誘起磁場(B_3)。(d)磁気異方性効果：オレフィン平面にあるプロトンは低磁場シフト(低)、平面の上下方向にあるプロトンは高磁場シフト(高)。

図1.13（c）から明らかなように、オレフィン面に垂直な方向に位置するプロトンは、外部磁場 B_0 と逆向きの反磁性磁場 B_2 を受け、その共鳴周波数（$\nu_{H''}$）は（$\gamma_H/2\pi$）B_2 だけ低周波数（高磁場）側へシフトする（式1.14）。

$$\nu_{H''} = \frac{\gamma_H}{2\pi}(B_0 - B_1 - B_2)\ (\text{Hz}) \qquad (式1.14)$$

このように、化学シフトに対する影響が方向により異なる現象を**磁気異方性効果**（**アニソトロピー**：anisotropy）とよぶ。（d）はオレフィンによる磁気異方性効果を示すモデルである。二重結合平面の垂直方向（円錐の内側）が高磁場シフトを与える領域で、円錐の外側が低磁場シフトを与える領域である。

図1.13には、オレフィンの平面が外部磁場（B_0）に直角である配置が描かれている。しかし、溶液中で分子は自由に動き回っているので、このような配置はある確率で存在するに過ぎない。例えばオレフィン平面が磁場と平行になった場合は、誘起電流も誘起磁場も発生しない［図1.5（a）（p.5）のコイルを磁場と平行に置いた場合は電流が流れない］。オレフィン平面が磁場に対してある角度を持つ場合は、π 電子雲を貫く有効磁場は B_0 よりも小さくなり誘起磁場もその分小さくなる。実際、誘起磁場 B_2, B_3 の大きさは図1.13から見積もられる値の1/3程度である。

カルボニル化合物についてもオレフィンと同様の磁気異方性効果が観測される［図1.14（a）］。（c）～（f）にはケトン、アルデヒド、エステル、カルボン酸の化学シフトが示してある。例えば2-ペンタノン（c）のアセチル基（CH_3-CO-）（δ 2.14）とカルボニル基の隣のメチレン基（δ 2.41）はそれぞれ大きな低磁場シフトを示している。

（b）で示す共鳴状態により、カルボニル炭素は正電荷の性質が大きい。そのため、カルボニル基に直接結合した炭素の電子を引き寄せる性質がある。したがってカルボニル化合物の化学シフトについては、磁気異方性効果（a）と静電的効果（b）の両方を考慮する必要がある。カルボニル基の磁気異方性効果を示す顕著な例はアルデヒドプロトン（-CHO）の化学シフトである。ブチルアルデヒド（d）のアルデヒドプロトンは δ 9.77 と非常に低磁場のシグナルを示

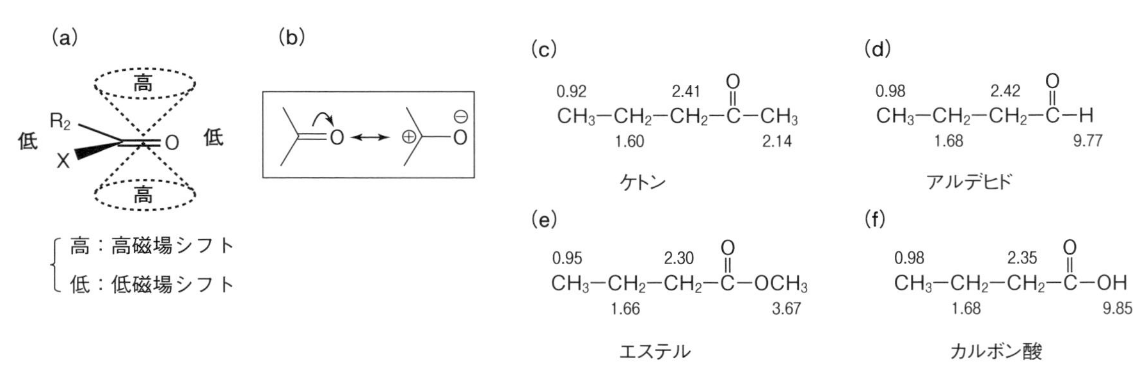

図1.14　（a）カルボニル基の磁気異方性効果を示すモデル。（b）カルボニル基の共鳴式。（c）～（f）カルボニル基を持つ化合物の化学シフト。

す。一般に、アルデヒドプロトンは有機化合物中で最も低磁場（δ 10 付近）にシグナルを示すので、その存在を確認しやすい。

ブタン酸（f）のようなカルボン酸の–OH プロトンは酸性を示すため、H^+としての性質が強く、電子密度が低いため δ 9.85 と低磁場に現れている。これはアルデヒドプロトンと異なり、異方性効果によるものではない。

1.2.3　環電流と芳香族性

ベンゼンは π 電子を持つ代表的な環状化合物である。オレフィンと異なるのは π 電子雲がリング状であることである。これはベンゼンの 6 個の炭素が同一平面上に位置し、6 個の 2p 軌道が互いに平行で全てが有効に重なりあうためである［図 1.15（a）］。ベンゼン環が外部磁場 B_0 中に置かれると誘起電流が生じる［図 1.15（b）］。リング状の π 電子雲に流れる電流を**環電流**とよぶ。環電流は大きな誘起磁場を生じる。誘起磁場の方向はオレフィンの場合［図 1.13（b）］と同方向で、模式化した図を 1.15（c）に示す。すなわち、誘起磁場はベンゼン環と同一平面方向では B_3（B_0 と同方向：常磁性シフト）、ベンゼン環の垂直方向では B_2（B_0 と逆方向：反磁性シフト）である。ベンゼン環プロトンが δ 7.25 と極めて低磁場シフトを示すのは環電流による大きな常磁性シフトによる。

ベンゼン環の異方性効果を理解するのに役立つ例として、[10] パラシクロファンの化学シフトを示す［図 1.15（d）］。1–位のメチレンプロトンの化学シフトは δ 2.62 と、通常のメチレンプロトンの値（δ 1.2）と比較して低磁場にシフトしているのは常磁性磁場（B_3）が原因である。2–位のメチレンプロトンも B_3 の影響でやや低磁場シフトであるが、3–位から 4–位に進むに従って化学シフトは高磁場側へシフトし、5–位のプロトンは δ 0.51 というメチレンプロトンとしては非常に高磁場な化学シフトを示す。これは 5–位のプロトンがベンゼン環のほぼ真上に位置するため、反磁性磁場（B_2）の影響を強く受けるためである。

ヒュッケル則によれば、連続した二重結合からなる環状化合物で π 電子が $(4n+2)$（$n=0$,

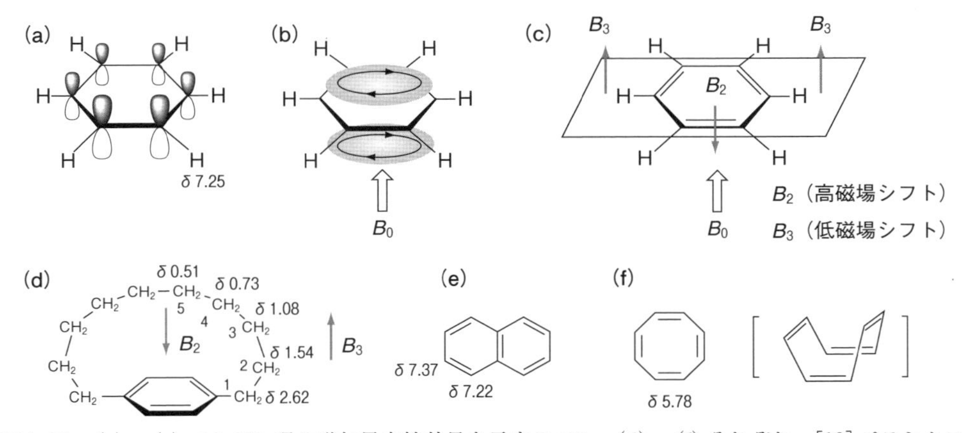

図 1.15　(a)～(c) ベンゼン環の磁気異方性効果を示すモデル。(d)～(f) それぞれ、[10] パラシクロファン、ナフタレン、シクロオクタテトラエンの化学シフト。化学的等価であるプロトンの化学シフトは省略してある。

1, 2, …) 個である場合、その化合物は**芳香族性**を有する。芳香族性を持つ化合物は一般に安定で、オレフィン化合物と異なる化学的性質を持つ。ベンゼンは6個のπ電子を持ち、芳香族性を持つ。またナフタレン [図1.15 (e)] も10個のπ電子を持ち、やはり芳香族化合物である。芳香族化合物はベンゼンの例で見られるように環電流による顕著な異方性効果を持つ。ナフタレンの2種のプロトンはδ7.22およびδ7.37と低磁場シフトを示す。ところがシクロオクタテトラエンの化学シフトはδ5.78であり、通常のオレフィンプロトンと同程度の化学シフトを示す [図1.15 (f)]。これはこの化合物のπ電子が8個であり、$(4n+2)$にあてはまらない (芳香族性を持たない) からである。実際、シクロオクタテトラエンは (f) に示したような折れ曲がった配座をとっており、この形では磁場中で環電流が発生しない。そのため、この化合物はオレフィンとしての化学的性質を持つ。ベンゼンに見られるような環電流による大きな異方性効果は、化合物の芳香族性の有無を決定するための条件となっている。

1.2.4　その他の官能基の磁気異方性効果

アセチレンの三重結合はsp混成炭素から成り立っており、アセチレン水素 (≡CH) の酸性度 (pK_a 24) がエチレン (pK_a 50) やメタン (pK_a 48) より大きいため、アセチレンプロトンはオレフィンプロトンよりもさらに低磁場のシグナルを示すことが予想される。ところが、アセチレンプロトンはδ2付近の高磁場シフトを示す [図1.16 (a), (b)]。三重結合 (d) はsp混成炭素同士のσ結合と、2p$_x$および2p$_y$軌道 (e) の重なりによって生じる、直交した2個のπ結合から形成されている (f)。(f) の状態に外部磁場があたると、オレフィンと同じような誘起磁場が生じ、アセチレンプロトンはオレフィンプロトンと同様に、低磁場シフトを持つように思われる。ところが、アセチレン結合について静電ポテンシャル (電子の分布) を計算すると、

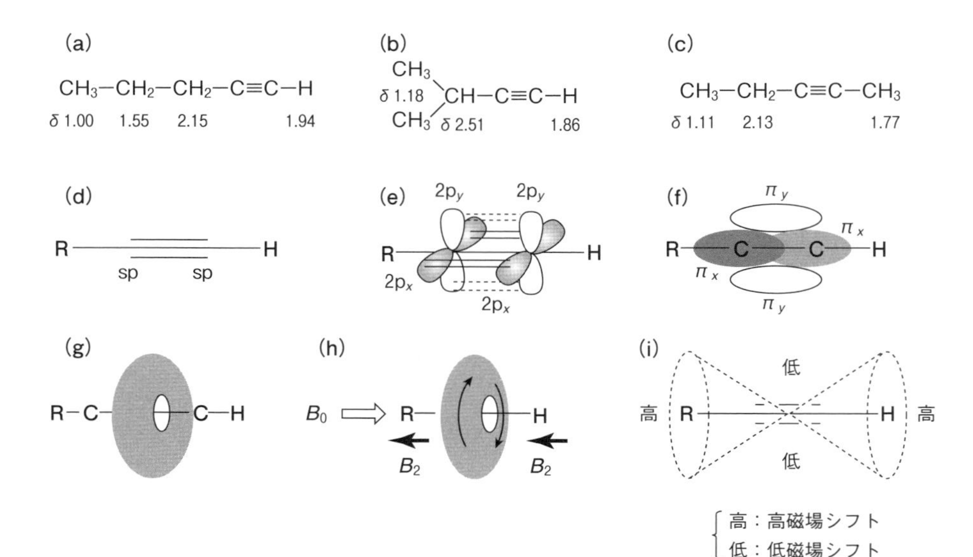

図1.16　(a)～(c) それぞれ1−ペンチン、3−メチル1−ブチン、2−ペンチンの化学シフト。(d)～(f) アセチレン結合の成り立ち。(g) アセチレンの静電ポテンシャル。(h) アセチレンの誘起磁場。(i) アセチレンの磁気異方性効果。

電子は (g) で示すようなC–C 結合を取り囲むドーナッツ形の分布をしている［Y. Habata, S. Akabori, *J. Chem. Ed.*, **78**, 121 (2001)］。この電子雲に外部磁場 B_0 が結合方向からあたると (h) のような誘起磁場 B_2 (反磁性磁場) が生じ、そのためにアセチレンプロトンは高磁場シフトを示す。外部磁場が結合に垂直な方向からあたった場合は大きな誘起磁場が生じない。

オレフィンやカルボニル以外でも、π 電子を持つスルホキシド基 (S=O) やニトロ基 (NO_2) も磁気異方性効果を示す。一方、σ 結合を作る電子も異方性効果を示す。図 1.17 (a) は sp^3 炭素同士が結合したσ結合が示す異方性効果である。C–C 結合軸方向が低磁場シフト、垂直方向が高磁場シフトの領域である。図 1.10 (a)～(c) では、メチレンやメチンプロトンがメチルプロトンよりも低磁場に現れる現象を電気陰性度の変化を原因として説明したが、実際は図 1.17 (b)のようなσ結合の磁気異方性効果も影響している。このように、化学シフトを吟味する際には電気陰性度と磁気異方性効果の両方を考慮する必要がある。

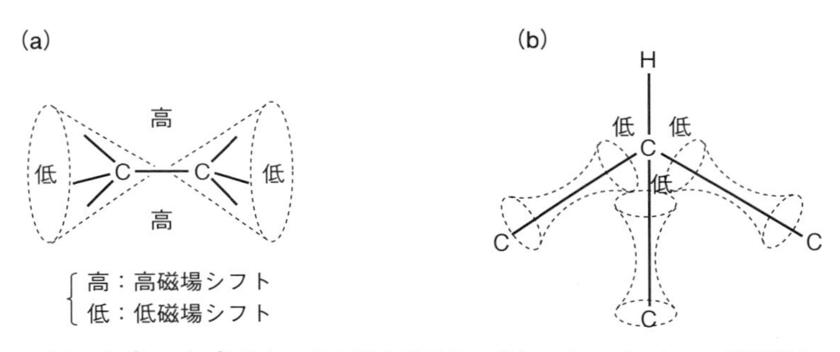

図 1.17 (a) $C(sp^3)–C(sp^3)$結合の磁気異方性効果。(b) メチンプロトンの低磁場シフトを C–C 結合の異方性効果で説明する図。

1.2.5 各種官能基の化学シフト

図 1.18 に、通常の有機化合物が示す化学シフトを官能基別にまとめた。図中でメチルプロトン (CH_3) の化学シフトが示されている場合、同じ化学的環境のメチレンプロトン (CH_2) は +0.3 ppm、メチンプロトン (CH) は +0.6 ppm をメチル基の化学シフトに足して目安とする。大まかな化学シフトについては要点 1.4 にまとめてある。

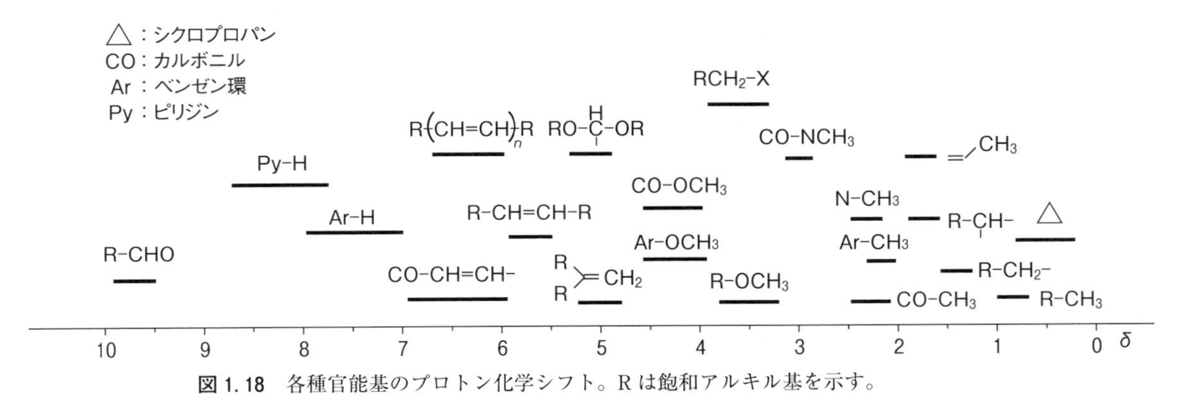

図 1.18 各種官能基のプロトン化学シフト。R は飽和アルキル基を示す。

要点 1.4

- 飽和炭化水素 [C(sp^3)-H]：δ1〜1.5
- オレフィン、ベンゼン環、カルボニル基の隣の飽和炭化水素
  (C=C-CH, Ar-CH, O=C-CH)：δ1.7〜2.5　Ar：芳香環
- 酸素、ハロゲンに結合した飽和炭化水素 (RO-CH, X-CH)：δ3〜4
- 窒素に結合した飽和炭化水素 (N-CH)：δ2〜3.5
- オレフィン (C=C-H)：δ5〜6
- ベンゼン (Ar-H)：δ7〜8
- アルデヒド (O=C-H)：δ9〜10
- カルボン酸 (COOH)、水素結合エノール (O=C-C=C-OH)：δ10〜20
- 水酸基 (ヒドロキシ基) (OH)：化学シフト不定　R-OH (δ1.5〜5)、Ar-OH (δ5〜10)

【飽和炭化水素】

① CH_3 (メチルプロトン)　δ0.8〜1.0

② CH_2 (メチレンプロトン)　δ1.2〜1.4

③ CH (メチンプロトン)　δ1.4〜1.6

微量なサンプルのスペクトル中でδ1.25付近に比較的大きなシグナルが現れることがある。これは洗剤や HPLC カラムから溶出した不純物の直鎖炭化水素基 $CH_3(CH_2)_n$- を持つ化合物のメチレンプロトンのシグナルの可能性が大きい。

④ メチル基が結合した炭素に水酸基が付くと (CH_3-C-OH) メチル基のシフトはδ1.15付近。

⑤ シクロプロパン　δ0.2〜1.0

シクロプロパン環炭素は特殊な混成状態をとるため、環上のプロトンは異常な高磁場シフトを示す。

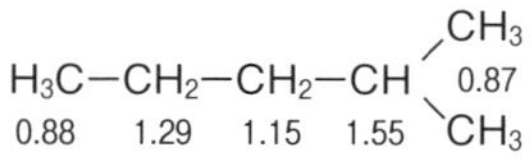

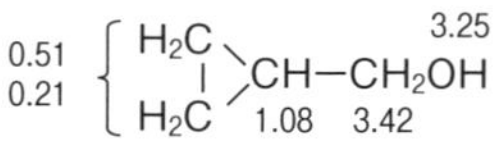

$H_3C-CH_2-CH_2-CH(CH_3)_2$　0.88, 1.29, 1.15, 1.55, 0.87

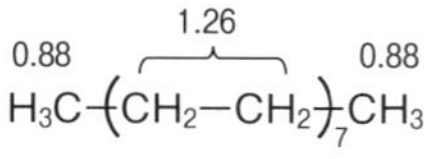

$H_3C-(CH_2-CH_2)_7-CH_3$　0.88, 1.26, 0.88

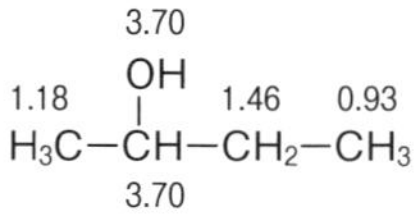

$H_3C-CH(OH)-CH_2-CH_3$　OH 3.70, 1.18, 3.70, 1.46, 0.93

$(H_2C)_2CH-CH_2OH$ (シクロプロピル)　0.51, 0.21, 1.08, 3.42, 3.25

【オレフィン】

① 非共役オレフィン (CH=CH)　δ5.1〜5.7

② 非共役末端メチレン ($C=CH_2$)　δ4.7〜5.0

③ 共役ジエン ($C=C-CH_a=CH_b$)　H_a δ6.0〜6.8；H_b δ5.5〜5.8

④ 共役末端メチレン ($C=C-C=CH_2$)　δ4.8〜5.2

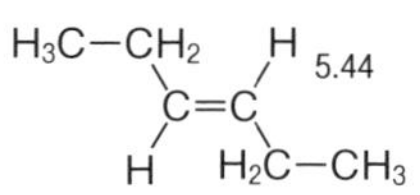

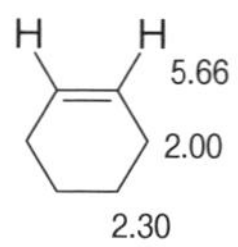

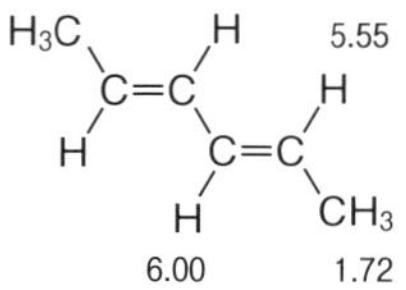

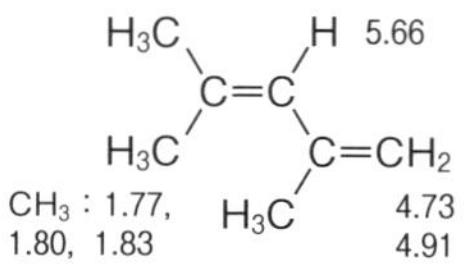

$H_3C-CH_2-CH=CH-CH_2-CH_3$　5.44, 2.00, 0.96

シクロヘキセン　5.66, 2.00, 2.30

$H_3C-CH=CH-CH=CH-CH_3$　5.55, 6.00, 1.72

$(H_3C)_2C=C(H)-C(CH_3)=CH_2$　5.66, CH_3：1.77, 1.80, 1.83, 4.73, 4.91

⑤ 共役エノン (CO−CH＝CH)

電子求引基であるカルボニル基との共役で、オレフィンは電子が欠乏し、オレフィンプロトンは全体に低磁場シフトする。また、下記の共鳴により C_α より C_β の方がより電子不足になるので、H_β が大きく低磁場シフトする。

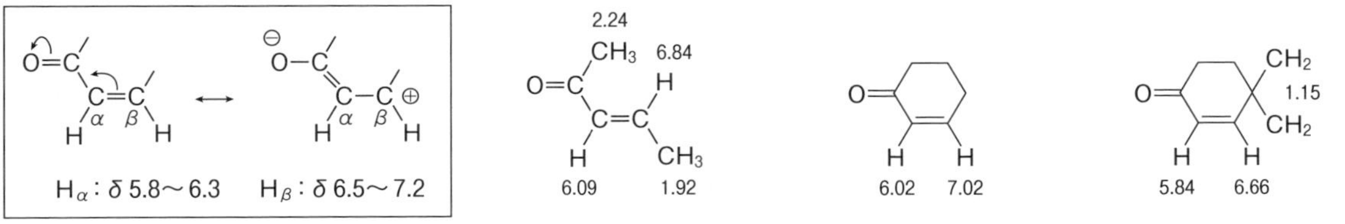

⑥エノールエーテル (RO−CH＝CH)

酸素の非共有電子対が二重結合へ流れ込むため、C_β の電子密度が大きくなり、H_β は大きく高磁場シフトする。C_α は正電荷を帯びた酸素の大きな電気陰性度により電子不足となり H_α は低磁場シフトする。

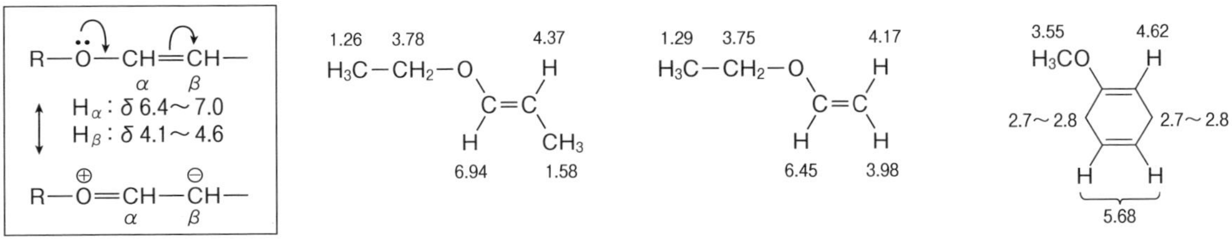

【ベンゼン】

① 飽和炭化水素のみが置換したベンゼン　δ 7.0〜7.3

② オレフィンと共役したベンゼン　δ 7.2〜7.5

③ 酸素や窒素が結合したベンゼンでは、非共有電子対の効果により o-および p-位のプロトンが高磁場にシフト (δ 6.6〜6.8) する (下図四角内の共鳴構造式)。それらのアセチル化誘導体では、非共有電子対の効果が無くなるので高磁場シフトを示さない。

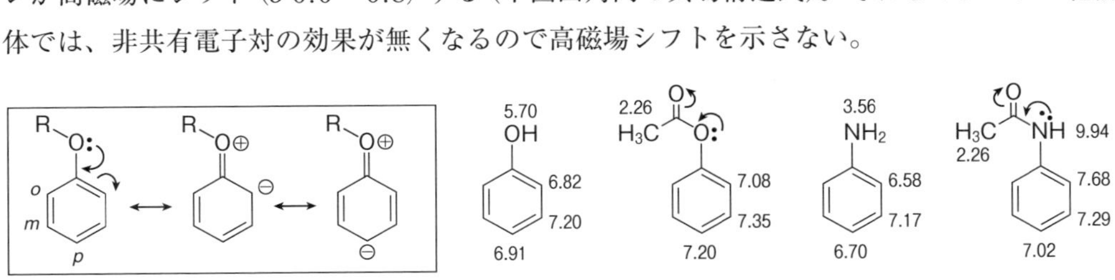

④ カルボニル基などの電子求引基が結合したベンゼンでは、π 電子が流れ出してベンゼン環が電子不足になるため (次頁四角内の共鳴構造式)、シグナル全体が低磁場シフトする。電子求引基の o-位プロトンが特に大きく低磁場シフトし、δ 8 以上になることもある。この場合、電子的要因以外に電子求引基の磁気異方性効果も関与している。

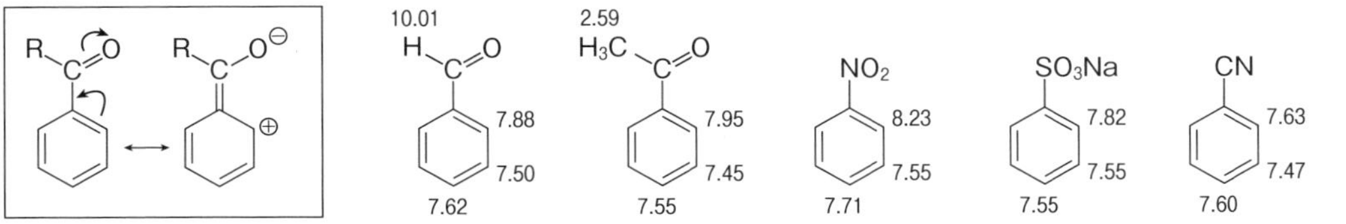

⑤ 重クロロホルム溶液でスペクトルを測定した場合、ベンゼン環プロトンの化学シフトをクロロホルムシグナル（δ 7.26）と比較する習慣をつけておくとよい。すなわち、クロロホルムシグナルより高磁場にシグナルがある場合、化合物のベンゼン環には酸素や窒素などの電子供与基がついている場合が多い。またクロロホルムシグナルより低磁場にシグナルを示す場合、ベンゼン環上にカルボニル基、ニトロ基などの電子求引基が置換している可能性が大きい。

【他の炭化水素芳香環】

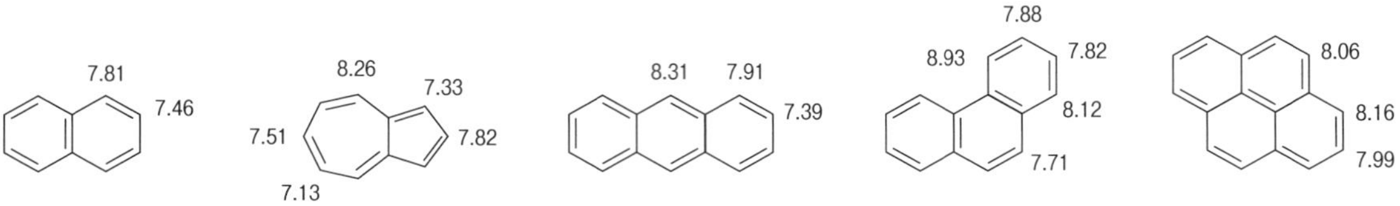

【ヘテロ芳香環】

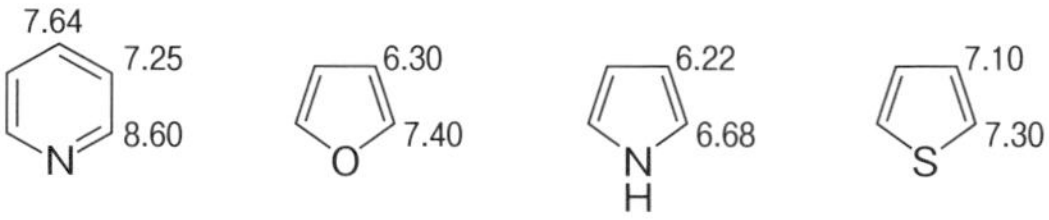

【ハロゲン化物】

ハロゲンが結合した炭素上のプロトンは、ハロゲンの電気陰性度が大きくなるにつれ、低磁場シフトする［( ) 内の数字はハロゲン原子の電気陰性度］。ハロゲン置換炭素の隣以遠のプロトンの化学シフトについては、必ずしもハロゲンの電気陰性度と単純に相関していない。なお、参考資料として、アルコール、アミン、アミン塩酸塩の化学シフトを点線四角内に示した。

0.94　1.47　1.76　3.54
$CH_3-CH_2-CH_2-CH_2-Cl$ (3.16)

0.93　1.47　1.85　3.41
$CH_3-CH_2-CH_2-CH_2-Br$ (2.96)

0.93　1.42　1.80　3.19
$CH_3-CH_2-CH_2-CH_2-I$ (2.66)

0.94　1.39　1.53　3.63
$CH_3-CH_2-CH_2-CH_2-OH$ (3.44)

0.92　1.33　1.43　2.68
$CH_3-CH_2-CH_2-CH_2-NH_2$ (3.04)

0.97　1.45　1.81　3.0
$CH_3-CH_2-CH_2-CH_2-NH_3^+Cl^-$

【アルコール、エーテル】（R：アルキル基、Ar：芳香環）

① OH プロトン：一定の化学シフトを示さない。この性質については「重水素交換実験」（1.3.2 項）で詳しく解説する。

・飽和炭化水素の OH プロトン（R–OH）　δ1.5～3
・水酸基が複数あるジオールなど　δ3～5
・フェノールの OH プロトン（Ar–OH）　δ5～6
（場合によってはδ8～10 までシフトすることもある）

1,3–ジケトンがエノール化した場合のように、カルボニル基と分子内水素結合して安定な六員環を形成するエノール性の OH プロトンは、2 個の酸素と結合することにより電子密度が小さくなるのでδ10～15 と極端に低磁場シフトする。オルト位にカルボニル基を持つフェノール性 OH プロトンも同様に低磁場シフトを示す。

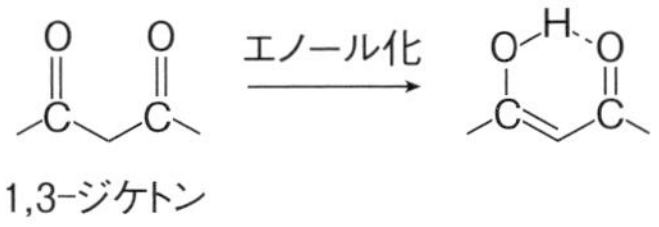

エノール化
1,3–ジケトン

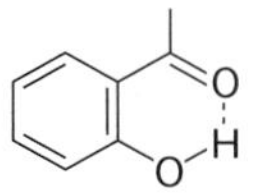

② メトキシ基（OCH_3）（O–CH_2–、O–CH–についてはそれぞれ＋0.3および＋0.6 ppmが目安）
・R–OMe　δ3.2～3.4
・Ar–OMe　δ3.7～3.8
・CO–OMe（メチルエステル）　δ3.6～3.8

③ アセタール（RO–CH–OR）　δ4.5～4.8
グルコースなどの糖類の環状ヘミアセタール（RO–CH–OH）部分δ4.5～5.5

④ エポキシド（–HC(O)CH–）　δ2.4～3.1
シクロプロパンと同様に、通常のエーテルよりも高磁場シフトを示す。

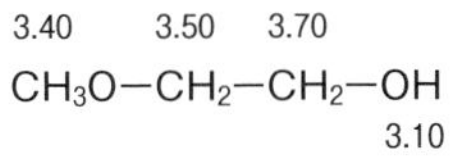

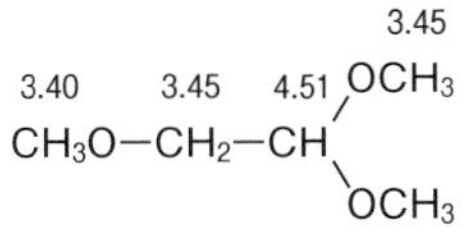

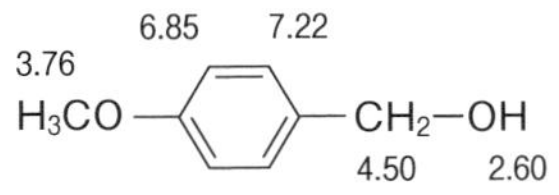

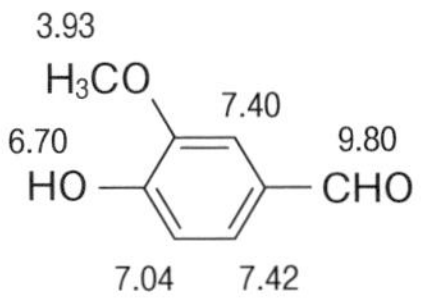

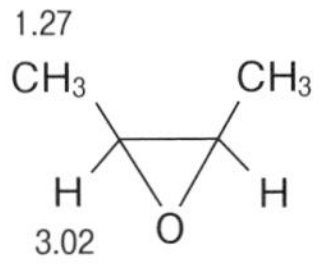

$CH_3O–CH_2–CH_2–OH$（3.40, 3.50, 3.70, OH 3.10）

$CH_3O–CH_2–CH(OCH_3)_2$（3.40, 3.45, 4.51, OCH_3 3.45）

$H_3CO–C_6H_4–CH_2–OH$（3.76, 6.85, 7.22, 4.50, 2.60）

H_3CO/HO/CHO 置換ベンゼン（3.93, 7.40, 6.70, 9.80, 7.04, 7.42）

2,3–ジメチルオキシラン（CH_3 1.27, H 3.02）

【エステル】

① 第一級、第二級アルコールのエステル
・R–CO–OMe　δ3.6～3.8
・R–CO–O–CH_2–　δ3.9～4.2
・R–CO–O–CH–　δ4.8～5.0（オレフィンプロトンと間違えやすい）

② アセテート

・CH_3–CO–O–R　δ2.1（ほぼ常にこの化学シフト）

［（注）CH_3–CO–C（ケトンのアセチル基）はδ2.2 以下であることが多い］

・CH_3–CO–O–Ar　δ2.25（ほぼ常にこの化学シフト）

③ ギ酸エステルのアルデヒドプロトン

［H–C（=O）–OR］　δ8.0～8.1

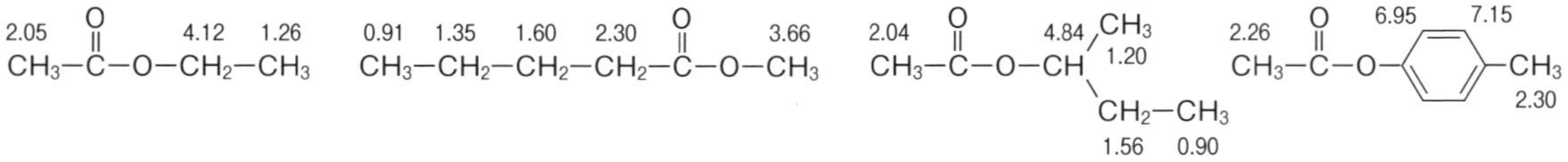

CH_3(2.05)–C(=O)–O–CH_2(4.12)–CH_3(1.26)

CH_3(0.91)–CH_2(1.35)–CH_2(1.60)–CH_2(2.30)–C(=O)–O–CH_3(3.66)

CH_3(2.04)–C(=O)–O–CH(4.84)(CH_3 1.20)–CH_2(1.56)–CH_3(0.90)

CH_3(2.26)–C(=O)–O–C_6H_4(6.95, 7.15)–CH_3(2.30)

【アミン】

① –NH_2 および–NH–プロトンの化学シフトは環境に応じて変化する。

・R–NH_2　δ1～2 ブロードな（幅広い）ピーク。ブロードすぎて見つけにくいことがある。

・Ar–NH_2　δ3.5～5 ブロードなピーク

② アルキルおよび芳香族アミン

・R–N–CH_3　δ2.2～2.5

・Ar–N–CH_3　δ2.6～3.0

塩酸塩では 0.4 ppm ほど低磁場にシフト

【アミド】

① 第一級アミドの–NH_2 プロトン

R–CO–NH_2　δ6～8 にブロードな 2 本のシグナル

② 第二級アミドの–NH–プロトン

・R–CO–NH–R′　δ6～8

・R–CO–NH–Ar　δ7～10

③ *N*–アルキルアミド

R–CO–N–CH_3　δ2.6～3.0

§1.3　NMR 溶媒と重水素

1.3.1　重水素化溶媒

通常の NMR スペクトルの測定では、サンプルを溶媒に溶かし溶液にする必要がある。溶液中では分子が自由運動をして、磁場に対してあらゆる方向をとることができると共に、分子同士の相互作用も小さいからである。溶媒として例えばクロロホルムを用いた場合、$CHCl_3$ のプロトンによる巨大なシグナルが、溶媒に比較して微量にしか存在しないサンプルのシグナルを邪魔してしまう。そのために、以前は水素原子を持たない四塩化炭素（CCl_4）が NMR 溶媒としてしばしば用いられていた。

今日の FT−NMR 装置で最も頻繁に用いられる溶媒は、重クロロホルム ($CDCl_3$) である。重クロロホルムはクロロホルムの水素原子を重水素で置き換えた化合物である。重水素 (^2H または D) のスピン量子数 (I) は 1 であり NMR 活性ではあるが、プロトン (^1H) とは全く異なる周波数で共鳴するため、サンプルのシグナルを邪魔しない。また、FT−NMR 装置は溶媒の強い重水素シグナルを必要とする。すなわち、FT−NMR 装置には、磁場を一定に保つため重水素化溶媒からの強い信号を必要とする補助装置 (9.4 T の磁場を使う 400 MHz の装置では、D の共鳴周波数である 61 MHz の電波を送受信する) が備わっている。超伝導磁石といえども磁場は常に一定ではなく、少しずつドリフトする。この補助装置は常に重水素のシグナルを監視していて、重水素シグナルが厳密に一定の周波数で共鳴するように外部から与える磁場を調整している。このことを「**重水素ロック**」とよぶ。重水素ロックにより、極めて安定した磁場が得られるわけで、通常、FT−NMR 測定では重水素を含まない溶媒は使用できない。

重水素を含む溶媒を「**重水素化溶媒**」とよぶ。重水素化溶媒としては $CDCl_3$ 以外に C_6D_6 (重ベンゼン)、CD_3OD (重メタノール)、D_2O (重水) などがよく使われる。

一般の有機化学実験で用いる重水素化溶媒は 100 % 重水素化されている訳ではなく、例えば 99.8 % $CDCl_3$ という溶媒には 0.2 % の $CHCl_3$ が存在する。$CHCl_3$ は δ 7.26 に鋭いシグナル (重水素化されていない溶媒のシグナルを**溶媒残余シグナル**とよぶ) を与えるので、$CDCl_3$ 溶液を測定に用いた場合、TMS を用いずに $CHCl_3$ シグナルを δ 7.26 と設定して基準にする場合も多い。

表 1.2 に重水素化溶媒とその溶媒残余シグナルの化学シフト (δ) をまとめた。表中の溶媒残余シグナルの多重度については 1.4.12 項 (3) で改めて解説する。

表 1.2　NMR スペクトルで使われる代表的な重水素化溶媒

化合物名	化学式	残余シグナル (δ)	多重度	溶媒中の H_2O (δ)
重アセトニトリル	CD_3-CN	1.94	quint	2.13
重アセトン	CD_3-CO-CD_3	2.05	quint	2.84
重クロロホルム	$CDCl_3$	7.26	s	1.56
重ジメチルスルホキシド	CD_3-SO-CD_3	2.50	quint	3.33
重水	D_2O	4.79	s	ca 5.0*
重ベンゼン	C_6D_6	7.16	s	0.4
重メタノール	CD_3-OD	3.31	quint	4.87**

* HDO として存在　　** CD_3OH + HDO として存在

重クロロホルムは最も頻繁に使われる重水素化溶媒であるが、長期にわたって保存すると、酸素により酸化されて生じた微量のホスゲンが、水と反応して HCl を発生させ ($COCl_2 + H_2O \rightarrow 2HCl + CO_2$)、溶媒が若干酸性になることが欠点である。この反応を防止するため、銀箔を入れてある商品もある。アリルアルコールやポリエンなど、酸に不安定な化合物については、新しい重クロロホルムか重ベンゼンなどの他の重水素化溶媒を用いた方が安全である。

1.3.2　重水素交換実験

アルコール（R–OH）の水酸基プロトンは比較的解離しやすく、図1.19（a）のような過程により、分子間を移動している。このような挙動を**化学交換**とよぶ。水酸基プロトンの化学交換速度は温度や不純物により影響され、特に微量の酸が存在すると加速される。化学交換をする系では、一般にシグナルがブロードになり、また化学シフトも温度、濃度などの環境に依存する（§1.6）。アルコールの水酸基プロトンのシグナルが一定の化学シフトを示さないのは、この理由による。

アルコール（R–OH）の重クロロホルム溶液に1滴の重水（D_2O）を加えよくふり混ぜる（30秒ほど）と、図1.19（b）で示す交換が起こる。重水は重クロロホルムにほとんど溶けないので（水のクロロホルムへの溶解度0.08％）、重クロロホルム溶液の上部（重水の方が比重が小さい）に液滴として存在する。しかし、ふり混ぜている間に一部が重クロロホルムに溶けアルコールの水酸基プロトンと交換する。交換の結果R–OHはR–ODとなり、水酸基のシグナルが消失する。生成したH–ODは系外のD_2Oに吸収され、有機層から除去される。この方法は「**重水素交換実験**」として水酸基シグナルの同定にしばしば使用される。

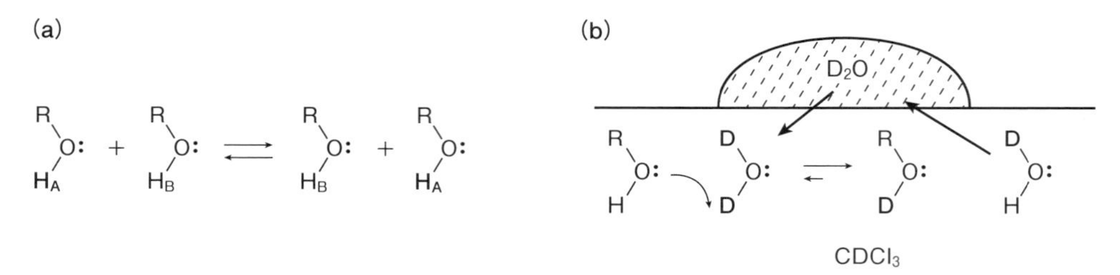

図1.19　（a）アルコール（R–OH）水酸基プロトンの化学交換。（b）重クロロホルム中のR–OHの水酸基プロトンは重水（D_2O）の重水素と交換する。

図1.20（a）はエタノールの^{1}H NMRスペクトル（$CDCl_3$）である。この溶液に重水を添加し、再度測定したスペクトルが（b）である。水酸基のシグナルが消失している。

重水素交換実験は、重クロロホルム以外に、重ベンゼンなど、水と混ざらない溶媒を使う場合に有効であり、サンプルを損なうことなく水酸基シグナルを確認できるのが特徴である。ただし、水と混ざる溶媒、例えば重ピリジンや重アセトンなどは重水を加えると強いHODシグナルが現れるので注意が必要である。

重水素交換実験はカルボキシ基（–CO–OH）、アミノ基（$-NH_2$, –NHR）、アミド基（–CO–NH_2, –CO–NHR）、チオール基（–SH）などのプロトンシグナルの確認にも使える。一般に化学交換は非常に速く、重水を加えてからサンプル管を30秒ほど振り、混合物をかき混ぜるだけで完結する。しかし、強固に分子内水素結合をしているアミドプロトンは、重水との交換が極めて遅く、特にペプチド内部に存在するアミドのプロトンの場合、数日後でも交換が観測されない例もある。

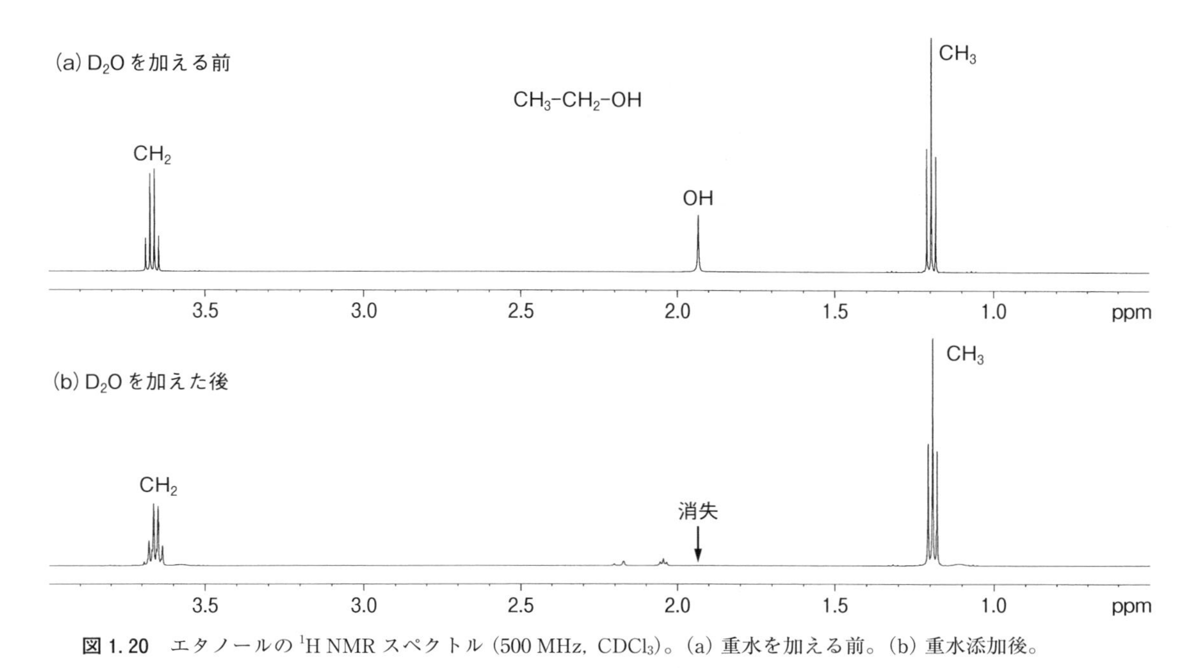

図 1.20　エタノールの ¹H NMR スペクトル (500 MHz, $CDCl_3$)。(a) 重水を加える前。(b) 重水添加後。

要点 1.5

- 水酸基 (−OH) のシグナルは、重水 (D_2O) を加えると消える。
- アミノ基 (−NH−R) やチオール基 (−SH) のシグナルも重水添加で消える。

重メタノール (CD_3OD) の−OD も重水素交換を行う。したがって、アルコール、アミン、アミドなどの化学交換をするシグナルは重メタノール溶液では観測されない。ペプチドの場合、CD_3OH を溶媒として用いるとアミドの NH シグナルを消すことなく観測することができる。

重メタノール (または重水) 溶液で NMR 測定を行っていると、思わぬ官能基のプロトンが重水素と置換してしまう場合がある。例えば、カルボニル基の隣 (α−位) の炭素上のプロトンはエノールを経由して徐々に重水素と交換する [図 1.21 (a)]。この交換速度は小さいため、測定中にシグナルが消えるようなことを心配する必要はないが、重メタノール溶液を長期にわたって保存した場合は注意が必要である。適当な塩基を加えると交換が加速されるので、積極的にカルボニル基の α−位のシグナルを消す実験も行える。また、レゾルシノール (ベンゼン−1,3−ジオール) 系の二つの水酸基に挟まれた C−H も重水素交換する [図 1.21 (b)]。この重水

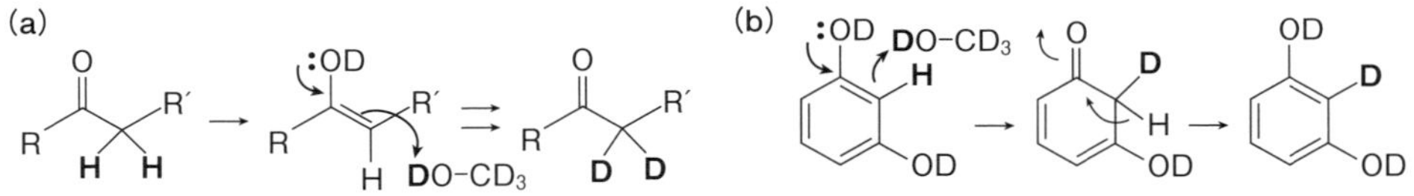

図 1.21　a) ケトンの α−位水素が重水素交換する反応式。b) レゾルシノールの芳香族 C−H が重水素交換する反応式。

素交換は速度が比較的大きく、数時間で完結する場合もあるので注意が必要である。

重水素交換が起こる可能性がある化合物を重メタノール溶液で測定した場合、できるだけ早く溶媒を除去すること。長時間冷蔵庫に保存した重メタノール溶液から回収したサンプルについてマススペクトルを測定すると、重水素化された分子量が観測される場合がある。重水素化されてしまったサンプルは、通常のメタノール（CH_3OH）に溶かして一晩放置し、D を H に戻してからサンプルを回収する。

§1.4　カップリング

1.4.1　カップリングの原理

図 1.22 は 1-ブロモブタンの ^{1}H NMR スペクトルおよび各シグナルの拡大図である。1-位から 4-位のプロトンが、等間隔に分裂した 3 本線（1-CH_2）、5 本線（2-CH_2）、6 本線（3-CH_2）、3 本線（4-CH_3）として現れていることがわかる。これは隣接する他のプロトンからの影響によるもので、**カップリング**（**coupling**）（より正確にはスピン-スピンカップリング）とよばれる現象である。プロトン間のカップリングには要点 1.6 のような単純な法則がある。

要点 1.6

- あるプロトンの隣（3 本結合以内）に n 個の等価なプロトンが存在すると、カップリングにより（$n+1$）本の等間隔の線に分裂する。これを（$n+1$）則とよぶ。
- 化学シフトが等しいプロトン同士には、カップリングが観測されない。

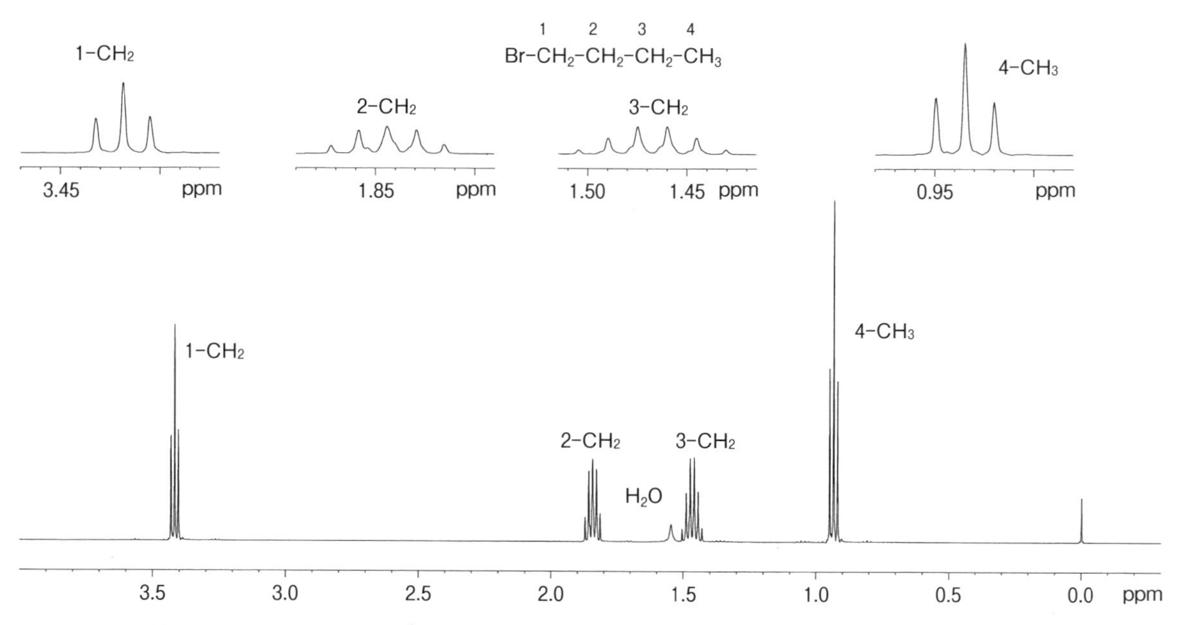

図 1.22　1-ブロモブタンの ^{1}H NMR スペクトル（500 MHz，$CDCl_3$）。スペクトル上部に各シグナルの拡大図を示す。δ1.55 に現れている小さなシグナルは $CDCl_3$ に溶けている H_2O によるシグナル。

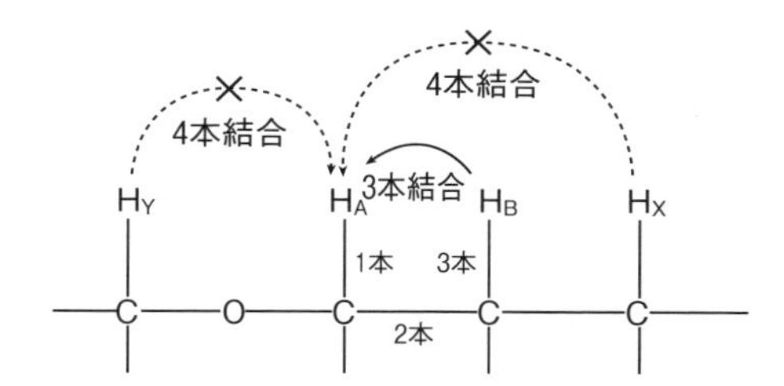

図 1.23 プロトン間の結合数とカップリングの関係。×印はカップリングしないことを示す。

図 1.23 に示した系で H_A と H_B との間の結合数を数えると 3 本なので、これらのプロトン同士はカップリングする。ところが、H_X や H_Y は H_A との間の結合数が 4 本なので、これらのプロトンは通常 H_A とカップリングしない。例外的に 4 本以上の結合を通した「遠隔カップリング」が観測されることがある (p.35)。

1-ブロモブタンのスペクトル (図 1.22) を例にとり ($n+1$) 則を吟味してみる。1-CH_2 の二つのプロトンは 2 本の結合で離れているだけなので、実際は互いにカップリングしている。しかし両者は化学的に等価で化学シフトが等しいため、スペクトル上でカップリングが観測されない [特殊な例については 1.4.11 項を参照]。1-CH_2 のプロトンと 2-CH_2 のプロトンとは 3 本結合で隔てられており、化学シフトが異なるので、両者はカップリングを示す。2-位の炭素には 2 個のプロトンが存在するので、1-CH_2 のシグナルは $(2+1)=3$ 本に分裂する。

同様に、2-CH_2 は両隣の炭素に合計 4 個のプロトンが存在するので 5 本に、3-CH_2 は両隣の炭素上の合計 5 個のプロトンとカップリングして 6 本に、4-CH_3 は隣の炭素のプロトン数が 2 個なので 3 本に分裂する。

^{1}H NMR スペクトルでは分裂線を要点 1.7 のように表現する。

要点 1.7

(分裂線)	(呼び名)	(英語)	(略号)
1 本線	シングレット	singlet	s
2 本線	ダブレット	doublet	d
3 本線	トリプレット	triplet	t
4 本線	カルテット	quartet	q
5 本線	クインテット	quintet	quint
6 本線	セクステット	sextet	sext
7 本線	セプテット	septet	sept
8 本線	オクテット	octet	oct
多重線	マルチプレット	multiplet	m

〔注：5 本線をペンテット (pentet；pent)、7 本線をヘプテット (heptet；hept) とする表現もある。〕

要点 1.7 で「多重線」という用語は、分裂線が複雑なパターンで、カップリングの様子が解析できない場合に用いる。また、シングレット～マルチプレットを総称して、**多重度** (multiplicity) とよぶ。例えば、1-ブロモブタンの 2-位のプロトンの多重度はクインテットである。

図 1.22 で 1-CH_2 はトリプレットとして現れている。3 本の線（ピーク）の強度に注目すると、中央のピークは強度が強く、両隣のピークは中央の半分程度の強度である。分裂線の各ピークの強度比は、図 1.24 で示す「パスカルの三角形」で表される数字に対応している。すなわち、1-CH_2 のトリプレットは 1：2：1、2-CH_2 のクインテットは 1：4：6：4：1、3-CH_2 のセクステットは 1：5：10：10：5：1 の強度比のピークからなる。

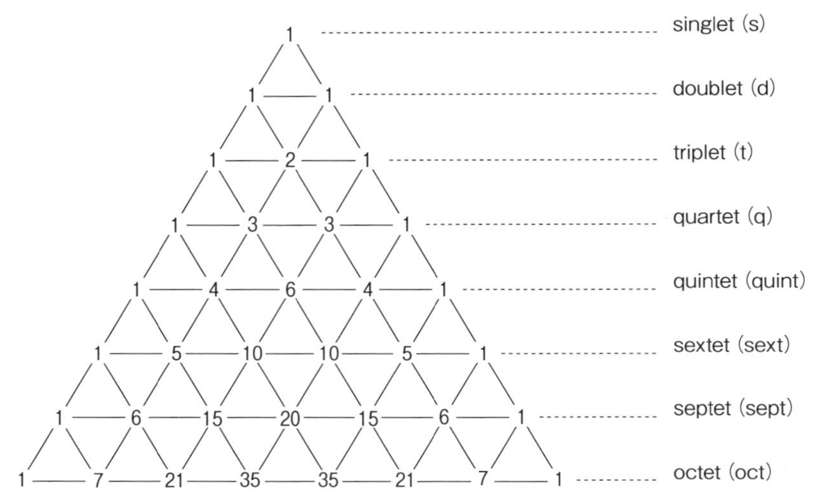

図 1.24　カップリングによる分裂線の構成ピークの強度比を示す「パスカルの三角形」。三角形内の数字が各分裂線のピーク強度に対応。

注意すべきことは、クインテット以上の多重度になると、両脇の一番強度が低いピークの存在に気がつきにくいことである。クインテットでも両脇のピークは中央の最大ピークの 1/6 の強度であり、オクテットにいたっては 1/35 であって観測することが困難である。そのため、クインテットがトリプレットのように見えたり、セクステットやオクテットがカルテットに見えたりすることがあるので注意が必要である。

カップリングは、あるプロトン H_A と 3 本結合以内に存在する H_X の核スピンの状態（α または β）が、両者をつなぐ C-H および C-C 結合の電子を通じて H_A の核スピンのエネルギー状態に影響を及ぼす現象である（図 1.25）。H_A は NMR 現象を示すボルツマン過剰分の α の状態 [$H_A(\alpha)$] である (p.2)。H_X についても微少量のボルツマン過剰分が存在するが、$H_X(\alpha)$ と $H_X(\beta)$ の存在比は実質的に 1：1 である。H_A のエネルギー状態（共鳴周波数）に影響するのは H_X の磁場に対する向きであるので、$H_X(\alpha)$ と $H_X(\beta)$ は H_A に対して 1：1 の割合で作用する。この作用において $H_X(\alpha)$ と $H_X(\beta)$ は H_A の共鳴周波数を正または負の方向へシフトさせる。[A] は $H_X(\alpha)$ と $H_X(\beta)$ が H_A の共鳴周波数をそれぞれ高周波数側（低磁場側）および低周波

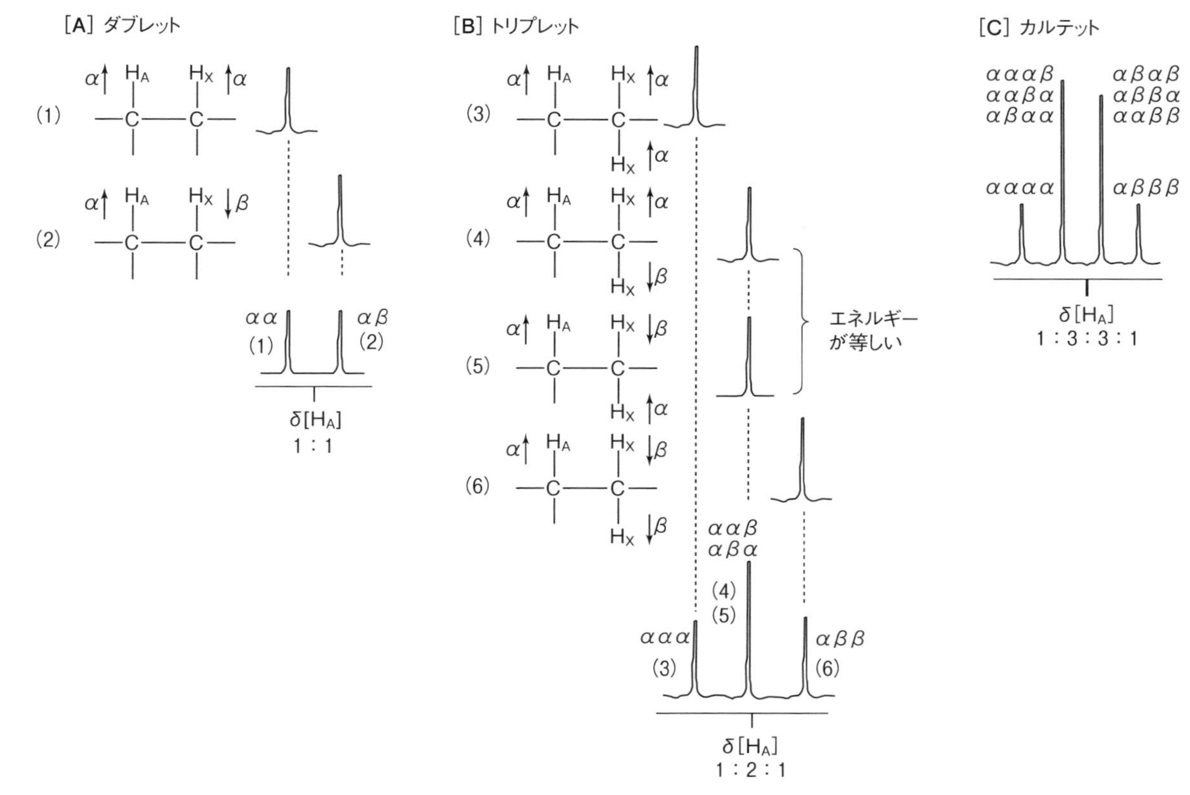

図 1.25　カップリングと核スピンとの関係。[A]～[C]：それぞれ、H_A が H_X によりダブレット、トリプレット、カルテットに分裂する時の核スピン状態を示す。

数側（高磁場側）に等しい幅でシフトさせている様子を示している。NMR シグナルを示す H_A (α) は $H_A(\alpha)$–$H_X(\alpha)$ と $H_A(\alpha)$–$H_X(\beta)$ の 1：1 の「混合体」として存在しているので、H_A のシグナルは、真の共鳴周波数をはさんだ 2 本の線 (1) および (2)、すなわちダブレットとして観測される。このことからわかるように、ダブレットの中心、すなわち H_A の化学シフトの位置には何も存在しない。

図 1.25 [B] は H_A が 2 個の H_X とカップリングする様子を示す。2 個の H_X は $H_A(\alpha)$ に対して (3)～(6) の 4 個の状態を取ることができる。これらのうち (4) と (5) は 2 個の H_X がそれぞれ α, β および β, α の状態をとり、H_A への影響が相殺される。すなわち、これらはちょうど H_A の化学シフトの位置にシグナルを示す。また $\alpha\alpha, \beta\beta$ の 2 倍の存在確率を持つので、結局 H_A は 1：2：1 の強度比を持つ三重線すなわちトリプレットとして観測される。

H_A が 3 個の H_X とカップリングして 1：3：3：1 のカルテットになる様子を図 1.25 [C] に示す。

図 1.25 から、トリプレットやクインテットなどのように奇数本に分裂したシグナルの場合は、中央のシグナルがそのプロトンの化学シフトを示し、ダブレットやカルテットのように偶数本に分裂したシグナルの場合は、最も背が高い中央 2 本の線の中間が化学シフトである。化学シフトが十分離れたプロトン同士のカップリングで生じたシグナルは、きれいな対称形を有

している。一般に、カップリングの相手に近い成分ピークの背が若干高くなる傾向があるが、その極端な例は「AB 型 (1.4.6 項) と ABX 型シグナル (1.4.7 項)」で詳説する。

【問題 1.3】　下記の化合物の番号をふったプロトン (群) はどのような多重度になるか。要点 1.7 で示した略号を用い、1 (t) のように答えよ。なお、8 本線以上の多重度は m と記せ。

CH_3(1)−CH_2(2)−CH_2(3)−Cl

CH_3(4)−CH_2(5)−O−CH_3(6)

CH_3(7)−C(=O)−O−CH_2(8)−CH_3(9)

O=C(CH_3(10))−CH_2(11)−CH_2(12)−CH_3(13)

Br−CH(14)(CH_3(15))−CH_3

Br−CH_2(16)−CH(18)(CH_3(17))−CH_3

C(CH_3(19))(CH_3)(CH_3)(CH_3)

Cl(H(20))C=C(H(21))Br

【問題 1.4】　1,2-ジヨードエタン (I-CH_2-CH_2-I) の ^{1}H NMR スペクトルは δ 3.64 にシングレットを 1 本だけ示す。なぜプロトン同士のカップリングが観測されないのか？

【問題 1.5】　1,3-ジヨードプロパン (I-CH_2-CH_2-CH_2-I) は δ 3.28 と 2.27 に 2 組のシグナルを示す。各シグナルの帰属を行い多重度を推定せよ。

【問題 1.6】　1,4-ジヨードブタン (I-CH_2-CH_2-CH_2-CH_2-I) は何組のシグナルを示すか？　またそれぞれのシグナルの多重度を推定せよ。

【問題 1.7】　酢酸ブチルの ^{1}H NMR スペクトルについて次の問いに答えよ。なおスペクトル中の階段状の曲線は「積分曲線」とよばれ、縦軸方向の高さが各シグナルのプロトン数に比例する。

1) シグナル a〜e はどのプロトンによるものか。構造式中の番号で答えよ。

2) シグナル a〜e の多重度をカタカナ、英語、および省略記号 (要点 1.7) で示せ。

3) シグナル c が d より低磁場に現れているのはなぜか。

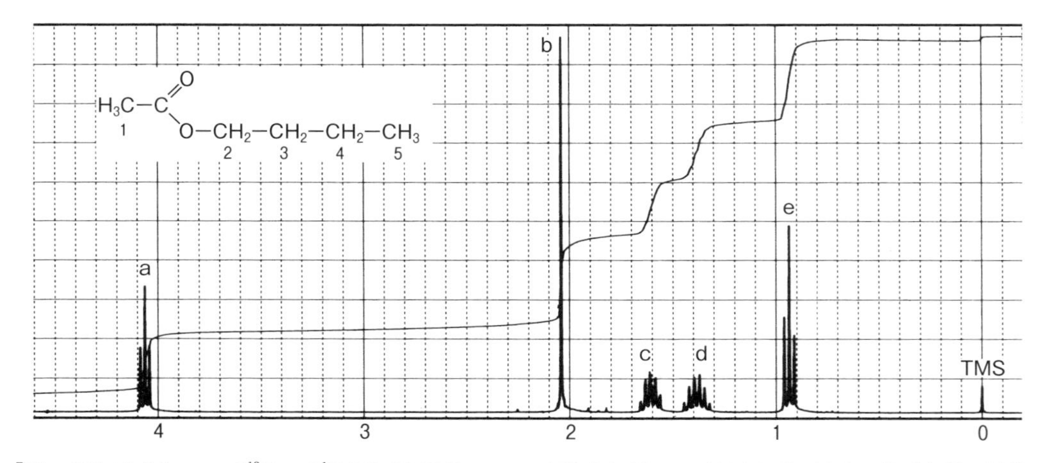

『The Aldrich Library of ^{13}C and ^{1}H FT-NMR Spectra vol.1』より Sigma-Aldrich Co. LLC の許可を得て転載。

1.4.2 カップリング定数

図 1.26 は酢酸エチルの ¹H NMR スペクトル (500 MHz, $CDCl_3$) である。[A] と [B] は 3-CH_2 の拡大スペクトルで、[A] はカルテットの各ピーク (1～4) の TMS シグナルからの周波数差 (Hz)、また [B] ではそれらを化学シフト (ppm) で表示している。[C] は 4-CH_3 によるトリプレットの拡大図 (ppm) である。[A] で各ピークの周波数の差を計算 (測定誤差範囲外の小数第二位以下切り捨て) すると、ピーク 1 と 2 の差 ($\Delta_{1,2}$) は 7.1 Hz であり、同様の操作をピーク 2, 3, 4 について行うと、$\Delta_{2,3}$ 7.1 Hz および $\Delta_{3,4}$ 7.1 Hz となりピーク (1～4) が等間隔であることがわかる。このような分裂線の各ピークの幅を Hz で表した値を**カップリング定数**とよび、J (または J 値) で表す。カップリング定数は有機化合物の構造、特に二重結合のシス、トランス、ベンゼン環の置換様式、環状化合物の立体化学などの研究に不可欠な定数である。カップリング定数はその化合物に固有の物理定数であり、測定周波数に依存しない。

通常のスペクトルでは [B] のようにシグナルは ppm として読み取られる。[B] で 1′ と 2′ の間隔を計算すると 0.0143 ppm であり、これは測定周波数 (500 MHz) に対する割合であるから 500×0.0143 = 7.1 (Hz) で $\Delta_{1,2}$ と一致する。

同様の操作を 4-CH_3 について行うと、トリプレットのカップリング定数は 7.1 Hz であり、

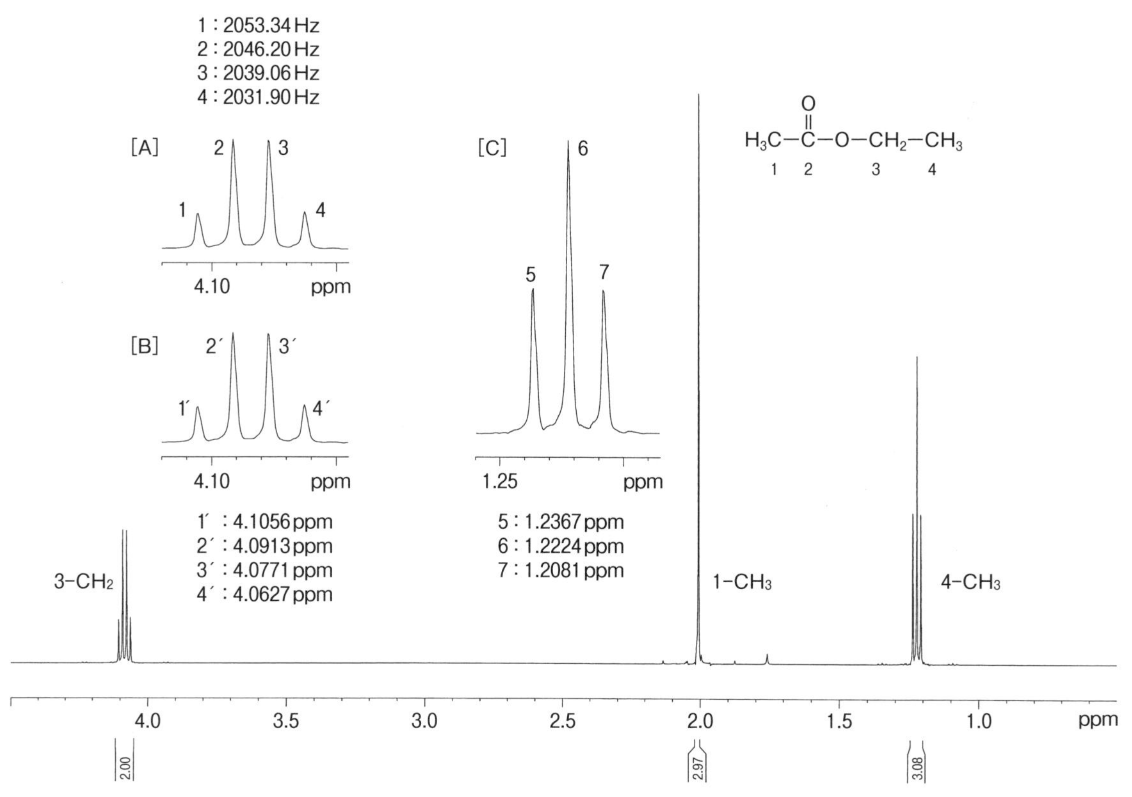

図 1.26　酢酸エチルの ¹H NMR スペクトル (500 MHz, $CDCl_3$)。[A] カルテットの拡大図 (Hz)。[B] カルテットの拡大図 (ppm)。[C] トリプレットの拡大図 (ppm)。

3-CH_2のJ値と一致する。このように、カップリングをしているプロトン同士のJ値は等しい。すなわち、化合物のスペクトルで、カップリング定数が等しいシグナル（カップリングの相手）を探すと、そのプロトンが3本結合以内に位置しているプロトンであることがわかるので、構造決定に役立つ。

あるプロトンが隣の炭素上のプロトンと3本結合を通してカップリングしている場合、このようなカップリングを**ビシナル**（vicinal）カップリングとよび、$^3J_{HH}$（または単に^3J）と略称する。また同じ炭素上のメチレンプロトン（CH_2）同士のカップリングは、2本の結合を通してのカップリングで、**ジェミナル**（germinal）カップリング（$^2J_{HH}$または^2J）とよばれる。ただしこれらを区別しないで、カップリング定数を単にJと書いてもよい。

これまでの例で見たような単純な化合物では、メチレンプロトン同士が化学的に等価であるため、ジェミナルカップリングはスペクトル中に観測されないが、分子内に不斉要素がある場合や環状化合物の場合にはメチレンプロトンが非等価となり、ジェミナルカップリングが観測される（1.4.11項）。

酢酸エチルのシグナルを帰属する際は、

δ 1.22 (3H, t, J＝7.1 Hz；4-CH_3), 2.01 (3H, s, 1-CH_3), 4.08 (2H, q, J＝7.1 Hz；3-CH_2)

のように記述する。この例では化学シフトを高磁場から低磁場の順に並べているが、低磁場側から並べる場合もある。しかし、レポートや論文中ではその順序を一貫する必要がある。通常、化学シフトは小数第二位、カップリング定数は小数第一位（または小数第一位を四捨五入）まで記載する。

要点 1.8

- **カップリング定数は分裂線の各ピークの幅をHzで表したものである。**
- **カップリング定数はJで表す。**
- **分裂線の間隔をppmで読み取った値に測定周波数（MHz）を掛けるとJ値が求まる（ppm×MHz＝Hz）。**
- **J値は化合物に固有の物理定数であり測定周波数によらない。**
- **カップリングするプロトン同士のJ値は同じである。**
- **3本結合を通したプロトン同士のカップリング（ビシナルカップリング）：$^3J_{HH}$**
- **2本結合を通したプロトン同士のカップリング（ジェミナルカップリング）：$^2J_{HH}$**

1.4.3　カップリング定数と化学構造

通常の有機化合物で観測されるカップリング定数は0～20 Hzの間の値である。カップリング定数は、プロトンが属する官能基の種類に大きく依存する。表1.3に有機化学実験でよく遭遇する官能基のカップリング定数をまとめた。カップリング定数には正負があり、一般にメチレンプロトン（CH_2）同士の2本結合を通したジェミナルカップリングの定数は負、隣り合う炭素上のプロトン同士の3本結合を通したビシナルカップリングの定数は正の値となる。カッ

表 1.3　官能基別に見るプロトン間のカップリング定数

H_A–C–H_X H_AとH_Xとの間が2本結合 （負の結合定数：$-J$）		H_A–C–C–H_X H_AとH_Xとの間が3本結合 （正の結合定数：$+J$）	
CH–C–CH（自由回転）	6～7 Hz (^3J)	ピリジン（N, a, b, c, d, e）	a–b 5 Hz (^3J) a–c 1.5 Hz (^4J) a–d 0 Hz (^5J) a–e 0 Hz (^4J) b–c 8 Hz (^3J) b–d 1.5 Hz (^4J)
CH–CH$_3$	6～7 Hz (^3J)		
C(H)(H)	12～20 Hz (^2J)	フラン（O, a, b, c, d）	a–b 2 Hz (^3J) b–c 3.5 Hz (^3J) a–c 0 Hz (^4J) a–d 1.5 Hz (^4J)
H (*cis*) H	10～13 Hz (^3J)	シクロヘキサン（H_a, H_e, H'_e, H'_a）	H_a–H_e 12～20 Hz (^2J) H_a–H'_a 8～14 Hz (^3J) H_a–H'_e 2～5 Hz (^3J) H_e–H'_e 2～5 Hz (^3J)
(*trans*) H / H	15～18 Hz (^3J)	シクロプロパン（H_a, H_b, H_c）	H_a–H_b 4～7 Hz (^2J) H_a–H_c (*cis*) 7～10 Hz (^3J) H_b–H_c (*trans*) 2～7 Hz (^3J)
=C(H)(H)	0～2 Hz (^2J)		
ベンゼン（H, H）	*o* 8～10 Hz (^3J) *m* 1～3 Hz (^4J) *p* ～0 Hz (^5J)	エポキシド（O, H_a, H_b, H_c）	H_a–H_b 4～5 Hz (^2J) H_a–H_c (*cis*) 3～5 Hz (^3J) H_b–H_c (*trans*) 1～3 Hz (^3J)

プリング定数の符号はカップリングのパターンをシミュレーションする場合などに重要であるが、通常の有機化学実験では符号を意識する必要はない。

(1) 自由回転する直鎖アルキル基

エチル基 ($-CH_2-CH_3$) やプロピル基 ($-CH_2-CH_2-CH_3$) などのアルキル基の内部では、C–C 間の単結合を軸として CH_2 や CH_3 が自由回転している。このような系では、ビシナルカップリング ($^3J_{HH}$) は決まって 6～7 Hz である。特に、メチル基は直鎖状または環状化合物に限らず常に分子の最末端に突き出ているため、自由回転が制限されることはごくまれで、メチル基に対する $^3J_{HH}$ はどのような場合 [$-CH-CH_3$, $-CH_2-CH_3$, $=CH-CH_3$] でも 6～7 Hz である。

(2) オレフィンのシスとトランス

1,2–二置換オレフィンには、シスおよびトランスの立体異性体が存在する。^{1}H NMR スペクトルは、シス、トランスのどちらの立体異性体かを一義的に決定できる優れた方法である。すなわち、図 1.27 の (i) および (ii) で示したように、二つのプロトン間のカップリング定数は、

シス体では $^3J_{HH}$ が 10～13 Hz であり、トランス体では 15～18 Hz である。典型的な例として (iii) および (iv) を示した。(i), (ii) のように炭素原子がオレフィンに結合している化合物では、この J 値を見ることによって、例外なくオレフィンの立体化学を決定できる。$^3J_{HH}$ が 14 Hz 近辺であるオレフィン化合物に遭遇した場合は、他の方法 [例えば NOE (§1.5) など] を併用して決定すべきであるが、対応するもう一方の立体異性体が手に入る場合は、小さい J 値を示す方がシス体と決定できる。

オレフィンに炭素以外の原子 (ヘテロ原子) が結合している場合 (点線四角内の例) は、シス体、トランス体ともに $^3J_{HH}$ が小さくなるので注意が必要である。その例を (v)～(viii) に示してある。例えばエノールエーテル (viii) では、オレフィンプロトンがトランスの関係にあるにもかかわらず、$^3J_{HH}$ は 12.6 Hz であり、注意しないとシス体であると誤った判断をしてしまう可能性がある。

末端メチレン (=CH_2) のプロトン同士は2本結合を通じてカップリングする。プロトン間に2本の結合しかないので J 値が大きいように思われるが、意外にも $^2J_{HH}$ = 0～2 Hz 程度の小さい値である。

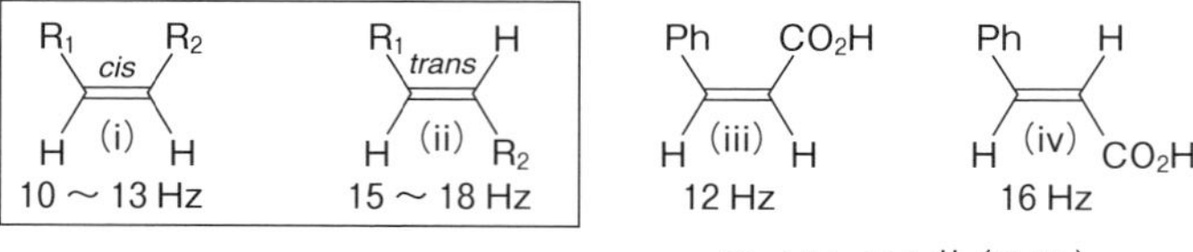

図 1.27　1,2-二置換 (i) シスおよび (ii) トランスオレフィンの $^3J_{HH}$。(iii), (iv) は典型的な $^3J_{HH}$ 値。(v)～(viii) はオレフィンにヘテロ原子が結合し、カップリング定数が小さくなる例。

(3) ベンゼン環の置換様式

ベンゼン環にいくつかの置換基が付き、少なくとも2個のプロトンが存在する場合、それらのカップリング定数を解析することにより、そのベンゼン環の置換様式を決定することができる。図 1.28 (i)～(iii) で見られるように、オルト (*o*)、メタ (*m*)、パラ (*p*) の関係にあるプロトン同士のカップリング定数が大きく異なるため、それらのカップリングパターンから置換基の位置に関する情報を得ることができる。なお、(ii) は4本結合を通したカップリングである (遠隔カップリング)。

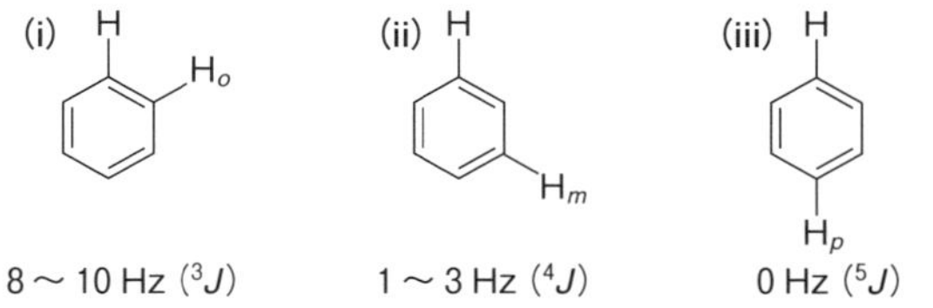

(i) 8〜10 Hz (^3J)　(ii) 1〜3 Hz (^4J)　(iii) 0 Hz (^5J)

図 1.28　(i)〜(iii) ベンゼン環のプロトン同士のカップリング定数。パラ位に位置したプロトン間にカップリングは観測されない。

(4) 遠隔カップリング

プロトン同士にカップリングが観測されるのは、ほとんどの場合 2〜3 本結合を通したカップリング (^2J, ^3J) であるが、4 本以上の結合を通したカップリング（**遠隔カップリング**：long-range coupling）も観測されることがある。一般に、プロトン間にオレフィンなどの π 電子系が存在すると、π 電子がカップリングに関与し遠隔カップリングが観測される。すでにベンゼン環上でメタの関係にあるプロトン同士のカップリング（メタカップリング：^4J）については紹介したが、その他の代表的な遠隔カップリングの例を図 1.29 に示す。

遠隔カップリングのカップリング定数は通常 0.1〜3 Hz と小さい値であるが、アセチレンやアレンを介してのカップリングはそれより大きな値をとる。図中で W-カップリングのみが π 電子を介さない遠隔カップリングである。W-カップリングは 2 個のプロトンと 3 個の炭素が同一平面にある場合に観測される。W-カップリングは、sp^3 軌道の (a) のような重なりにより 2 個のプロトンのスピンが相互作用することにより観測される。シクロヘキサノン (b) のカルボニルの隣の 2 個のプロトン間には、しばしばやや大きめの (1〜2 Hz) W-カップリングが観測される。また、シクロヘキサン環上のアキシアルメチルのプロトンは (c) で示す配座

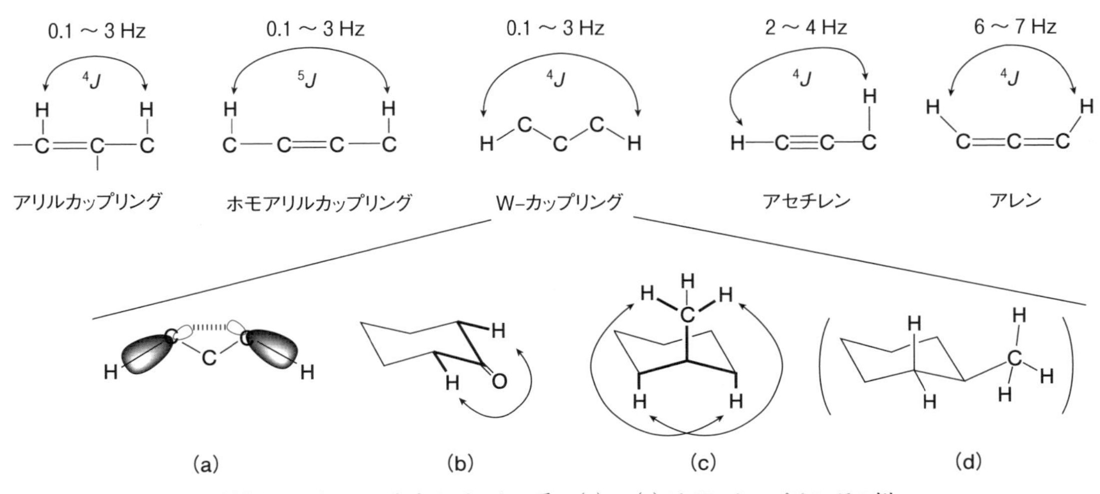

図 1.29　遠隔カップリングをするプロトン系。(a)〜(c) は W-カップリングの例。

により、両脇のアキシアルプロトンと W–カップリングする。しかし、エクアトリアル配位のメチルプロトンは、どのような配座をとってもメチル基の両脇のプロトンと同一平面になれないのでカップリングを示さない (d)。このタイプの W–カップリングのカップリング定数は極めて小さいので、通常の方法では観測するのが難しいが、シクロヘキサン環上のアキシアルメチルのシグナルはエクアトリアルメチルのシグナルよりも背が低い (W–カップリングにより小さく分裂するので) という現象を説明できる。また、COSY スペクトルというプロトン間のカップリングを検出するための二次元スペクトルでは、この型のカップリングを感度よく観測できる (1.4.10 項)。

1.4.4　カップリング定数と立体化学

多くの有機化合物は環状構造を有する。直鎖状化合物は C–C 結合を軸とする自由回転が可能で、固定された立体配座をとることはまれである。しかし、環状化合物においては、環を構成する C–C 結合の自由回転が不可能であるため、特定の立体配座をとることが多い。その結果、それぞれのプロトンの方向が固定されるので、カップリングするプロトン間の角度も固有の値を持つ。

図 1.30 (i) の C_1–C_2 結合を矢印方向から見ると (ii) のように見える (**ニューマン投影式**) (C_2

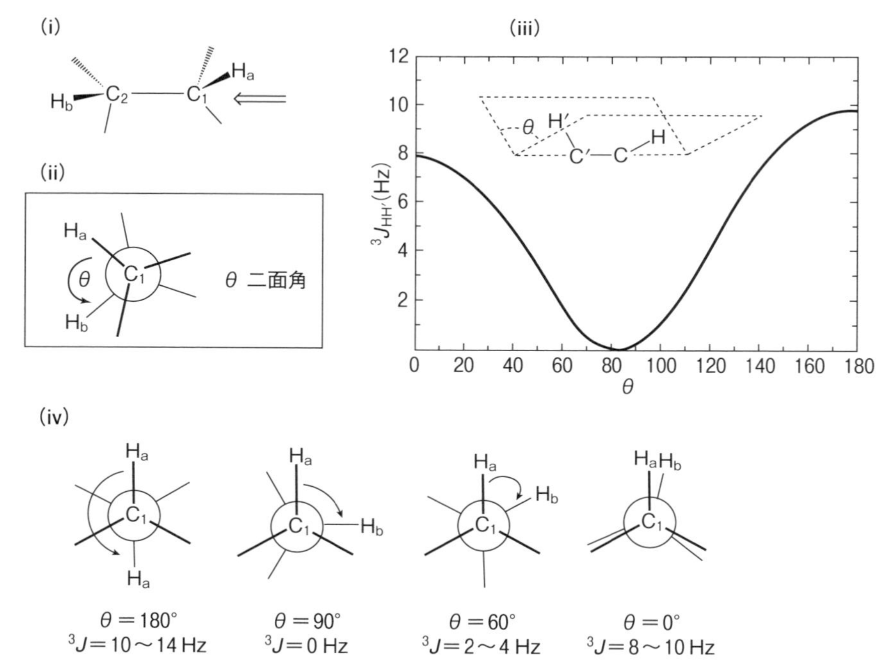

図 1.30　(i), (ii) 二面角の定義。(iii) カープラス曲線。(iv) 代表的な二面角とビシナルカップリング定数 ($^{3}J_{HH}$) の値。^{3}J の値がカープラス曲線から求められる値とずれているが、これらは実測値の平均である。
(iii) は Silverstein, R. M. *et al.*, Spectrometric Identification of Organic Compounds, 6th Edition, p.186, John Wiley & Sons (1998) より。

は C_1 に隠されている)。この図で H_a と H_b が作る角 (θ) を**二面角** (dihedral angle) とよぶ。ビシナルカップリング定数 ($^3J_{HH}$) と二つのプロトンが作る二面角の間には密接な関係があり、その関係をグラフで表したものが**カープラス曲線** (Karplus curve) (iii) である。縦軸が $^3J_{HH'}$、横軸が二面角 (θ) であり、代表的な二面角とグラフから求めたビシナルカップリング定数を (iv) に示す。ただし、グラフから求めたカップリング定数は絶対的なものではなく、実際に観測されるカップリング定数は、求めた値から ± 2 Hz 程度の範囲に収まる値である。

カープラス曲線の利用法を、代表的な環状化合物であるシクロヘキサン誘導体を例にとり説明する (図 1.31)。シクロヘキサン環の最も安定な**立体配座** (conformation) は「いす形」(chair form) である [図 1.31 (i)]。いす形立体配座上の水素原子および置換基はアキシアル (axial)、またはエクアトリアル (equatorial) の**立体配置** (configuration) をとる。(i) ではシクロヘキサンの 1-位と 2-位の水素のみを示してある。H_{ax} と H_{eq} はそれぞれアキシアルおよびエクアトリアルの水素である。(ii) は (i) を矢印方向から見たニューマン投影式である。わかりやすいように手前の (C-1 上の) 水素原子を太字で示した。4 個の水素原子の可能な 4 通りの組み合わせについて、二つの水素原子が作る二面角 (θ) とビシナルカップリング定数 (^3J) を (iii) に示す。(iii) には参考のため、メチレンプロトン同士のカップリング定数 (^2J) も記してある。これらのカップリング定数はシクロヘキサン環上の置換基の立体配置を決定する際に重要な役割を果たす。

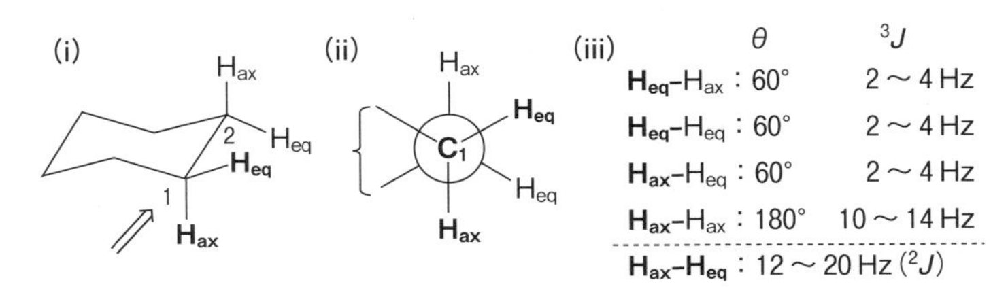

図 1.31 シクロヘキサン環のエクアトリアルおよびアキシアルプロトン同士が作る二面角 (θ) とビシナルカップリング。

D-グルコースはいす形のテトラヒドロピラン環を持つ化合物である。この化合物は水溶液中で、2 個の酸素が付いた炭素、すなわちアノメリック炭素 (C-2) 上の水酸基の配置が相互変換し、α-および β-体の平衡混合物となる [図 1.32 (i)]。(iii) は平衡混合物の ^{1}H NMR スペクトルである。3.2 ~ 4.0 ppm に複雑なシグナルが存在するが、4.62 と 5.25 ppm に単純なダブレットが観測されている。これらはアノメリックプロトン (H-2) のシグナルである。H-2 は H-3 とのみカップリングしてダブレットになる。それぞれのカップリング定数を測定すると低磁場側が 4 Hz、高磁場側が 8 Hz であり、(ii) に示した二面角より、低磁場側が α-体、高磁場側が β-体のアノメリックプロトンのシグナルであることがわかる。

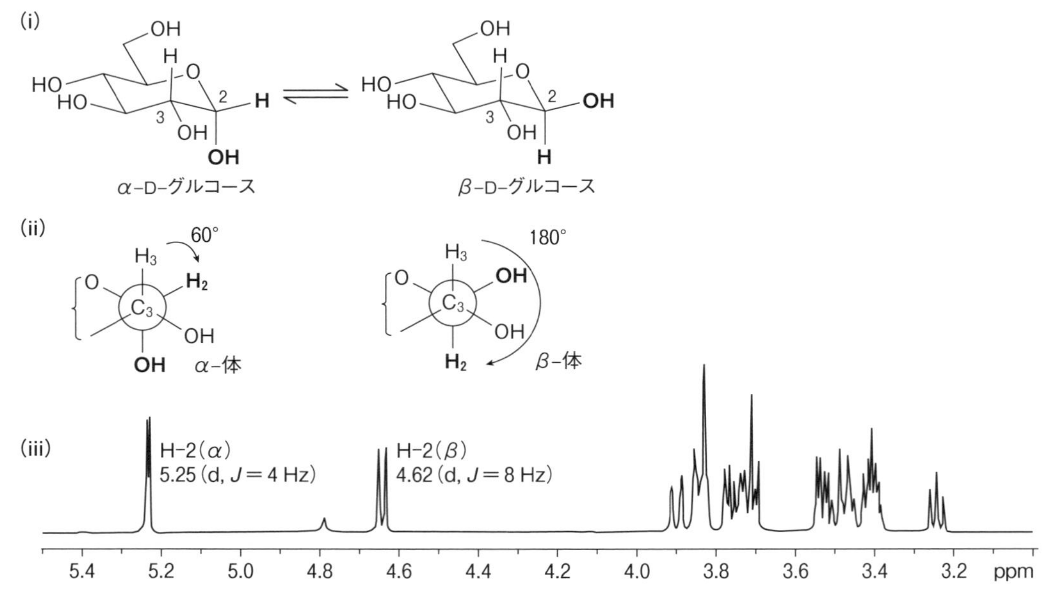

図 1. 32　(i) D−グルコースの水溶液中での平衡。(ii) C−3 から C−2 方向へ見たニューマン投影式。(iii) D−グルコース平衡混合物の ¹H NMR スペクトル（600 MHz, D_2O）。(iii) は岩下 孝・楠見武徳・村田道雄 共著『特論 NMR 立体化学』（講談社）より。

1. 4. 5　複数の異なる J 値でカップリングしたシグナル

分子が複雑になるにつれ NMR シグナルのパターンも複雑化する。図 1. 33 (i) は、プロトン H_A が隣接する 2 個のプロトンと同じカップリング定数（5 Hz）でカップリングした模式図である。H_A はまず 1 個のプロトンとカップリングして 5 Hz のダブレットとなる。さらに他の 1 個のプロトンとカップリングするため、最初のダブレットの 2 本の線が、それぞれ 5 Hz のダブレットに分裂する。図からわかるように中央の 2 本の線が重なるため、結果として 1：2：1 の強度比を持つ 3 本の線（トリプレット）が得られる。

(ii) は H_A が二つの異なるカップリング定数（10 Hz, 5 Hz）でカップリングするパターンである。この場合は分裂した線が重ならないので 1：1：1：1 の強度比の 4 本の線が得られる。一見すると得られるパターンは 5 Hz のカルテットのように見えるが、¹H NMR でカルテットは 1：3：3：1 の強度を持つシグナルを意味する（p.28）ので、この場合は（dd, J = 10, 5 Hz）と表記する。また、カップリング定数は大きい方から小さい方へ順にならべる。

(iii) は H_A が 2 個のプロトンと 10 Hz、さらに 1 個のプロトンと 5 Hz でカップリングする場合のパターンである。最初のトリプレット（10 Hz）がさらにダブレット（5 Hz）に分裂するため、1：1：2：2：1：1 の強度比の 6 本のシグナルが現れている。このパターンの記述は（td, J = 10, 5 Hz）であり、(　) 内では t と 10 Hz, d と 5 Hz が対応するようにならべる。カップリングパターンを作図する際には (ii) および (iii) のように、まず J 値が大きい方を始点とするとわかりやすい。

このように、複数のプロトンとカップリングするプロトンのパターンは、方眼紙などを使う

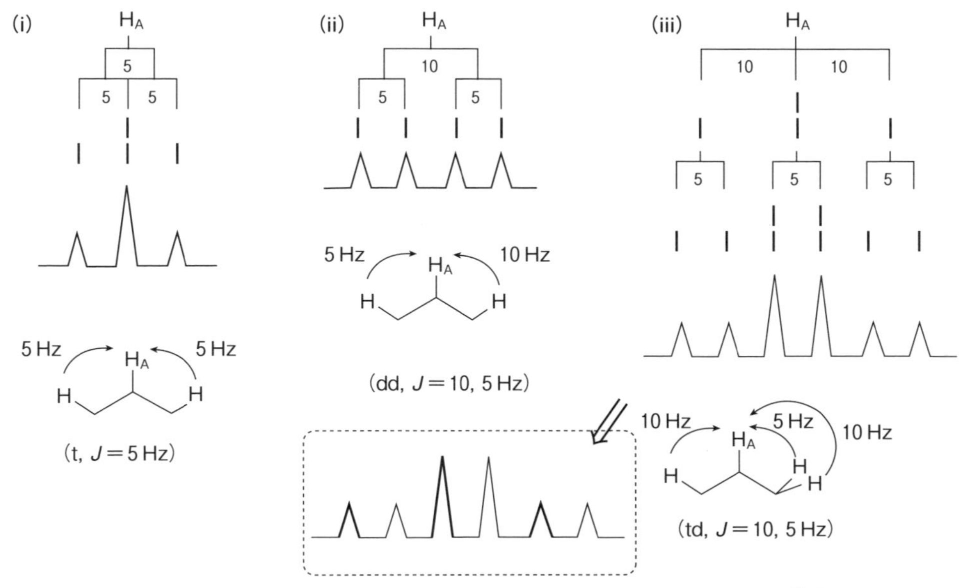

図 1.33　複数のプロトンとカップリングする場合のカップリングパターンの模式図。

と容易に作図できる。ところが、スペクトルに現れた複雑なパターンを解析（図 1.33 と逆の方向で単純化する操作）することはかなり難しく、工夫が必要である。例えば、(iii) のパターンを、点線内に示すように「色分け（細い線と太い線）」してみると、2 個の大きな（10 Hz）トリプレットが 5 Hz 離れている姿が浮かび上がってくるだろう。

図で示したように、1 個のプロトンが示すカップリングパターンは必ず線対称であるので、それを念頭に置くと解析が容易になる。カップリング定数は化合物の構造解析に必須の値であるので、複雑なパターンでも解析できるようになるよう努力すること。

【問題 1.8】　方眼紙を用いて解答せよ。

(1) 次の H_A ～ H_D のカップリングパターンをそれぞれ作図せよ。

H_A (dd, $J = 8, 4$ Hz)

H_B (dd, $J = 12, 2$ Hz)

H_C (td, $J = 10, 2$ Hz)

H_D (ddd, $J = 10, 4, 2$ Hz)

(2) 次のようなビニル基のプロトン（H_E ～ H_G）のカップリングパターンをそれぞれ作図せよ。

X
16 Hz
H_F
2 Hz
H_E
H_G
10 Hz

1.4.6　二次カップリング：AB 型シグナル

互いにカップリングする 2 個のプロトンの化学シフトに大きな差がある時、両者のシグナルは正常な形のカップリングパターンを示す。このようなカップリングを「**一次カップリング** (first order coupling)」とよぶ。2 個のプロトンの化学シフトが非常に近くなると、両者のシグナルに変形が見られるようになる。このような変形したシグナルを示すカップリングを「**二次カップリング** (second order coupling)」とよぶ。

図 1.34 (a)～(d) は 7.0 Hz でカップリングする 2 個のプロトンのシグナル形と、両者の化学シフトの差との関係を示している。測定周波数を 500 MHz としてシミュレーションした結果である。

図 1.34 の一番下側に示した (d) は、化学シフトの差が 0.196 ppm (98 Hz) である場合のスペクトルである。各ダブレットはほぼ 1：1 の背の高さの線から成り立っており、▲で示した

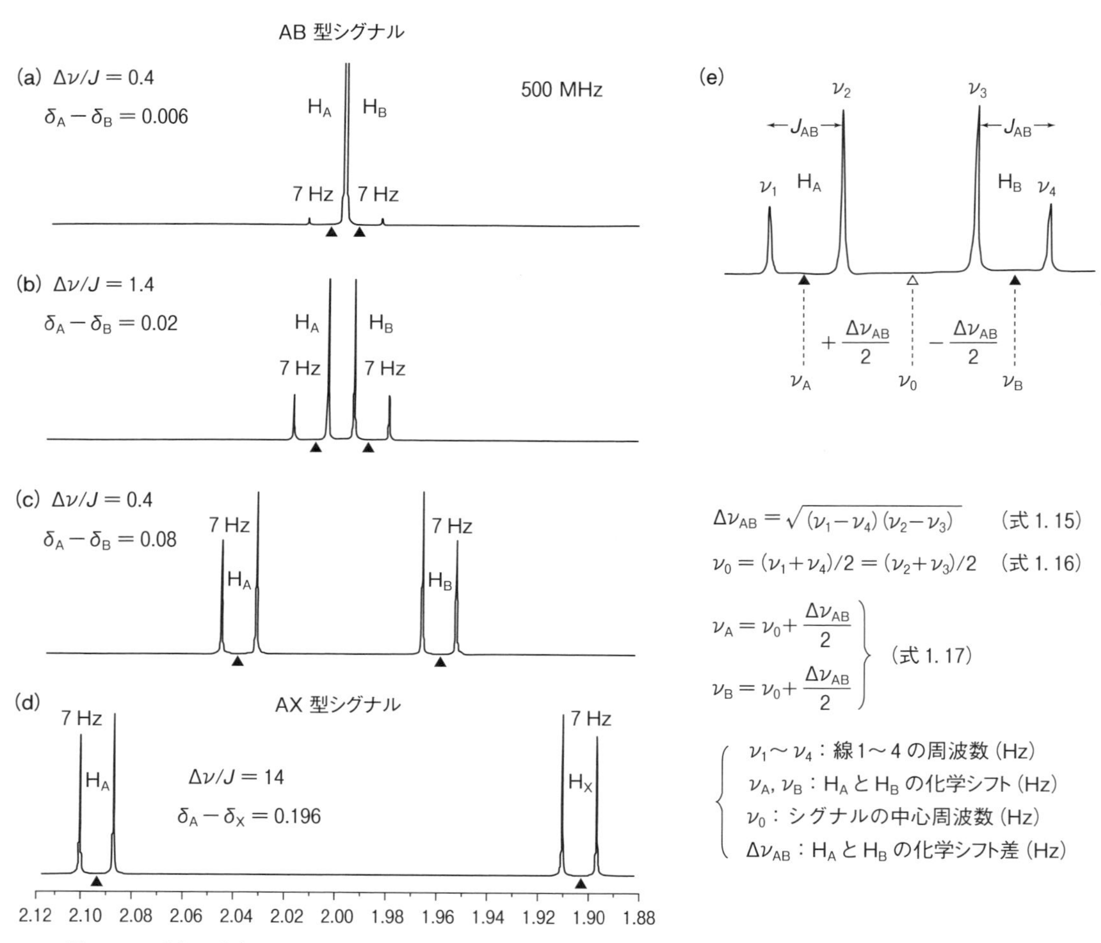

図 1.34　(a)～(d) $J = 7.0$ Hz でカップリングする 2 個のプロトンのシグナル形とプロトン間の化学シフト差との関係。観測周波数を 500 MHz としてシミュレーション。(e) $\Delta\nu/J < 4$ である AB 系の H_A および H_B の化学シフトの求め方。シミュレーションは岩下 孝 博士 (サントリー生命科学財団生物有機科学研究所) による。

両プロトンの化学シフトはダブレットの中心に位置している。このような一次カップリングを示す系を「**AX 系**」(AX 型シグナル) とよび、H_A に対して化学シフトが大きく異なるプロトンを H_X と表記する。

図 1.34 (c) は、2 個のプロトンの化学シフト差を 0.080 ppm (40 Hz) と小さくしたスペクトルである。各ダブレットの内側 (カップリングの相手に近い方) の線が外側の線よりも背が高くなっている。このような二次カップリングを示す系を「**AB 系**」(AB 型シグナル、または AB カルテット) とよび、各プロトンを H_A および H_B と表記する。シグナルの変形の度合いは化学シフトの差 ($\Delta\nu$) とカップリング定数 (J) に依存するので、$\Delta\nu/J$ を指標にすると観測周波数に関係なく二次効果の度合いを推定することができる。(c) においては $\Delta\nu/J = 40/7 = 5.7$ である。

図 1.34 (b) は、化学シフト差を 0.020 ppm ($\Delta\nu = 10$ Hz：$\Delta\nu/J = 1.4$) としたスペクトルである。内側と外側の線の高さの差が明瞭になっている。それと共に、H_A および H_B の化学シフトがダブレットの中心ではなく、それぞれ内側に移動している。この傾向は図 1.34 (a) ($\Delta\nu/J = 0.4$) でより顕著に見られる。各ダブレットの外側の線はほとんど消えかかっており、気をつけないと小さく分裂した 2H のダブレットと見誤る危険性がある。また、それぞれの化学シフトも極端に内側に寄っている。ただし、このように変形が著しい AB 系でも、ダブレットの幅 (J 値) は変化しない。

一般に、$\Delta\nu/J > 4$ である AB 系においては、H_A および H_B のダブレットの中心をそれぞれの化学シフトとしてよい。例えば $J_{AB} = 10$ Hz の AB 系を 400 MHz の装置で測定したとすると、両プロトンの化学シフト差が 0.1 ppm 以上ある場合に対応する。

$\Delta\nu/J < 4$ の AB 系で化学シフトを正確に知る必要がある場合は、図 1.34 (e) の式を用いてそれぞれの化学シフト (ν_A, ν_B) を求める。すなわち、AB 系の 4 本の線のシフト (δ 値) に観測周波数を掛けて周波数 ($\nu_1 \sim \nu_4$) (Hz) に変換する。次に、式 1.15 により $\Delta\nu_{AB}$ を求める。ν_0 はシグナル全体の中心の位置にあるので簡単に求められる。これをもとに ν_A と ν_B (Hz) を導く。最後にこれらの値を観測周波数で割り H_A, H_B の化学シフト (δ 値) を求める。

【問題 1.9】　図 1.35 (次頁) は α-サントニンの ^{1}H NMR スペクトルである。

(1) 1-位と 2-位のプロトン同士のカップリング定数を求めよ。

(2) 両プロトンのシグナルについて $\Delta\nu/J$ を求めよ。

(3) (2) の結果に基づき両プロトンの化学シフトを求め帰属を行え。

(4) これらのプロトンの化学シフトの差について共鳴構造式を用いて説明せよ。

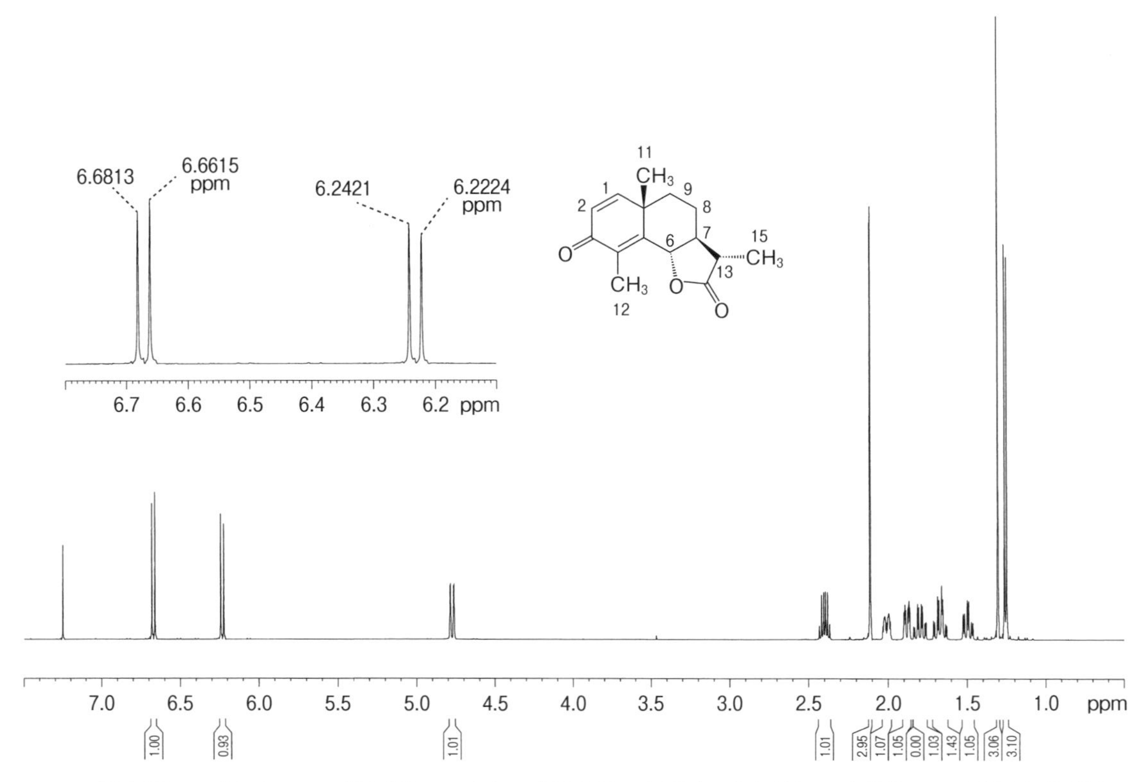

図 1.35　α-サントニンの ^{1}H NMR スペクトル (500 MHz, $CDCl_3$)。各シグナルの帰属については図 1.40 参照。

1.4.7　やや複雑な二次カップリング：ABX 型シグナル

AB 型シグナルを示すプロトン (H_A, H_B) が、化学シフトが大きく異なるもう 1 個のプロトン (H_X) とカップリングしている系を ABX 系 (ABX 型シグナル) とよぶ。多くの有機化合物、特に環状化合物や生体関連物質がしばしば ABX 型シグナルを示す。

図 1.36 (i) に ABX 型シグナルを示す代表的な部分構造の例を示す。これらのうち (a) と (b) は H_B のみが H_X とカップリングする例 [スペクトル (ii)]、(c) と (d) は H_A と H_B の両者が H_X とカップリングする例 [スペクトル (iii)] である。(d) は不斉炭素の隣にメチレン基が位置している例で、メチレン基の H_A と H_B は化学的に非等価で互いにカップリングを示す (1.4.11 項参照)。スペクトル (iii) は (d) をモデルにしたものである。スペクトル (ii) は合計 8 本、スペクトル (iii) は合計 12 本のシグナルを与える。(ii) のパターンは比較的容易に解析でき、四角内のスペクトルからそれぞれのカップリング定数を求めることができる。(iii) のパターンは一見複雑ではあるが、図をよく見ると「下から上」、すなわち四角内のスペクトル (下) からカップリングの様子 (上) を解析することはそれほど難しくないであろう。

図 1.37 は 2-ヒドロキシ-5-メトキシ安息香酸メチルの ^{1}H NMR スペクトルである。芳香族プロトンのシグナルの拡大図を見ると合計 8 本の線が確認され、図 1.36 (ii) の操作を行うことにより J_{AB} = 10.9 Hz, J_{AX} = 0 Hz, J_{BX} = 3.2 Hz と決定できる。なお、J_{BX} はメタカップリングである。

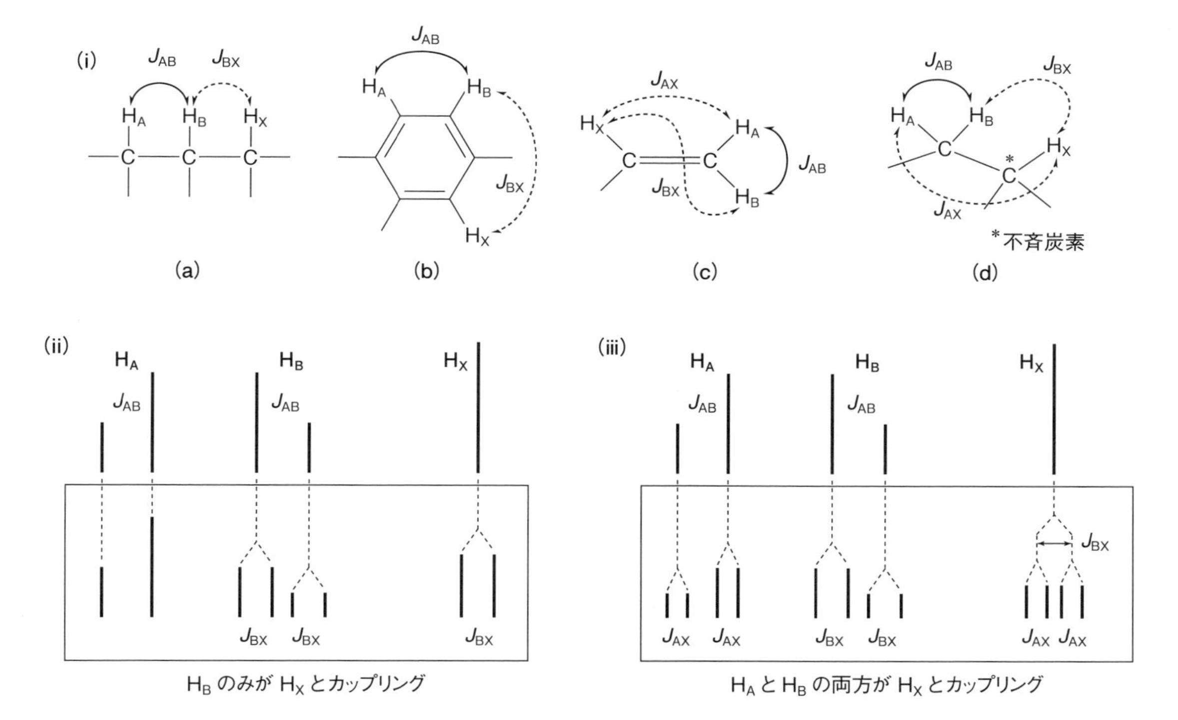

図 1.36 (i) ABX 型シグナルを示すプロトン群。(ii) および (iii) ABX 型シグナルのモデルパターン。

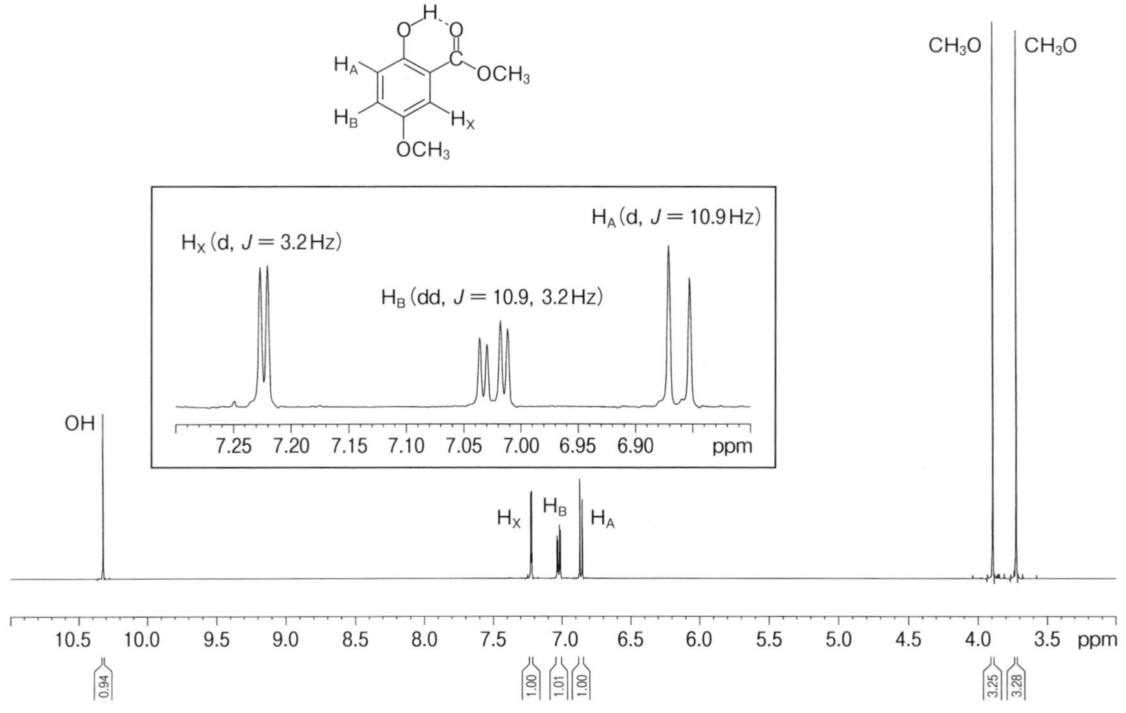

図 1.37 2-ヒドロキシ-5-メトキシ安息香酸メチルの ^{1}H NMR スペクトル ($CDCl_3$, 500 MHz)。拡大図は芳香族プロトンシグナル領域。

【問題 1.10】 図 1.37 のスペクトルにおいて水酸基のシグナルが非常に低磁場である理由を述べよ。またこのシグナルが水酸基によるものかを確かめるためには、サンプル溶液にどのような操作を行えばよいか。

図 1.38 はエチルビニルエーテルの ^{1}H NMR スペクトルである。ビニル基の 3 個のオレフィンプロトン (H_A, H_B, H_X) も ABX 型シグナルを示すが、ビニル基の部分は図 1.36 (iii) で示したものと若干パターンが異なる。それはビニル基の末端部にある 2 個のプロトン同士のカップリング定数が見えないほど小さい (J_{AB} = 0 Hz) ためである (表 1.3) (p.33)。実際のスペクトルにあわせてカップリングパターンをシミュレートしたものを図中に示す。このパターンを各シグナルと照らし合わせると、この ABX 型シグナルの全体を把握できる。

ABX 型シグナルを示す系は、H_X が H_A, H_B とある程度異なる化学シフトを持つ系であったが、H_X が H_A や H_B とほとんど同じ化学シフトを持つ場合、H_X を H_C と置き換えて **ABC 系**と名付ける。ABC 型シグナルは非常に複雑なパターンを示し、解析にはコンピュータが必要になる。

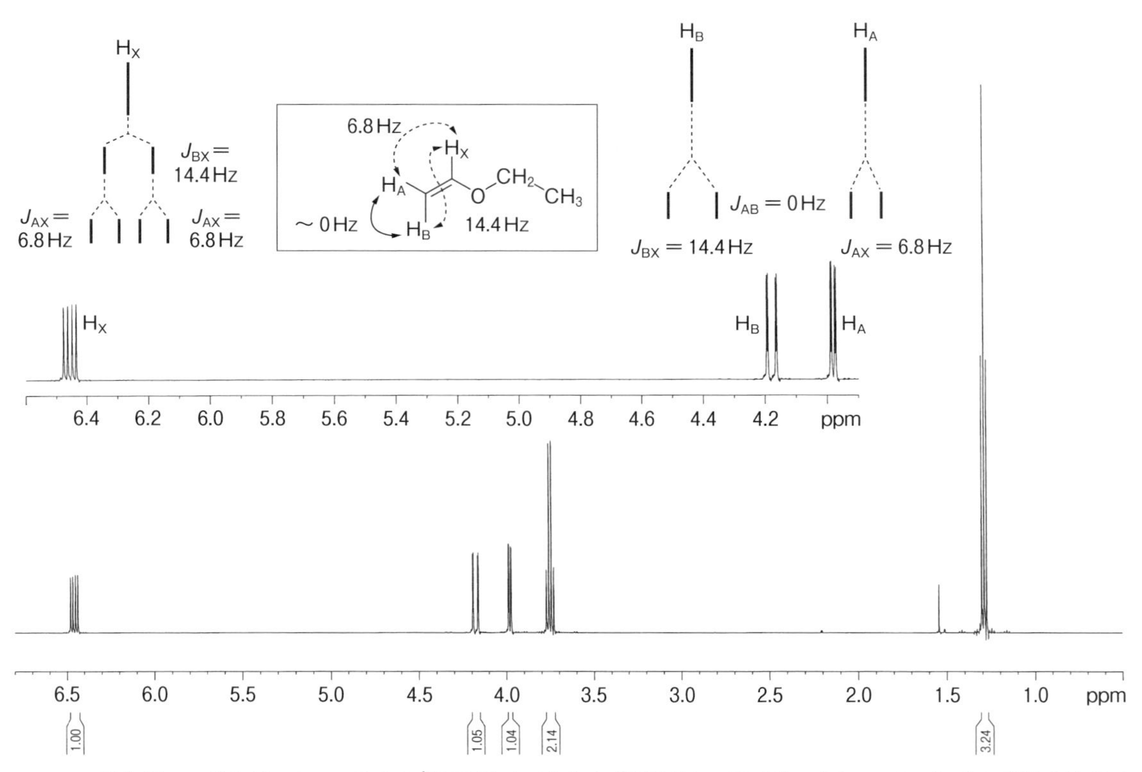

図 1.38　エチルビニルエーテルの ^{1}H NMR スペクトル (500 MHz, $CDCl_3$)。オレフィンプロトン領域の拡大図とカップリングパターンの解析。

【問題 1.11】　コーヒー酸の ^{1}H NMR (500 MHz, CD_3OD) スペクトルについて次の問いに答えよ。なお点線内は低磁場領域の拡大図で各ピークのシフトを ppm で読み取っている。

(1) シグナル a～e を構造式のプロトン H-2, H-5, H-6, H-α, H-β に対応させよ。

(2) オレフィンプロトン H-α, H-β 同士のカップリング定数を求めよ。

(3) オレフィンの立体化学はシスかトランスか？

(4) ベンゼン環プロトン H-2, H-5, H-6 のシグナルは ABX 型と見ることができる。各プロトン間のカップリング定数を求めよ。

(5) このスペクトルは重メタノール (CD_3OD) を溶媒として測定した。コーヒー酸の 2 個の OH と 1 個の CO_2H プロトンのシグナルが観測されないのはなぜか？

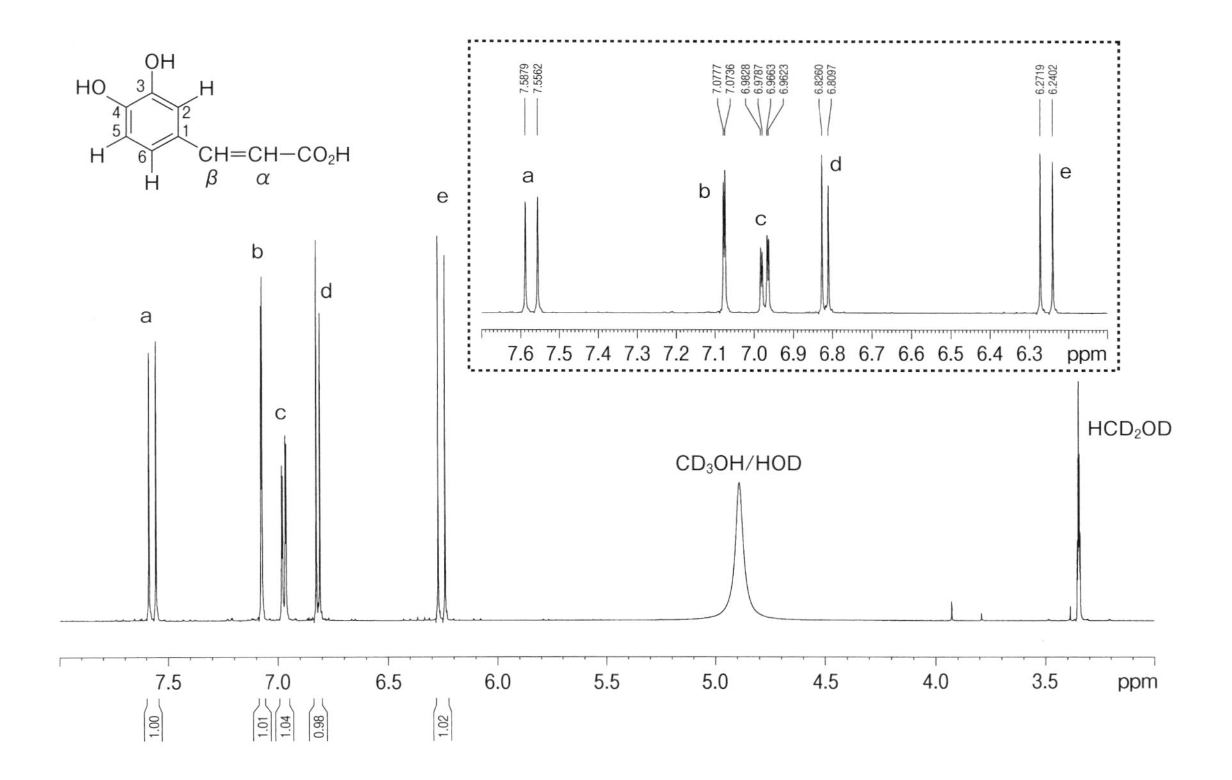

1.4.8 高磁場 NMR 装置のメリット

1960 年代から 1970 年代にかけて、NMR 装置が有機化学実験室に配備されるようになり、NMR 分光法は有機化学の進歩に大きく貢献した。当初は永久磁石を用いる 60 MHz の装置が主流であったが、現在では超伝導磁石を用いる 400～800 MHz の NMR 装置が普通に利用できるようになった。では、磁場の強度が大きくなる（観測周波数が高くなる）ことは NMR スペクトルにどのような利点を与えるのであろうか。

利点 1　磁場に平行な核スピン (α) と逆方向の核スピン (β) の間のエネルギー差 ΔE は、式 $\Delta E = (h\gamma_{\mathrm{H}}/2\pi)B_0$ (式 1.8) (p. 5) で磁場強度 (B_0) と関係づけられる。この式は、磁場強度

が大きくなるとαとβ間のエネルギー差が比例して大きくなる事を示している。磁場強度を上げてΔEを大きくすると、ボルツマン式（式 1.4）(p. 3) によりN_α、すなわち電磁波を吸収するαスピンの数が増大するのでシグナル強度が増加する（感度が向上する）。

利点 2　高磁場がもたらすもう一つのメリットは、シグナルの重なりが解消されることである。カップリング定数は磁場強度に影響されないことがその背景にある。

図 1.39 は$J = 8$ Hz のダブレット (H_1 : δ 1.70) と$J = 6$ Hz のカルテット (H_2 : δ 1.67) の 200 MHz (i) および 600 MHz (ii) で測定したシグナルの模式図である。両スペクトルとも化学シフト軸のスケールは同じにしてある。すぐに気がつくことは、(i) では両方のシグナルが重なっているが、(ii) ではその重なりが解消し、即座にダブレットとカルテットの存在を見分けることができるということである。これは図中に示したように、200 MHz の装置ではカップリング定数の 8 Hz および 6 Hz はそれぞれ 0.04 ppm および 0.03 ppm の幅に対応するが、600 MHz の装置ではそれらの幅が 1/3 に縮小し、それぞれ 0.01_3 ppm および 0.01 ppm と狭くなるからである。

利点 3　1.4.6 項で述べたように、二次カップリングによるシグナルの変形の度合いは$\Delta\nu/J$に依存する。$\Delta\nu/J$が 4 より小さくなるとシグナルの変形が著しくなり、各ダブレットの化学シフトは計算式で求める必要がある。$\Delta\nu/J$において、Jは磁場強度に依存しないが$\Delta\nu$は磁場強度に比例して大きくなる。すなわち、$\Delta\nu/J = 4$の系でも磁場強度を 2 倍にすれば$\Delta\nu/J = 8$となり、シグナルの変形が緩和され、各ダブレットの中心が化学シフトとほぼ一致する。例えば図 1.34 (c) の系は 500 MHz 装置で 0.08 ppm ($\Delta\nu = 40$ Hz) の化学シフト差である。$\Delta\nu/J = 5.7$であるのでH_A、H_Bの化学シフトは各シグナルの中央とみなしてよく、またシグナルの変形も小さい。仮にこの系を 100 MHz の装置で測定したとすると、化学シフト差は 0.08 ppm × 100 MHz = 8 Hz で$\Delta\nu/J = 1.1$と小さくなり、これは図 1.34 (b) ($\Delta\nu/J = 1.4$) よりも変形が進んだシグナルに対応する。このように、磁場強度（観測周波数）を大きくすると、シグナルの変形がおさえられ、スペクトルの解析が容易になる。

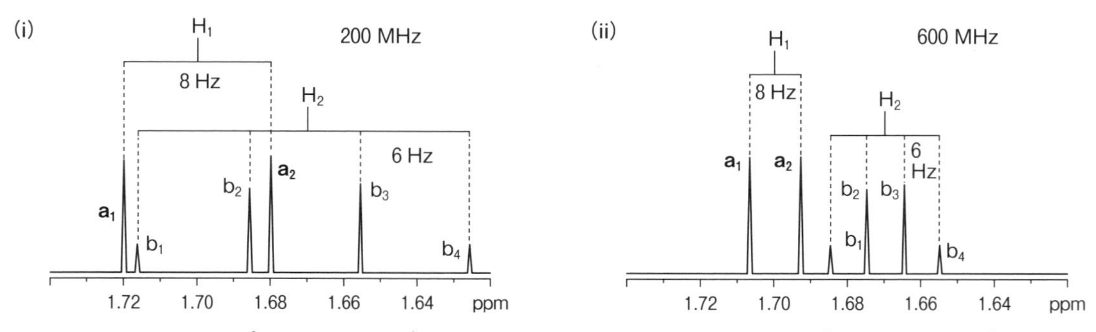

$J = 8$ Hz → 8 Hz/(200×10^6) Hz = 0.04×10^{-6} = 0.04 ppm
$J = 6$ Hz → 6 Hz/(200×10^6) Hz = 0.03×10^{-6} = 0.03 ppm

$J = 8$ Hz → 8 Hz/(600×10^6) Hz = $0.01_3 \times 10^{-6}$ = 0.01_3 ppm
$J = 6$ Hz → 6 Hz/(600×10^6) Hz = 0.01×10^{-6} = 0.01 ppm

図 1.39　$J = 8$ Hz のダブレットと$J = 6$ Hz のカルテットを 200 MHz (i) および 600 MHz (ii) の装置で測定したシグナルの模式図。横軸のスケールは両者共同じ。

要点 1.9

磁場強度（観測周波数）を大きくすると

- **スペクトルの感度が上がる**
- **カップリングしたシグナルの幅が小さくなりシグナルの重なりが解消する**
- **二次カップリングのシグナルが一次カップリングのシグナルに近づく**

ため、スペクトルが解析しやすくなる。

図 1.40 は α-サントニンの ^{1}H NMR スペクトルで、(i) は 360 MHz、(ii) は 90 MHz で測定したものである。(ii) では高磁場領域 (δ 1.4〜2.2) のシグナルは重なりあっていて解析が不可能であるが、(i) では全てのシグナルが独立して現れておりカップリングパターンが明確に読み取れる。なお、図 1.35 に α-サントニンの 500 MHz スペクトルがある。500 MHz のスペクトルでは 360 MHz のスペクトルよりもさらにシグナルの重なりが解消されている。

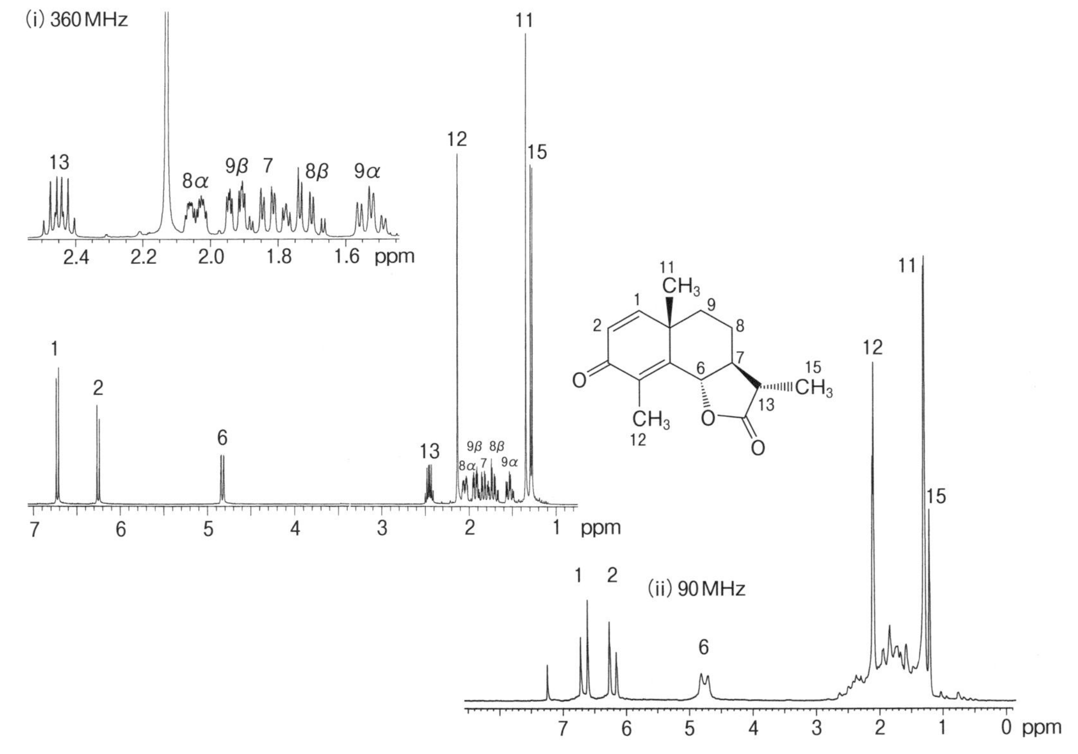

図 1.40 α-サントニンの ^{1}H NMR スペクトル ($CDCl_3$)。(i) および (ii) はそれぞれ 360 MHz および 90 MHz で測定。中西香爾 編、楠見武徳・岩下 孝・直木秀夫 共著『チャートで見る超電導 FT-NMR』（講談社）より。

1.4.9　デカップリング

(1) デカップリング実験

図 1.41 (i) は、互いにカップリングしている H_A と H_X のうち、強磁場中に置かれた H_X の状態を示している。既述のように、磁場に平行な α スピンの方が若干安定なので、ボルツマン過剰分が少数存在する。この状態で、パルス発振器とは別の第二の電波発振器により H_X の共鳴電波 (ν_X) を持続的に照射すると、H_X の α と β のスピンが激しく交換し始める (ii)。ボルツマン式 (式 1.4) (p.3) で表される状態は、静的熱平衡のもとで成り立つが、α と β が激しく交換する過激で動的な状態ではボルツマン過剰分は無くなり、結果的に α の数と β の数が等しくなる。この状態 ($N_\alpha = N_\beta$) を**飽和** (saturation) とよぶ。

飽和の状態においてはボルツマン過剰分が存在しないため、電波を長時間照射された H_X のシグナルは消失する。また、電波を照射している間は H_X の α スピン [$H_X(\alpha)$] および β スピ

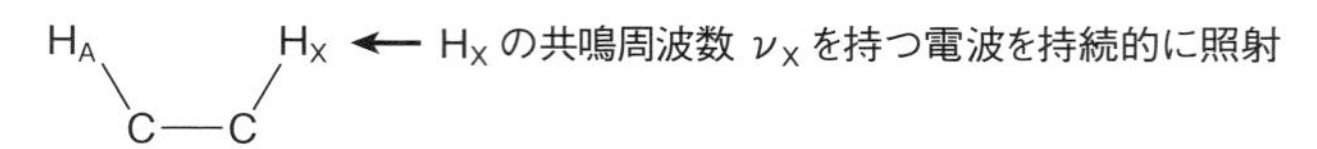

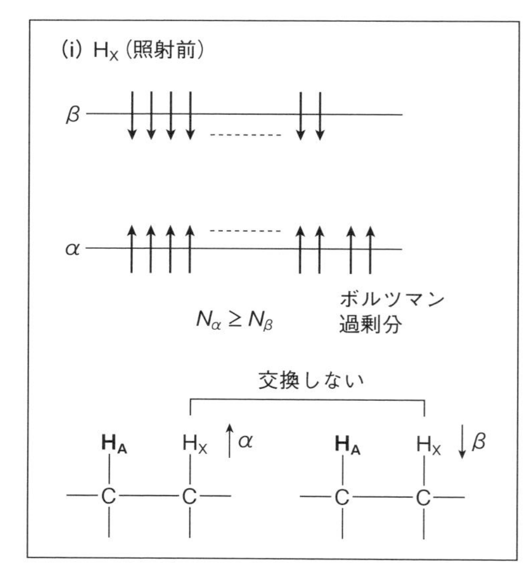

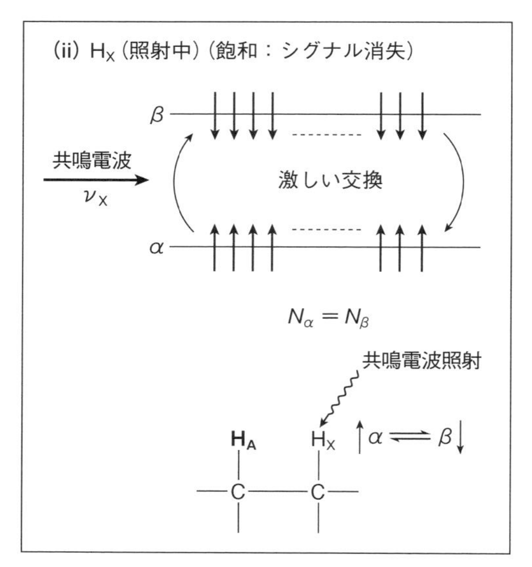

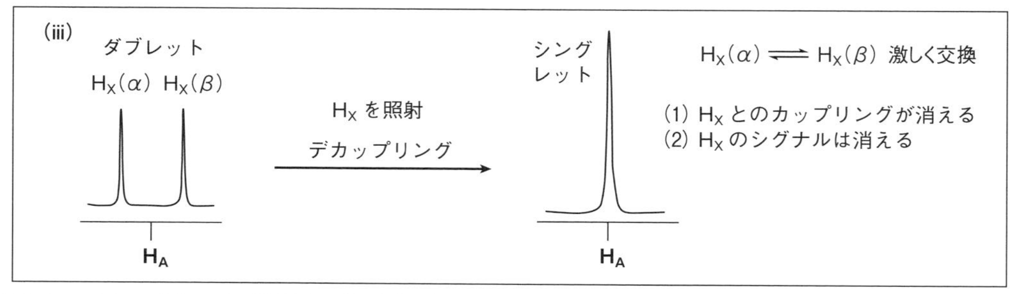

図 1.41　デカップリングの概念図。(i) 磁場に置かれた H_X：ボルツマン過剰分が存在する。(ii) 共鳴電波 (ν_X) を持続的に照射されている H_X：α と β が激しく交換すると共にボルツマン過剰分がなくなる。(iii) H_X を照射しながら測定した H_A シグナルの変化。デカップリングによりシングレットに変わる。

ン［$H_X(\beta)$］の交換が激しく行われている（照射をやめると交換は止まるが、飽和状態はある程度の時間持続する）。

H_X を照射しない通常の測定では、H_A のシグナルは隣の $H_X(\alpha)$ および $H_X(\beta)$ によりダブレットに分裂する。しかし H_X を持続的に照射しながらスペクトルを測定すると、$H_X(\alpha)$ と $H_X(\beta)$ が激しく交換するので、H_A から見ると H_X が α か β かを区別できない、すなわち H_X とのカップリングがない状態になり、H_A はシングレットとして観測される。同時に、H_X のシグナルは飽和のため消失する（iii）。

このように、あるプロトンのシグナルを照射して、そのプロトンとのカップリングをなくす操作を**デカップリング**（decoupling）とよぶ。

図 1.42（i）は 1–ブロモブタンの ^{1}H NMR スペクトルである。（ii）は 2–CH_2 のシグナルを照射（化学シフト δ 1.84 に対応した周波数を持つ電波をあてながらスペクトルを測定）して得られるデカップリングスペクトルである。2–CH_2 とのカップリングがなくなるため、1–CH_2 はシングレット、3–CH_2 はカルテットに変化している。4–CH_3 はもともと 2–CH_2 とカップリングしていないのでシグナルの変化はない。また、照射された 2–CH_2 のシグナルは消える。

デカップリング実験によりシグナルが単純化するので、カップリングパターンを解析するの

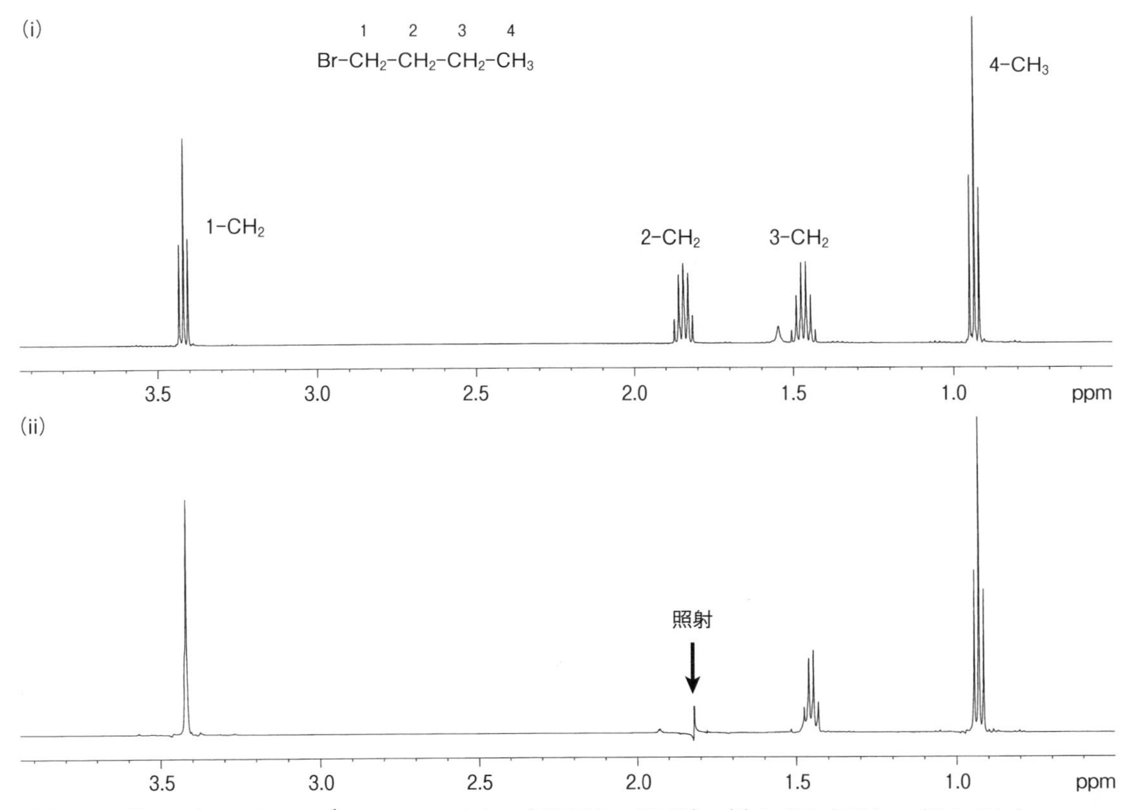

図 1.42　（i）1–ブロモブタンの ^{1}H NMR スペクトル（500 MHz, $CDCl_3$）。（ii）2–CH_2 をデカップリングしたスペクトル。

に有効である。また、照射されたプロトンとカップリングしている相手のプロトンを探し出すことができるという利点がある。すなわち、デカップリング実験をいくつかのプロトンについて繰り返すことにより隣り合うプロトンのセットを見つけることができるので、化合物の構造決定に役立つ。

(2) デカップリングを伴うプロトンの化学交換

デカップリングは、第二の発振器から電波を照射しながらスペクトルを測定する操作であるが、電波を照射しなくても自然にデカップリングが起こる場合がある。これは水酸基（OH）のシグナルによく見られる現象である。エタノールを例としてこの現象を考察する。

図1.43 (i) はエタノールの $CDCl_3$ 溶液の ^{1}H NMR スペクトルである。エタノールの構造式を見ると、OH プロトンと CH_2 プロトンとの間は3本結合であるので、これらのプロトンはカップリングするはずである。ところが、(i) では、OH シグナルは δ 1.54 にブロードなシグナルとして現れていて、CH_2 (δ 3.68) とカップリングしていない。また、CH_2 も隣の CH_3 とカップリングしてカルテットとして現れているだけで、OH とのカップリングが観測されない。

1.3.2項で学習したように、水酸基のプロトンは分子間で素早く交換している［図1.43 (iv)］。これを CH_2 の立場から見ると、カップリングすべき OH プロトンは、ある時は H_A であり他の時は H_B であるというように、いくつもの OH プロトンと素早く交換している。交換するプロトンの核スピンは、α であったり β であったりというようにランダムに変化する。すなわち CH_2 から見ると OH のプロトンは α と β の状態間で激しく交換しているので、結局 CH_2 と OH の間のカップリングは観測されないことになる。このような現象もデカップリングとよぶが、電波を照射するデカップリングと異なり、化学交換する OH プロトンのシグナルは消えるわけではなく、CH_2 とのカップリングが相殺されてしまうのでシングレットとして観測される。

アルコールが不純物、特に痕跡量の酸性物質を含むと、水酸基がプロトン化された $(R-OH_2)^+$ が触媒となって、OH プロトンの交換が速くなりデカップリングが起こる。一方、純粋なアルコールの場合、化学交換が小さくなり、隣のプロトンとのカップリングが観測されることがある。また測定溶媒を変えると、OH プロトンの化学交換速度を小さくしたり止めたりすることができる。最も効果的な溶媒は DMSO-d_6 である。DMSO の S→O 結合は極性が大きく、酸素原子の負電荷性（$\delta-$）が大きい。DMSO-d_6 中にアルコールを溶かすと、水酸基のプロトンと溶媒の S→O との間に強い水素結合が形成され、アルコール分子間のプロトン交換がほとんど起こらなくなる［図1.43 (v)］。

エタノールの DMSO-d_6 溶液の ^{1}H NMR スペクトルを図1.43 (ii) に示す。OH プロトンは DMSO-d_6 の酸素原子と強固に水素結合しているため、CH_2 とカップリングし J = 5.0 Hz のトリプレットとして現れている。また CH_2 は OH (J = 5.0 Hz) と共に CH_3 とカップリング (J = 6.6 Hz) しているので、(qd, J = 6.6, 5.0 Hz) となり8本線として観測されている。なおこのスペクトル中で δ 2.5 付近のシグナルおよび δ 3.5 付近のシグナルは、それぞれ DMSO-d_6 溶媒の残余シグナル（表1.2参照）(p.23) および溶媒中の H_2O によるシグナルである。

OH プロトン同士の交換速度が (i) よりも小さく (ii) よりも大きい中間的な速さであると

OHのシグナルはブロード化し、時には背の低い丘のようになり観測しにくいこともある。OH基以外でもNH, NH_2, SH基なども同様の挙動を示す。このような化学交換に伴うシグナル形の変化については§1.6で説明する。

DMSO-d_6は沸点が高く（189°C）、測定後サンプルの回収に手間がかかる（溶液に蒸留水を

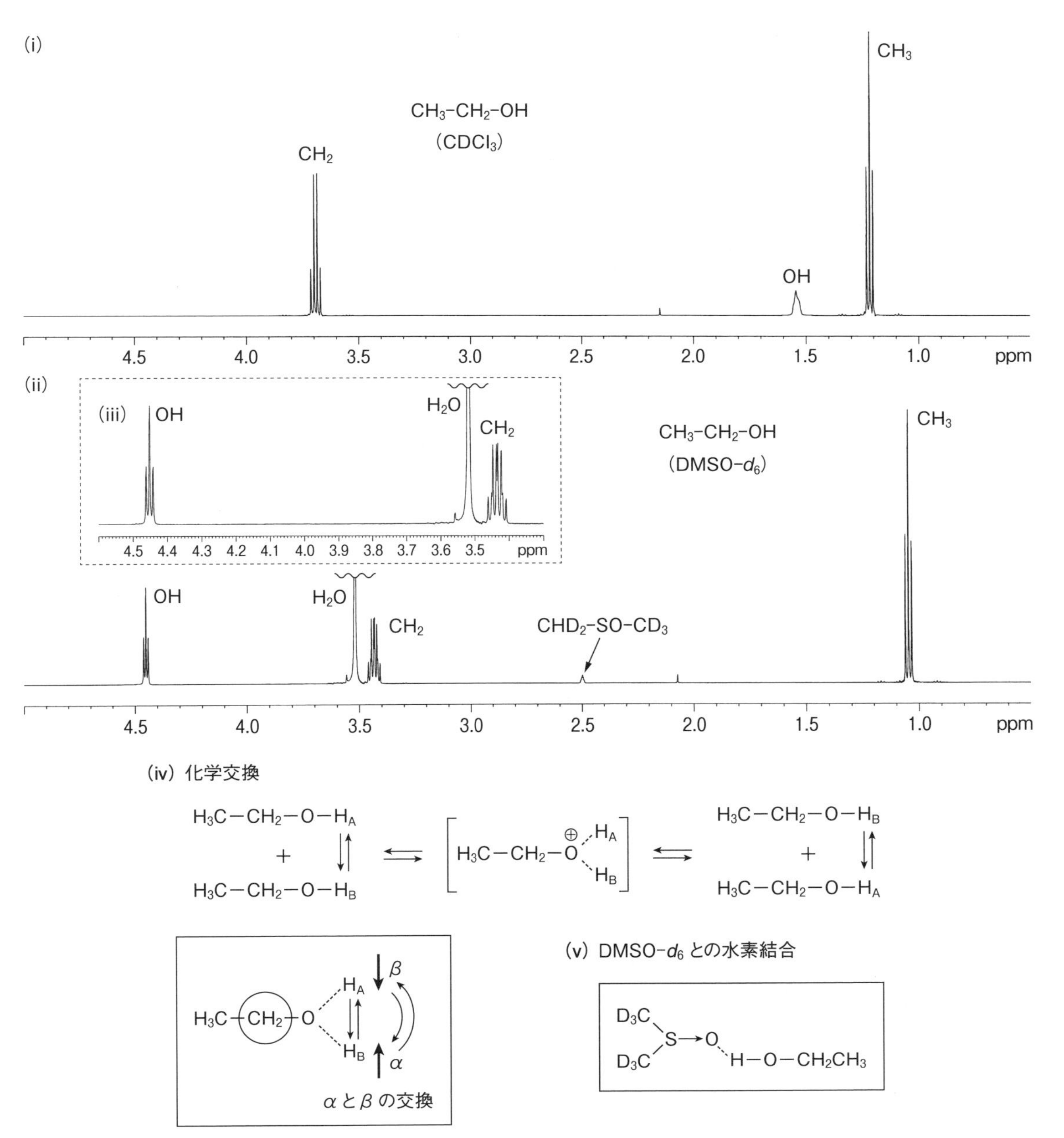

図 1.43　(i) エタノールの $CDCl_3$ 溶液の ^1H NMR スペクトル（500 MHz）。(ii) エタノールの DMSO-d_6 溶液の ^1H NMR スペクトル（500 MHz）。(iii) スペクトル (ii) の低磁場領域の拡大図。(iv) エタノールの水酸基の化学交換。(v) エタノール水酸基プロトンと DMSO-d_6 の酸素との水素結合。

加えてから凍結乾燥する）という欠点がある。OH プロトンのカップリングを観測したい場合はより沸点が低いアセトン−d_6［$(CD_3)_2C=O$］を用いることもできる。この場合はカルボニル基の酸素原子と OH プロトンが水素結合するが、結合力は DMSO−d_6 より弱い。

OH プロトンシグナルのカップリングパターンがわかると、アルコールの種類が決定できる。すなわち、第一級アルコール（R−CH_2−OH）であれば OH プロトンはトリプレット、第二級アルコール（RR′CH−OH）であれば OH プロトンはダブレット、第三級アルコール（RR′R″C−OH）であれば OH プロトンはシングレットとして現れる。

要点 1.10

- **プロトンのシグナルに電波を照射すると、そのプロトンからのカップリングが無くなり、シグナルが単純化する。この操作をデカップリングとよぶ。照射されたシグナルは飽和のため消失する。**
- **OH プロトンは、交換速度が大きいと隣のプロトンとカップリングを示さず、交換速度が小さいとカップリングを示す。中間の速度で交換する OH シグナルはブロードになる。**

1.4.10　COSY スペクトル

化合物の構造決定とは、化合物を構成する原子の配列を決定することを意味する。前項で述べたように、デカップリングの操作を繰り返すことにより、隣り合うプロトンのシグナルを次から次へと見つけ出す（**プロトンネットワーク**を見つける）ことができる。それらのプロトンの化学シフトやカップリングパターンを考慮しながら順番に並べて行くと、正しい構造を導き出すことができる。

一方、デカップリングを何回も繰り返し解析するのは時間と手間が必要であり、またいくつかのシグナルが重なった場所を照射すると、誤った結果をもたらす可能性が高い。プロトンネットワークを見つける最も簡便なスペクトル法が「**COSY**（コージー）**スペクトル**」とよばれる方法である。COSY（Correlation Spectroscopy）スペクトルは、測定操作が簡単で解析法も容易な優れた方法である。

既に学んだように（§1.1；図 1.3）、通常の NMR スペクトルは、試料に共鳴周波数を含む電波の「固まり」すなわちパルスを与え、その後試料から発振される FID シグナル（時間軸スペクトル）をフーリエ変換することにより得られる。図 1.44 (i) はその様子を模式化したもの

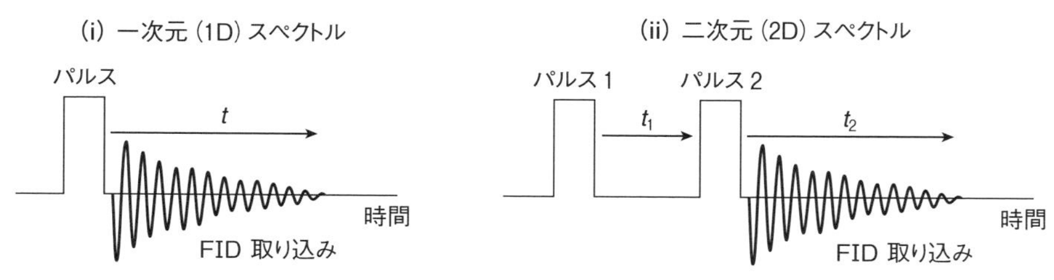

図 1.44　一次元スペクトルと二次元スペクトルのパルス系列。二次元スペクトルは時間変数が 2 種類（t_1, t_2）ある。

である。この図は、パルスおよびFIDの取り込み（コンピュータメモリへの保存）の組み合わせを時系列で示したもので、**パルス系列**とよばれる。(i) の場合、時間変数（t：FID）が1個であるので、**一次元スペクトル**または**1D–スペクトル**とよぶ。

(ii) はCOSYスペクトルを得るためのパルス系列を示している。図のように、パルスを2回与えており、パルス1とパルス2の間隔（t_1）を少しずつ変化させ、それぞれについてFID（t_2）をコンピュータに蓄積する。時間変数が2個であるため、このようなパルス系列で得られるスペクトルを**二次元スペクトル**または**2D–スペクトル**とよぶ。

まず、モデルを使ってCOSYスペクトルの概要と解析法を解説しよう。図1.45 (i) は部分構造A（H_a, H_b, H_c は互いにカップリングしており、H_X は他のプロトンとカップリングしない）の仮想的なCOSYスペクトルである。これまで見てきた ^{1}H NMRスペクトルは横軸（化学シフト軸）1本（1D–スペクトル）であったが、COSYスペクトルではさらに1本の縦軸（化学シフト軸）が加わり、合計2本の軸が存在する。縦軸にも1D–スペクトルがプロットしてある。四角内がCOSYスペクトルである。COSYスペクトルには合計8個の「ピーク」が存在する。なぜ「ピーク」とよぶかというと、これらは地図上に等高線で表した山に対応し、紙面上方に盛り上がった峰と見ることができるからである（この意味では二次元スペクトルは三次元の情報を持つ）。

観測される8個のピークのうち4個（*aa*, *bb*, *cc*, *xx*）は二次元スペクトルの対角線上にある。横軸、縦軸からなる座標を見てみると、これら4個は「自分自身の交点」に存在することがわ

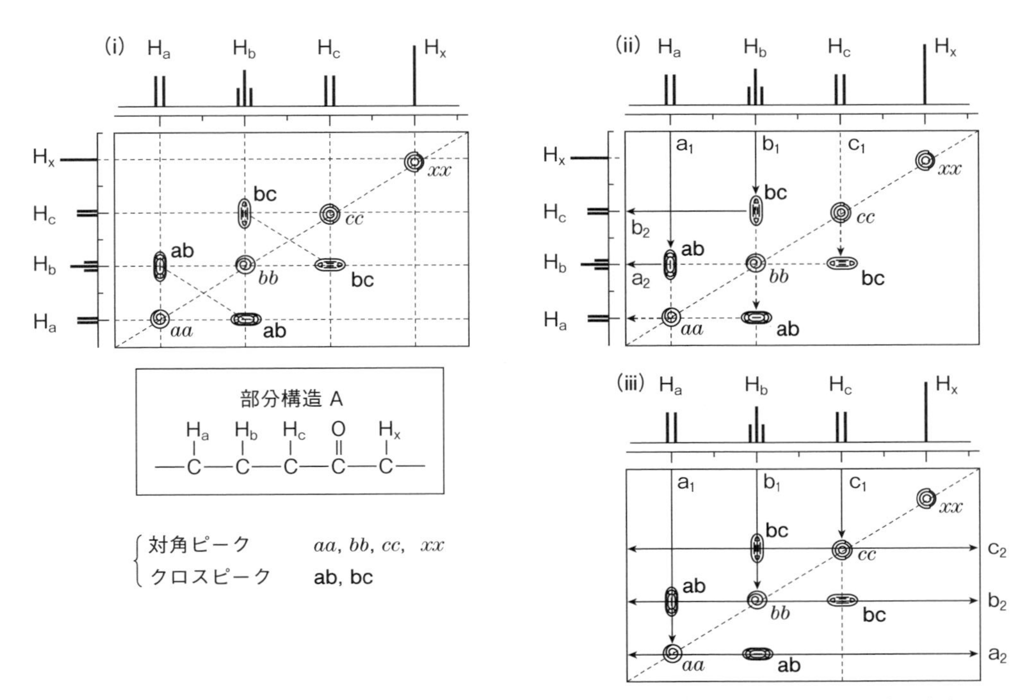

図1.45　COSYスペクトルの模式図を使った解析の仕方。クロスピークがカップリングの情報を与える。

かる。このような対角線上に現れるピークを「**対角ピーク**（diagonal peak）」とよぶ。対角ピークは各シグナルの化学シフトの情報を持つだけであり、重要性に乏しい。一方、それ以外の4個のピーク（2個の**ab**、2個の**bc**）は、異なるシグナル同士の交差点に現れるので、これらを「**クロスピーク**（cross peak）または**交差ピーク**」とよぶ。COSY スペクトルにおいては、クロスピークを示す二つのプロトンはカップリングしていることを示す。

クロスピークは対角線に対して対称的に現れている。(i) でクロスピーク **ab** を見てみよう。上半分の **ab** は H_a（横）と H_b（縦）の交点、下半分の **ab** は H_b（横）と H_a（縦）の交点に現れており、これらは両方とも H_a と H_b がカップリングしている（すなわち隣り合っている）ことを示している。したがって、対角線から上半分と下半分は同じカップリング情報を与えるので、COSY スペクトルでは、どちらかの半分だけを解析すればよい。

(i) のように、横、縦両軸に 1D−スペクトルが存在する場合は、(ii) の手順で解析できる。すなわち、横軸の H_a から対角ピーク *aa* に向かって垂線 a_1 をおろし、クロスピーク（**ab**）とぶつかったところで、縦軸方向へ直角に折れ曲がると（a_2）、H_b にあたる。この結果 H_a と H_b がカップリングしていることがわかる。同様に、H_b についても b_1 および b_2 の操作を行うと H_b と H_c がカップリングしていることがわかる。もちろん、対角線の下半分について同じ操作をしても、上記と同じ結果が得られる。

COSY スペクトルを描き出すとき、紙面のスペースを有効に使うため、縦軸の 1D−スペクトル（横軸と同じ情報）をプロットしないことが多い (iii)。このような場合は次の操作が有効である。H_a から対角線に向かって垂線 a_1 をおろし、対角ピーク（*aa*）に至る。対角ピーク（*aa*）から水平線（a_2）を引き、この水平線上に位置するクロスピーク（**ab**）を見つける。このクロスピークの真上にあるシグナル（H_b）が H_a のカップリングの相手である。同様に H_b については b_1～b_2、H_c においては c_1～c_2 の操作を行い、水平線上の対角ピークを探す。この操作によって、対角線の上半分と下半分の重複した情報が得られるが、特に、込み入ったシグナルを解析する場合は (iii) の操作を行うことを推奨する。

いずれの解析法でも、H_a は H_b と、H_b は H_a および H_c と、H_c は H_b とそれぞれカップリングしていることがわかり、$C(H_a)-C(H_b)-C(H_c)$ の互いにカップリングしているプロトンネットワークを見つけることができたわけである。なお、H_X については、いずれのプロトンともクロスピークを示しておらず、これにより H_X には3本結合以内に隣り合ったプロトンが存在しないと結論できる。

【問題 1.12】

1) 1−ブロモブタンの COSY スペクトル（500 MHz, $CDCl_3$）について次の操作を行え。

(i) 対角線を引き対角ピークを○で囲め。

(ii) シグナル a とシグナル b との間のクロスピークを ab と表記せよ。シグナル c, d についても同様の操作を行い、すべてのクロスピークを2文字表記せよ。ただし、ab は ba と表記してもよい。

2) d がメチル基のシグナルであることをもとにしてシグナル a～c の帰属をせよ。

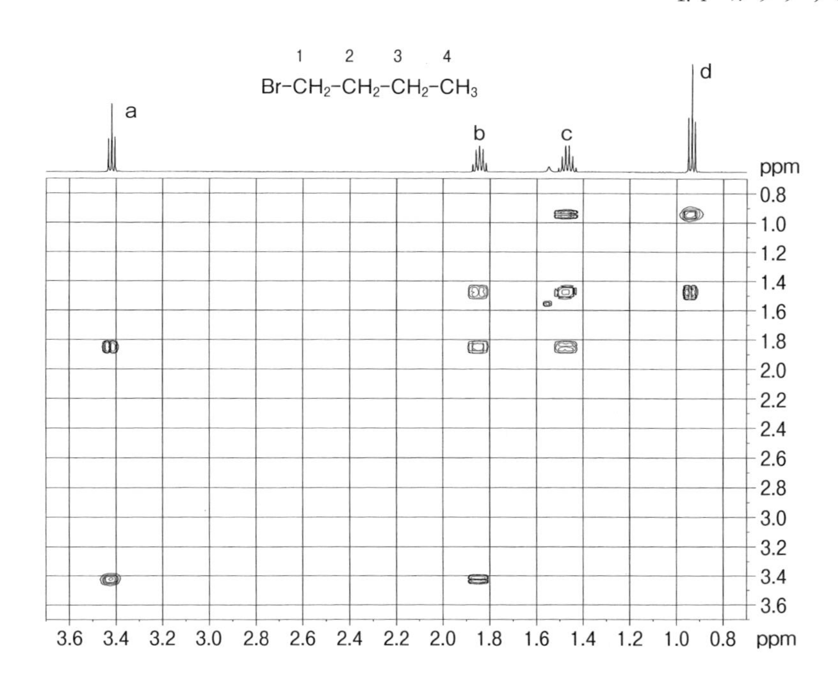

【問題 1.13】　分子式 $C_5H_{10}O_2$ の化合物はエステル官能基を持つ。その COSY スペクトル (500 MHz, $CDCl_3$) からこの化合物の構造を決定せよ。また構造式に番号をふり、各シグナルの帰属を行え。

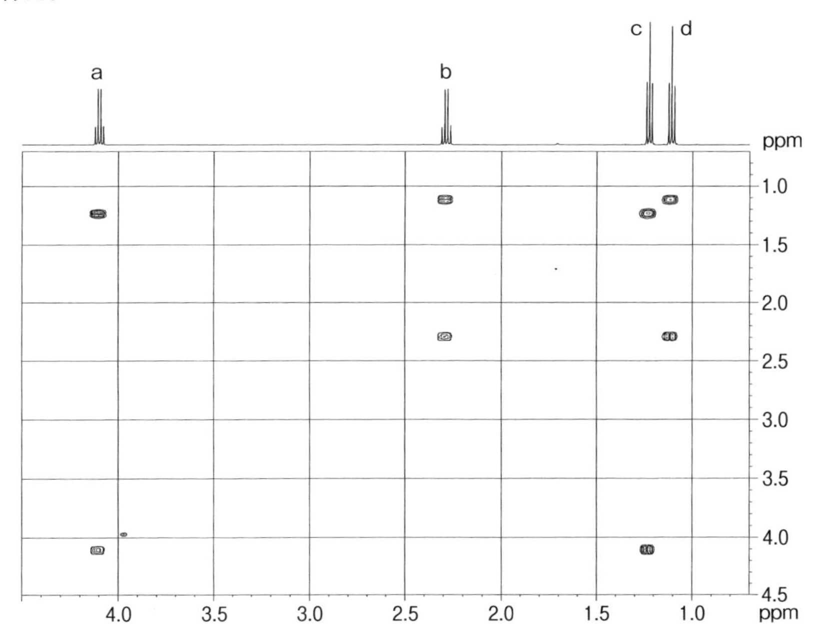

1.4.11　化学的非等価なプロトン†

メチレン基（CH_2）の2個のプロトンが化学的に等価である場合、それらの化学シフトが同じであるため両者の間にカップリングが観測されない。ところが、メチレンプロトンが互いに化学的非等価であると、両者の間にカップリングが観測される。どのような場合にメチレンプロトンは非等価になるのであろうか。

メチレンプロトンが化学的等価であるか非等価であるかを見分けるための「**置換テスト**」とよばれる簡便な操作がある。置換テストの手順は以下の通りである。

1）メチレンプロトンの片方を重水素Dに交換し、これをAとする。
2）もう一方のプロトンをDに交換し、これをBとする。
3）AとBを比較してそれらが同一であるかどうか見る。
（Dを使うのが不都合である場合は、他の原子または置換基に代える。）

（1）ホモトピック、エナンチオトピックなメチレンプロトン → 化学シフトが等しくカップリングが観測されない

図1.46に置換テストのやり方を示した。ジクロロメタン（CH_2Cl_2）の場合、置換テストを行って得られる2個の化合物が同一であるので、このようなメチレンプロトンを**ホモトピック**（homotopic）な関係にあるという。一方、エタノールの場合、置換テストで得られる2個の化合物が対掌体（エナンチオマー）であるので、このようなメチレンプロトンを**エナンチオトピック**（enantiotopic）な関係にあるという。図中に★で示したメチレンプロトンはホモトピック、◆で示したメチレンプロトンはエナンチオトピックな関係にある。メチレンプロトンと同様に、同じ炭素上に位置する2個のメチル基もホモトピック（☆）またはエナンチオトピック（◇）な関係にある。

NMRスペクトルにおいて重要なことは、ホモトピックまたはエナンチオトピックな関係にあるメチレンプロトンの化学シフトは等しく、互いのカップリングが観測されないことである。

ホモトピックなメチレンプロトンはいかなる条件下でも区別ができないが、エナンチオトピックなメチレンプロトンは、酵素や有機触媒などのキラルな物質が作用するような場合、原理的には区別が可能である。したがってキラル溶媒中またはキラル試薬存在下という特殊な環境下でNMRスペクトルを測定すると、エナンチオトピックな関係にある2個のメチレンプロトンが非等価となり、それぞれが異なる化学シフトを持ち、カップリングを示す可能性がある。

（2）ジアステレオトピックなメチレンプロトン → 化学シフトが異なりカップリングを示す

（a）不斉炭素原子を持つ化合物

図1.47には、L-アスパラギン酸の3-位のメチレンプロトンとL-グルタミン酸の4-位のメチレンプロトンについて、置換テストを行った結果が示されている。両者とも不斉炭素原子を

† NMRの専門用語では、「化学シフト的非等価なプロトン」という。

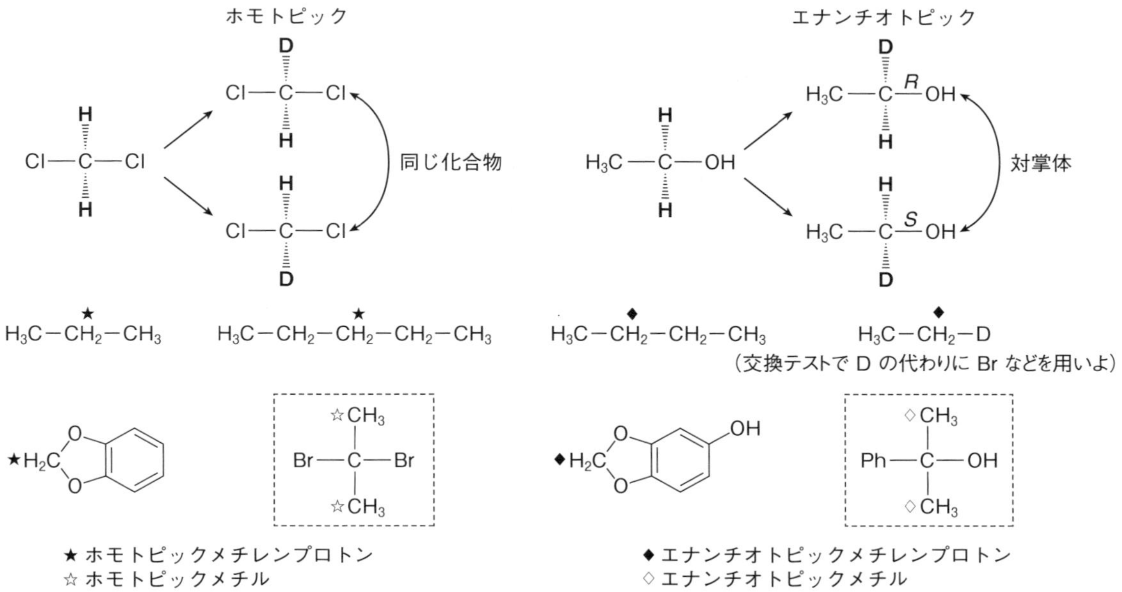

図 1.46 置換テストによるホモトピックおよびエナンチオトピックなメチレンプロトンの見分け方。

持つ化合物である。図から明らかなように、L–アスパラギン酸の置換テストで得られる2個の化合物はジアステレオマーである。置換テストによりジアステレオマーが得られるメチレンプロトンを**ジアステレオトピック** (diastereotopic) な関係にあるという。図中に示したL–グルタミン酸の4–CH_2 のプロトンもジアステレオトピックな関係にある。

一般に、不斉炭素を持つ分子中のメチレンプロトンはジアステレオトピックな関係にある。

ジアステレオトピックなメチレンプロトンは化学的に非等価であり、通常異なる化学シフトを有する。化学シフトが異なるため、ジアステレオトピックなメチレンプロトンでは、互いのカップリング (ジェミナルカップリング：^2J) が観測される。メチレンプロトンは同じ炭素上に存在するため、化学的環境が極めて類似している。したがって、それぞれの化学シフトも近接し ($\Delta\nu$ 小)、またカップリング定数 (^2J) が大きい (12～20 Hz：表 1.3) (p.33) ため、ジアステレオトピックなメチレンプロトンは AB 型シグナルを示すことが多い。

図 1.47 の四角内に示した a, b, c の ● を付けたメチレンプロトンも化学的に非等価であり、化学シフトが異なるため互いのカップリングが観測される。なお、不斉炭素原子を * で示してある。

要点 1.11

- 分子内に不斉炭素原子があると、その近傍のメチレンプロトンは化学的非等価になり、互いにカップリング (ジェミナルカップリング：^2J) (^2J = 12 ～ 20 Hz) を示す。
- 不斉炭素原子の近傍のメチレンプロトンは AB 型シグナルを示す。

図 1.48 は L–アスパラギン酸の ^{1}H NMR スペクトルである。3–位のメチレンプロトン (H_A, H_B) はジアステレオトピックな関係にあり、ジェミナルカップリングを示す。さらに2–位の

ジアステレオトピックメチレンプロトン

H NH2
HO2C C2 S CO2H
C3
H H
L-アスパラギン酸

H NH2
HO2C R C2
C3 S CO2H
D H
2*S*, 3*R*

ジアステレオマー

H NH2
HO2C S C2
C3 S CO2H
H D
2*S*, 3*S*

H H H NH2
HO2C C4 C C2 S CO2H
H2
L-グルタミン酸

D H H NH2
HO2C C4 S C C2 S CO2H
H2
2*S*, 4*S*

ジアステレオマー

H D H NH2
HO2C C4 R C C2 S CO2H
H2
2*S*, 4*R*

$HO_2C-\dot{C}H_2-\overset{*}{C}H(CH)(CO_2H)$

a

$H_3C-\dot{C}H_2-C(=O)-O-\overset{*}{C}H(CH_3)(Ph)$

b

$H_2\dot{C}-\overset{*}{C}H-CH_3$, $O=C-O$

c

* 不斉炭素原子　　• ジアステレオトピックメチレンプロトン

図 1. 47　ジアステレオトピックな関係にあるメチレンプロトンの例。分子内に不斉炭素があるとメチレンプロトンは化学的非等価になる。

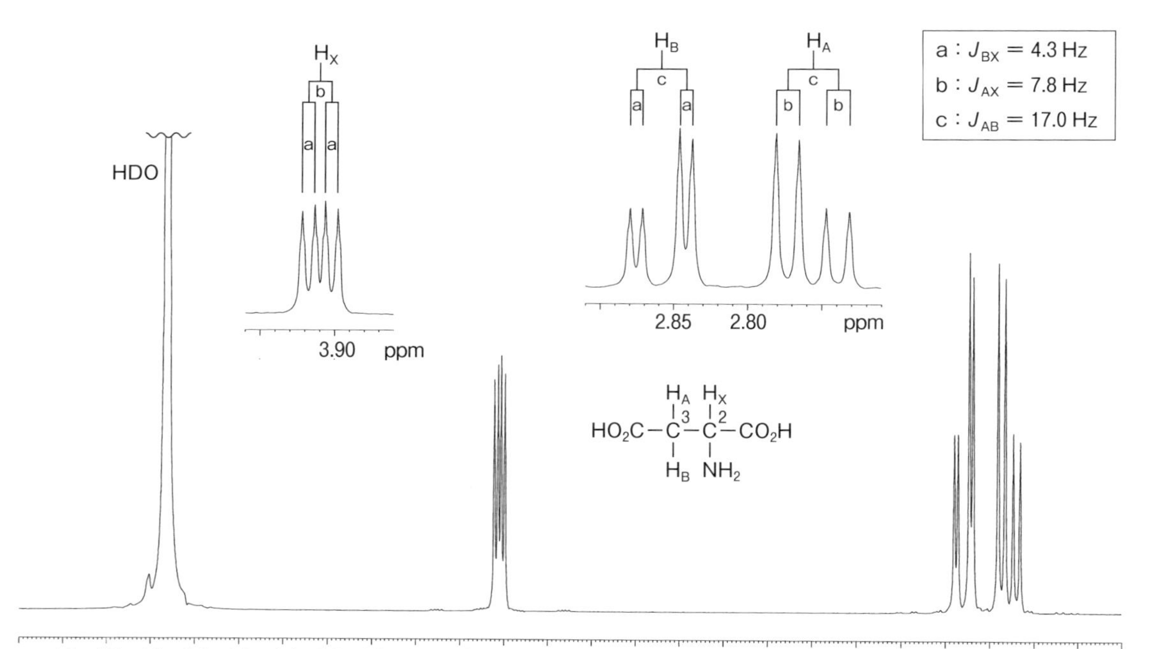

図 1. 48　L-アスパラギン酸の ^{1}H NMR スペクトル (D_2O, 500 MHz)。メチレンプロトンは ABX 型のシグナルを示す。

メチンプロトン (H_X) とビシナルカップリングするため2,3-位の3個のプロトン群はABX型シグナルを示す。各プロトン間のカップリング定数は $J_{AX} = 7.8$ Hz, $J_{BX} = 4.3$ Hz, $J_{AB} = 17.0$ Hz である。

(b) 不斉炭素原子がないのにジアステレオトピックな関係になるメチレンプロトン

アセトアルデヒドジエチルアセタールの構造式［図1.49 (i) および (ii)］を見てみよう。この化合物は不斉炭素を持たず、エトキシ基のメチレンプロトン (H-2) は、隣のメチル基 (H-1) のみとカップリングしているので単純なカルテットになるように思える。ところが、スペクトル (i) を見るとメチレンプロトンは複雑な2群のシグナル (H-2a と H-2b) として観測されている。結論をいうと、このメチレンプロトンは化学的非等価であってAB型に分裂し、さらにそれらが隣のメチルプロトンとカップリングして ABX_3 型のシグナル ($J_{AX} = J_{BX} = 6.7$ Hz, $J_{AB} = 8.0$ Hz) となっている。メチレンプロトンの低磁場側 (H-2b) についてシグナルパターンの詳しい解析を図に示した (H-2bと対称形であるH-2aにも同じ解析が成り立つ)。この化合物には不斉炭素がないのになぜ、エトキシ基のメチレンプロトンは化学的非等価になるのであろうか？

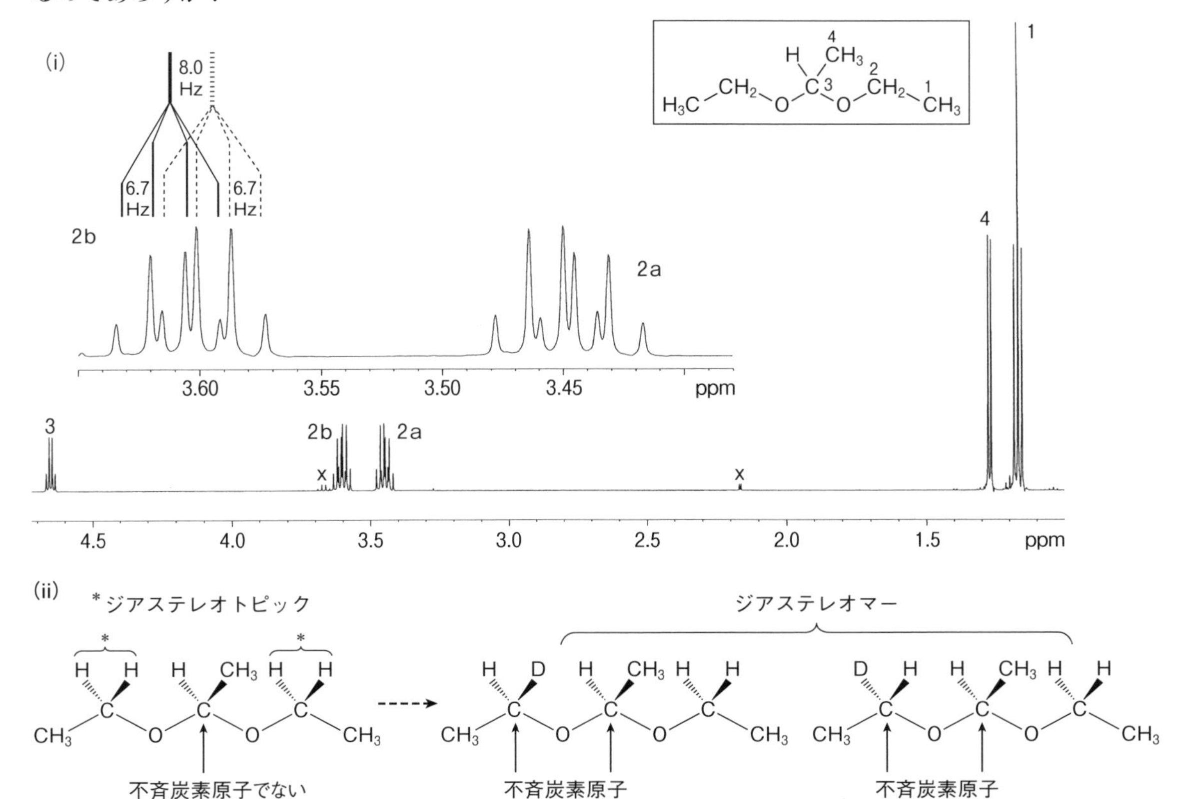

図1.49　(i) アセトアルデヒドジエチルアセタールの ^{1}H NMR スペクトル ($CDCl_3$, 500 MHz) およびメチレンプロトンシグナルのH-2b部分のパターン解析。H-2bによるダブレット ($J_{AB} = 8.0$ Hz) がさらにメチル基とのカップリングによりカルテット ($J_{AX} = 6.7$ Hz) に分裂している。xは不純物のピーク。(ii) 左側のメチレンプロトンについての置換テスト。

置換テスト (ii) を行うとその理由が理解される。元の化合物には不斉炭素原子が存在しないが、片方のエチル基のメチレンプロトンの一つをDに置換したとたん、アセタールの付け根の炭素が不斉炭素原子となり、またD置換された炭素も不斉炭素原子となる。したがって、置換テストで得られる2個の化合物は、D置換された炭素の立体配置が異なるジアステレオマーの関係になる。すなわちこの化合物のエトキシ基のメチレンプロトンはジアステレオトピックの関係にある。

置換テストの重要性を示すためにもう一つの例として、(3-メチルオキセタン-3-イル) メ

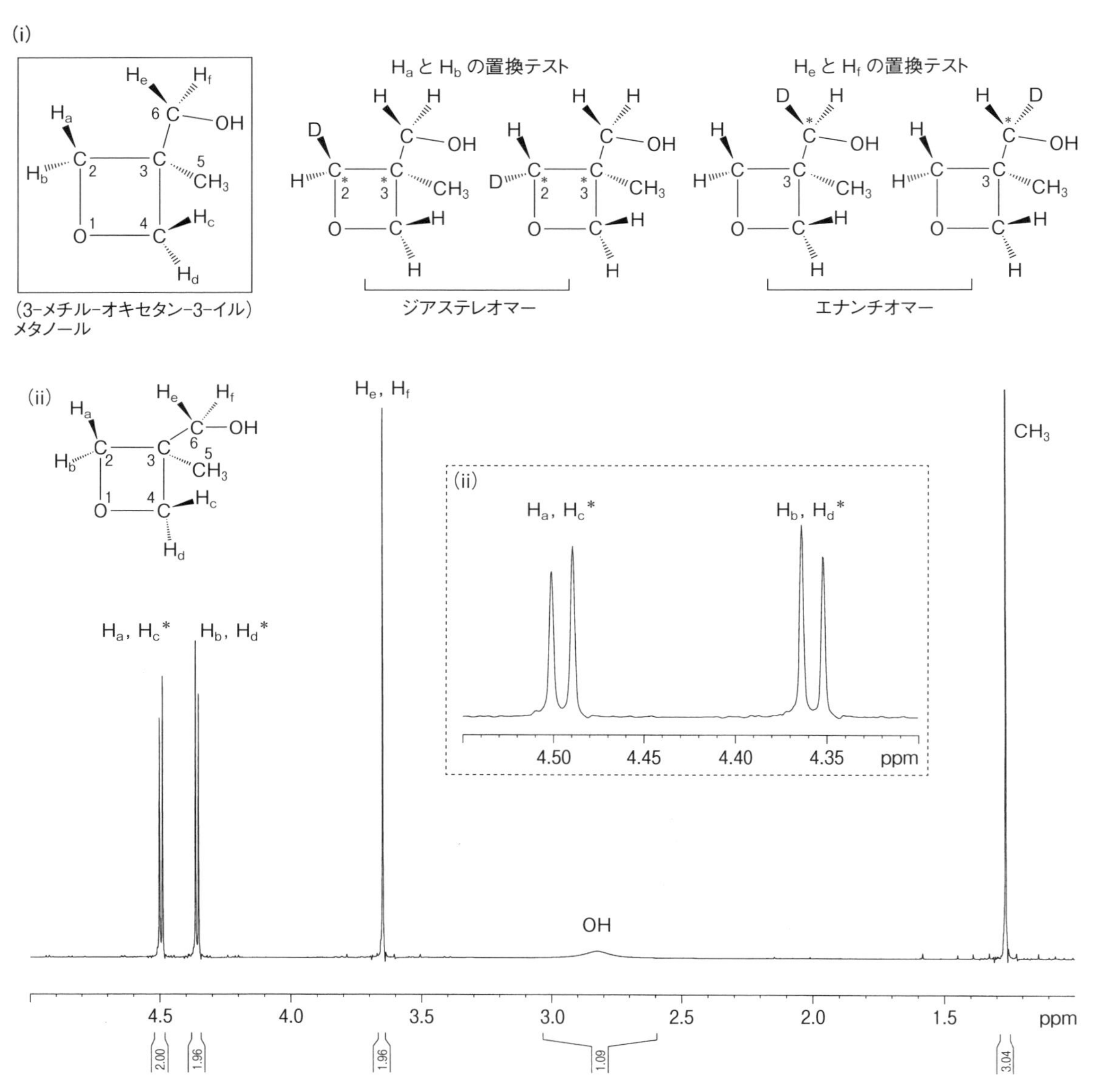

図 1.50　(i) (3-メチルオキセタン-3-イル) メタノールの置換テストによって得られる構造。(ii) (3-メチルオキセタン-3-イル) メタノールの ¹H NMR スペクトル (500 MHz, $CDCl_3$)。*これらの帰属は未決定であり図と逆である可能性もある。

タノールの ¹H NMR スペクトルを示す［図 1.50 (ii)］。アセトアルデヒドジエチルアセタールと同様、この化合物には不斉炭素原子がない。(i) で示したように、2–位のメチレンプロトン H_a, H_b について置換テストを行い比較すると、両者はジアステレオトピックな関係にあることがわかり、スペクトル (ii) の拡大図で示したように両プロトンが AB 型のシグナルを示すことが理解される。この化合物は O–1 と C–3 を垂直に区切る対称面を持ち、H_a と H_c および H_b と H_d はそれぞれ化学的に等価（エナンチオトピック）であるので、AB 型のダブレットはそれぞれ 2H の強度を持つ。

一方、6–位のメチレンプロトン H_e, H_f について置換テストを行って得られる化合物はエナンチオマーの関係にある（3–位は不斉炭素原子でないことに注意）。したがって、6–位のメチレンプロトンはエナンチオトピックな関係にあり、化学シフトが等しいためシングレットとして観測される。

【問題 1.14】　化合物 1～9 で・印を付けたメチレンプロトンについて、ホモトピック、エナンチオトピック、およびジアステレオトピックの関係にあるものをそれぞれ選べ。

1: $HO_2C–\dot{C}H_2–CH(OH)(CO_2H)$
2: $HO–CH_2–\dot{C}H_2–CH_2–OH$
3: $HO–\dot{C}H_2–CH_2–CH_2–OH$
4: $HO–\dot{C}H_2–C(OH)(H)–CH_2–OH$
5: 1-ヒドロキシシクロヘキシル–$\dot{C}H_2$–H（$C_6H_{10}(OH)\dot{C}H_2H$）
6: シクロヘキシル–C(H)–$\dot{C}H_2$–OH
7: $H_3C–\dot{C}H_2–O–C(=O)–CH(Cl)–CH_3$
8: 2,2-ジメチル-1,3-ジオキソラン（$(H_3C)_2C$, O—$\dot{C}H_2$, O—CH_2）
9: 2-メチル-1,3-ジオキソラン（H_3C, H, O—$\dot{C}H_2$, O—CH_2）

【問題 1.15】　化合物 10～12 のうち、$CDCl_3$ 中で ¹H NMR スペクトルを測定すると 2 個のメチル基シグナルを示す可能性があるものはどれか。

10: $Ph–C(CH_3)_2–OH$
11: $HO_2C–C(CH_3)_2–CH(OH)(CO_2H)$
12: $Br–C(CH_3)_2–Br$

1.4.12　他の核種とのカップリング

¹H NMR スペクトルで、プロトンが他の核種（中性子と陽子の数で決められる原子核の種類：p.2）とカップリングする現象がしばしば観測される。スピン量子数 (I) が 0 である ¹²C や ¹⁶O は NMR 的に不活性であり、プロトンとカップリングしないが、$I \neq 0$ である核種はプロトン

とカップリングする。

(1) ^{19}F、^{31}P とのカップリング

§1.1 で学んだように、スピン量子数 I の核種は磁場中で $(2I+1)$ 個の状態をとる。プロトンは $I = 1/2$ であるので磁場中で2個の状態をとる。$I = 1/2$ である他の代表的な核種は ^{19}F と ^{31}P である。これらの核種は天然存在比が 100 % であり、プロトンと同様の NMR 的挙動を示す。すなわち、n 個の等価な ^{19}F (または ^{31}P) とカップリングするプロトンは $(n+1)$ 本に分裂する。図 1.51 にフッ素化合物とリン化合物のカップリングの例を示す。

図 1.51　^{19}F と ^{31}P とのカップリングの例。フルオロベンゼンでは $^3J_{FH}$ が 8 Hz と意外に小さく、$^4J_{FH}$ (5〜6 Hz) とあまり違いがない。

図 1.52 は 1-フルオロペンタンの ^{1}H NMR スペクトルである。1-位のプロトンがフッ素と大きく ($^2J_{FH} = 47.4$ Hz) カップリングして、さらに 2-位のメチレンプロトンとのカップリングによりトリプレット ($^3J_{HH} = 6.5$ Hz) に分裂している。2-位のプロトンはフッ素とのカップ

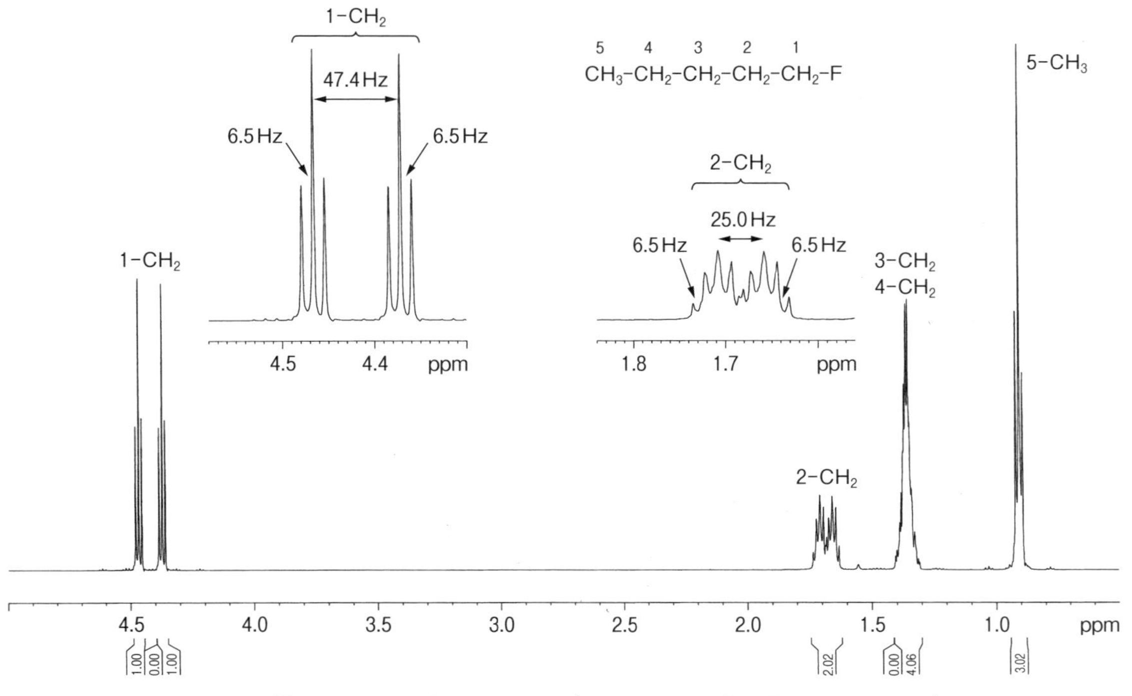

図 1.52　1-フルオロペンタンの ^{1}H NMR スペクトル (500 MHz, $CDCl_3$)。

リング ($^3J_{FH}$ = 25.0 Hz) と共に、1-位および 3-位のメチレンプロトン (合計 4 個) とカップリングしてクインテット ($^3J_{HH}$ = 6.5 Hz) に分裂している。

(2) ^{13}C とのカップリング

いうまでもなく有機化合物は炭素を含む化合物である。天然の炭素は ^{12}C が 98.9 %、その同位体 ^{13}C が 1.1 % の割合で存在する。^{12}C は NMR 不活性であり、^{12}C に結合したプロトンは炭素とのカップリングを示さない。一方 ^{13}C (I = 1/2) は NMR 活性核種である。したがって ^{13}C に結合したプロトンはダブレットに分裂するはずであるが、^{13}C の存在割合が極めて低いため、通常は ^1H NMR スペクトルにおいてその存在に気がつきにくい。しかし強いシングレットがあると、^{13}C に結合したプロトン (^{13}C–H) は鋭いシングレットの両脇に 2 本のシグナル (大きなダブレット) を示す。このようなシグナルを**サテライトピーク**とよぶ。

図 1.53 はクロロホルムの ^1H NMR スペクトルである。強いシグナル (δ 7.26) の両脇に小さなサテライトピークが存在する。これらはプロトンと ^{13}C とのカップリングによるダブレットのピークであり、それぞれの強度は全体の 0.55 % である。^{13}C と直接カップリングしたプロトンとの間のカップリングであるので、カップリング定数は大きな値である ($^1J_{CH}$ = 209 Hz)。

(3) 重水素とのカップリング

重水素原子核 (D または ^2H) は I = 1 の核種である。これまで見てきた I = 1/2 の核種と異なり、D は磁場中で 3 個の状態をとることができる ($2I+1=3$)。したがって、1 個の D とカップリングすると、プロトンは 3 本の等しい強度の線に分裂する。スピン量子数が I である n 個の等価な核種とカップリングする場合を一般化すると要点 1.12 のようになる。

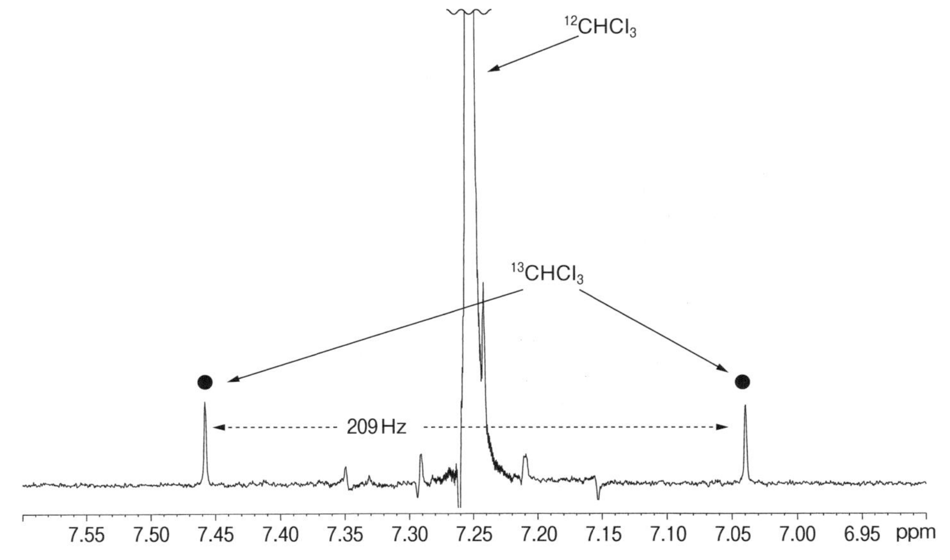

図 1.53 クロロホルムのサテライトピーク (●印) (500 MHz, $CDCl_3$)。中央の強い $CHCl_3$ シグナルの両脇に現れる。

要点 1.12

・スピン量子数が I である n 個の等価な核種とカップリングすると $(2nI+1)$ 本に分裂する。

・$I=1/2$ である n 個のプロトンとカップリングする場合は、上式より $(n+1)$ 本に分裂する → $(n+1)$ 則

ここで、重水素化溶媒である重アセトン (CD_3–CO–CD_3) について考えてみよう。重水素化率が 100 % の純度である重アセトンは、^{1}H NMR スペクトルでシグナルを示さない。しかし、重アセトンの製造過程でほんのわずか (<1%) ではあるが、D が H である化合物 (CHD_2–CO–CD_3) が混入してしまう (溶媒残余シグナル：表 1.2) (p.23)。この不純物はわずかな量ではあるが、溶媒中に含まれるため ^{1}H NMR スペクトルで無視できない強度のシグナルとして現れる。CHD_2–基では、H が 2 個の D とカップリングしているので、上式より 5 本に分裂する $(2\times2\times1+1=5)$。同様なことが重メタノールでも観測される。

図 1.54 [A], [B] は重メタノール溶媒の ^{1}H NMR スペクトルの拡大図である。[A] は H–O–CD_3 および CD_3OD 溶媒中の水と交換した H–O–D によるシグナルであり、化学交換によりブロードなシグナル形を示している。[B] は重メタノールに微量に含まれる CHD_2–OD による残余シグナルである。H–CD_2–基におけるプロトンの 5 本に分裂したシグナルが見える (強度比 1：2：3：2：1。[C] の説明文参照)。

[B] のスペクトルから H と D の間のカップリング定数 (${}^{2}J_{DH}$) を計算すると 1.6 Hz であり、この値は一般的な ${}^{2}J_{HH}$ の値 (12～20 Hz) と比較してひどく小さい。一般に、プロトンと他の核

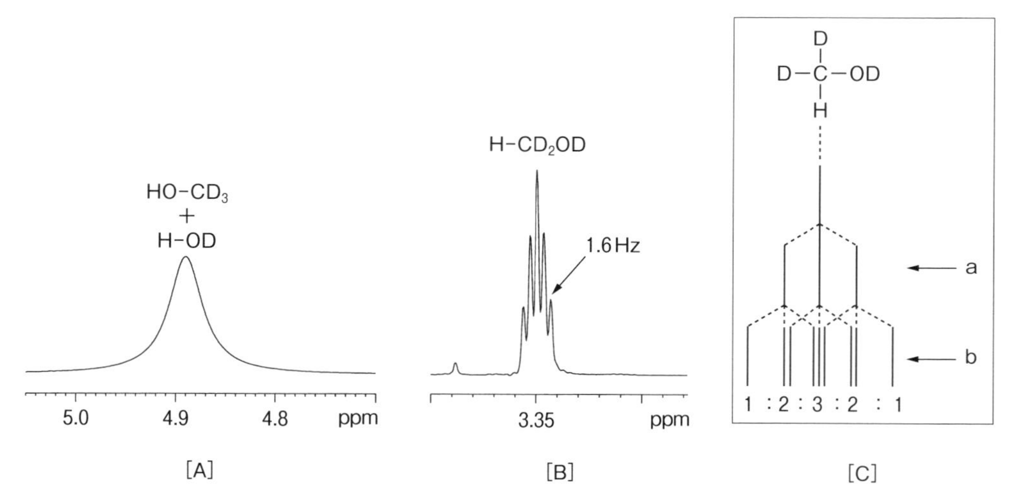

図 1.54　重メタノールの溶媒残余シグナル (500 MHz, CD_3OD)。[A] CD_3OH と HOD との交換シグナル。[B] HCD_2OD による残余シグナル。[C] 2 個の重水素とのカップリングにより 5 本線に分裂する様子。HCD_2OD の H はまず 1 個の D $(I=1)$ により $J=1.6$ Hz で 3 本線に分裂する (a)。3 本線のそれぞれがもう一つの D と同じ J 値でカップリングすることによりさらに 3 本線に分裂する (b)。合計 9 本の線のうち 2 本が重なったものが 2 個、3 本が重なったものが 1 個、すなわち 1：2：3：2：1 の強度比を持つ 5 本の線が得られる。

種 X とのカップリング定数 J_{XH} の大きさは、それぞれの磁気回転比 (γ) に比例する。すなわち

$$^2J_{DH} = {}^2J_{HH} \times \frac{\gamma_D}{\gamma_H} \qquad \text{(式 1.18)}$$

である。重水素の磁気回転比 (γ_D) は、プロトンの磁気回転比 (γ_H) の約 0.15 倍 ($\gamma_D/\gamma_H = 0.15$) である。[B] から得られるデータを使うと、CH_3–OH のメチル基におけるプロトン同士のカップリング定数は $^2J_{HH} = 1.6\ (Hz)/0.15 = 10.7\ Hz$ であると計算できる。式 1.18 と重水素置換反応 (例えば Cl–CH_2–Cl → Cl–CDH–Cl) を組み合わせると、ジクロロメタン (CH_2Cl_2) における CH_2 基などの化学的等価であるプロトン同士のカップリング定数を計算できる。

重アセトンや重 DMSO 中に含まれる水は、H_2O ではなく、HOD として存在することがある。これらの溶媒中では、溶媒との強い水素結合によりプロトンの化学交換が遅くなり、HOD のシグナルがプロトンと重水素とのカップリングにより、トリプレット (1：1：1) として観測されることがある。カップリング定数 ($^2J_{DH}$) は小さく 1～2 Hz 程度である。ただし重水を溶媒として使う場合、溶媒残余シグナルの HOD (H_2O ではない！) は速い化学交換のため単にシングレットとして観測される。

(4) ^{14}N とのカップリング―四重極モーメント

^{14}N は天然存在比が 99.6 % であり、$I = 1$ の核種である。したがって、1 個の ^{14}N とカップリングするプロトンはトリプレットに分裂するはずである。ところが、アミン (例えばアニリン：Ph–NH_2) の–NH_2 プロトンはブロードなシグナルを示し、通常トリプレットへの分裂は観測されない。これは ^{14}N が**四重極モーメント** (quadrupole moment) を持つためである。一般に I が 1 以上である核種は四重極モーメントを持つが、これは原子核の形が球形でなく、核の電荷分布に偏りがあるためである。

^{14}N は磁場中で 3 個の状態をとるが、四重極モーメントの存在により、それらの状態が相互に交換 (緩和) している。プロトンでたとえると、β の状態と α の状態が素早く交換していることに対応し、これは電波が照射された場合のデカップリングと同じ状況といえる。すなわち、^{14}N は四重極モーメントのために「自発的に」デカップリングを行っているため、通常の条件ではプロトンとのカップリングを示さない。

対称性が良いアンモニウム塩 (NR_4^+) においては、緩和の速度が遅く (3 個のスピン状態間の交換が遅く) なり、プロトンシグナルが ^{14}N とカップリングしてトリプレットとして観測される場合がある。例えば、酢酸テトラエチルアンモニウムでは、メチルプロトンが ^{14}N とカップリング ($^3J_{NH} = 1.9\ Hz$) しトリプレットに分裂する (図 1.55)。すなわちこのメチルプロトンは隣のメチレンプロトンとのカップリングによりトリプレット ($^3J_{HH} = 7.3\ Hz$) に分かれ、さらに ^{14}N とのカップリングにより小さなトリプレット ($^3J_{NH} = 1.9\ Hz$) に分裂している。ただし、^{14}N と直接結合したメチレンプロトンとのカップリング定数 ($^2J_{NH}$) は小さく、実質的に観測されない。

pH = 1 の CH_3–$NH_3^+Cl^-$ 水 (H_2O) 溶液で、–NH_3 プロトンは 1：1：1 のブロードなトリプレット ($^1J_{NH} \approx 50\ Hz$) を示す。

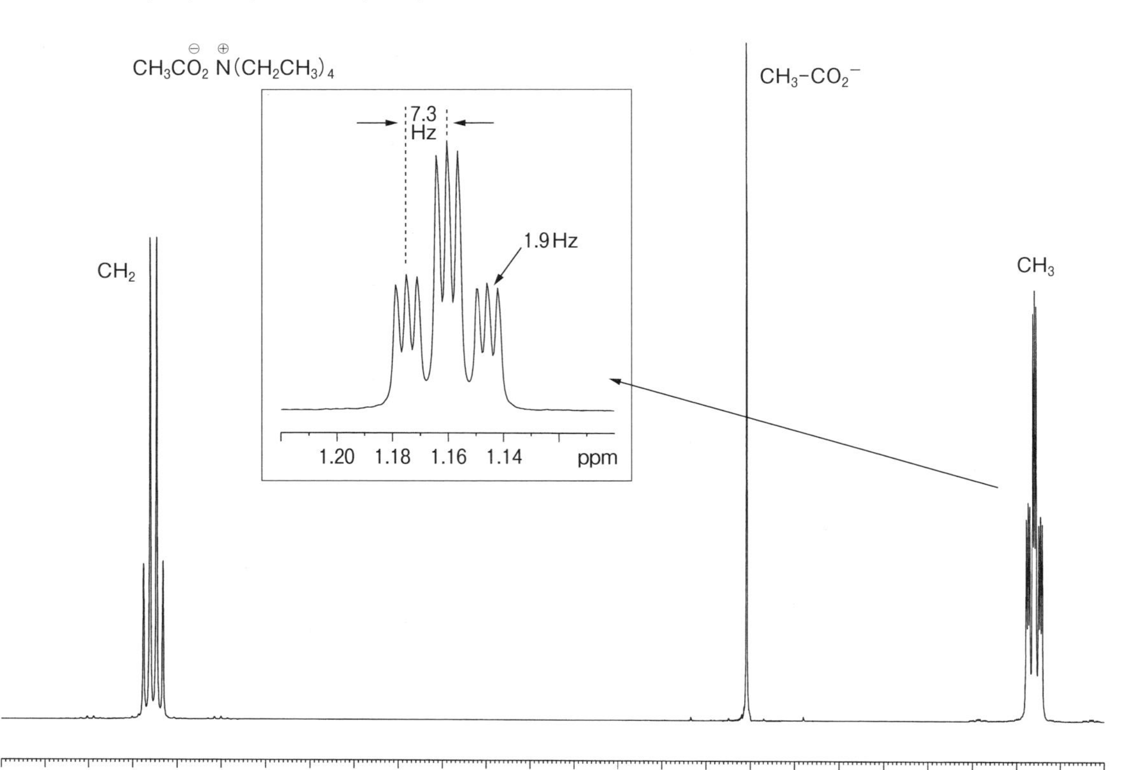

図 1. 55　酢酸テトラエチルアンモニウムの ^{1}H NMR スペクトル（$CDCl_3$，500 MHz）。四角内はメチル基シグナルの拡大図。^{14}N とプロトンのカップリングが明確に観測されている。

^{14}N の緩和の速度が速くなると、–NH シグナルは非常にブロードなシグナルを経て、最終的にはブロードシングレットとなる。アミドプロトン –CO–NHR がブロードなシグナルであるのはその例である。ただし、他のプロトンと非常に速く化学交換しているアミドプロトンの場合は鋭いシグナルとなる。

§1.5　NOE

1.5.1　NOE と構造決定への応用

プロトンの化学シフトはプロトンが所属する官能基の同定、またカップリング定数やデカップリング実験および COSY は、プロトンネットワークの決定のために重要な情報を与える。これらは主として有機化合物の平面構造を決定するために必要な情報である。これらに加えてプロトン同士の空間的な距離を与える情報があると、有機化合物の立体化学を決定する際に大きく役立つ。

NOE（Nuclear Overhauser Effect）とは、あるプロトン H_X を弱い電波で照射し飽和させると、H_X と空間的に近い（通常 0.4 nm 以下）プロトンのシグナル強度が増加する現象である。NOE を観測する実験は、プロトン間の空間的な位置関係に関する情報を与えるため、有機化合物の立体化学を決定するために重要な技法である。

具体的な説明に入る前に、いくつかの仮想的な例で NOE 実験による立体化学決定法を見てみよう。図 1.56 (a) の化合物で 2–H を電波で照射すると、分子面について同じ側にある 5–H のシグナル強度が増加する。すなわち、2–H と 5–H の間 (約 0.3 nm) に NOE が観測される。カッコ内の異性体では 2–H と 5–H が分子面に対して反対側にあり距離が遠い (約 0.45 nm) ため NOE が観測されないので、この実験により (a) の立体化学が決定できる。(b) では 5–H と 6–位についた CH_3 がオルト位にあるので両プロトンの間に NOE が観測され、カッコ内の異性体でないことがわかる。(c) も同様に、5–CH_3 の照射により 1–CH_3 に NOE が観測されるのでカッコ内の異性体と区別できる。(d) に NOE 実験の要点をまとめた。H_X を照射すると空間的に近い距離にある H_A のシグナル強度が増加する。H_X とカップリングしているプロトン H_Y はデカップリングされない (後述)。また照射による飽和のため H_X シグナルは消失する (図 1.57 [C] 参照)。

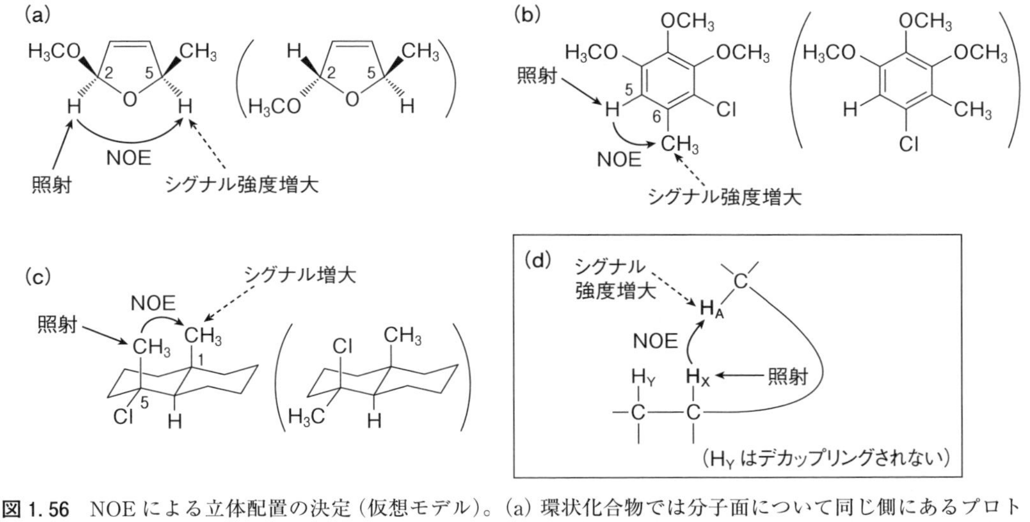

図 1.56　NOE による立体配置の決定 (仮想モデル)。(a) 環状化合物では分子面について同じ側にあるプロトン間に NOE が観測される。(b) ベンゼン環化合物ではオルト位のプロトン間に NOE が観測される。(c) いす形シクロヘキサンでは 1,3–ジアキシアルの関係にある置換基間に NOE が観測される。(d) NOE のまとめ。

図 1.57 [A] は NOE 実験のパルス系列を示す。H_X への照射はパルスを与える前から開始する。照射の時間は通常 0.2～1.0 秒で、この間に H_X は飽和状態に達する。パルスを与えた後、FID を取り込む間は H_X の照射を中断する。H_X の飽和状態は FID 取得の間に減衰しもとのボルツマン分布の状態に復帰する。この間に近傍のプロトン H_A [図 1.56 (d)] に対して NOE によるシグナル強度増大をもたらす。しかし FID を取り込む間は H_X を照射しないので、H_X とカップリングしているプロトン [図 1.56 (d) の H_Y] はデカップリングされない。

参考のために、デカップリング実験のパルスプログラムを [B] に示す。デカップリング実験においては H_X への照射が継続的行われていて、FID 取り込みの時も照射が継続している。したがって FID 取り込み中に H_X の α と β の状態間で激しい交換が行われている。α, β 間の

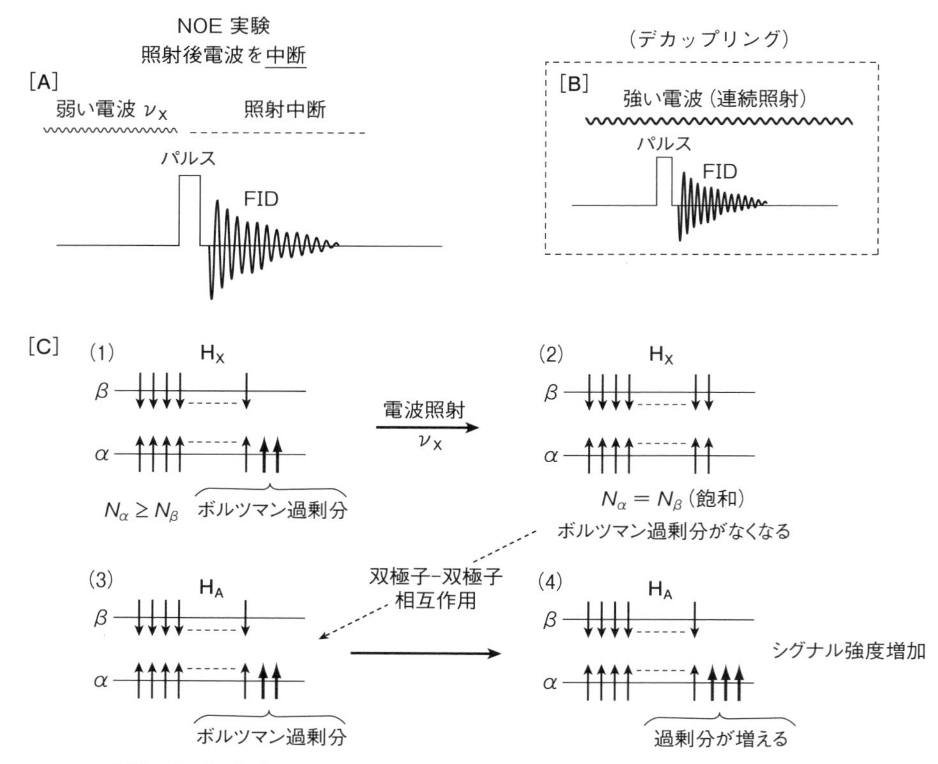

図 1. 57　NOE 実験の概要。[A] NOE 実験のパルスプログラム。FID 取り込み時には H_X [図 1. 56 (d)] の照射は中断している。[B] デカップリング実験。FID 取り込み時に H_X は照射されている。[C] H_X が照射されることによる H_X の飽和と、H_X, H_A 間の双極子 − 双極子相互作用、および H_A のボルツマン過剰分増加との関係。

交換を促すため、デカップリング実験では照射電波の出力を大きくする必要がある。一方、NOE 実験ではシグナル強度のわずかな増加を観測するので、H_X 以外のプロトンシグナルに影響を与える強い電波は使用しない。すなわち、H_X だけを飽和させる弱い電波を長時間 (0.2～1.0 秒) 照射する。

図 1. 57 [C] において、電波を照射する前の H_X は、安定状態 (α) がわずかに多い、すなわちボルツマン過剰分が存在する状態にある ($N_\alpha \geq N_\beta$) [C−(1)]。ここで、共鳴周波数 (ν_X) を持つ弱い電波を H_X に照射し続けると、H_X のボルツマン過剰分は徐々に失われ、最終的に飽和の状態 ($N_\alpha = N_\beta$) に達する [C−(2)]。この H_X のスピン分布の変化は、「双極子−双極子相互作用」とよばれる空間を通じた作用により、近くのプロトン (H_A) のスピン分布に影響を与える [C−(3)]。この影響は、H_X の照射により生じた系の「異常」(ボルツマン過剰分がなくなる) を元に戻す (失われたボルツマン過剰分を取り戻す) 方向に進むので、H_X の近くにあり影響を受けやすい H_A の安定状態の数 (N'_α) が元のボルツマン過剰分 (N_α) よりも増加する [C−(4)]。N_α の増大は、共鳴電波 (ν_A) を吸収するスピンの数の増大を意味し、その結果 H_A のシグナル強度が増加する。

H_A のスピン状態数 N_α が N'_α に変化する過程は、いくつかの β スピンが α スピンに遷移することにより成り立つ。この過程は緩和過程（p. 3）そのものである。一般にプロトンの緩和（$\beta \rightarrow \alpha$）は、数百ミリ秒～1秒ほどかけて行われるので、パルス系列［A］で電波の照射を中断しても、H_X の飽和状態はFIDの取り込みの間も持続し H_A にNOEを与え続けるのである。

1.5.2 NOEの測定

NOEにより増大するシグナルの強度は、化合物の分子量と測定周波数に依存する。一般に、低分子化合物については分子量が大きくなるほど、また測定周波数が大きくなるほどNOEの強度は減少する。化合物の分子量が1000近くではNOEは観測されなくなり、ペプチドなどの高分子では負のNOEが観測される。

分子量が300とし、測定周波数を400 MHzと仮定すると、NOEによるシグナルの増大は数％以下であり、積分曲線などでシグナルの増加分を見極めることは不可能である。

そこで、実際のNOE測定では「**NOE差スペクトル**」という手段を用いる。コンピュータ上で、照射により得られたスペクトル（Spec^*）から照射しないスペクトル（Spec^0）を差し引くと、強度が増大したシグナルのみが小さな正のシグナルとして現れ、照射前後で強度が変化しないシグナルは消えてしまう。Spec^*では照射されたシグナルは飽和により消えているので、差スペクトル（$\text{Spec}^* - \text{Spec}^0$）では、そのシグナルは元の強度を持った強い負のシグナルとなる。この負のシグナルの強度とNOEによる正のシグナルの強度を積分曲線等で比較することにより、NOEの％を求めることができる。

図1.58は、クレヌルアセタール-Bについて測定されたNOE差スペクトル（360 MHz, $CDCl_3$）である。（A）は19-位のメチンプロトン H_a を照射し得られたNOE差スペクトルである。H_a の照射によりdのメトキシ基（OCH_3）のシグナルに1.7％のNOEが観測されるため、このシグナルが H_a と同じ炭素上にある $(OCH_3)_d$ によるものであることがわかる。またcにも0.5％のNOEが観測されているので H_a と $(OCH_3)_c$ がシスであること、またTMSシグナルと重なった位置にあるシクロプロパン環プロトンeにも3.1％のNOEが存在することにより、このプロトンは八員環の内側に向いた8β-Hであることがわかる。NOE差スペクトル（B）もこの結果を支持する。スペクトル中「a（またはb）に照射」とある場所に、a（またはb）のシグナルが負方向に強く現れるはずであるが、デジタル的に負の部分を切り取ってある。

これらの結果からわかるように、NOE差スペクトルではわずか0.5％のシグナル強度の増加を測ることができる。したがって、測定中にサンプル溶液の温度が変化することなどにより化学シフトがわずかに移動したりすると良好な差スペクトルが得られない。また照射強度が強すぎるとその影響が過大に現れるので注意が必要である。

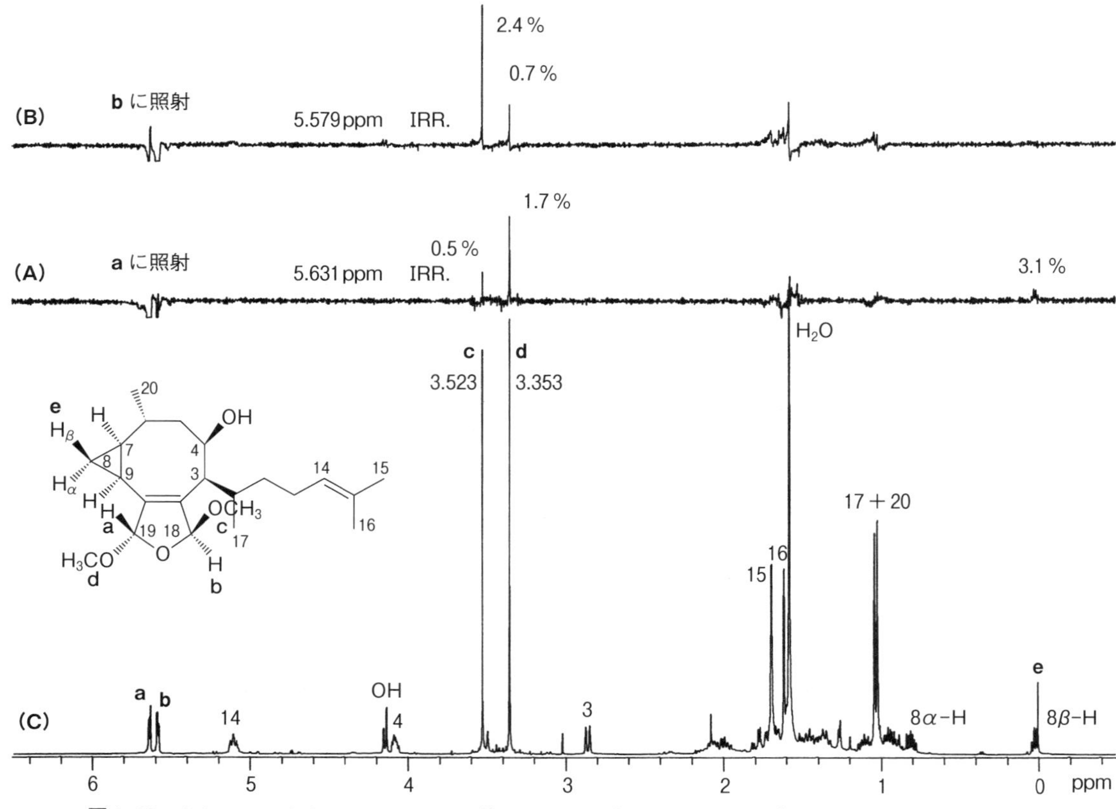

図 1.58　クレヌルアセタール-B の NOE 差スペクトル (360 MHz, $CDCl_3$)。e のシグナルは TMS シグナルと重なっている。スペクトルは中西香爾 編、楠見武徳・岩下 孝・直木秀夫 共著『チャートで見る超電動 FT-NMR』(講談社) より。

1.5.3　化学交換による飽和移動

NOE の実験において、水酸基のシグナルを照射すると、分子内の他の水酸基や溶媒中の水のシグナルが負のピークとして現れることがある。これは化学交換による**飽和移動**とよばれる現象による。図 1.59 は飽和移動の機構を示す。(a) は NOE 実験のパルス系列で、水酸基 1 のプロトンを照射 [ν_{OH} (1)]) している様子を示す。この図では照射している間を「照射期」、FID を取り込んでいる間を「取込み期」と定義している。(b) で、水酸基 1 を一定時間照射すると、水酸基プロトンは飽和する。飽和したプロトン (太字の **H**) は素早く水酸基 2 および水のプロトンと交換する。さらに水酸基 1 を照射し続けると、最終的に水酸基 1 と化学交換するすべてのプロトンが飽和してしまう。この飽和状態から、照射前の状態へ戻る過程、すなわち緩和が完了するためにはある程度の時間がかかるため、電波の照射が切られた取込み期においても、これらのプロトンの飽和は持続する。すなわち、水酸基 1 のシグナルを照射すると、水酸基 1 および 2 のシグナルと水の 3 個のシグナルが飽和移動により消失する。

(c) は水酸基のプロトンを照射して得られる NOE 差スペクトルの模式図である。水酸基プロトンを照射すると、その水酸基の近傍にある H_A に NOE を与えると共に、溶媒中の水のシグナルを飽和させる。得られたスペクトルをもとのスペクトルから引くと、飽和により消失したシグナルは負のシグナル、NOE で強度が増加した H_A のシグナルは正のシグナルとして現れる。

この原理を使うと、差スペクトルを使用しなくても水酸基のシグナルを簡単に見つけることができる。溶媒中の水のシグナルを照射し、消えたシグナルが水酸基のシグナルである。複雑な分子の場合は差スペクトルを作製し、水のシグナルを照射することにより負の方向に現れるシグナルを水酸基によるものと結論できる。

水酸基の照射による NOE 実験で気をつけなくてはならないことがある。図 1.59 (d) において OH_a シグナルを照射すると、近傍にあるプロトン H_A に NOE が観測される。しかしながら、飽和移動により OH_b も飽和するので、$-OH_b$ の近くにある H_B に NOE が観測される可能性がある。こうした場合、NOE 差スペクトルでは H_A も H_B も正の増加分を示すので、実験者は両プロトンとも OH_a の近くにあると誤解する可能性がある。このような誤りを避けるために、NOE 実験においては、異なるいくつかのプロトンを照射して、得られた結果を総合的に解析することが望ましい。

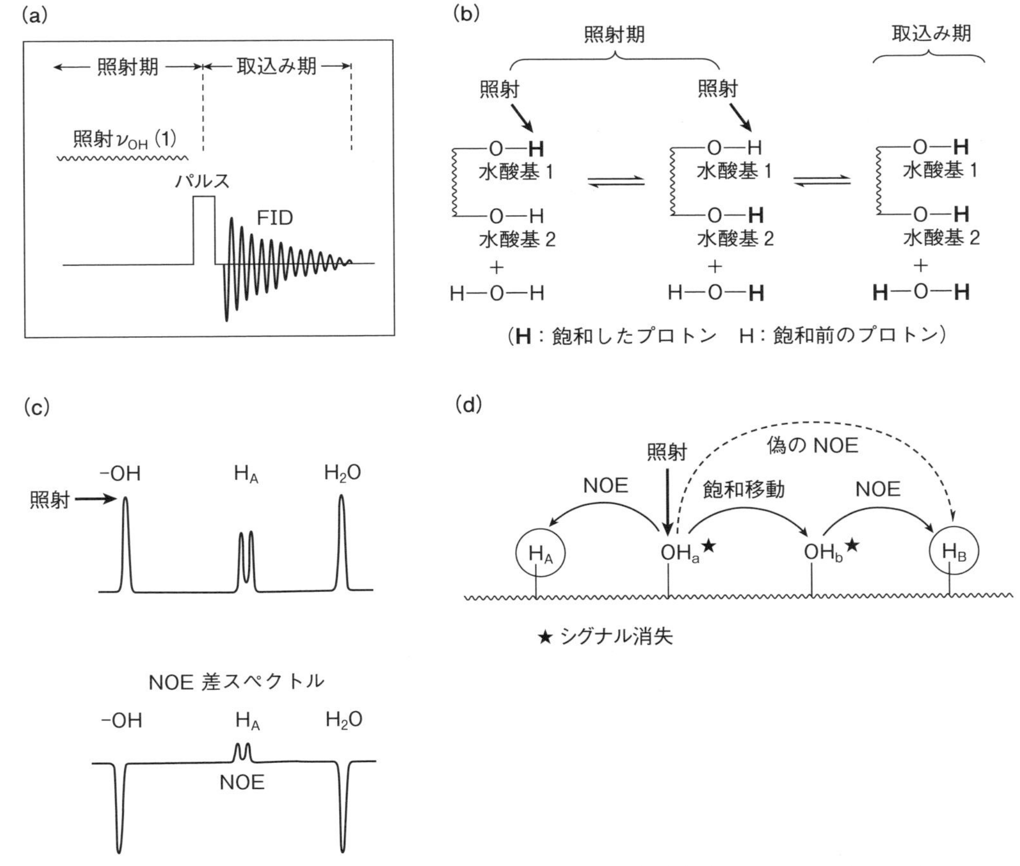

図 1.59　(a) NOE 実験のパルス系列。FID 取込み期には照射が中断。(b) 水酸基プロトン同士と水プロトンとの間の飽和移動の模式図。飽和したプロトンを太字の **H** で示す。(c) 水酸基プロトンを照射した場合の NOE 差スペクトルの模式図。(d) 飽和移動による現れる「偽の」NOE。

1.5.4　NOESY スペクトル

互いにカップリングしているプロトンペアを知るための二次元スペクトルとして COSY スペクトルがあるが、互いの立体的距離が近く（約 40 nm 以内）NOE を示すプロトンペアを見つけるための二次元スペクトルが存在し、これは **NOESY**（NOE and exchange spectroscopy；ノージーまたはノエジー）**スペクトル**とよばれる。解析の仕方は COSY スペクトルの場合と全く同じであるので実例をあげて説明する。

図 1.60 は、植物の成分でフラボノイドの一種であるゲンクワニンの NOESY スペクトルである。溶媒は重ピリジン（pyridine-d_5）で、ピリジンの α-, β-, γ-位の残余シグナル（py）が 3 カ所（α-H：δ 8.74, β-H：δ 7.28, γ-H：δ 7.66）に現れている。また δ 5.0 付近の強いシグナルは重ピリジン中の H_2O によるシグナルである。

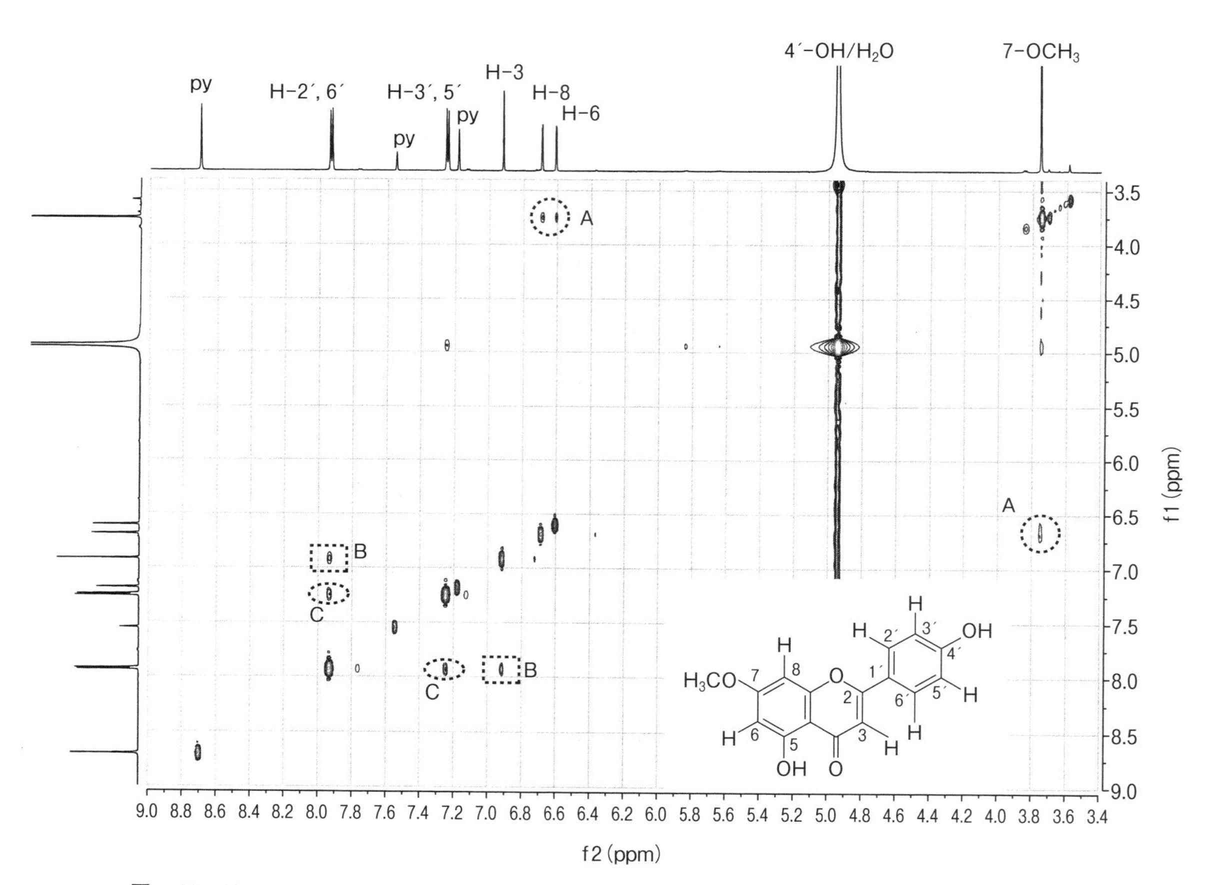

図 1.60　ゲンクワニンの NOESY スペクトル（400 MHz, pyridine-d_5）。py は重ピリジンの残余シグナル。5-OH によるシグナル（δ13.6）の領域は削除してある。点線で囲った A, B, C が NOE によるクロスピーク。

COSY スペクトル（1.4.10 項）と同様、NOESY スペクトルにおいてもスペクトルの対角線上に同一シグナルによる対角ピークが存在する。対角線以外の位置に存在するピークが NOE クロスピークであり、対角線をはさんで対称的な位置に 2 箇所存在する。点線の丸で囲った

Aの中には2個のNOEクロスピークが存在する（スペクトル中、左上のAが見やすい）。これは7−OCH_3とH−6およびH−8との間にNOEが存在することを示している。これらのプロトンは両方ともメトキシ基のオルト位に位置しており、メトキシプロトンと空間的に近いためNOEを示す。逆に、H−6とH−8に対するNOEから、メトキシ基は7−位に存在し、5−位や4′−位にあるのではないことがわかる。

点線の四角で囲ったBはH−2′, 6′とH−3との間のNOEクロスピークである。これらは異なる環上のプロトンであるが、構造式からわかるように互いに空間的に近いためNOEが観測される。

点線の楕円で囲ったCは、同一ベンゼン環内で互いにオルト位の関係にあるH−2′, 6′とH−3′, H−5′との間のNOEクロスピークである。

これらのNOEを下図のように構造式中にまとめて示すことができる。

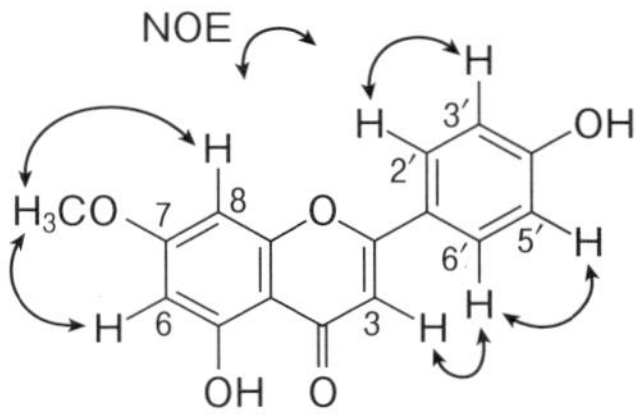

NOEクロスピークの強度はプロトン間の距離と関係があり、プロトン間の距離が近ければNOEクロスピークの強度も強い。図1.60の実スペクトルを解析すると、NOEクロスピークの強度がA＜B＜Cの順に大きくなっている。CではH−2′, 6′とH−3′, H−5′がベンゼン環上で直接オルト位の関係にあり距離が近いが、Aでは7−OCH_3とH−6, H−8とがオルト位にあるもののメトキシプロトンとベンゼン環炭素とは−O−C−結合で隔たれているため、プロトン間の距離はCの場合より遠くなる。そのためAのNOEクロスピークの強度はCと比較すると弱い。

§1.6　化学交換と活性化エネルギー

本節と次節（§1.7）はやや高度の内容であるので、初学者は読み飛ばしてよい。すでにNMRスペクトルを日常的に使用している大学院生・研究者は精読することを勧める。

スペクトルにおいてシグナルの幅が広くなる現象をブロードニングとよぶ。NMRシグナルがブロードニングを起こす原因は、主として化学交換（p.24）による。OHプロトンのように他のプロトンと具体的に交換している場合だけではなく、コンホメーション（分子の立体的な形）の変化により、プロトンの化学シフトが変化する場合にもブロードニングが起こる。

コンホマーAとB（A：B＝1：1）が交換し、コンホマーA中のH_A（化学シフトδ_A）がコンホマーB中ではH_B（化学シフトδ_B）となる系を想定する。コンホマー間の交換速度の変化とシグナルの形をシミュレーションした結果を図1.61に示す。ただし両方のシグナルはシングレットであると仮定する。

コンホマー間の交換がゆっくりである場合 (交換速度 $k << 2.22\Delta\nu$：$\Delta\nu$ は δ_A と δ_B の差を Hz で表した値)、H_A と H_B による 2 本のシングレットが δ_A と δ_B に現れる (図 1.61 [a])。溶液の温度をあげると交換速度が大きくなり、二つのシグナルはブロードになる [b]。さらに温度をあげると二つのシグナルは融合して一つの山のような形になる。このような状態を**コアレセンス** (coalescence)、その時の温度を**コアレセンス温度** (T_c) とよぶ [c]。さらに温度を上げるとやや鋭い山 [d] となる。さらに温度を上げると、$(\delta_A + \delta_B)/2$ の化学シフトを持つ 1 本の鋭いシングレットとなる [e]。T_c 以上の温度では交換速度が大きく、H_A と H_B を区別することができない。

シグナルの一部または全てが [b]〜[d] のようなブロードニングを起こしている場合は、化学交換系が想定される。このような現象はアミド系化合物や環状化合物でしばしば観測される。このような系に遭遇した場合の対処法は、測定温度を変化させることである。交換速度 (k) は温度をあげると大きくなる。すなわちブロードなシグナルが [c] や [d] の状態である場合は、測定温度を上げると比較的容易に [e] のような鋭いシグナルを得ることができる。し

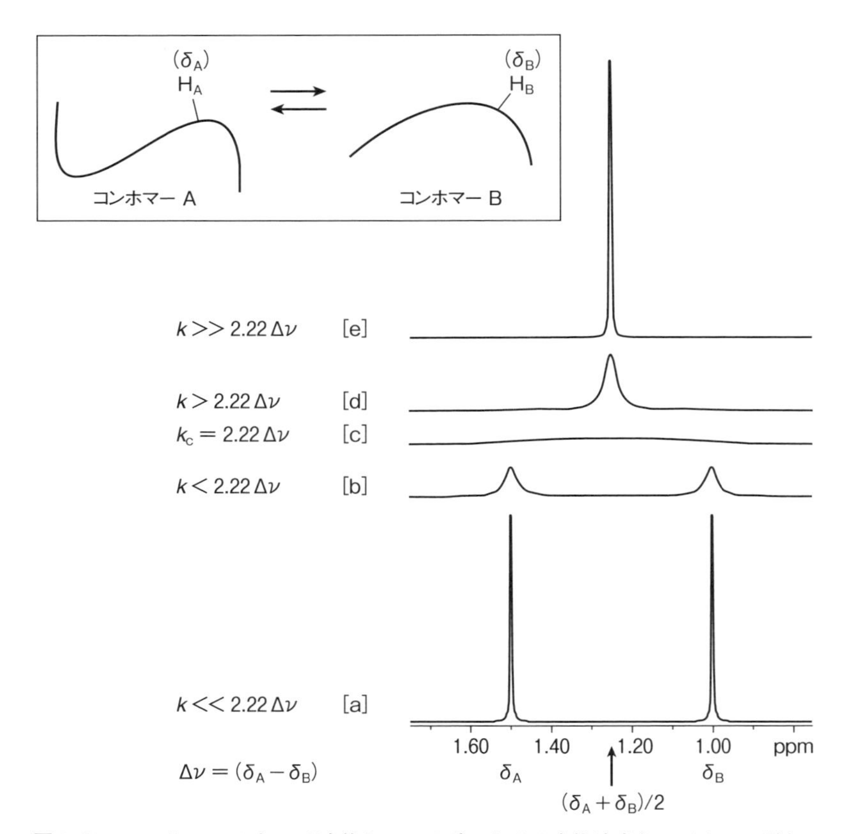

図 1.61　コンホマー A と B が交換している系における交換速度とシグナルの形との関係。コンホメーションの変化により H_A は H_B になる。[a] から [e] になるに従って交換速度は大きくなる。δ_A, δ_B：H_A, H_B の化学シフト。$\Delta\nu$：H_A, H_B の化学シフトの差を Hz で表した値。k_c：コアレセンス温度における交換速度。岩下 孝・楠見武徳・村田道雄 共著『特論 NMR 立体化学』(講談社) より。

かし交換速度が比較的小さく [b] のような状態である場合は、温度を上げるとシグナルはさらにブロードになってしまい、[e] の状態にするまでにはさらに温度を上げなくてはならない。シグナルが [d] や [c] の場合、温度を下げていくと [c] と [b] の状態を経て鋭い2本のシグナル [a] が得られる。

測定温度を変化させてNMRスペクトルを測定する実験を**温度可変NMR実験** (Variable Temperature NMR Experiment) または単に**VT-NMR**実験とよぶ。VT-NMR実験はAとBの交換の活性化エネルギー ($\Delta G^{\neq}_{AB}$) を求めるために重要な実験である。

コアレセンス状態 [c] での交換速度 k_c は次の簡単な式により求められる。

$$k_c = \frac{\pi}{\sqrt{2}}\Delta\nu = 2.22\,\Delta\nu = 2.22\,(\delta_A - \delta_B)\times f\ (f\text{: 測定周波数 MHz}) \qquad (\text{式 } 1.19)$$

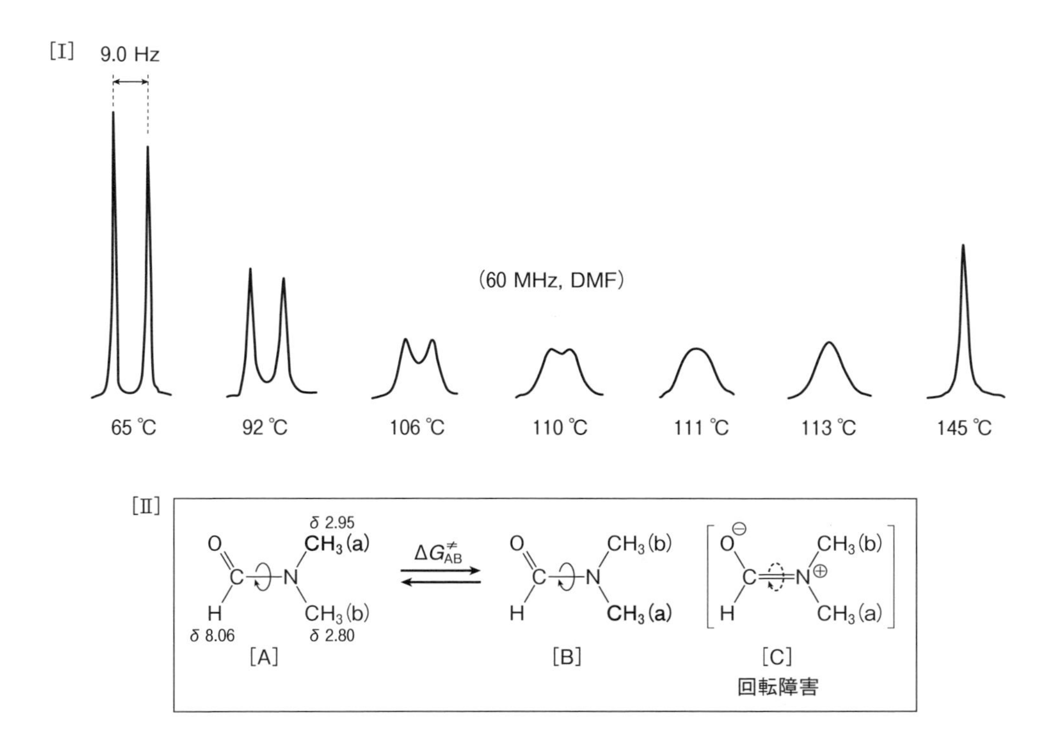

[III]

$$k_c = 2.22\,\Delta\nu \qquad (\text{式 } 1.19)$$

$$\Delta G^{\neq}_{AB} = 4.58\times10^{-3}\,T_c\,(10.32 + \log_{10} T_c/k_c) \qquad (\text{式 } 1.20)$$

$$\left\{\begin{aligned}
\Delta\nu &= (2.95 - 2.80)\times 60\,(\text{MHz}) = 9.0\,(\text{Hz})\\
k_c &= 2.22\times 9.0 = 20.0\\
T_c &= 273 + 111 = 384\,(\text{K})\\
\Delta G^{\neq}_{AB} &= 4.58\times10^{-3}\,T_c\,(10.32 + \log_{10} T_c/k_c)\\
&= 4.58\times10^{-3}\times 384\,(10.32 + \log_{10} 384/20.0)\\
&= 1.76\times(10.32 + \log_{10} 19.2) = 1.76\,(10.32 + 1.28)\\
&= 20.4\,(\text{kcal/mol})
\end{aligned}\right.$$

図 1.62　*N,N*-ジメチルホルムアミド (DMF) のVT-NMR実験 (60 MHz, DMF)。[I] 65 ℃から145 ℃まで昇温したNMRスペクトル。メチル基のシグナルのみを示す。111 ℃でコアレセンス状態になる。[II] DMFの回転障害。[III] 2個のメチルシグナル間の化学シフトの差 ($\Delta\nu$) とコアレセンス温度から $\Delta G^{\neq}_{AB}$ を求める計算過程。[I] のスペクトルはJohn R. Dyer著・柿沢 寛 訳『有機化合物への吸収スペクトルの応用』(東京化学同人) より。

ここで求めた k_c とコアレセンスになった時の温度（T_c）を式 1.20 に代入すると簡単に $\Delta G^{\neq}_{AB}$ を求めることができる。

$$\Delta G^{\neq}_{AB} = 4.58 \times 10^{-3}\, T_c \left(10.32 + \log_{10} \frac{T_c}{k_c}\right) \ (\mathrm{kcal/mol}) \qquad (式 1.20)$$

図 1.62［I］は *N,N*–ジメチルホルムアミド（［II］中の構造式参照）の VT–NMR（^{1}H NMR, 60 MHz）実験の結果である。室温〜65 ℃で測定したスペクトルでは、窒素に付いた2個のメチル基［CH_3(a) と CH_3(b)］が独立した鋭いシングレットとして現れている。これはアミド基において窒素上の非共有電子対がカルボニル基へ流れ込むことによって、［C］で表される状態、すなわち C–N 結合が二重結合性を帯びているため、C–N 結合の回転が束縛され［A］と［B］の交換が阻害されるためである。測定温度を上げるに従い両者はブロード化し 111 ℃でコアレセンスの状態になる。さらに温度を上げると交換速度は大きくなり、シグナルは1本に合体する。145 ℃では比較的鋭い1本のシグナルとなっている。

コアレセンス温度（T_c）が 111 ℃であることから、式 1.19 および 1.20 を用いて［A］と［B］の交換過程の活性化エネルギー（$\Delta G^{\neq}_{AB}$）を 20.4 kcal/mol と決定できる［III］。

【問題 1.16】　*N,N'*–ジメチルアセトアミド［CH_3–CO–N(CH_3)$_2$］について DMF と同様（60 MHz）の VT–NMR 実験を行った。窒素に付いた2個のメチル基は室温で2本のシグナルを示し、それらの化学シフトの差は 9.6 Hz であった。昇温の結果、2本のシグナルは 65 ℃でコアレセンスを示した。この化合物の C–N 結合の回転の活性化エネルギーを求めよ。

VT–NMR 実験を行う際には、使用する溶媒の沸点と融点に注意しなくてはならない。表 1.4 に代表的な NMR 溶媒の沸点と融点を示した。温度を上げる実験に際しては沸点より 10 ℃だけ下、また温度を下げる実験では融点より 10 ℃だけ上に設定すること。重トルエンは沸点が高く、また融点も低いため、広範囲の温度でスペクトルを測定する場合に便利な溶媒である。

表 1.4　重水素化溶媒の融点と沸点

重水素化溶媒	化学式	融点（℃）	沸点（℃）
アセトン-d_6	CD_2(=O)CD_3	−93.8	55.5
アセトニトリル-d_3	CD_3CN	−46	80.7
クロロホルム-d_1	$CDCl_3$	−64.1	60.9
ジクロロメタン-d_2	CD_2Cl_2	−97	39.5
ジメチルスルホキシド-d_6	$(CD_3)_2S$=O	20.2	190
N, N-ジメチルホルムアミド-d_1	$(CD_3)_2N$−C(=O)D	−60	153
重水	D_2O	3.8	101.4
テトラヒドロフラン-d_8	C_4D_8O	−108	64
トルエン-d_8	$C_6D_5CD_3$	−85	109
ピリジン-d_5	C_5D_5N	−41	114
ベンゼン-d_6	C_6D_6	−6.8	79.1
メタノール-d_4	CD_3OD	−99	65

BRUKER, Almanac 2012 より。

§1.7　FT-NMR の原理

FT-NMR の原理については §1.1 で簡単に触れたが、この節ではさらに一歩進んだ原理の解説を行う。

1.7.1　サンプルを磁場中に置く：全磁化ベクトル

図 1.63 は強度 B_0 の磁場中に置かれた磁気モーメント μ の歳差運動およびラーモア周波数（共鳴周波数）(ω_0) と B_0 との関係（式 1.5）(p.4) を示したものである。プロトンの歳差運動を記述した図 1.4 および式 1.5 と基本的に同等であるが、他の核種にも適用できるように磁気回転比 γ_H を γ に変えてある。

図 1.63 は磁場と同方向の安定な α スピンの磁気モーメントの歳差運動を示しているが、実際は磁場と逆方向の不安定な β スピンもほぼ同数存在する（図 1.64 [A]）。分子は三次元的な大きさを持ち、しかも溶液内で運動しているので、α スピンと β スピンは空間的にバラバラな位置で歳差運動を行っている。ただし、それぞれの歳差運動の軸は磁場の方向と一致している。しかしこの状態では統計的な処理が難しいので、それぞれの磁気モーメント（矢印）の始点を一点にまとめると図 1.64 [B] のようになる。§1.1 で述べたように、α スピンの数 (N_α) と β スピンの数 (N_β) はほとんど等しいが、α スピンの方が β スピンよりも若干安定なので、N_α の方がわずかに N_β よりも大きい。過剰な α スピンの数 ($N_\alpha - N_\beta$：ボルツマン過剰分）は全体の 10 万分の 1 程度である。ボルツマン過剰分の α スピンのみが NMR 現象を示すので、以降 α スピンの挙動のみを考察することにする。

図 1.64 [C] はボルツマン過剰分の α スピンのみを取り出したものである。磁気モーメントの始点を x,y,z−座標の原点に置き、z−軸を磁場の向きに平行に設定してある。各磁気モーメント μ の終点（矢印の先）は、x,y−平面と平行である円周上の任意の位置を ω_0 の速度で回転しており、傘の骨のように見えるこのようなバラバラの状態を「位相が乱れている」と表現する。

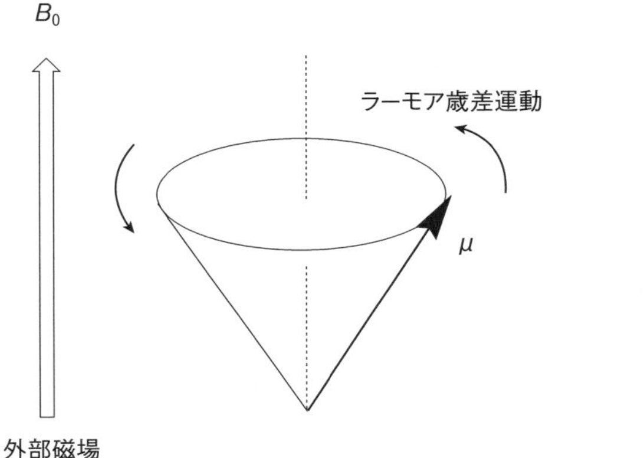

$\omega_0 = \gamma B_0$　（式 1.5）

γ：磁気回転比

ω_0：ラーモア周波数（ラジアン/秒）

図 1.63　磁場中に置かれた磁気モーメントの歳差運動とラーモア周波数。

図 1.64［D］(a) は、一つの磁気モーメント［$\mu(1)$］を取り出し、それを z–軸成分（$\mu\cos\theta$）と x, y–平面成分（$\mu\sin\theta$）に分解した図である。図 1.64［C］に示したように μ は任意の位置に存在するので、z–軸の反対側にも磁気モーメント［$\mu(2)$］が存在する｛図 1.64［D］(b)｝。$\mu(1)$ と $\mu(2)$ の x, y–平面成分を足すと両者が打ち消し合って 0 になるが、z–軸成分は同方向であるため $2\mu\cos\theta$ の強度となる。このことを考慮して、図 1.64［C］の全ての磁気モーメントについて z–軸成分と x, y–平面成分をそれぞれ足し算すると z–軸成分のみが残り x, y–平面成分は消えてしまう。z–軸成分は単に加算され、磁気モーメントが n 個あったとすると $n\mu\cos\theta$ の強度を持つ。z–軸成分を M_0（$= n\mu\cos\theta$）とし、M_0 を**全磁化ベクトル**とよぶこととする（図 1.64［E］）。こうすることにより、今後、電磁波と磁気モーメントの共鳴を考察する際に、個々の磁気モーメント（μ）の挙動を考慮する必要がなくなり、全磁化ベクトル M_0 の挙動のみに注目すればよいことになる。

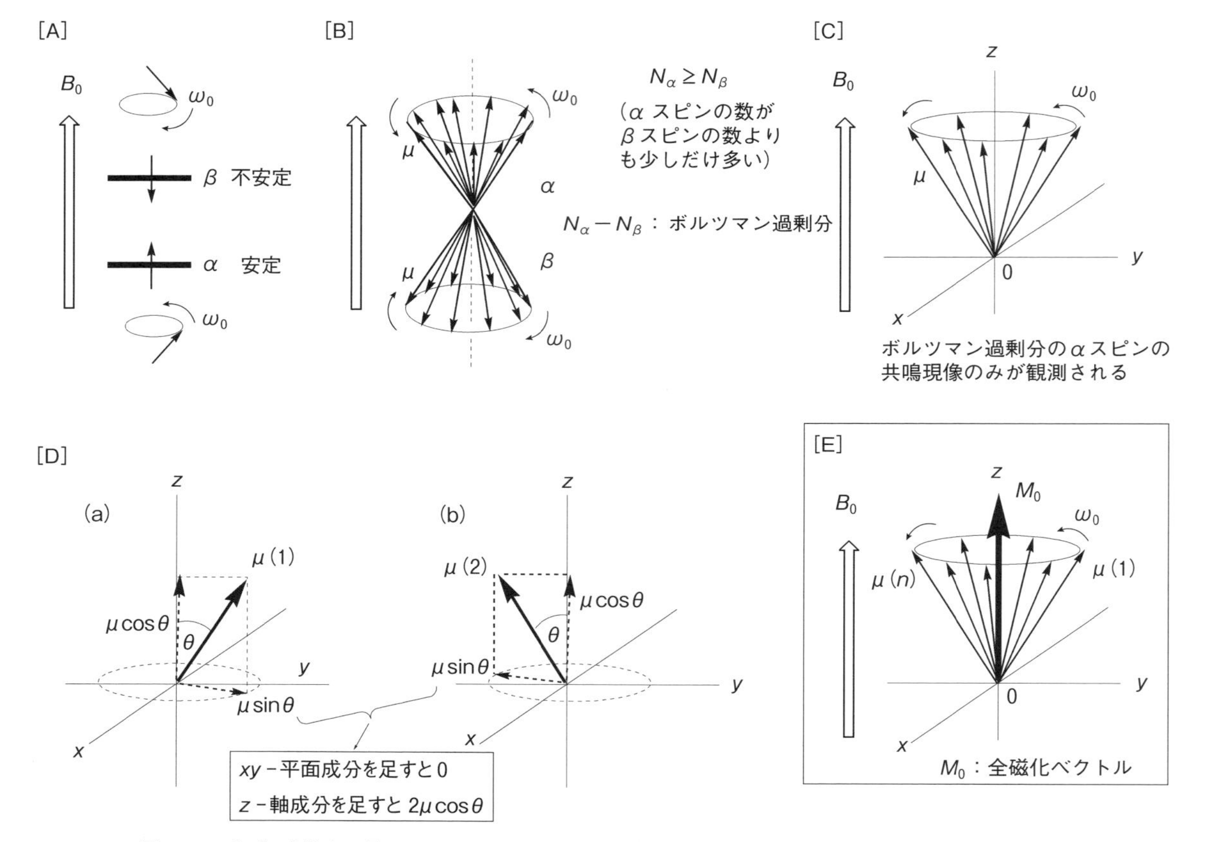

図 1.64　［A］磁場中に置かれた $I = 1/2$ の核スピンの状態。［B］分子中に多数存在する核スピンを集合させた図。［C］ボルツマン過剰分の α スピンだけを取り出し x, y, z–座標に置いた図。［D］多数の μ が集まると x, y–平面成分はキャンセルされて 0 となる。しかし z–軸成分はキャンセルされない。［E］全部の μ の z–軸成分を足し合わせた全磁化ベクトル（M_0）。

1.7.2 電磁波を分解する：左右の回転磁場

電磁波（電波）は、互いに直交する磁場と電場が正弦曲線的に振動しながら進行する波である（図1.65［A］）。小さな磁石である磁気モーメント（μ）と作用するのは磁場である。振動磁場の一部を取り出したものが図1.65［B］である。正弦曲線だけを見ると、振動磁場が図1.64［E］のμや全磁化ベクトルM_0にどのように作用するか分かりにくいが、振動磁場を左右反対方向に回転する小さな磁石（回転磁場）に分解することにより理解が容易になる。

図1.65［B］において、二つの回転磁場を(a)→(b)→(c)→(d)の順に追ってみよう。(a)では2個の矢印が正の同方向であるので、磁場強度が正の最大値になる（**1**と**5**）。それぞれが＋90°および－90°回転すると（b）の状態になるが、両者とも上向き（図中の磁場強度軸）の成分はないので足しあわせても強度は0である（**2**と**6**）。さらに両者が±90°回転した（c）では（a）と同じことが起こるが、両磁石の方向が負であるので負の最大値となる（**3**と**7**）。(d)は(b)と同様であるので強度が0である（**4**と**8**）。

このような考え方はCDスペクトル法（circular dichroism sepctrocopy）（本書には含まれていない）の解釈にも使われている。CDスペクトルの場合、対象とする電磁波は光であり、分子中の電子に作用するのは電場であるので、光を左右に回転する小さな電場（左回りの光、右回りの光）として分解する。

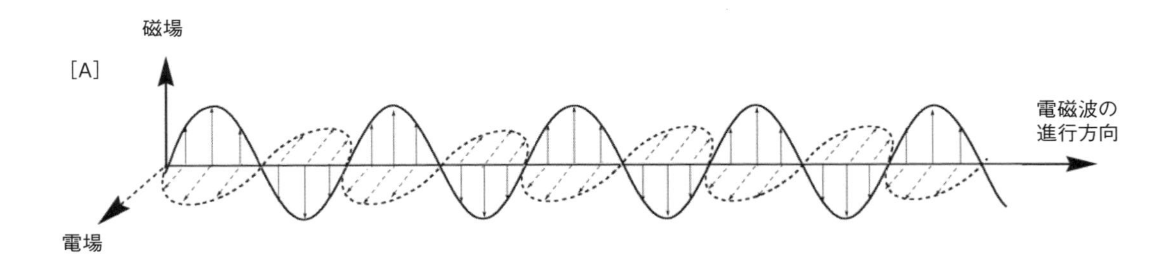

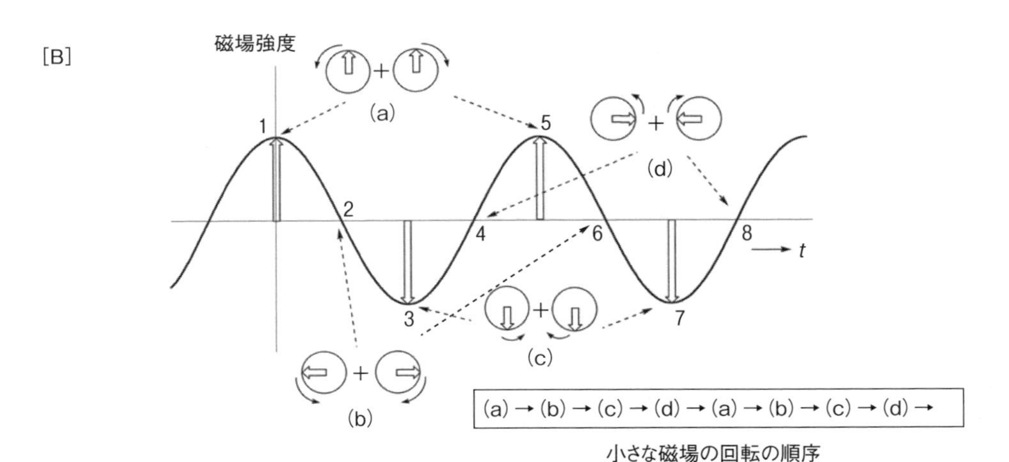

図1.65 ［A］電波は、互いに直交し正弦曲線的に空間を伝播する磁場と電場とに分解できる。［B］正弦曲線的に変化する磁場を、互いに逆方向に回転する2個の小さな磁場の和として表す。

1.7.3　NMR スペクトル装置の構成：磁石、発振器、受信器

NMR スペクトル装置において、電磁波（電波）の発振器は受信器と直角方向に設定されている。発振器を x–軸、受信器を y–軸上に置き、x,y–平面が磁場に垂直になるように置くと図 1.66［A］に示した配置になる。

x–軸：発振器
y–軸：受信器
z–軸：磁場

この座標軸に図 1.65［B］の小さな回転磁場を乗せるのであるが、二つの回転磁場のうち、磁気モーメント（μ）と同方向に回転する磁場のみが μ と相互作用する。μ と同方向に回転する磁場の回転速度を変化させて μ の速度に近づけると、磁石同士の相互作用が始まるが、逆方向に回転する磁場は、速度を変化させても μ の速度に近づくことは決してない［1.7.4 項参照］。これは発振された電磁波の半分の強度が NMR 現象に関与することを意味する。

μ と同方向に回転する磁場を図 1.66［B］のように座標上の x,y–平面に置き、その回転速度を ω_x、磁場強度を B_1 とする。ω_x および B_1 はそれぞれ発振器の周波数および強度（出力）に対応している。

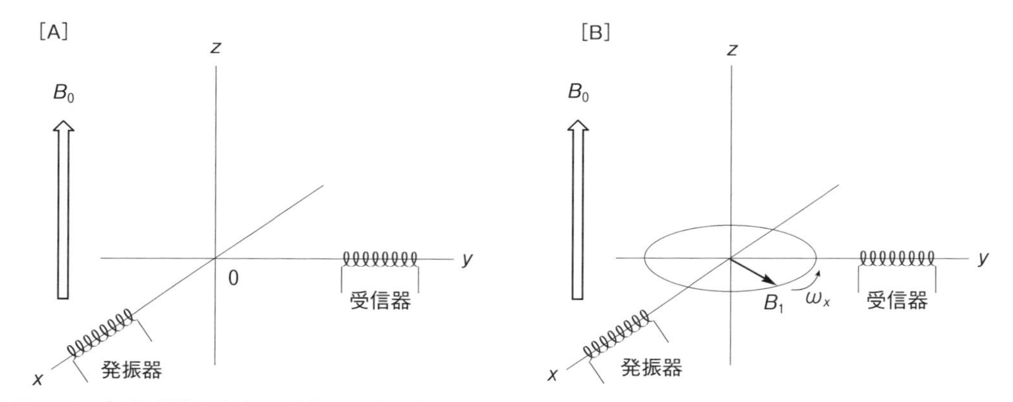

図 1.66　［A］磁場方向を z–軸とし、発振器を x–軸、受信器を y–軸に置いた座標。［B］座標上に電波の片方の回転磁場 B_1 を置く。ω_x は電波の周波数。

1.7.4　共鳴状態に近づいた時の全磁化ベクトルの挙動：CW–NMR スペクトル

図 1.67［A］は、発振器からの ω_x で回転する磁場 B_1（図 1.66［B］）と、ω_0 で回転する磁気モーメント（μ）（図 1.64［E］）を同一座標に置いた図である。各磁気モーメントは式（1.5）（$\omega_0 = \gamma B_0$）に従い、磁場（B_0）を軸として ω_0 の速度で回転している。図 1.67［A］では発振器の周波数 ω_x が ω_0 より十分小さいため、電波の磁場 B_1 が μ と全く作用せず、各 μ の位相はバラバラである。さらに ω_x を増大させ ω_0 に近づけた状態を図 1.67［B］に示す。ここでは B_1 が μ に追いつきそうになっているため、μ に影響を及ぼし始める。すなわち B_1 のすぐ前を走っている μ は B_1 に引きもどされ、またすぐ後ろを走っている μ は B_1 に引き寄せられ、その結果今

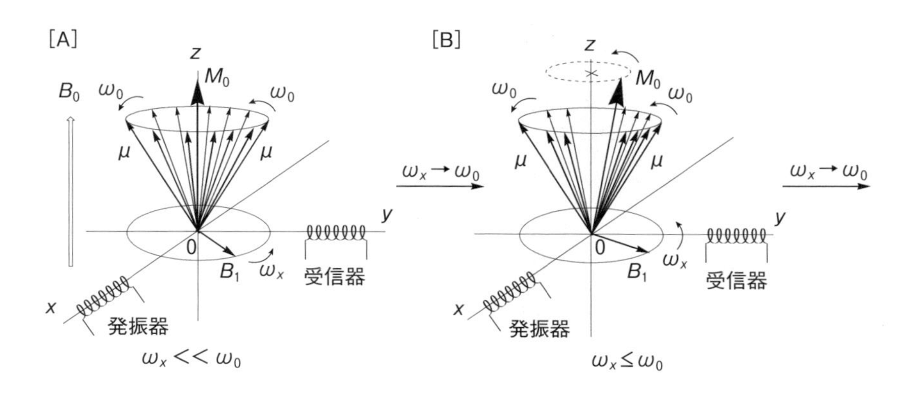

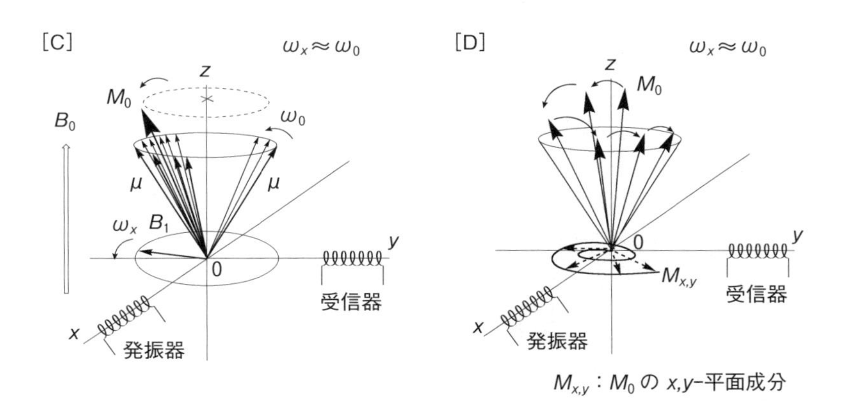

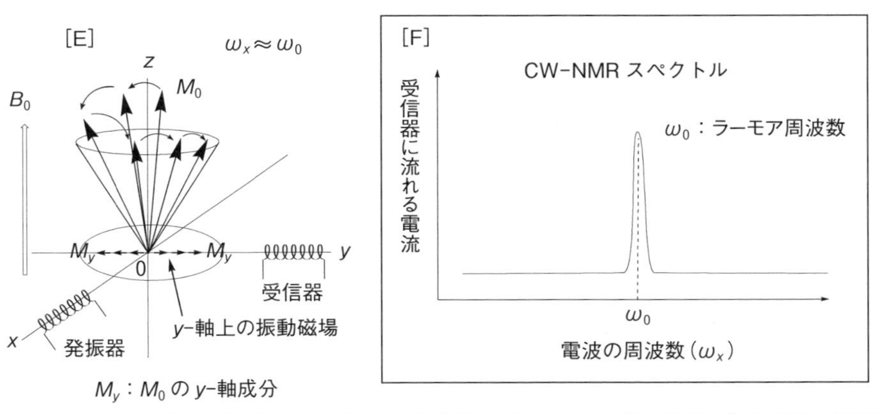

図 1.67　[A] μ の歳差運動と発振器からの電波の回転磁場 B_1 を x, y, z−座標に置く。[B] 電波の周波数 ω_x が ω_0 に近づくと μ の位相に偏りをもたらし、全磁化ベクトル M_0 が回転しながら z−軸から離れ始める。[C] ω_x が ω_0 に等しくなると、M_0 の傾きは最大になる。[D] 発振器の周波数 ω_x を徐々に ω_0 へ近づけた ([A] → [B] → [C]) 時の M_0 の挙動。[E] [D] で示した M_0 の y−軸成分 (M_y) の挙動。[F] 発振器の周波数 ω_x を連続的に変化させて得られる CW-NMR スペクトル。

までばらばらの位置で回転していた μ の一部が B_1 の周囲に集って来る。言い換えると、磁気モーメントの位相が合い始める。

図 1.67 [A] では全磁化ベクトルは z–軸上に静止しているが、これは図 1.64 [D] で議論したように、各磁気モーメント (μ) の位相がバラバラであり、x, y–平面成分が全方向に散らばっているので互いにキャンセルされてしまうためである。ところが図 1.67 [B] では μ の位置に偏りが生じるため、キャンセルされることなく、μ の偏りの方向 (B_1 の方向) に x, y–平面成分が現れる。全磁化ベクトル M_0 に注目すると、図 1.67 [A] では z–軸上に静止していたが、[B] では x, y–平面成分の方向に傾き始め、それと同時に B_1 と同調して回転し始める。回転しはじめの時点では M_0 の傾きは小さく、その先端の軌跡は点線で示した小さな円上にある。

電波の周波数が増大してさらに ω_0 に接近すると、B_1 に引きずられる μ の数がだんだん増加し、M_0 の傾きも大きくなる (図 1.67 [C])。図 1.67 [D] には z–軸からの傾きが大きくなりながら回転する M_0 の様子を模式図的に示してある。図中には x, y–平面に渦巻き状の線が描かれているが、これは M_0 の x, y–軸成分 ($M_{x,y}$) の先端の軌跡である。M_0 の傾きが小さい時は $M_{x,y}$ も小さく、ほとんど原点付近を回転するが、M_0 の傾きが大きくなるにつれて $M_{x,y}$ も大きくなり、その先端は原点から遠ざかってゆく。

x, y–平面成分 ($M_{x,y}$) は x–軸成分と y–軸成分とに分解できる。図 1.67 [E] は $M_{x,y}$ の y–軸成分の変化を示したものである。y–軸成分 (M_y) のみを取り上げるのは、受信器のコイルが y–軸上に置かれており、全磁化ベクトル M_0 の振る舞いは M_y の変化として観測されるからである。[D] のように $M_{x,y}$ が渦巻き状に変化すると y–軸成分 M_y は原点から y–軸の正の方向へ伸びた後にまた原点へ復帰し、さらに負の方向へ伸びた後に原点へ復帰する。すなわち y–軸上に M_y による振動磁場が生じる。この振動磁場は受信器のコイル内で行われるので、発電機の原理により受信器のコイルに交流電流が発生する。ω_x が ω_0 に一致したとき M_0 の傾きが最大になるので、電流も最強になる。ω_x が ω_0 を通り越すと電流は急速に減衰する。この電流の強さ (受信器で検出されるシグナルの強さ) を電波の周波数 (ω_x) に対してグラフ化すると図 1.67 [F] が得られる。こうしてグラフ化されたものは NMR スペクトルそのものであるが、磁場が一定で周波数を連続的に変化させて (continuous wave) シグナルを観測するため **CW–NMR スペクトル**とよばれる。CW–NMR スペクトルは永久磁石を用いる 60 MHz 程度の装置として頻繁に用いられたが、周波数の掃引に時間がかかり感度や分解能が低いため、超伝導磁石を用いる FT–NMR スペクトル装置が優先的に使用されるようになった。

1.7.5　回転座標系：パルスを与えられた全磁化ベクトルの挙動

CW–NMR スペクトル法 (図 1.67 [F]) では発振器からの電波の周波数 (ω_x) を連続的に変化させるため、ω_x が共鳴周波数 (ラーモア周波数) ω_0 に到達しても、速やかにそこから遠ざかってしまう。ところが FT–NMR スペクトル法では ω_0 の周波数を持つパルスを数 μ 秒間サンプルに照射する (第 1 章 p.3)。$\omega_x = \omega_0$ の状態を一定時間続けると、全磁化ベクトル M_0 はどのような挙動をするのであろうか？　図 1.67 [D] を用いて結論を先に述べると、$\omega_x = \omega_0$ の状態にすると M_0 は z–軸を中心として回転しながら、さらに x–軸の周りを回転し始めるのである。

このような「2本の軸を中心とする二重回転運動」を考察するために便利な方法は、観測者が片方の回転と共に移動するやり方である。まず外部磁場 (B_0) を軸としてラーモア歳差運動（速度 ω_0）をしている1個の磁気モーメント (μ) を取り上げてみよう（図1.68［A］）。この場合、観測者は x, y, z-座標軸の外側に居て歳差運動を観測している。このような座標系を「**静止座標系**」または「**実験室座標系**」とよぶ。観測者は静止しているため観測者の回転速度 (ω_R) は0である。

次に観測者が、ω_0 の速度で回転している μ を追いかけて観測する場合を考える（図1.68［B］）。ω_R が ω_0 より少しだけ小さい（観測者が μ に追いつきそうな速度で回転している）場合、観測者から見ると μ の速度は小さくなりその相対速度は $\omega_0 - \omega_R$ で表される。ラーモア歳差運動は磁場の強さに比例する ($\omega = \gamma B$) ので、このゆっくりした μ の回転は外部磁場 (B_0) が小さくなることを意味しており、速度の減少の度合いは ω_R/γ である（図1.68［B］中の変換式参照）。すなわちこの時点で外部磁場は $B_0 - \omega_R/\gamma$ と小さくなっている。

さらに観測者の速度を上げてとうとう μ に追いついた場合を考える（図1.68［C］）。観測者

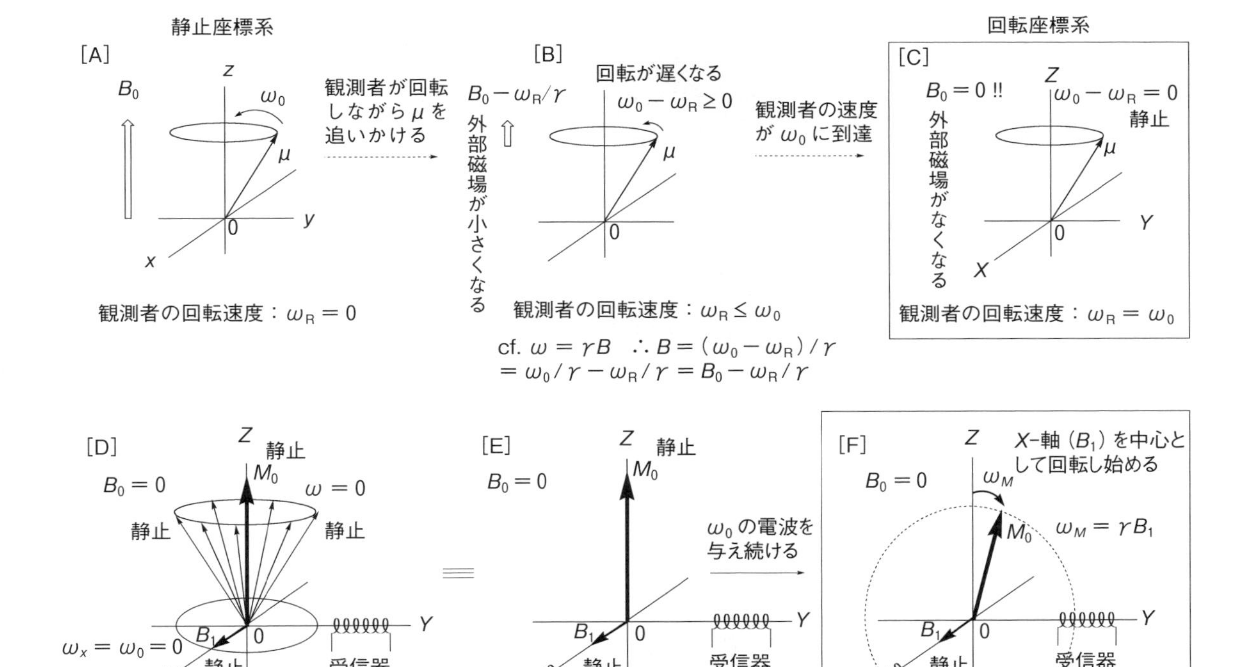

図1.68　［A］静止した観測者が観測する静止座標系（x, y, z-座標）。［B］観測者が μ と共に ω_R の速度で回転しながら観測する回転座標系（X, Y, Z-座標）。$\omega_R < \omega_0$ の場合、μ がゆっくり回転するように見える。［C］$\omega_R = \omega_0$ の場合、μ は静止しそれと共に外部磁場も0となる。［D］ω_0 で回転する回転座標系に静止した μ と M_0 を置く。発振器の回転磁場 (B_1) も静止している。［E］回転座標系に M_0 と B_1 のみを置く。［F］M_0 の B_1 を軸とする歳差運動。ω_M：歳差運動の速度。

は μ と同じ速度で回転している ($\omega_R = \omega_0$) ため μ の相対速度は 0 ($\omega_0 - \omega_R = 0$)、すなわち ω_0 で回転する観測者に対して μ は静止している。さらに大切なのは、μ が静止しているということは、外部磁場が消えている ($B_0 = 0$) ことを意味していることである。観測者は z–軸と共に回転しており、このような回転する観測者が体験する座標系を「**回転座標系**」とよぶ。以後、$\omega_R = \omega_0$ である回転座標系を X, Y, Z–座標と表記する。

図 1.68 [D] は、回転座標系に磁気モーメント (μ)、全磁化ベクトル (M_0)、および発振器からの磁場 (B_1) を書き込んだものである。これは図 1.67 [A] (静止座標系) と同じように見えるが、両者は次の点で異なる。

図 1.67 [A]	図 1.68 [D]
1) 静止座標系 (x, y, z–座標)。 2) 各磁気モーメント (μ) は ω_0 で回転。 3) 発振器からの磁場 B_1 が ω_x で回転。 4) 外部磁場が B_0。	1) 回転座標系 (X, Y, Z–座標)。 2) 各磁気モーメント (μ) は静止。 3) 発振器からの磁場 B_1 が静止。 4) 外部磁場は 0。

図 1.68 [D] で発振器からの磁場 (B_1) が静止しているのは、発振器からは共鳴周波数 (ω_0) を持つ電波が発振されており、ω_0 で回転する座標系では発振器の磁場 B_1 の回転速度が 0 になるからである。全磁化ベクトル M_0 は回転座標系でも大きさは変わらず静止している。

図 1.68 [E] は簡略化のために、[D] から M_0 と B_1 のみを取り出したものである。図 1.68 [E] で注意すべきことは、外部磁場がないため全磁化ベクトル M_0 に作用する磁場は発振器からの磁場 B_1 のみであることである。磁化ベクトル (磁気モーメント) が磁場中に置かれるとラーモア歳差運動をするのであるから、磁化ベクトル M_0 は磁場 B_1 の周り、すなわち X–軸を中心として Y, Z–平面を回転し始める (図 1.68 [F])。この回転は等速円運動であり、その速度 (ω_M) は式 1.21 で表される。本式と式 1.5 の類似性に注意せよ。

$$\omega_M = \gamma B_1 \text{（ラジアン/秒）} \qquad \text{(式 1.21)}$$

全磁化ベクトル M_0 の挙動を考察する際に、X–軸の正の方向から観察すると図 1.69 [A] のように簡略化できる。図において X–軸は紙面に垂直方向にあり原点と重なっている。X–軸方向から周波数 ω_0 の電波 (パルス) を照射すると M_0 は角速度 ω_M で回転し始める。パルスを t 秒間与え続けた時の M_0 の Z–軸に対する角度 θ (図 1.69 [B]) は式 1.22 および 1.23 で表される。

$$\theta = \omega_M t = \gamma B_1 t \quad \text{（ラジアン）} \qquad \text{(式 1.22)}$$

$$\theta = \gamma B_1 (180^\circ/\pi) t = kt \text{（度）、}[k\text{（定数）} = \gamma B_1 (180^\circ/\pi)] \qquad \text{(式 1.23)}$$

式 1.22 では θ はラジアンとして求められるが、式 1.23 では θ を日常的に用いられる「度」に換算してある。式 1.23 で t 以外の部分は定数 (k) であるので $\theta = kt$ という単純な式が導かれる。すなわち、全磁化ベクトル (M_0) の Z–軸からの回転角度 (θ) はパルスを与える時間 (t) に比例することがわかる。

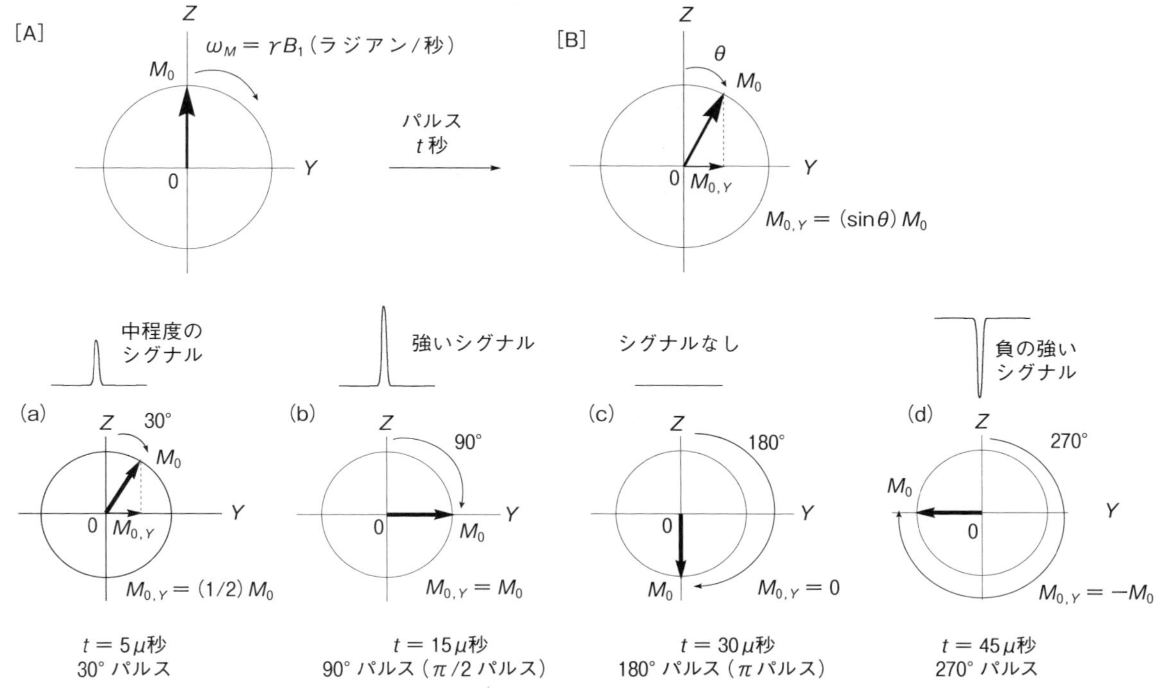

図 1.69　パルスの角度とシグナル強度との関係。[A] パルスを与える前。[B] パルスを t 秒間与えた時の M_0 の回転。(a) 30° パルス。FT 後、正のシグナルが得られる。(b) 90° パルス。正のシグナル強度が最大となる。(c) 180° パルス。シグナルは現れない。(d) 270° パルス。負のシグナル強度が最大となる。

M_0 の回転角度はその Y–軸成分が受信器で感知される。図 1.69 [B] で示したように、M_0 の Y–軸成分 ($M_{0,Y}$) は

$$M_{0,Y} = (\sin\theta)\, M_0 \qquad \text{（式 1.24）}$$

で表される。ある装置で例えばパルスを 5 μ 秒照射し M_0 が 30° 回転したとすると（このようなパルスを 30° パルスとよぶ)、Y–軸上には $(\sin 30°)\, M_0 = (1/2)\, M_0$ の磁化ベクトル成分が発生する [図 1.69 (a)]。パルスの照射時間を 3 倍の 15 μ 秒にすると M_0 は 90° 回転する（90° パルス) [図 1.69 (b)]。この場合 M_0 は Y–軸上に存在するので Y–軸成分は M_0 そのものの大きさである。したがって <u>90° パルスを与えた時、NMR シグナル強度は最大になる</u>。この装置で電波の照射時間を 30 μ 秒にすると 180° パルスが得られる [図 1.69 (c)]。180° パルスでは M_0 が Z–軸上に位置するので、Y–軸成分は 0 である。したがってシグナルは観測されない。また 270° パルスを与えると M_0 が Y–軸上の負の方向に向くので、負の強いシグナルが得られる [図 1.69(d)]。このように、パルスの照射時間を変えるだけで任意の角度のパルスが得られる。パルスを与える時間 (t) と M_0 の回転角 (θ) は装置により異なり、また溶媒、温度などにも影響を受ける。

パルスが与えられた後、M_0 は元の Z–軸上に戻る。この過程を**緩和**、それにかかる時間を**緩和時間**とよぶ。緩和の過程で $M_{0,Y}$ は徐々に減少し、Y–軸上の受信器がキャッチする電流も減

衰する。このとき得られる信号が FID シグナル [図 1.3 (a)] (p.3) である。通常の一次元 NMR では 30° 程度のパルスを用いて積算することが多い。90° パルスを用いるとシグナル強度が大きくなり有利なようであるが、パルスが与えられた後に元の Z–軸上に戻る時間が長いという欠点がある。M_0 が完全に元に戻る前に次のパルスを与えることを繰り返すと、積算中にシグナルが順次減少してしまう。

1.7.6　複数のパルスの組み合わせ：WEFT 法 (H_2O などの強いシグナルを消す方法)

何種類かのパルスを組み合わせる二次元 NMR スペクトル法においては、90° ($\pi/2$) パルスと 180° (π) パルスが頻繁に用いられる。これらのパルスの有用性を示すために、両パルスを組み合わせた単純な一次元スペクトルである **WEFT** (Water Eliminated FT) **法**を紹介する。

アミノ酸や糖などの水溶性化合物を D_2O に溶かして ^1H NMR スペクトルを測定すると、D_2O に含まれる HOD による強いシグナルとサンプルのシグナルが重なる場合があり不都合なことが多い。しかし、WEFT 法を用いると HOD のシグナルのみを消したり、強度を弱くしたりすることができる。

WEFT 法の原理は、緩和時間についての次の性質に基づいている。

- 分子量が数百以下の化合物については、分子の運動が激しいほど緩和時間が長い。したがって小さな分子ほど緩和時間が長い。
- Z–軸上の磁化ベクトルの緩和は Z–軸上に沿って進行する。

有機化合物の水溶液において、溶媒である水は分子量が 18 であり、溶質の有機化合物の分子量と比較すると極めて小さいので、水の緩和時間は非常に長い。WEFT 法は水の長い緩和時間を巧みに利用するスペクトル法である。

図 1.70 (1) は有機化合物サンプルの重水溶液を磁場中に置いた状態である。重水中の HOD の磁化ベクトルを白矢印、サンプルの磁化ベクトルを黒矢印で示してある。相対的に HOD の分子数の方が多いと想定して、白矢印は半径が大きい実線円、黒矢印は半径が小さい点線円上を回転するものとする。(1) は、パルスを与える前で、両磁化ベクトルは Z–軸上に静止している。ここに 180° パルスを与えると、両磁化ベクトルとも Y, Z–平面を時計回りに 180° 回転して Z–軸上の負の部分に到達する [図 1.70 (2)]。パルスを停止させた後、時間が経過すると (t_1 秒後)、緩和時間が短いサンプルの磁化ベクトルは Z–軸上を急速に原点方向へ戻って行くが、緩和時間が長い HOD の磁化ベクトルの戻り方はゆるやかである [図 1.70 (3)]。さらに時間が経過すると (パルスを停止させてから t_2 秒後)、サンプルの磁化ベクトルはすでに原点を通り過ぎて Z–軸の正の部分に到達しているが、HOD の磁化ベクトルはまだ負の部分を通過中である [図 1.70 (4)]。パルスを停止してから t_3 秒後、サンプルの磁化ベクトルは既にパルス照射前 (1) の位置に完全復帰しているが、HOD の磁化ベクトルはちょうど原点に到達した所である [図 1.70 (5)]。さらに時間が経過し、t_4 秒後および t_5 秒後の状態を見ると [図 1.70 (6) および (7)]、サンプルの磁化ベクトルには変化がなく、HOD の磁化ベクトルがゆっくりと緩和して行く様子が分かる。パルス停止してから長時間経過した後 (t_6 秒後)、HOD の磁化ベク

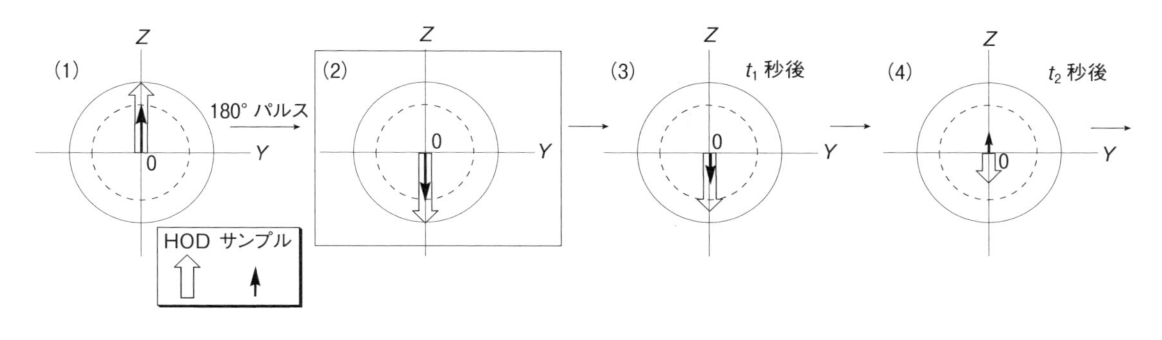

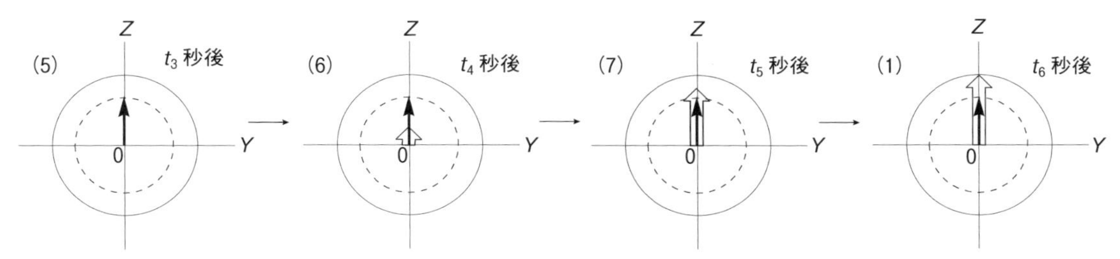

図 1.70　(1) 白抜き矢印：HOD の全磁化ベクトル。黒矢印：サンプルの全磁化ベクトル。(2) 180° パルス後。両方の全磁化ベクトルが負の Z-軸上まで回転する。(3), (4) サンプルと HOD の全磁化ベクトルの緩和過程。(5) HOD の全磁化ベクトルが原点を通過中。(6), (7), (1) さらに時間が経過した時の全磁化ベクトルの挙動。

トルはようやく最初の位置 (1) に復帰する。

図 1.70 の緩和過程は Z-軸上のみで行われるので、Y-軸上に置かれた受信機には信号が入らず、緩和過程を観測することができない。そこで Z-軸上の磁化ベクトルに 90° パルスを与えると、磁化ベクトルは受信器が設定されている Y-軸上に倒れて来るので、緩和過程が観測可能となる。

図 1.71 (1) は図 1.70 (1) に対応している。これは 180° パルスを与える前の状態であるが、これに 90° パルスを与えると HOD (白矢印) およびサンプル (黒矢印) は時計回りに 90° 回転し、Y-軸上に到達する。これらの磁化ベクトルが反時計回りに緩和し元の Z-軸に到達する過程で、受信器に FID シグナルを与える。この FID をフーリエ変換 (FT) すると、この重水溶液の ^{1}H NMR スペクトル [A] が得られる。スペクトル [A] では多量に存在する HOD のシグナル (白) が強く、ともするとサンプルのシグナル (黒) と重なり解析を妨害する。

図 1.71 (4) は図 1.70 (4) に対応している。この状態で 90° パルスを与えると、それぞれの磁化ベクトルは時計回りに 90° 回転するので、HOD 磁化ベクトルは Y-軸上の負の部分、サンプル磁化ベクトルは正の部分に位置する。両者から発生する FID を FT 後、得られるスペクトルが [B] である。HOD 磁化ベクトルは Y-軸上の負の部分にあるため負のシグナルを示す。サンプル磁化ベクトルは正の部分にあるので正のシグナルとして現れているが、まだ完全復帰前なのでシグナル強度は弱い。

図 1.71 (5) (t_3 秒後) では、サンプル磁化ベクトルは完全に復帰しているが、HOD 磁化ベクトルは原点を「通過中」である。このタイミングで 90° パルスを与えると、サンプルの緩和済

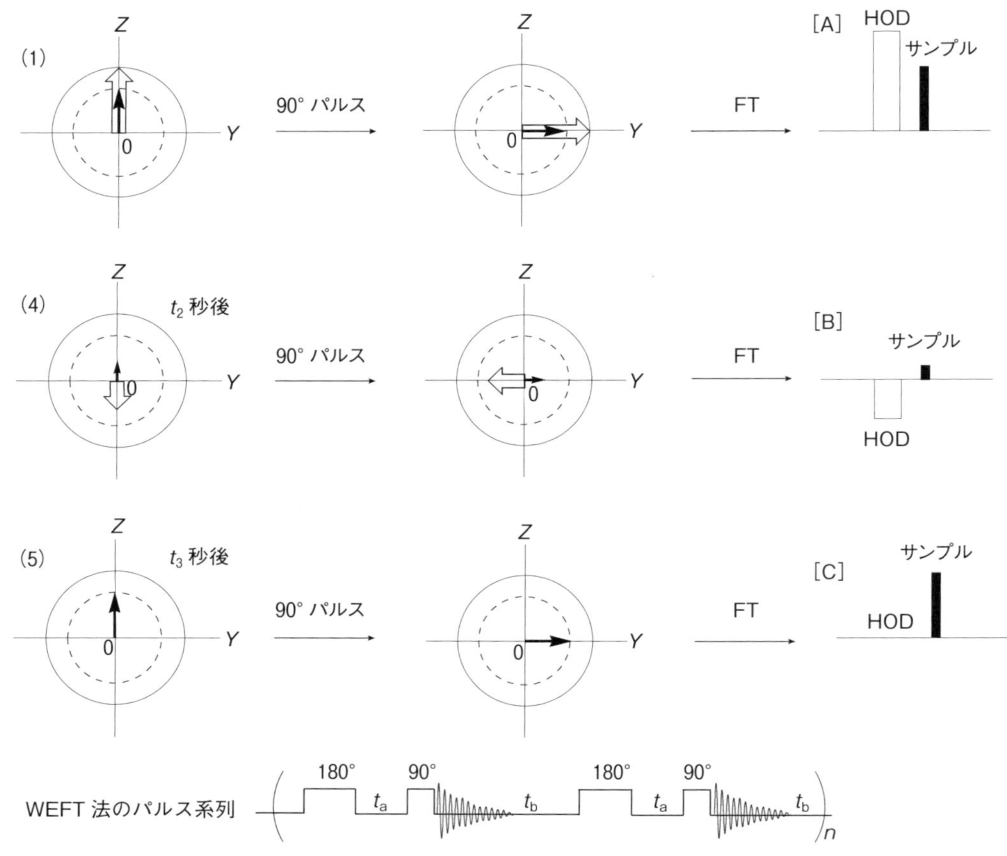

図 1.71　強い水のシグナルを消すための WEFT 法。(1), (4), (5) は図 1.70 の番号に対応。(1) 強いシグナルがサンプルのシグナルを妨害している。(2) サンプルの弱い正のシグナルと少し弱くなった HOD の負のシグナルが得られる。(5) サンプルの強いシグナルが得られるが HOD のシグナルは消える。最下部は WEFT 法のパルス系列。

みの磁化ベクトルは Y–軸上の正の部分に位置するが、HOD 磁化ベクトルはもともと Z–軸上に成分がないので Y–軸上にも現れない。その結果得られるスペクトル [C] には、サンプルによる強いシグナルが現れているが HOD のシグナルは完全に消えている。これが WEFT スペクトルである。

WEFT 法のパルス系列を図の下部に示す。180° パルスを与えてから次の 90° パルスを与えるまでの最適の時間 ($t_a = t_3$ 秒) を試行錯誤の後に設定することにより、HOD のシグナルを消去できる。パルス系列で t_b は、HOD 磁化ベクトルを完全に復帰させるために十分な時間とする。

図 1.72 はアデノシン (右図) の ¹H NMR スペクトル (300 MHz, D_2O) である。(A) は通常の条件で測定したスペクトルであるが、δ4.6 付近に HOD による強いシグナルが現れている。(B) は WEFT 法で得られたスペクトルで、パルス系列の t_a を 3.5 秒に設定している。(A) において HOD シグナルに隠れていたシグナルが、(B) では明確に観測されている。

アデノシン

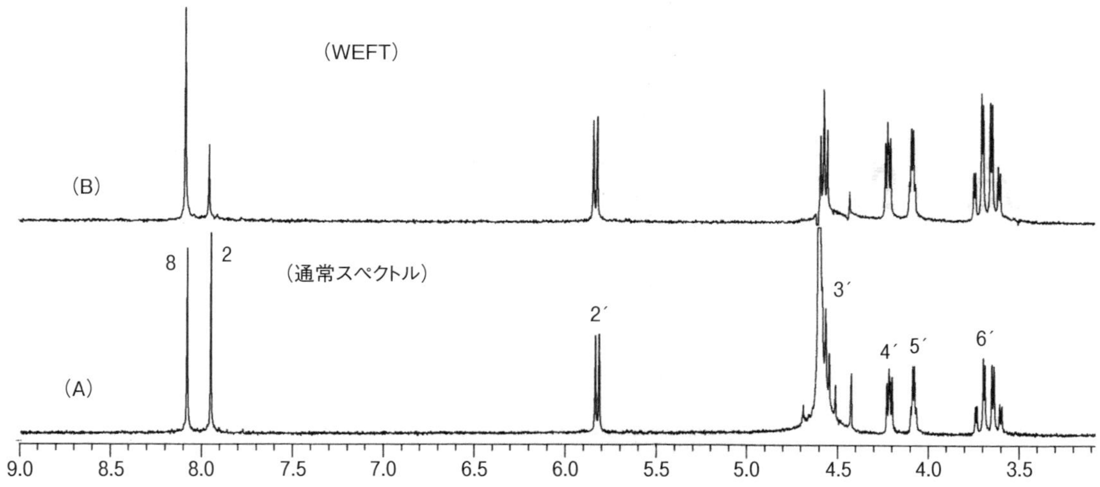

図 1.72　(A) アデノシンの ^{1}H NMR スペクトル (300 MHz, D_2O)。(B) WEFT スペクトル。HOD のシグナルが消えて 3′-位のシグナルがはっきりと観測できる。

章末問題

^{1}H NMR スペクトルを解析し各化合物の構造を決定せよ。スペクトルは $CDCl_3$ を溶媒とし 300 MHz の装置で測定したものである。

化合物 1～13 のスペクトルは『The Aldrich Library of ^{13}C and ^{1}H FT-NMR Spectra vol.1 and vol.2』より Sigma-Aldrich Co. LLC の許可を得て転載。

［化合物 1］　分子式 $C_3H_6Cl_2$

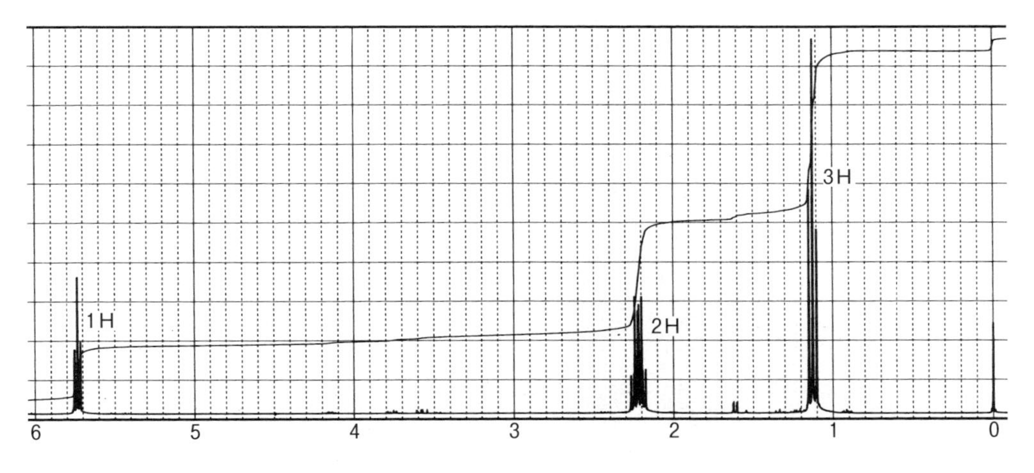

［化合物 **2**］　分子式 $C_5H_{12}O$

* D_2O を加えると消失。

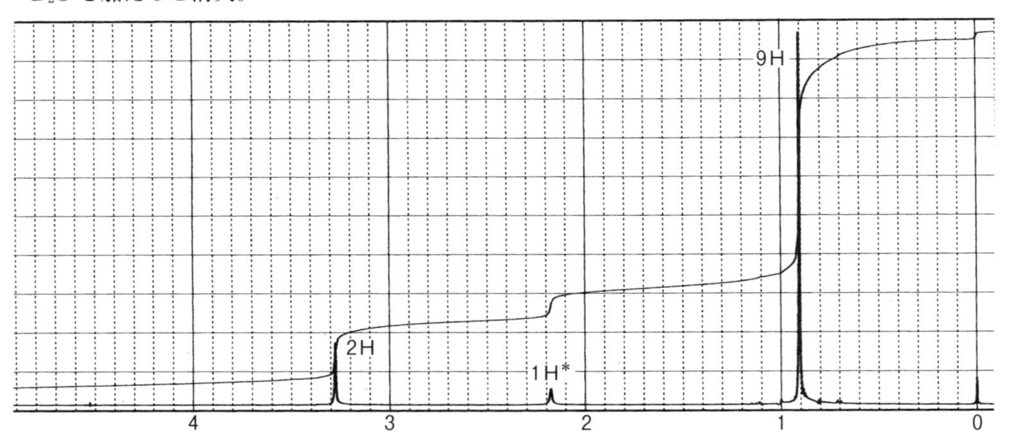

［化合物 **3**］　分子式 $C_6H_{14}O$

* D_2O を加えると消失。

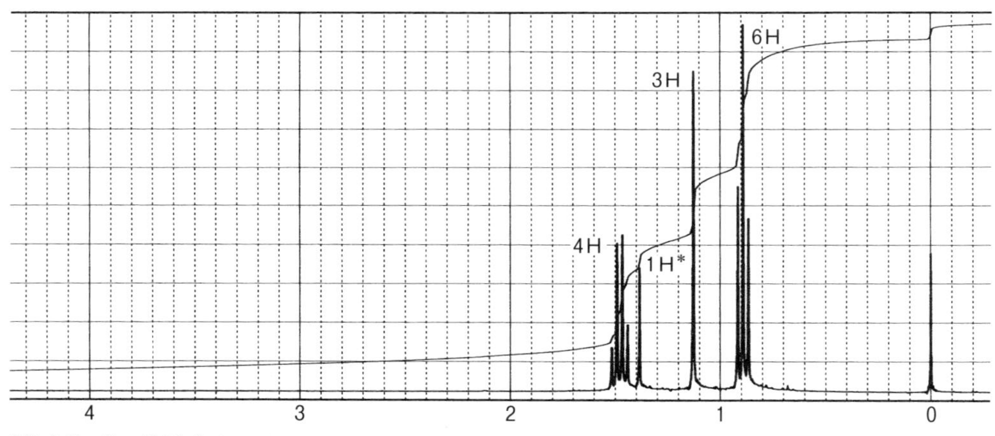

［化合物 **4**］　分子式 $C_6H_{14}O_3$

(δ 3.34 の 9H のシグナルは 2 個の等価なメチル基と 1 個のメチル基のシグナルが偶然重なったものである。)

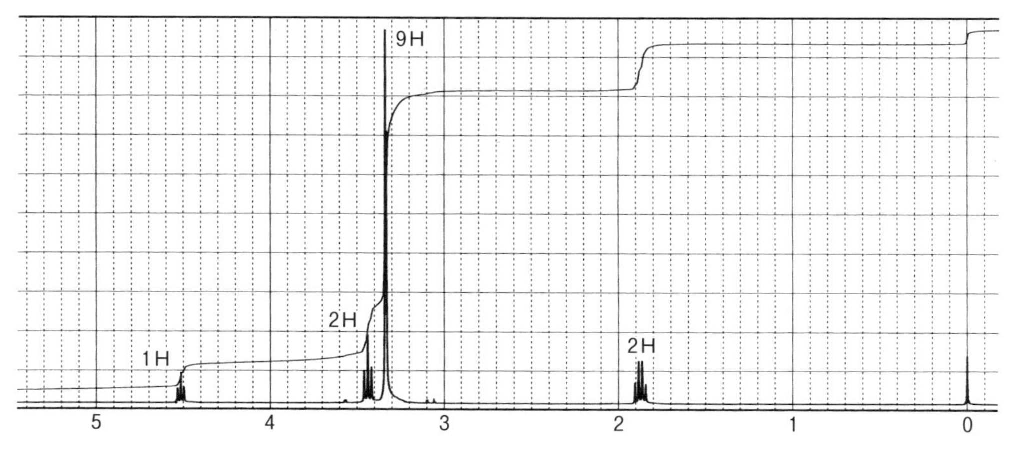

［化合物 **5**］　分子式 $C_7H_{14}O$

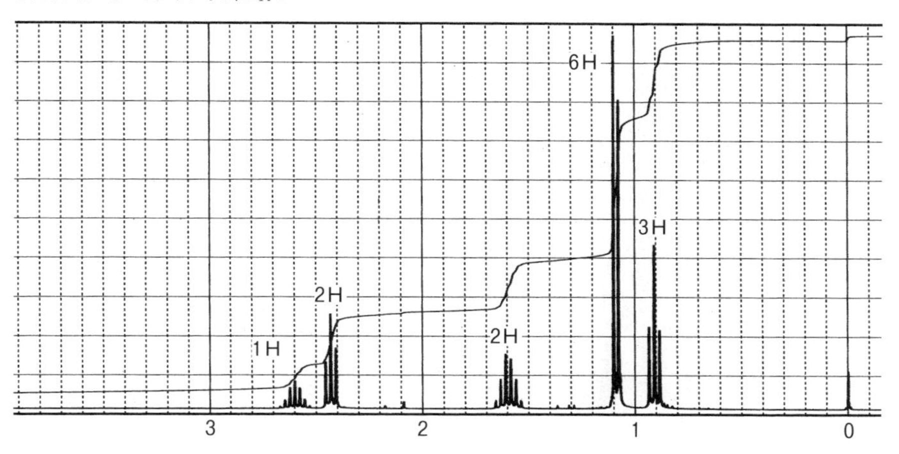

［化合物 **6**］　分子式 C_5H_8O

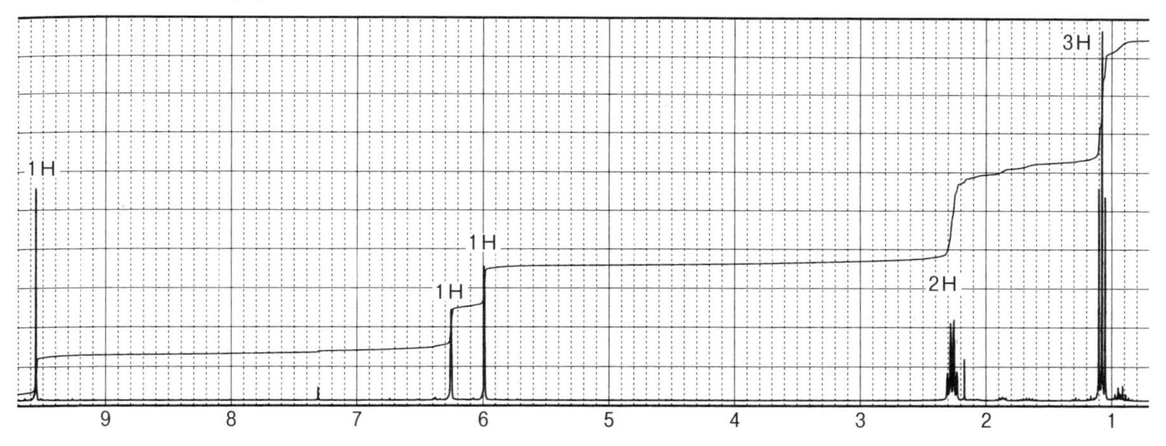

［化合物 **7**］　分子式 $C_7H_{14}O_2$

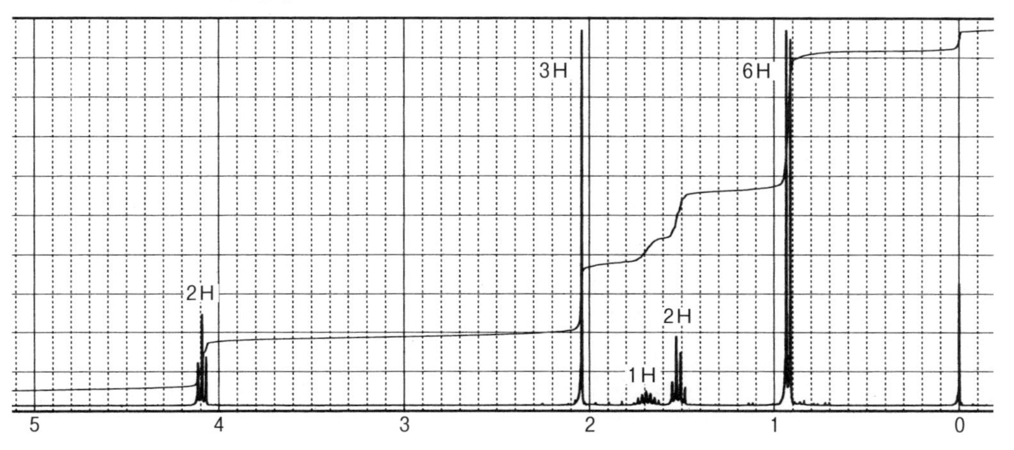

［化合物 **8**］　分子式 $C_5H_{11}NO$

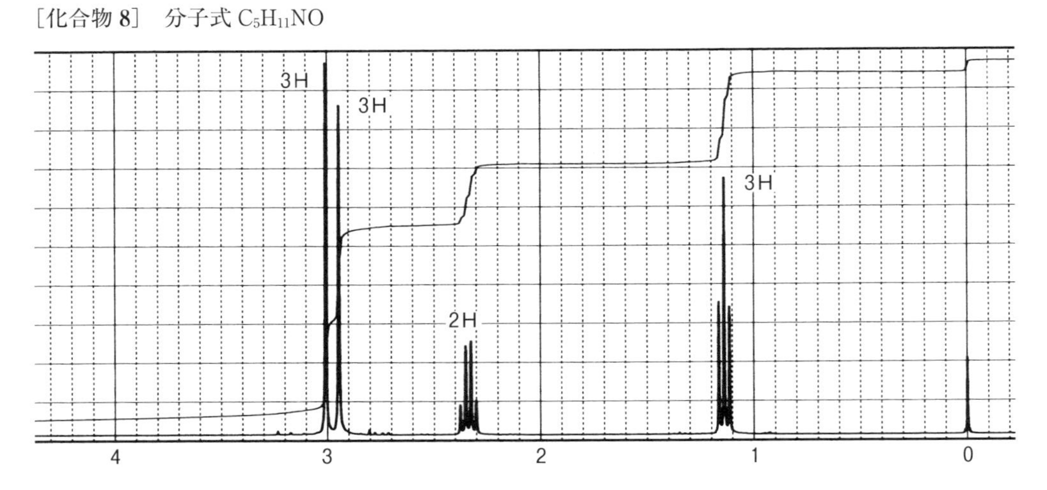

［化合物 **9**］　分子式 $C_{10}H_{14}$

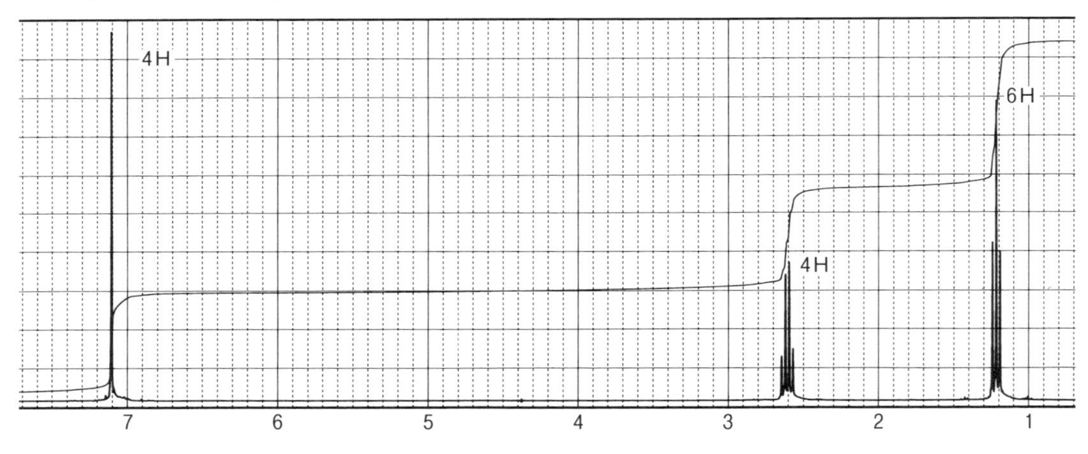

［化合物 **10**］　分子式 $C_9H_{12}O$

* D_2O 添加で消失。

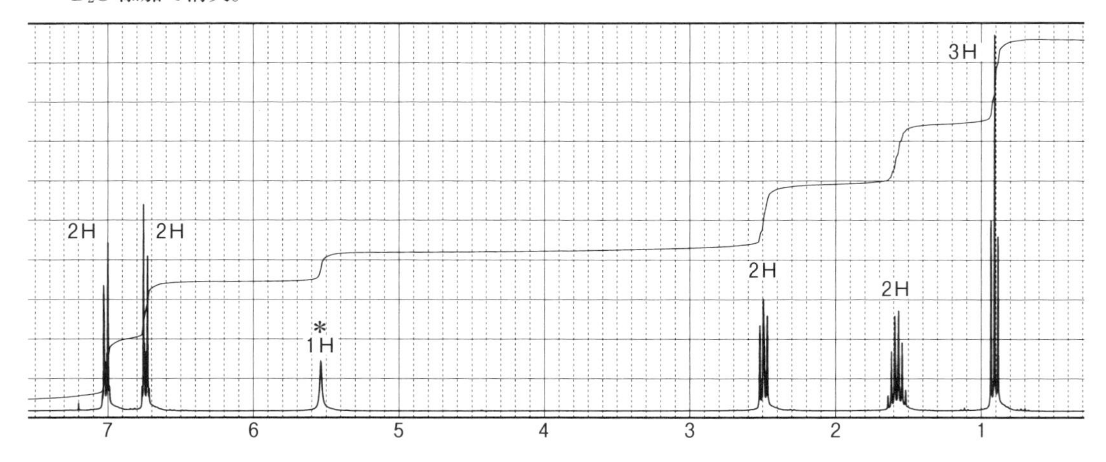

［化合物 **11**］　分子式 $C_{12}H_{16}O_2$

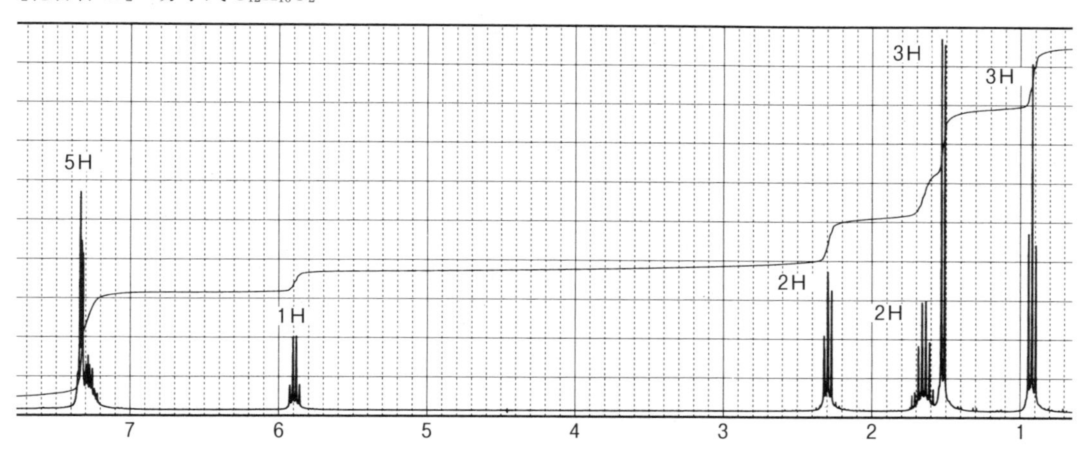

［化合物 **12**］　分子式 $C_{12}H_{16}O_2$

（化合物 **12** を加水分解して得られる酸性物質は芳香環を含まない。）

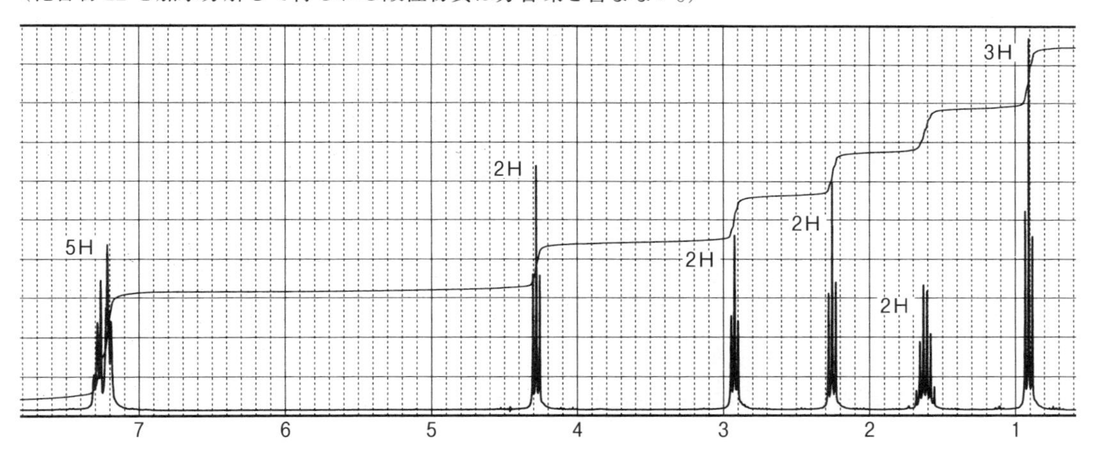

［化合物 **13**］　分子式 $C_9H_{10}O_3$

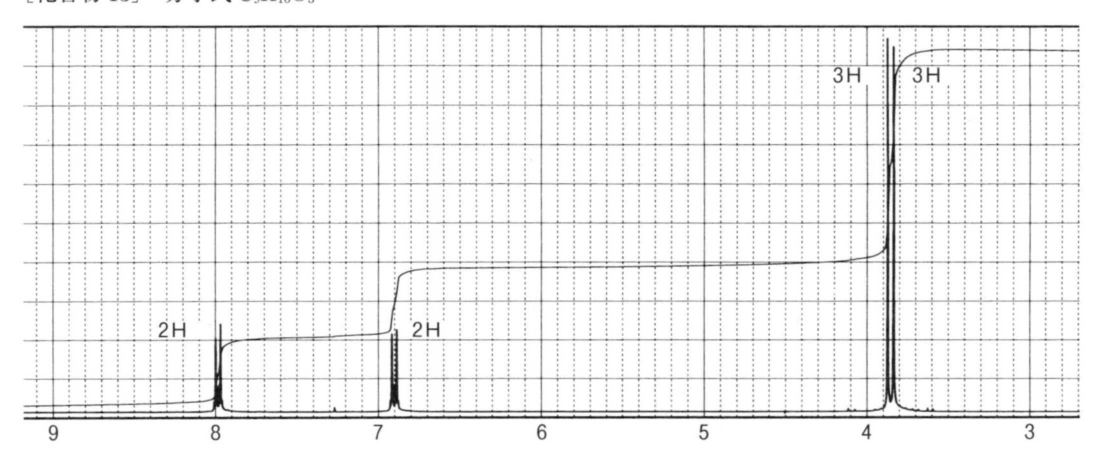

第2章 ^{13}C 核磁気共鳴（NMR）スペクトル

§2.1 ^{13}C NMR スペクトルの測定

2.1.1 ^{13}C 核の測定周波数

1.4.12 項で学んだように、天然の炭素は 98.9 % が NMR 不活性（$I = 0$）である ^{12}C から成り立っており、NMR 活性である ^{13}C（$I = 1/2$）の存在率は 1.1 % である。一定磁場中での核種（$I \neq 0$）の共鳴周波数は、核種の磁気回転比に比例する（式 1.5）。^{13}C の磁気回転比（γ）は ^{1}H の約 1/4 の大きさである［γ_H 26.75；γ_C 6.73（10^7 rad s^{-1} T^{-1}）］。^{1}H の測定も ^{13}C の測定も同一の磁石を用いる（磁場強度が同じ）ので、^{1}H について 400 MHz の装置（9.4 T の磁場）における ^{13}C の共鳴周波数 は 100 MHz（9.4 T の磁場）である。

要点 2.1

^{13}C NMR スペクトルの測定は、NMR 装置の周波数（^{1}H の共鳴周波数）の 1/4 の周波数を使用する。400 MHz（^{1}H）→ 100 MHz（^{13}C）；500 MHz（^{1}H）→ 125 MHz（^{13}C）

通常、サンプルの ^{1}H NMR スペクトルを測定した後、ただちに ^{13}C NMR スペクトルの測定を開始するが、その際にパルスの発振器と信号の受信器を含むプローブを、例えば 400 MHz 用（^{1}H）から 100 MHz 用（^{13}C）に取り替える必要がある。以前は ^{1}H 用のプローブを ^{13}C 用のプローブにいちいち手で取り替えていたが、現在の装置では $^{1}H/^{13}C$ 両用のプローブ（デュアルプローブ）が備わっているので、コンピュータ上で測定モードを ^{1}H から ^{13}C に切り替えるだけで自動的に周波数を変換できる。

2.1.2 スペクトルの積算

サンプル中の ^{13}C（存在比 1.1 %）からの信号は極めて弱い。例えば 10 mg 程度の試料の溶液に対して 1 回のパルスを与えただけの ^{13}C シグナルはノイズに埋もれてしまい、見つけることすら難しい。FT−NMR スペクトル装置を用いると、この弱い信号をコンピュータ上で足しあわせることによりノイズを減少させ、強い ^{13}C シグナルを得ることができる。この操作を**積算**（accumulation）とよぶ。すなわちノイズには＋方向と－方向にランダムに現れる傾向があるので、積算を重ねることにより 0 に近づく。一方、シグナルは常に＋方向に現れるので積算を重ねると強度が増す。シグナル（Signal）強度とノイズ（Noise）強度の比を S/N 比で表す。S/N 比が大きいことは、シグナルが強くノイズが小さい良好なスペクトルであることを示す。S/N 比は積算回数の 1/2 乗に比例するので、積算回数を 2 倍にすると S/N 比は 1.4 倍、4 倍にすると 2 倍になる。

シグナルは受信器のコイルでアナログ信号（FID）として検出されるので、それをデジタル化した後コンピュータに取込み、それらを順次足しあわせることにより積算が行われる。

2.1.3　プロトンデカップリング付き ^{13}C NMR スペクトル

図 2.1 (a) は通常の ^{1}H NMR 測定のパルス系列である。各パルス後に得られる FID を n 回積算した後、積算された FID をフーリエ変換 (FT) することによりスペクトルが得られる。^{1}H NMR スペクトルの場合、1 mg 以下の試料でも、数十回の積算を行えば S/N 比が大きい良好なスペクトルが得られる。

一方、図 2.1 (b) は通常の ^{13}C NMR スペクトルに用いられるパルス系列である。この系列では、プロトンデカップラー (p.48 参照) が常に働いている。このプロトンデカップラーは、全てのプロトンの周波数を含む特殊な電波を使用している。

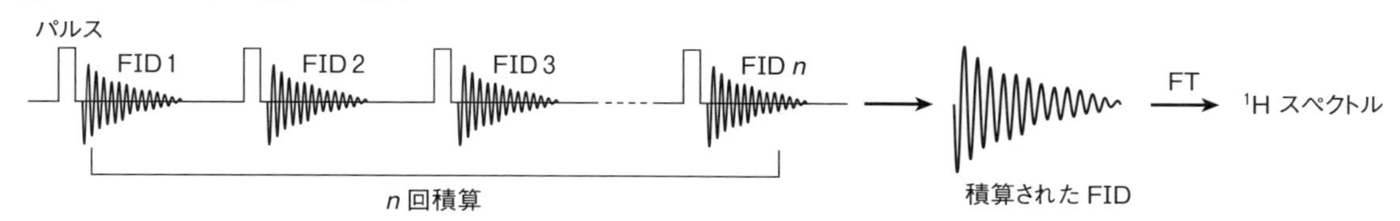

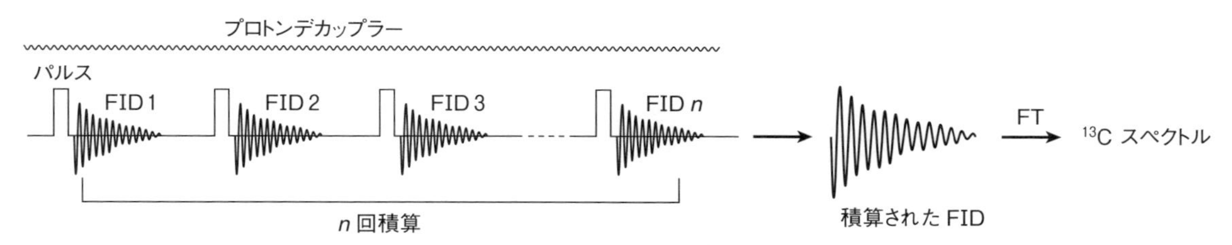

図 2.1　(a) 通常の ^{1}H NMR スペクトルのパルス系列。(b) ^{13}C NMR スペクトル用パルス系列。^{13}C からの FID を取り込む間もプロトンデカップラーが働いている。

プロトンデカップラーの効果を見るために、プロトンデカップラーを作動させないスペクトル (図 2.2 [A]) と、プロトンデカップラーを作動させた ^{13}C NMR スペクトル (図 2.2 [B]) を比較してみよう。両者とも 5 mg のサンプル (2-メチルピリジン) を 0.5 mL の $CDCl_3$ に溶かした溶液を用い、125 MHz (^{1}H に対して 500 MHz の装置) で測定している。積算回数は両者とも 32 回である。プロトンデカップラーを用いないスペクトル [A] では多数のシグナルが観測されていて、ベースラインのノイズも大きい。シグナルが複雑なのは、プロトンとカップリングした ^{13}C シグナルがそのまま現れているためである。一番高磁場側にあるシグナルはメチル基の ^{13}C であるが、3 個のプロトンとカップリングしているためカルテット [(n＋1) 則] (p.26) として現れている。このカップリングは 1 本の結合を通じたもので ($^{1}J_{CH}$)、カップリング定数は 126 Hz という大きな値である。

低磁場側には C-3～C-6 のシグナルが大きなダブレット ($^{1}J_{CH} \approx 160$ Hz) として現れている。図には示していないが、シグナルを拡大してみるとダブレットはさらに小さく分裂している。

この小さな分裂は周辺のプロトンからの遠隔カップリングによるものである。^{1}H NMR スペクトルでは4本結合以上離れたプロトン同士のカップリングを遠隔カップリング (p.35) とよぶが、^{13}C NMR スペクトルでは、炭素とプロトンの間に2本以上の結合がある場合を遠隔カップリングとよぶ。例えば、C–5 は H–4 および H–6 との遠隔カップリング ($^{2}J_{CH}$)、さらに H–3 との遠隔カップリング ($^{3}J_{CH}$) により複雑に分裂している。$^{2}J_{CH}$ と $^{3}J_{CH}$ の大きさは一般に 1〜10 Hz である。C–2 はプロトンと直接結合していないので、シングレットとして現れるはずであるが、H–3 ($^{2}J_{CH}$), H–4 ($^{3}J_{CH}$), H–6 ($^{3}J_{CH}$) および CH_3 ($^{2}J_{CH}$) との遠隔カップリングによりブロードなシグナルとして現れている。なお、遠隔カップリングは ^{1}H が ^{13}C から3本結合以内である場合に観測され、^{13}C と ^{1}H が4本結合以上離れている場合は通常観測されない (§2.7)。

スペクトル中央に溶媒である重クロロホルム ($CDCl_3$) のシグナルが3本線として現れている。溶媒シグナルについては 2.3.2 項 (3) で改めて解説する。

スペクトル [A] と比較して、プロトンデカップラーを作動させたスペクトル [B] は非常に単純化している。2–メチルピリジンの6個の炭素シグナルが全てシングレットとして現れている。またベースラインのギザギザ (ノイズ) も少ない。すなわち、S/N 比が大幅に向上している。S/N 比の向上は、プロトンとのカップリングにより分裂していたシグナルがデカップリングにより1本にまとまったことに帰因する。またプロトンが照射されることにより、プロトンから ^{13}C への NOE (p.66) がシグナル強度の増加に寄与しているためである。通常、^{13}C NMR スペクトルといえば、[B] の型のスペクトル (**プロトンデカップリング付きスペクト**

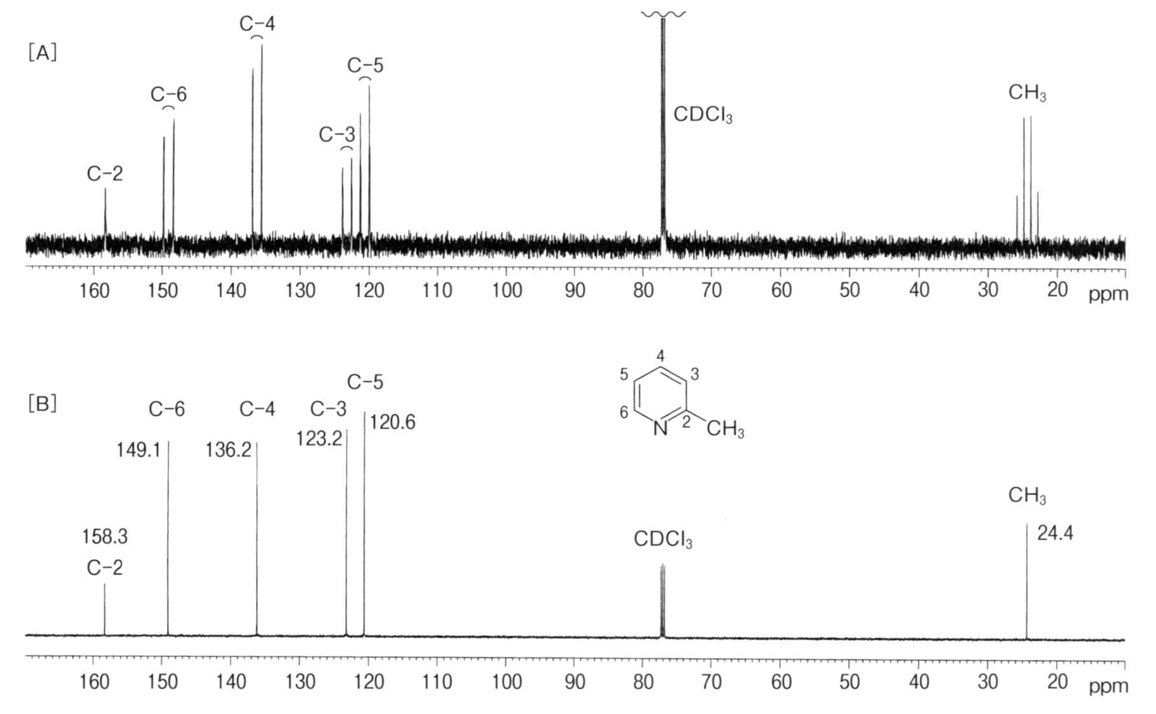

図 2.2　2–メチルピリジンの ^{13}C NMR スペクトル (125 MHz, $CDCl_3$)。[A] プロトンデカップリング無しのスペクトル。[B] プロトンデカップリング付きのスペクトル。図中の数値は化学シフト。

ル）を意味する。

図2.2［B］からわかるように、^{13}C NMR スペクトルではシグナルの強度は炭素の数に比例しない。^{13}C シグナルの強度は、プロトンからのNOEと共に、^{13}C の緩和時間（スピンが $\beta \rightarrow \alpha$ に戻る時間）に依存している。^{13}C がプロトンと結合していると、プロトンが ^{13}C の緩和を助ける（緩和時間を短くする）ので、プロトンを持たない第四級炭素の緩和時間は極めて長い。カルボニル炭素などは、パルスを受けてから（エネルギーを得て β へ励起してから）数分もの間、元の状態（α）に戻らないこともある。α の状態に戻らないまま次のパルスを与えても、エネルギーを吸収する α スピンの数が少ないので、シグナルが減少してしまう。図2.1（b）において、パルスと次のパルスとの間（パルス間隔）を5秒程度に設定して測定するのが普通であるが、このような短い時間では第四級炭素は十分に緩和できないので、第四級炭素のシグナル強度は常に小さい。したがって ^{13}C NMR スペクトルを見て、際立って弱いシグナルがあれば、それが第四級炭素であると考えてよい。プロトンと結合しているメチル、メチレン、メチン炭素の緩和時間は、第四級炭素の緩和時間より短い。これらの炭素のシグナル強度もそれぞれの緩和時間に影響される。パルス間隔を充分長く設定すれば、その間に全ての炭素が緩和し、緩和時間のシグナル強度への影響を除外できるので、炭素数に比例した強度の ^{13}C シグナルを得ることができそうだが、測定時間が非常に長くなり実用的でない。

なお、^{1}H NMR スペクトルにおいてはプロトンの緩和時間がずっと短い（0.1～1秒）ので、緩和時間のシグナル強度への影響はほとんど無視できる。

プロトンから ^{13}C へのNOEも ^{13}C シグナル強度に関係しているが、第四級炭素はプロトンと結合していないのでNOEが得られずシグナルが弱い。この観点からすると、メチル基は3個のプロトンと結合しているので緩和時間が最も短く、また大きなNOEが得られるので最も強いシグナルを示すように思われる。しかし分子量が数百以下の分子については、運動が速いほど緩和時間が長くなる傾向がある（p.86）。メチル基は常に分子の末端にあるためC–C軸を中心として速い回転をしている。そのため、メチル基炭素の緩和時間は予想に反して長くなってしまう。結論をいうと、^{13}C の緩和時間は CH_2 が最も短く、また、CHと CH_3 の緩和時間は同程度である。したがって ^{13}C NMR スペクトルにおけるシグナル強度は、一般に $CH_2 > CH \approx CH_3 >> C$（第四級）の順になる。しかし、第四級炭素以外については強度の順序が入れ替わることもある。

図2.3は1–ブロモブタンの ^{13}C NMR スペクトルである。希薄な溶液を用いて測定したため、1–ブロモブタンの4本のシグナルと共に、溶媒の $CDCl_3$ による3本のシグナルが相対的に大きく観測されている。このスペクトルからわかるように ^{13}C NMR スペクトルは ^{1}H NMR スペクトルと比較すると非常に単純である。したがってこのスペクトルだけからはシグナルの帰属は困難であるが、後に述べるDEPT法（p.105）や二次元スペクトルであるHSQC法（p.113）をあわせて使用すると化合物の構造決定に有力な情報を与える。

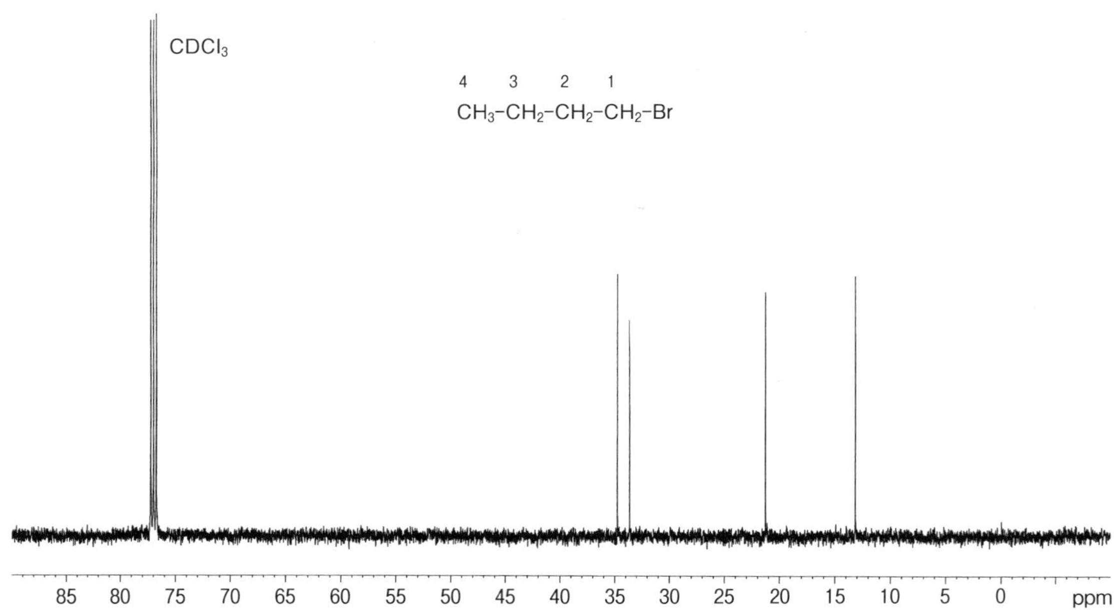

図 2.3　1-ブロモブタンの ^{13}C NMR スペクトル (125 MHz, $CDCl_3$)。シグナルの帰属については問題 1.12 と総合問題 3 を参照。

§2.2　^{13}C の化学シフト

^{13}C NMR スペクトルの基準物質は ^{1}H NMR スペクトルと同じ TMS である。TMS の化学シフトを 0 とすると、ほぼ全ての <u>^{13}C の化学シフトは δ 0 ～ 220 の範囲におさまる</u>。水素原子の電子軌道は 1s のみであるが、炭素原子の場合はさらに 2s 軌道と 3 個の 2p 軌道が加わり、特に 2p 軌道が ^{13}C の化学シフトに寄与するため、プロトンよりも幅が広い領域にシグナルを示す。^{13}C の化学シフトが炭素原子の混成状態 (sp^3, sp^2, sp など) に大きく依存するのはこのためである。

混成軌道別に ^{13}C の化学シフトの代表的な値 (ヘテロ原子など特殊な官能基が付いていない ^{13}C) をまとめると次のようになる。

sp^3–炭素：δ 20
sp^2–炭素：δ 120
sp–炭素 (アセチレン)：δ 80
sp–炭素 (アレン)：δ 200

炭素に結合する官能基の効果により、化学シフトは大きく変動するが、最も大きな影響を与えるのが官能基による電子的効果である。この効果は ^{1}H NMR スペクトルで観測されるものと同様である (要点 2.2)。

要点 2.2

・炭素の電子密度が小さくなると ^{13}C は低磁場シフト、大きくなると高磁場シフト。

・炭素より電気陰性度が大きい酸素、窒素、ハロゲンと結合した ^{13}C は低磁場シフト。

図 2.4 は ^{13}C の化学シフトを官能基別に並べたものである。一般的な傾向として、同一の官能基を持つ化合物群では、炭素の置換基が多いほど化学シフトは低磁場側へ移動する。アルコールを例にとると、^{13}C の化学シフト (δ) は ($\mathrm{C{-}CH_2{-}OH}$)(～δ 55)(第二級炭素) ＜ ($\mathrm{C{-}CH(C){-}OH}$)(～δ 70)(第三級炭素) ＜ ($\mathrm{C{-}C(C)_2{-}OH}$)(～δ 80)(第四級炭素) の順に低磁場に移動する。オレフィン炭素では ($\mathrm{C{=}CH_2}$)(～δ 110) よりも ($\mathrm{C{=}CH(C)}$)(～δ 125) や ($\mathrm{C{=}C(C)_2}$)(～δ 140) の方が低磁場シフトを示す。一方、^{1}H NMR におけるオレフィンやベンゼン環で見られたような π 電子による異方性効果は、^{13}C の化学シフトにほとんど影響を与えない。

^{13}C の化学シフトは TMS シグナルを基準とするが、重溶媒のシグナルを基準として用いることもできる (表 2.1) (p.110)。

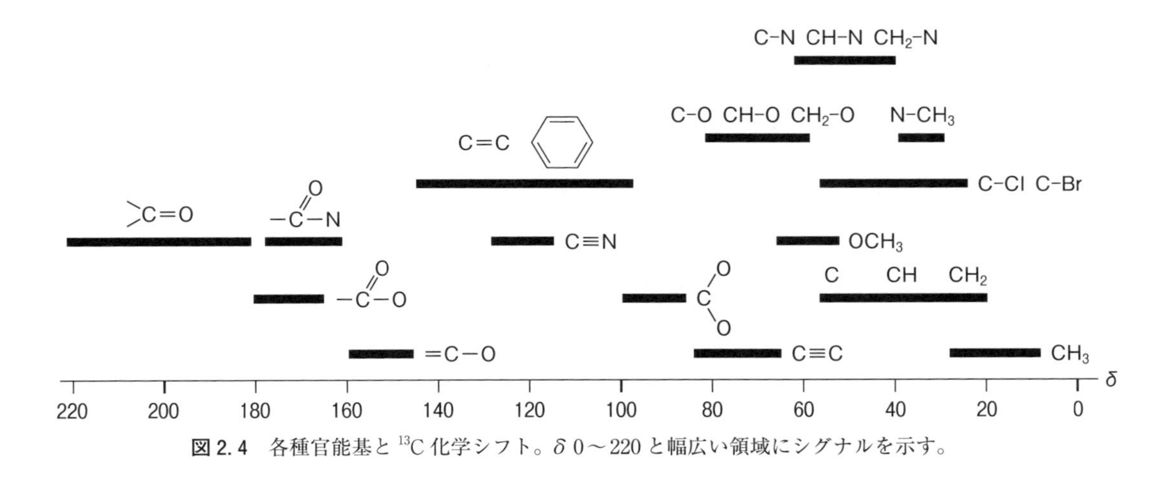

図 2.4 各種官能基と ^{13}C 化学シフト。δ 0～220 と幅広い領域にシグナルを示す。

要点 2.3

- 飽和炭化水素：δ 10 ～ 60（メチル炭素が最も高磁場）
- アルコール：δ 50 ～ 80（第一級、第二級、第三級アルコールの順に低磁場）
- オレフィン：δ 100 ～ 140（炭素置換基が付くと低磁場）
- 酸素が付いたオレフィン炭素：δ 150
- ベンゼン：δ 100 ～ 140（炭素置換基が付くと低磁場）
- 酸素が付いたベンゼン環炭素：δ 150
- カルボニル炭素が ^{13}C スペクトルで最も低磁場（δ 160 から 220）
- エステル、アミド：δ 170
- ケトン、アルデヒド：δ 200 ～ 220。

2.2.1　各種官能基の化学シフト

【飽和炭化水素】

- $C-\underline{C}H_3$：δ 10 ～ 30
- $C-\underline{C}H_2-C$：δ 20 ～ 50（シクロプロパン環の CH_2 は δ 0 ～ 10 と高磁場）
- $C-\underline{C}H-C$：δ 30 ～ 60
- $C-\underline{C}-C$（第四級）：δ 40 ～ 60

CH_3 は通常最も高磁場にシグナルを示す。

CH_2、CH、C（第四級炭素）の化学シフトは互いに重なることもある。

【非共役オレフィン炭化水素】

- 基本的な化学シフトは δ 120。
- 電気陰性度が大きい酸素や窒素と結合したオレフィン炭素は δ 150 付近まで低磁場シフト。
- ただし、塩素や臭素と結合した炭素の化学シフトはそれほど大きく低磁場シフトしない。

(C)(H)$C_1=C_2$(H)(H)　（ビニル基）　C_1：δ 135 ～ 145　C_2：δ 110 ～ 120

(C)(C)$C_1=C_2$(H)(H)　（エキソメチレン基）　C_1：δ 140 ～ 150　C_2：δ 110 ～ 115

$C=\mathbf{C}$(C)(H)　δ 120 ～ 130

$C=\mathbf{C}-O$, $C=\mathbf{C}-N$　δ 140 ～ 150

$C=\mathbf{C}$(C)(C)　δ 130 ～ 150

$C=\mathbf{C}-Cl$, $C=\mathbf{C}-Br$　δ 120 ～ 130

【共役オレフィン】

・他のオレフィンと共役しても、オレフィン炭素は上記の化学シフトと同じような値を示す。

・共役エノンはカルボニル基に対してβ–位炭素の化学シフトが非常に低磁場シフト（δ 150～160）。

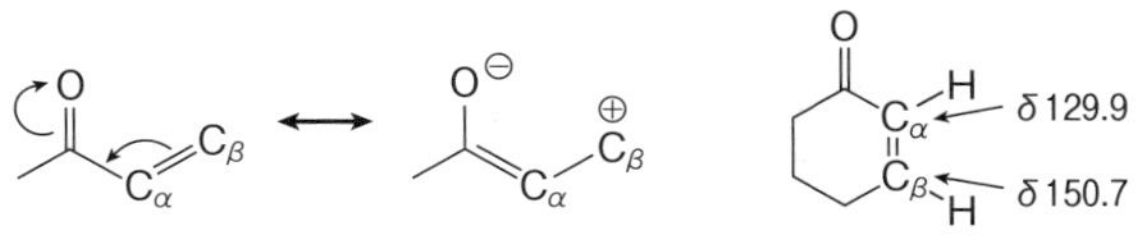

カルボニル基の電子求引力によりC_βの方が C_α よりも電子不足になる。
両者を比較すると C_α：高磁場，C_β：低磁場。

【ベンゼン】

重クロロホルム中で測定したベンゼンの^{13}C 化学シフトはδ 128.4 であり、置換基を持つベンゼン誘導体においては、置換基の性質によりこの値が変化する。酸素や窒素と結合したベンゼン環炭素はδ 150 付近まで低磁場シフトする。一方、酸素や窒素の非共有電子対の関与により、それらのオルト位の炭素は電子密度が大きくなり高磁場へシフトする。また、パラ位の炭素も若干電子密度が大きくなるため、高磁場シフトが観測される。下図に示したメトキシベンゼンおよびジメチルアミノベンゼンの場合、オルト位炭素はそれぞれδ 114.0 およびδ 112.7 と、ベンゼン炭素の化学シフト（δ 128.4）より 10 数 ppm 高磁場にシフトしている。また、パラ位の炭素もそれぞれ高磁場シフトしている。

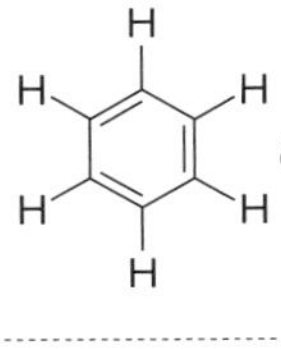

δ 128.4（$CDCl_3$ 中の化学シフト）

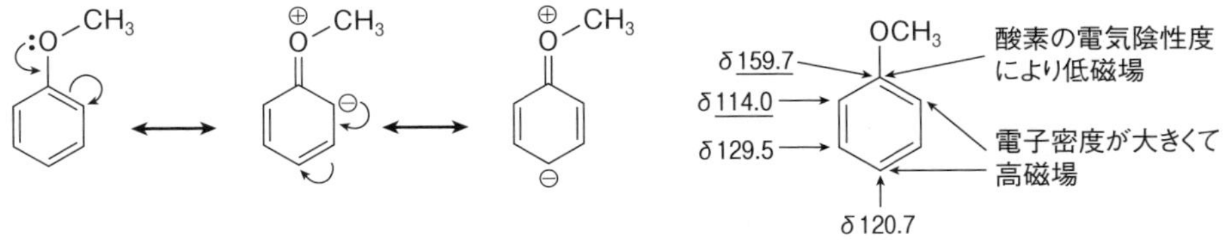

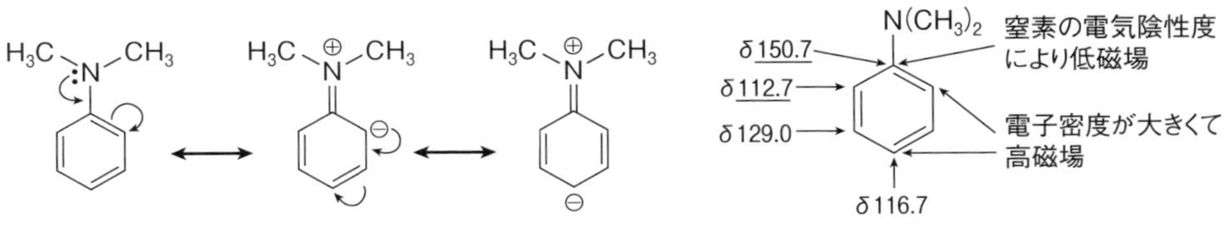

ベンゼン環に電子求引基（下図では、カルボキシ基、ニトロ基、ニトリル基）が置換した場合は、共役エノンのように単純ではなく、必ずしもオルト位炭素が著しく低磁場にシフトするわけではない。

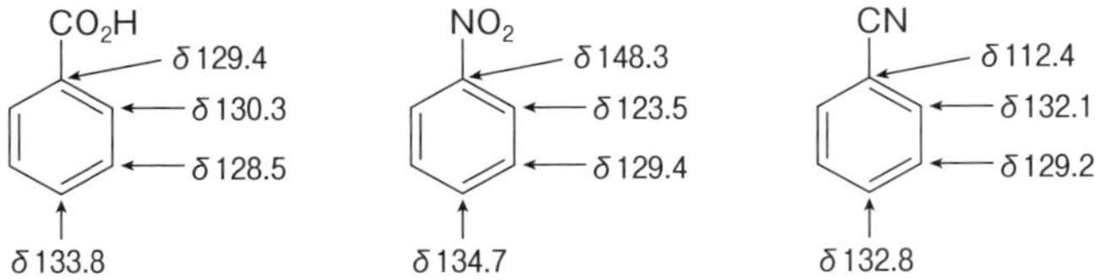

CO_2H: δ129.4, δ130.3, δ128.5, δ133.8
NO_2: δ148.3, δ123.5, δ129.4, δ134.7
CN: δ112.4, δ132.1, δ129.2, δ132.8

【ケトン、アルデヒド】

ケトンおよびアルデヒドのカルボニル炭素は、通常の有機化合物のうちで最も低磁場の化学シフト（δ200 近辺）を示す。第四級炭素であるケトンのカルボニル基は緩和時間が長いためシグナルが弱く、少量のサンプルを使用した場合、ノイズに埋もれてシグナルが見えないこともある。カルボニル基の存在およびその種類（ケトン、アルデヒド、エステル、アミドなど）を確定する手段としては、赤外線スペクトル（第3章）の方が、^{13}C NMR スペクトルより感度が高くすぐれている。

・ケトン、アルデヒド δ200 ～ 220
・オレフィンと共役すると δ185 近辺まで高磁場シフトすることがある。

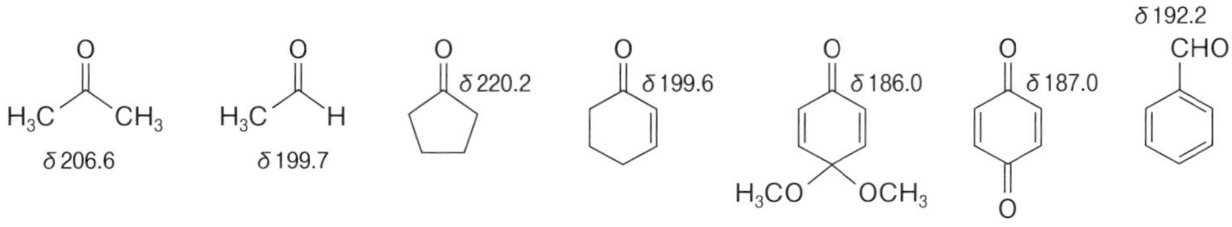

$H_3C(C=O)CH_3$ δ206.6
$H_3C(C=O)H$ δ199.7
δ220.2
δ199.6
H_3CO OCH_3 δ186.0
δ187.0
CHO δ192.2

【エステル、アミド、カルボン酸】

・エステル（COOR）、アミド（CONRR′）、カルボン酸（CO_2H）：δ160 ～ 180。
・ギ酸エステル［H(C=O)–OR］、ギ酸アミド［H(C=O)–NRR′］は常に δ160。
［特記：アルキルアセテート CH_3–C(=O)–OR のメチル基は常に δ21］

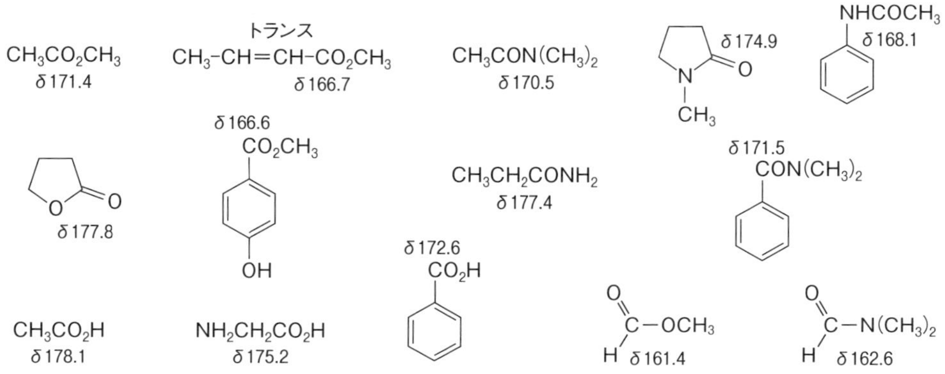

$CH_3CO_2CH_3$ δ171.4
トランス CH_3–CH=CH–CO_2CH_3 δ166.7
$CH_3CON(CH_3)_2$ δ170.5
N–CH_3 O δ174.9
$NHCOCH_3$ δ168.1
O O δ177.8
CO_2CH_3 δ166.6 OH
$CH_3CH_2CONH_2$ δ177.4
$CON(CH_3)_2$ δ171.5
CH_3CO_2H δ178.1
$NH_2CH_2CO_2H$ δ175.2
CO_2H δ172.6
O C–OCH_3 H δ161.4
O C–$N(CH_3)_2$ H δ162.6

【その他のカルボニル化合物】

( ) 内は化合物群の慣用名である。

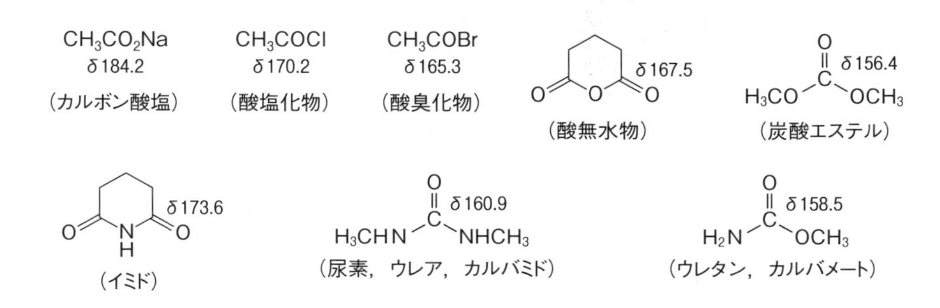

【アルコール】

・第一級アルコール (CH_2–OH) δ 55 ～ 60　ただし CH_3OH δ 50.4

・第二級アルコール (CH–OH) δ 65 ～ 80

・第三級アルコール (C–OH) δ 70 ～ 85

エステル化されると化学シフトが数 ppm 低磁場にシフトする。

【エーテル】

基本的にアルコールにおける化学シフトと同じ。

・アセタール (O–C–O) δ 90 ～ 100

・メトキシ基 (CH_3O–) δ 50 ～ 60

エーテルの中で特徴的なのはエポキシド炭素の高磁場シフト。

CH_2 δ 45 ～ 55　　CH δ 50 ～ 65　　C δ 60 ～ 70

【アミン】

・ CH_3–N　δ 30 ～ 45

・ –CH_2–N　＞CH–N　≧C–N　δ 40 ～ 60

・ ＝C–N　δ 140 ～ 150

【ハロゲン】

・ –CH_2–Cl　δ 35 ～ 60　　–CH_2–Br　δ 30 ～ 45　　–CH_2–I　δ 0 ～ 20

・ ＞CH–Cl　δ 55 ～ 60　　＞CH–Br　δ 45 ～ 60　　＞CH–I　δ 20 ～ 30

・ ≧C–Cl　δ 70 ～ 80　　≧C–Br　δ 60 ～ 70　　≧C–I　δ ～ 30

・CH_2Cl_2 δ 53.5　　$CHCl_3$ δ 77.4 [注意：$CDCl_3$ の中心シグナル (δ 77.2) より低磁場]

CCl_4 δ 96.5　　CH_3I δ −23.2 (TMS より高磁場)

【アセチレン、ニトリル、アレン】

C≡C　δ65～85　　C≡N　δ115～125　　C=C=C（中央炭素 δ200～250、末端炭素 δ70～100）

【ヘテロ環】

ピリジン：δ136.0、δ123.8、δ149.9
フラン：δ109.8、δ142.8
チオフェン：δ127.4、δ125.6
ピロール：δ108.4、δ118.7

2. 2. 2　重原子効果・立体圧縮効果

(1) 重原子効果

質量が大きな原子が炭素に結合すると ^{13}C 化学シフトが高磁場側へ移動する。例えば、ヨードメタン（CH_3I）はδ－23.2と非常に高磁場のシフトを示す。さらにもう一つのヨウ素が置換したジヨードメタン（CH_2I_2）はδ－54.0にシグナルを示す。このような現象を**重原子効果**とよぶ。

重原子効果は水素を重水素（水素の約2倍の質量を持つ）に置換した重水素化化合物においても観測される。重クロロホルム（$CDCl_3$）はδ77.2にシグナル（t）（表2.1）（p.110）を示すが、不純物としてわずかに混入しているクロロホルム（$CHCl_3$）は重クロロホルムより低磁場側のδ77.4にシグナルを示す。

重水素による重原子効果は、水酸基と結合した炭素の同定に役立つ。水酸基のプロトンを重水素交換すると、水酸基の付け根の炭素に重原子効果がおよび、約0.1 ppmの高磁場シフトをもたらす［図2.5（a）］。実験は極めて簡単で、まず水酸基を持つ化合物（ROH）の重クロロホルム溶液について ^{13}C NMRスペクトルを測定する。次に溶質に対してほぼ1当量の重メタノール（CD_3OD）をマイクロシリンジにより加えると、ROH＋CD_3OD ⇌ ROD＋CD_3OH の平衡によりROHとRODが約0.5当量ずつ存在する溶液が得られる。この溶液について ^{13}C NMRスペクトルを再測定し元のスペクトルと比較すると、水酸基の付け根の ^{13}C シグナルが2本に分裂して観測される。高磁場側のシグナルがOD基の付け根の ^{13}C シグナルである［図2.5（b）］。加える重メタノールの量は必ずしも1当量である必要はなく、例えば3当量加えると高磁場側のシグナルの強度が増大する。

この実験の溶媒としては重クロロホルム以外に、重ベンゼン、重ピリジンなどが使える。この実験でOHとODが速く交換する系では、C-OHとC-ODによる明確な分裂が観測されず、ブロード化したシグナル、あるいは平均化されてC-OHより0.05 ppmほど高磁場へシフトした1本の線が観測される。

この重水素交換実験は、水酸基が付いた炭素（C-OH）を、化学シフトが近く区別が難しいエーテルの炭素（C-OR）やハロゲンが付いた炭素（C-Cl, C-Br）と区別できる重要な方法である。

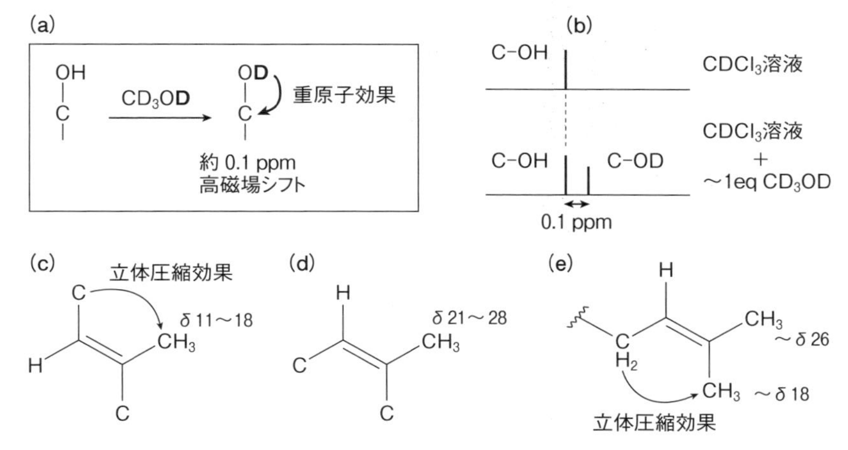

図 2.5 (a), (b) 水酸基プロトンの重水素交換による ^{13}C シグナルの高磁場シフト。(c)～(e) 3 置換オレフィンにおけるメチル基への立体圧縮効果。

(2) 立体圧縮効果

ある炭素原子の近傍に大きな置換基が存在し、その炭素原子を立体的に圧迫すると、^{13}C の化学シフトが高磁場へシフトする。このような現象は**立体圧縮効果** (steric compression) として知られている。立体圧縮効果による高磁場シフトを利用して化合物の立体化学を決定できる場合がある。三置換オレフィンのメチル基の化学シフトによる二重結合の立体化学の決定法はその代表的な例である [図 2.5 (c) ～ (d)]。メチル基を置換基に持つ三置換オレフィン (c) と (d) を比較すると、(c) のメチル基はシス位にある炭素置換基と立体的に近く、圧縮効果により (d) のメチル基より化学シフトが高磁場にシフトする。このような系では、メチル基の化学シフトが δ 11 ～ 18 であればメチル基とオレフィンプロトンはトランス、δ 21 ～ 28 であればシスと一義的に決定できる。テルペン類によく見られるイソプレン側鎖 (e) において、オレフィンプロトンとシスのメチル基は δ 26、トランスのメチル基は δ 18 付近の化学シフトを示す。

§2.3 ^{13}C シグナルの多重度

プロトンデカップリング付き ^{13}C NMR スペクトルでは、全てのシグナルがシングレットとして現れるため、化学シフトのみの情報しか得られない。これらのシグナルが、例えばメチル基によるものか第四級炭素によるものかを知る方法があれば、化合物の構造解析に役立つ。

2.3.1 DEPT スペクトル

DEPT (Distortionless Enhancement by Polarization Transfer) スペクトルは、^{13}C シグナルの多重度を決定するために開発された方法である。パルスの組み合わせ方の違いにより「**DEPT 135**」および「**DEPT 90**」とよばれる 2 つの方法がある (図 2.6)。

DEPT 135 および DEPT 90 スペクトルでは、第四級炭素はシグナルを示さない。DEPT 135 スペクトルでは、奇数のプロトンを持つ炭素 (CH と CH_3) は正のシグナル、偶数のプロト

	第四級炭素	CH	CH_2	CH_3
DEPT 135	—	正　⇑	負　⇓	正　⇑
DEPT 90	—	正　⇑	—	—

—：シグナルが出ない　⇑：上方向のシグナル　⇓：下方向のシグナル

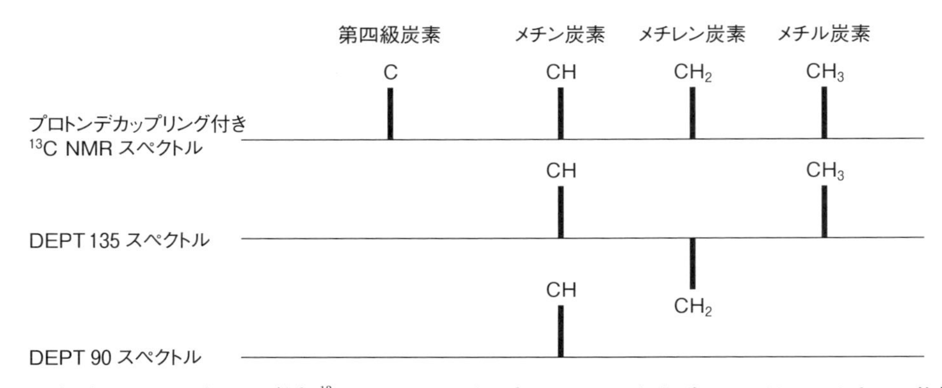

図 2.6　プロトンデカップリング付き ^{13}C NMR スペクトルと DEPT 135 および DEPT 90 スペクトルの比較。DEPT 135 では CH と CH_3 が正、CH_2 が負のシグナル。DEPT 90 では CH のみが正のシグナル。第四級炭素は両 DEPT でシグナルを示さない。

ンを持つ炭素（CH_2）は負のシグナルを示す。一方、DEPT 90 スペクトルではメチン炭素（CH）のみが正のシグナルを示し、他の炭素はシグナルを示さない。したがって、両者を組み合わせることにより、炭素がいくつのプロトンと結合しているかがわかる。

^{13}C NMR スペクトルにおいては慣例的に、第四級炭素を s（シングレット）、メチン炭素を d（ダブレット）、メチレン炭素を t（トリプレット）、メチル炭素を q（カルテット）で表示する。これは、例えばメチル炭素はプロトン 3 個と結合しており、プロトンがデカップリングされていない場合にカルテットとして現れるからである（2.1.3 項）（図 2.2 参照）。通常の ^{13}C NMR スペクトルにおいてはシグナルは全てシングレットとして現れるので、この表現法ではなく C、CH、CH_2、CH_3 と表示する場合もある。

DEPT スペクトル法は非常に感度が良いため、プロトンデカップリング付き ^{13}C NMR スペクトル法の 1/3 ～ 1/4 の積算時間で良好なスペクトルが得られる。

図 2.7（b）、（c）は 1-ブロモ-3-メチル-2-ブテンの DEPT 135 および DEPT 90 スペクトルである。（a）は通常の ^{13}C NMR スペクトルである。（b）で δ 140.0 のシグナルが消えているのでこの炭素は s（C-3）、また δ 29.7 のシグナルが負の方向に現れているのでこの炭素は t（C-1）と帰属される。（b）で正のシグナルとして現れている δ 120.8 のシグナルが（c）でも観測されるのでこの炭素は d（C-2）であり、（b）で正のシグナルである δ 25.8 と δ 17.5 のシグナルが（c）で消えているのでこれらの炭素は q（CH_3）であることが確定する。2 個のメチルシグナルのうち、メチレン基から立体圧縮効果を受けて高磁場シフト（δ 17.5）を示すメチル基が C-5 であると帰属される（図 2.5）。これらの帰属は δ 140.0（s, C-3），120.8（d, C-2），29.7（t, C-1），25.8（q, C-4），17.5（q, C-5）のように記述される。DEPT スペクトルでは重溶媒（この場合は $CDCl_3$）によるシグナルは観測されない。

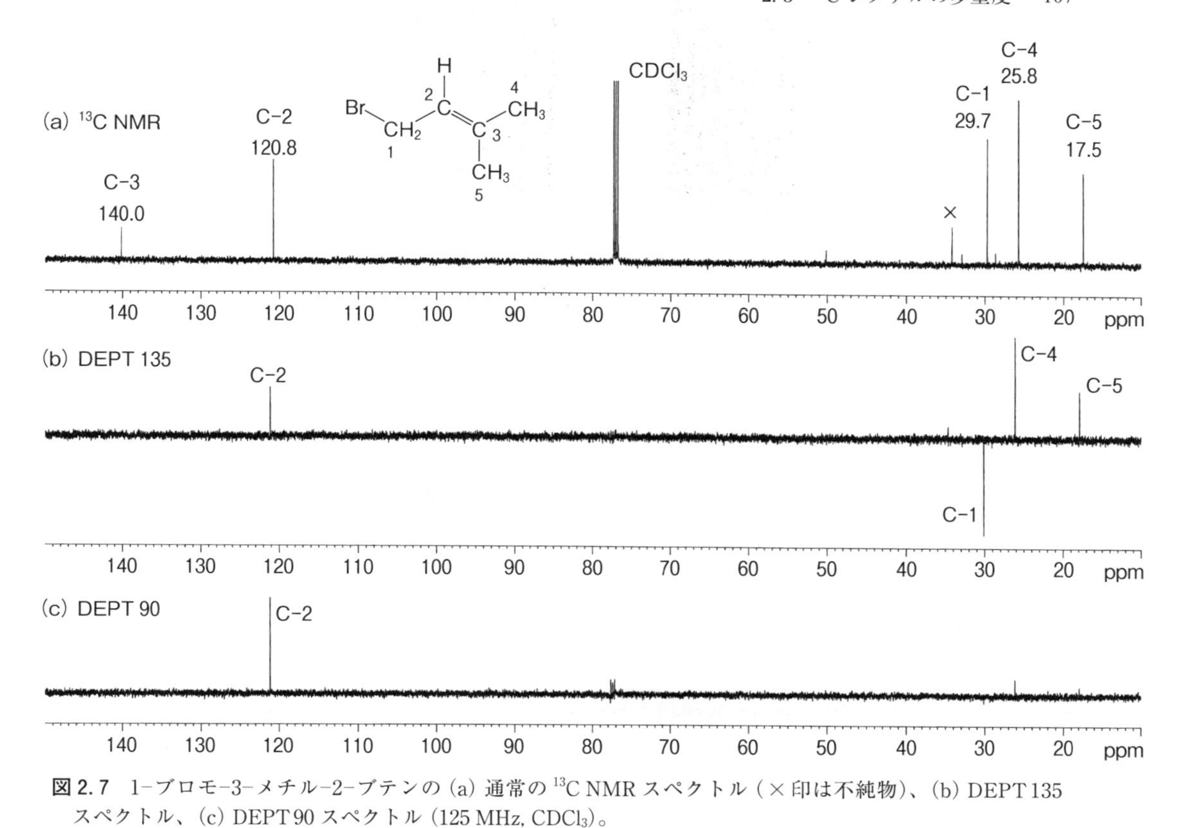

図 2.7 1-ブロモ-3-メチル-2-ブテンの (a) 通常の ^{13}C NMR スペクトル（×印は不純物）、(b) DEPT 135 スペクトル、(c) DEPT 90 スペクトル（125 MHz, $CDCl_3$）。

【問題 2.1】 分子式が $C_4H_8O_2$ で次の ^{13}C NMR スペクトル（125 MHz, $CDCl_3$）を示す化合物の構造を決定せよ。スペクトル中、英字で示した記号は DEPT スペクトルにより決定した多重度、数字は化学シフトである。

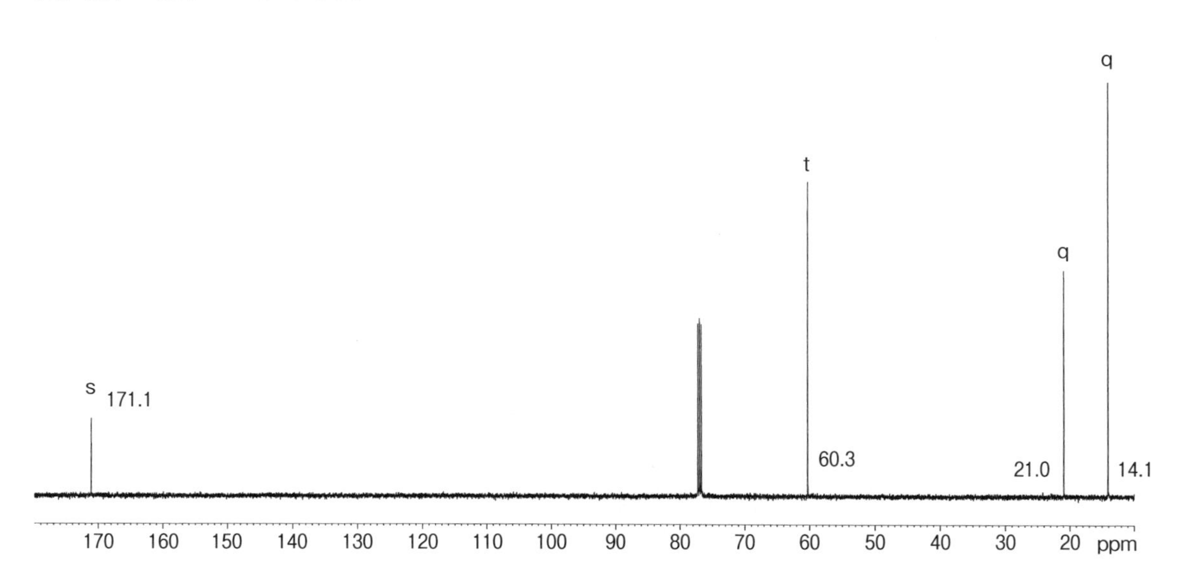

【問題2.2】

(1) 分子式がC_4H_8Oで次の^{13}C NMRスペクトル（125 MHz, $CDCl_3$）を示す化合物の構造を決定せよ。

(2) δ 86.4 (t) のシグナルは酸素原子の影響で通常よりも高磁場にシフトしたものである。どのような影響であるか共鳴構造式を示し説明せよ。

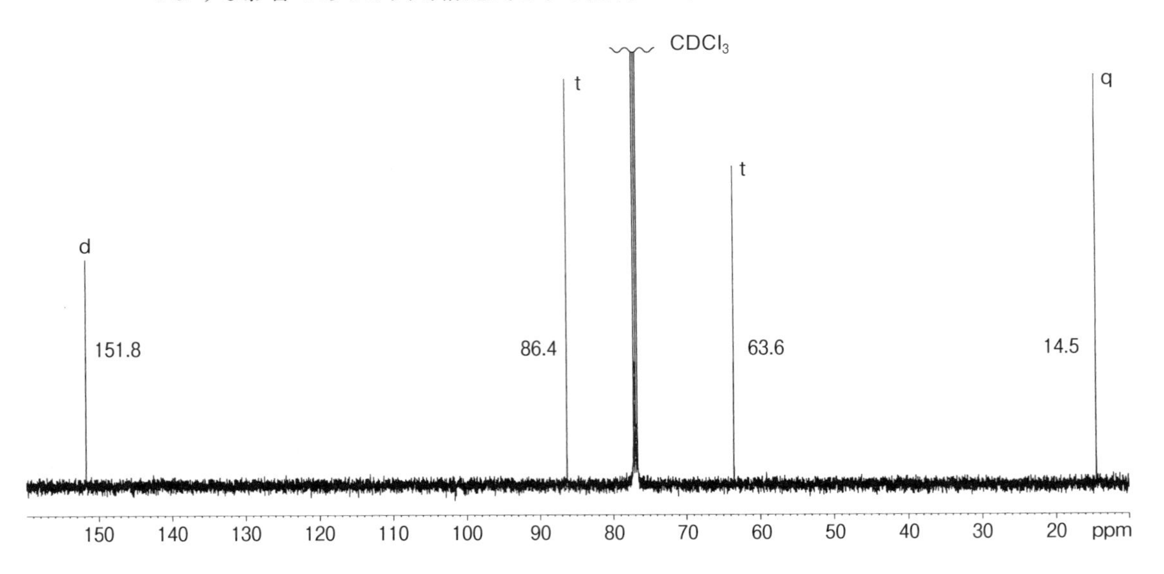

2.3.2　^{13}Cと他核とのカップリング

(1) ^{13}Cと^{1}Hとのカップリング

プロトンと同様に、^{13}Cは$I \neq 0$であるn個の核種とカップリングして（$2nI+1$）本の分裂線を示す［要点1.12 (p.64)］。プロトンは$I = 1/2$であるので、CH_3、CH_2、CH炭素はそれぞれプロトンとのカップリングにより4本(q)、3本(t)、2本(d)に分裂する［($n+1$)則］。^{13}Cとプロトンとの1本結合を通じたカップリング定数（$^{1}J_{CH}$）は、炭素の混成軌道、特に混成軌道のs-性に大きく依存する（式2.1）。

$$^{1}J_{CH} \cong [\text{炭素の混成軌道のs-性}(\%)] \times 5\ (\text{Hz}) \qquad (\text{式}2.1)$$

混成軌道	軌道の成り立ち	s-性 (%)	$^{1}J_{CH}$ (Hz)
sp^3（アルカンなど）	s+p+p+p	1/4 (25 %)	125
sp^2（オレフィンなど）	s+p+p	1/3 (33 %)	165
sp（アセチレンなど）	s+p	1/2 (50 %)	250

式2.1で求められる値は近似値であり、炭素に結合する原子により変化する。特に、O, F, Cl, Brなどの電気陰性度が大きい元素が結合すると、式から求められる値より1原子につき20〜30 Hz程度増加する。例えばクロロホルム（$CHCl_3$）の炭素はsp^3混成である（式2.1からは$^{1}J_{CH}$ = 125 Hz）が、Clが3個も結合している影響で$^{1}J_{CH}$ = 209 Hzと非常に大きな値をとる。

(2) ^{13}C と ^{19}F および ^{31}P とのカップリング

天然のフッ素は ^{19}F のみから成り、他の同位体は存在しない。^{19}F の核スピン量子数は $I=1/2$ でありプロトンと同じ分裂パターンを与える。$^{1}J_{CF}$ は 160～300 Hz という大きな値を示す。合成化合物によく見られる CF_3–基の ^{13}C は δ 120 前後に $^{1}J_{CF}=270$ Hz 程度のカルテットとして現れるが、4本に分裂するうえ、プロトンからの NOE が働かないこともあり強度が弱く、見落とすことがある。

図 2.8 は 1–フルオロペンタンの ^{13}C NMR スペクトル（プロトンデカップリング付き）である。1–位の炭素は電気陰性度が大きな F が結合しているため大きく低磁場シフトし（δ 84.2）、^{19}F とのカップリングにより大きなダブレット（$^{1}J_{CH}=163$ Hz）として現れている。2–位（δ 30.2）および 3–位の炭素（δ 27.4）にも ^{19}F とのカップリングが観測されるが、カップリング定数は小さく、それぞれ $^{2}J_{CF}=19$ Hz, $^{3}J_{CF}=6$ Hz である。

リンは生体物質の重要な構成元素であるが、天然のリンは 100 % が ^{31}P（$I=1/2$）からなる。リン原子はいくつかの価数をとるが、代表的なリン化合物として 3 価のリン化合物であるトリブチルホスフィンおよび 5 価のリン化合物であるフォスフィンオキシドとリン酸トリエチルのカップリングの様子を次頁上の図に示す。トリブチルホスフィンでは $^{1}J_{CP}$ が 13 Hz と小さな値である。しかし、4 価および 5 価のリン原子に炭素が直接結合した化合物では $^{1}J_{CP}$ が 50～100 Hz と大きい。リン酸エステルであるリン酸トリエチルでは、リンとのカップリングが酸素を通して行われる。いずれの化合物でも $^{4}J_{CP}$ は観測されないほど小さい。$^{1}J_{CP}$, $^{2}J_{CP}$, $^{3}J_{CP}$ の大きさは同等または逆転する場合もある。

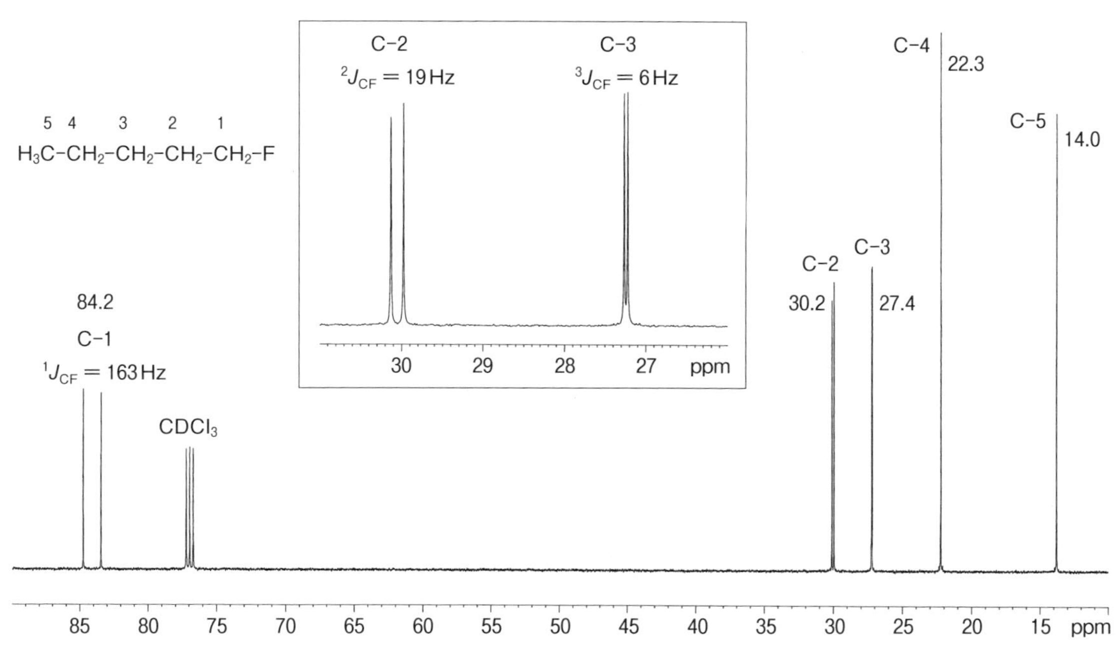

図 2.8　1–フルオロペンタンの ^{13}C NMR スペクトル（125 MHz, $CDCl_3$）。四角内は C–2 と C–3 のシグナルの拡大図。

$(C_4H_9)_2P—CH_2—CH_2—CH_2—CH_3$　$^1J_{CP}$　$^2J_{CP}$　$^3J_{CP}$

$^1J_{CP} = 13$ Hz
$^2J_{CP} = 13$ Hz
$^3J_{CP} = 11$ Hz

$(C_4H_9)_2P(=O)—CH_2—CH_2—CH_2—CH_3$　$^1J_{CP}$　$^2J_{CP}$　$^3J_{CP}$

$^1J_{CP} = 66$ Hz
$^2J_{CP} = 5$ Hz
$^3J_{CP} = 13$ Hz

$(CH_3CH_2O)_2P(=O)—O—CH_2—CH_3$　$^2J_{CP}$　$^3J_{CP}$

$^2J_{CP} = 6$ Hz
$^3J_{CP} = 7$ Hz

(3) 13C と重水素とのカップリング

重水素溶媒の 13C シグナルは重水素 (D) とのカップリングにより分裂線として現れる。例えば $CDCl_3$ の 13C シグナルは δ 77.2 にトリプレットとして観測される。これは 13C が 1 個の D ($I = 1$) とカップリングするからである [$(2nI+1)$ 則：$I = 1, n = 1$]。ただし $^1J_{CD} = 32$ Hz であり $CHCl_3$ における $^1J_{CH} = 209$ Hz と比較すると小さな値である。重水素と水素とのカップリング (式 1.18) (p. 65) と同様に 13C に対する 1H と D のカップリングはそれぞれの磁気回転比の比 (γ_D/γ_H) に比例する (式 2.2)。

$$^1J_{CD} = {}^1J_{CH} \times \frac{\gamma_D}{\gamma_H} \qquad \text{(式 2.2)}$$

$\gamma_D/\gamma_H = 0.15$ であるので、$^1J_{CD} = 209 \times 0.15 = 31.4$ (Hz) で実測値とほぼ一致する。

表 2.1 に代表的な重水素溶媒と 13C の化学シフトおよび多重度をまとめてある。例えば重アセトニトリル CD_3CN の 13C が δ 1.4 に 7 本線 (septet) を示すのは、13C が直接結合した 3 個の D とカップリングするからである。

表 2.1　代表的な重水素溶媒と 13C 化学シフトおよび多重度

化合物名	化学式	13C シグナル (δ)	多重度	$^1J_{CH}$ (Hz)
重アセトニトリル	CD_3-CN	1.4 (CD_3) 118.7 (CN)	sept s*	20 —*
重アセトン	CD_3-CO-CD_3	29.9 (CD_3) 206.7 (C=O)	sept s*	19 —*
重クロロホルム	$CDCl_3$	77.2	t	32
重ジメチルスルホキシド	CD_3-SO-CD_3	39.5	sept	21
重ベンゼン	C_6D_6	128.4	t	24
重メタノール	CD_3-OD	49.2	sept	21
重ピリジン	C_5D_5N	123.9 135.9 150.4	t t t	25 25 28

* $^2J_{CD}$ が小さいので通常はシングレットとして観測される。

出典　Almanac 2012, Analytical Tables and Product Overview, BRUKER.

13C の化学シフトは、測定溶液に加えられた TMS の化学シフトを基準 (δ 0) とすべきであるが、表 2.1 の重溶媒の化学シフトを基準として用いてもよい。その場合、用いた溶媒と基準とした化学シフトを明記する必要がある。

(4) ^{13}C と ^{14}N とのカップリング

天然の窒素は 99.6 % が ^{14}N から成り立っており、^{14}N は $I = 1$ の核種である。1 個の ^{14}N と結合した ^{13}C はカップリングにより 3 本に分裂するはずであるが、^{14}N は核四重極モーメントを持ち緩和時間が極めて短いため (p. 65)、ほとんどの含窒素有機化合物では ^{14}N と ^{13}C とのカップリングは観測されない。しかし、^{14}N の緩和時間が長い第四級アミン塩 ($R_4N^+X^-$) とイソシアニド（イソニトリル）(R–NC) では下図に示すように ^{14}N とのカップリングが観測される。第四級アミンについては 4 個の置換基が同一である対称性がよい化合物で観測されるが、条件によっては観測されない場合がある。イソシアニド基 (–NC) は一部の天然化合物、特に海洋生物が生産する化合物に含まれることがあるが、気が付きにくい官能基である。イソシアニドについては、IR スペクトルにおける 2150 ～ 2110 cm^{-1} の極めて強い吸収と共に、^{13}C スペクトルにおける ^{14}N とのカップリングが同定の決め手となる。プロトンデカップリング付き ^{13}C NMR スペクトルでは、これらの炭素は ^{14}N とのカップリングにより小さなトリプレットに分裂する。通常、$^1J_{CN}$ のみが観測されるが、ごくまれに $^2J_{CN}$ による分裂が観測される場合がある。

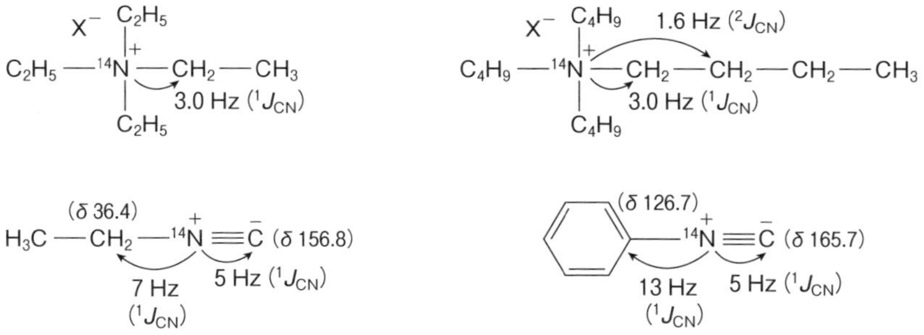

X^- C_2H_5 — C_2H_5—$^{14}N^+$—CH_2—CH_3 (3.0 Hz ($^1J_{CN}$)), C_2H_5

X^- C_4H_9 — C_4H_9—$^{14}N^+$—CH_2—CH_2—CH_2—CH_3 (3.0 Hz ($^1J_{CN}$); 1.6 Hz ($^2J_{CN}$)), C_4H_9

H_3C—CH_2 (δ 36.4)—$^{14}N^+≡C^-$ (δ 156.8)　7 Hz ($^1J_{CN}$)　5 Hz ($^1J_{CN}$)

C_6H_5 (δ 126.7)—$^{14}N^+≡C^-$ (δ 165.7)　13 Hz ($^1J_{CN}$)　5 Hz ($^1J_{CN}$)

§2.4　フーリエ変換

FT–NMR の FT は**フーリエ変換** (Fourier Transform) の省略名である。FT は厳密な数式で表現される方法論であり、コンピュータ処理が容易であることもあり、NMR 以外の多くの分析機器でも用いられている。FT は時間領域関数 (FID) を周波数領域関数（通常の NMR スペクトル）へ変換できる方法である。コンピュータの高性能化により、多数のパラメーターを処理しなくてはならない二次元 NMR スペクトル法においても、FT の演算は非常に短時間で完了する。

図 2.9 は、エタノールの ^{1}H NMR スペクトルを例にして FT の概念を説明したものである (^{13}C NMR スペクトルにおいても同様の説明が成り立つ)。エタノールを磁場中に置くと、メチル、メチレン、および水酸基のプロトンのボルツマン過剰分の核スピンは磁場と同じ向き (α) に配列する (i)。ここにパルスを与えると、パルスはプロトンの共鳴周波数を全て含んでいるので、これらの核スピンは励起状態 (β) へ遷移する。パルスが止まると、β スピンは徐々に α スピンへ緩和し始める。この時、それぞれのプロトンは固有の周波数を持つ電波 (ω_{CH_3},

ω_{CH_2}，ω_{OH}）（FID）を発信する（ii）。受信コイルは1本の電線からなりたっているので、受信機はそれぞれの発信電波の合計（$\omega_{CH_3}+\omega_{CH_2}+\omega_{OH}$）を FID として検出することになる（iii）。FID は時間領域関数であるのでこれを FT すると、周波数領域関数に変換され、各周波数成分がどのくらいの強さで含まれているかが決定される（$a\omega_{CH_3}+b\omega_{CH_2}+c\omega_{OH}$）（a, b, c は各周波数の強度）（iv）。この結果を基にして、横軸を周波数（Hz）、縦軸を強度としてグラフ化（プロット）すると、通常の（周波数軸の）NMR スペクトルが得られる（v）。

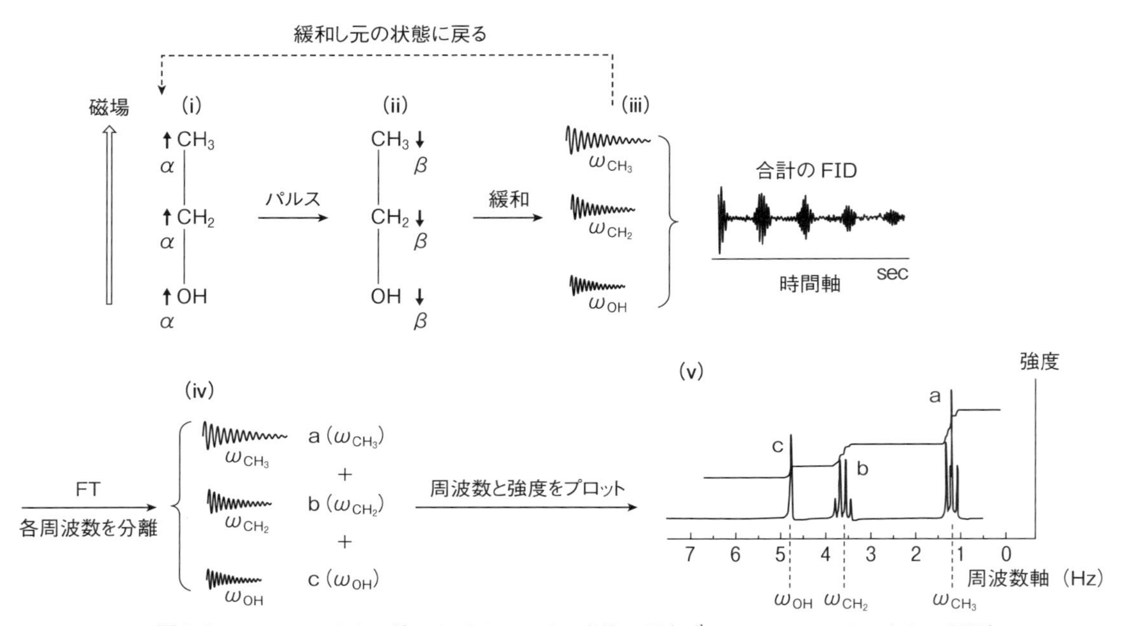

図 2.9　NMR スペクトル法におけるフーリエ変換の概念（1H NMR スペクトルとして説明）。

§2.5　パルス

FT-NMR におけるパルスは、数百 MHz の電波を極めて短時間発生させることにより作り出される。図2.10（左）は ω_0 の周波数を持つ電波を数 μs 発生させた様子を描いたものである。同図（右）はこの時間領域関数を FT して周波数領域関数へ変換した模式図である。パルス電波の周波数が広い分布を持つことがわかるであろう。ω_0 をスペクトルの中心の周波数に設定し、パルスの時間を短くすることにより全てのプロトンの共鳴周波数を持つ電波を作り出せる。

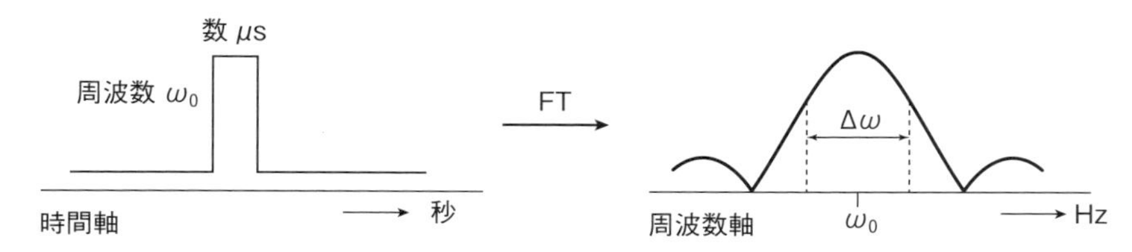

図 2.10　周波数（ω_0）のパルス（時間軸）を FT して得られる周波数分布曲線（周波数軸）。短いパルスにより幅広い周波数（$\Delta\omega$）の電波が生じる。

FT−NMR において、パルスの長さ（時間）は角度で表現される。パルスを与える時間と角度は比例する。例えば 6 μs のパルスが 45° パルスであるとすると、パルスの時間を 12 μs に設定すると 90° パルスが得られる。ここでなぜ「角度」が現れるかについての詳しい説明は §1.7 項にあるが、ここではおおまかな要点のみを示すことにする。

図 2.11 においてサンプルを磁場中に入れると、磁場方向に整列したボルツマン過剰分が現れるが、過剰分の磁化ベクトルの総和を「全磁化ベクトル」として、磁場と平行の z 軸上に置く (a)。パルスを x 軸（紙面に垂直）方向から、たとえば 6 μs 与えると、全磁化ベクトルは yz−平面上を 45° 回転する (b)。パルス後、全磁化ベクトルは緩和過程をたどり元の状態 (a) に復帰するが、y 軸上に置いた受信コイルに全磁化ベクトルの y 軸成分が原点方向へ戻って行くので、コイルに微少減衰電流が流れ、これを受信器が FID として検出する (c)。パルスを与える時間を 2 倍（12 μs）にすると、全磁化ベクトルは 90° 回転し、受信コイルが設置してある y 軸上に重なる。したがって、90° パルスから得られる電流の強さは最大であり、FID の強さ（すなわち感度）が最大となる。ところが、90° パルスを与えると、緩和して (a) まで戻るのに時間がかかり、次のパルスを与えるまでに長時間待たなければならない。したがって、通常の ^{1}H および ^{13}C NMR スペクトルの測定では、より多数の積算回数が可能な 30 〜 45° パルスが用いられる。

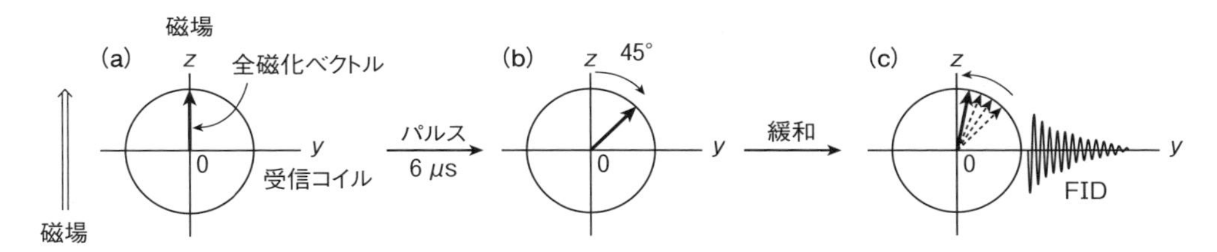

図 2.11　45° パルスを与えると全磁化ベクトルは 45° 回転し、その緩和過程で y 軸上にある受信コイルにより FID が検出される。詳細は §1.7 を参照。

§2.6　HSQC スペクトル

プロトンデカップリング付き ^{13}C NMR スペクトルや DEPT スペクトルなどの一次元スペクトルでは、^{13}C シグナルの化学シフトと多重度についての情報は得られるが、シグナルの帰属は困難である。一方、^{1}H NMR スペクトルでは、シグナルの積分強度、化学シフト、およびカップリング定数、デカップリング実験、さらに COSY スペクトルなどの二次元スペクトルにより、全てのプロトンが帰属できる場合が多い。そこでプロトンシグナルがどの ^{13}C シグナルと相関しているかがわかると、^{13}C シグナルの完全帰属が可能となる。以下、復習をかねて、プロトンシグナルの帰属に基づいて ^{13}C シグナルを帰属する手順について説明する。

図 2.12 はプロピオン酸エチルの ^{1}H NMR スペクトルである。2 個のカルテット **a** および **b** のうち、低磁場のシグナル **a** が酸素原子と結合したメチレンプロトン H−4、もう一つのカルテット **b** がカルボニル基の隣のメチレンプロトン H−2 であることは容易に帰属できる。とこ

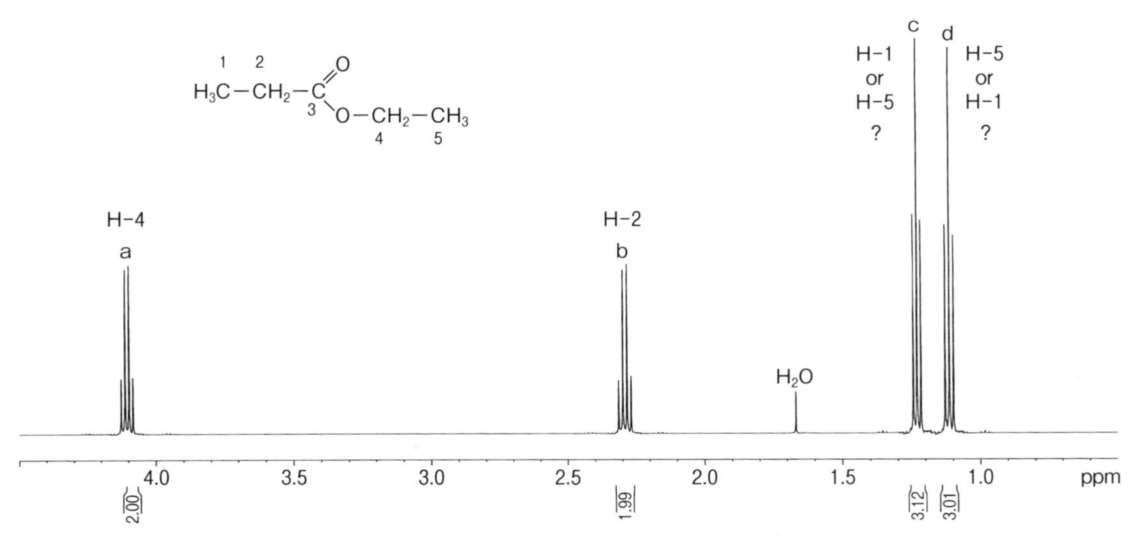

図 2. 12　プロピオン酸エチルの ^{1}H NMR スペクトル（500 MHz, $CDCl_3$）。

ろが2個のトリプレット **c** と **d** については、1–位のメチル基によるものであるか、あるいは5–位のメチル基によるものであるかを判定できない。

図 2. 13 はプロピオン酸エチルの COSY スペクトルである。このスペクトルにより、H–4 とクロスピーク（**e**）を示すシグナル **c** が5–位のメチル基、H–2 とクロスピーク（**f**）を示す **d** が1–位のメチル基のシグナルであることがわかる（第1章 p.53 参照）。

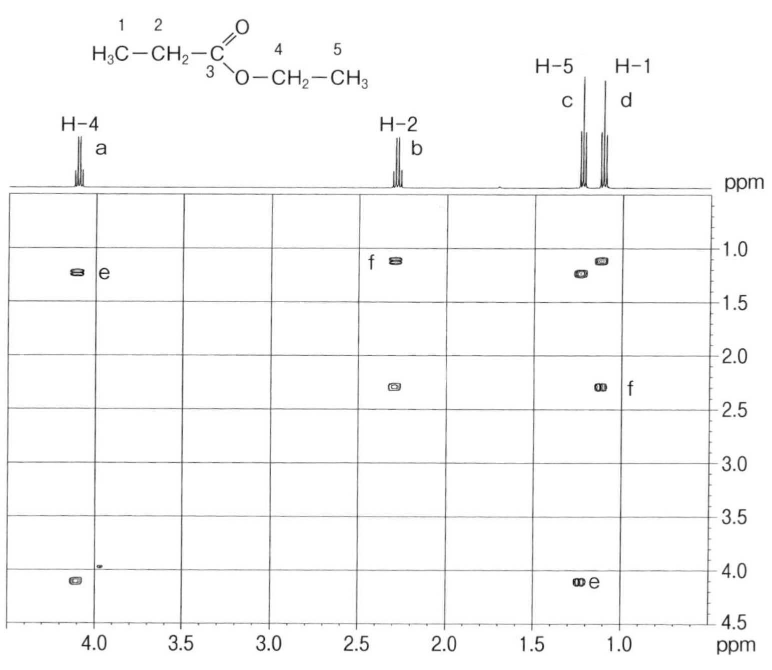

図 2. 13　プロピオン酸エチルの COSY スペクトル（500 MHz, $CDCl_3$）。プロトンの帰属が確定する。

図 2.14 はプロピオン酸エチルの ^{13}C NMR スペクトルである。最も低磁場のシグナル A はその化学シフトからエステルのカルボニル基 C–3 であり、またその次に低磁場であるシグナル B は酸素と結合した C–4 であることはすぐにわかる。しかし他の 3 個のシグナル C、D、E については、C–1、C–2、または C–5 のどれに対応するか判断することはできない。

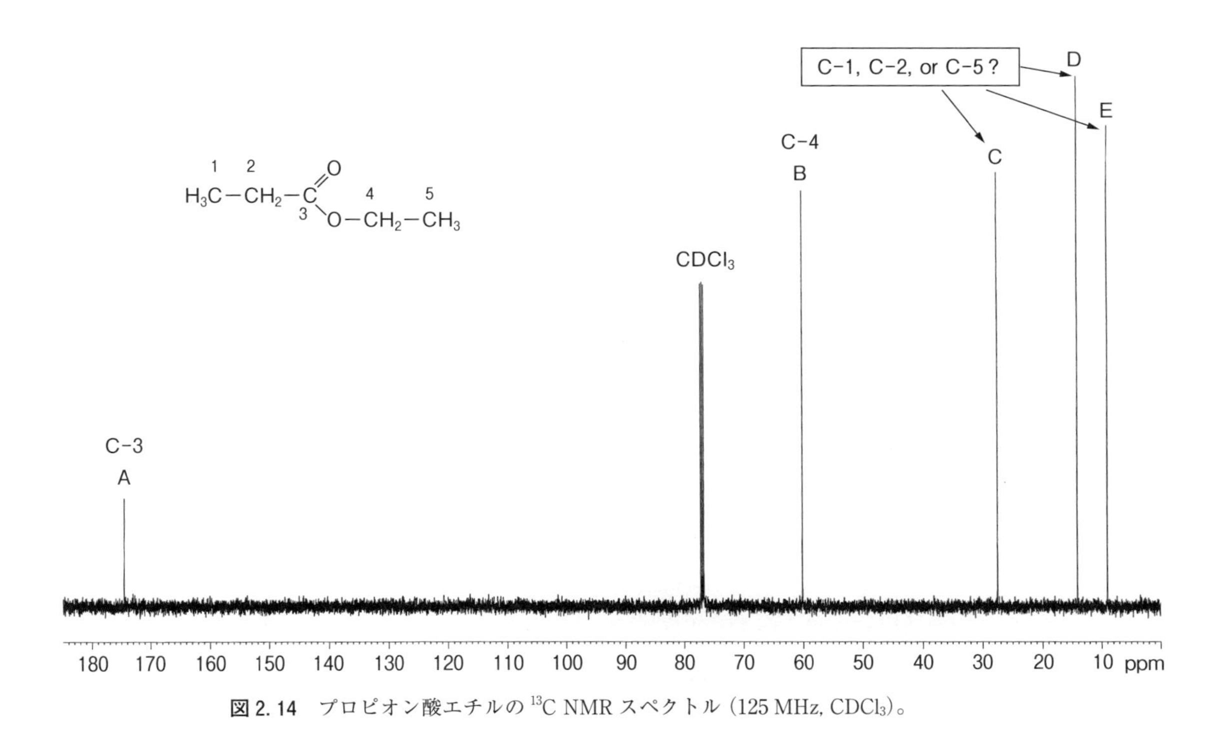

図 2.14 プロピオン酸エチルの ^{13}C NMR スペクトル (125 MHz, $CDCl_3$)。

HSQC (Heteronuclear Single Quantum Coherence) **スペクトル**は、プロトンと ^{13}C との 1 本結合を通したカップリング ($^1J_{CH}$) を検出できる二次元スペクトルの 1 種である。プロトンシグナル側から ^{13}C とのカップリングを観測するので、二次元の ^{1}H NMR スペクトルである。したがって非常に感度が良く、また測定や解析も簡単である。

図 2.15 はプロピオン酸エチルの HSQC スペクトルである。横軸が ^{1}H NMR スペクトル、縦軸が ^{13}C NMR スペクトルである。HSQC スペクトルはプロトンと直接結合した ^{13}C とのカップリング ($^1J_{CH}$) を観測するので、プロトンと結合していない第四級炭素（この場合は C–3）はスペクトルから除外してある。また ^{13}C 側の化学シフトは右側の縦軸に目盛ってある。

二次元スペクトル上の相関ピーク (F ～ I) はプロトンと ^{13}C シグナルの交点に現れており、対応するプロトンと ^{13}C が直接結合していることを示す。^{1}H NMR スペクトルの帰属は COSY 実験により帰属してある (図 2.13) ので、この帰属をもとに、一次元の ^{13}C スペクトルのみでは困難である C–1, C–2 および C–5 の帰属が可能となる (帰属はスペクトル中に示してある)。

図 2.15 の説明文において、測定周波数が 500 MHz (^{1}H NMR スペクトルの周波数) と記してあることに注意すること。また、HSQC スペクトルと同じ結果を与える HMQC (Heteronu-

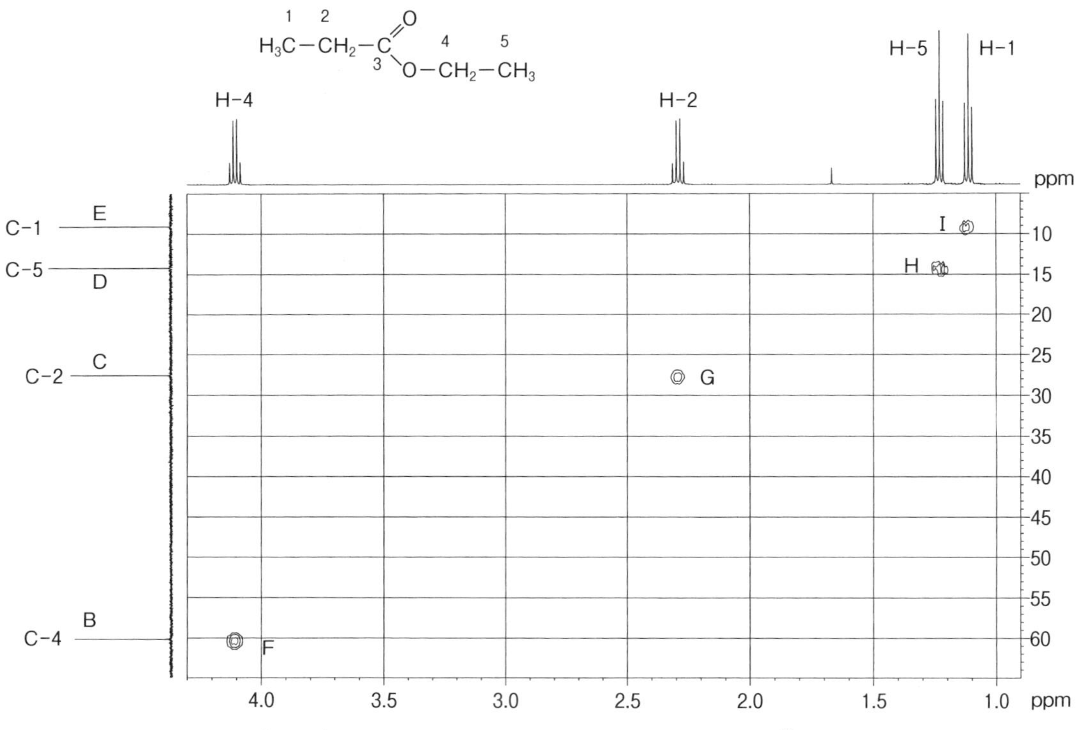

図2.15　プロピオン酸エチルのHSQCスペクトル（500 MHz, $CDCl_3$）。^{13}Cの帰属が確定する。

clear Multiple Quantum Coherence）というスペクトル法もある。HSQCスペクトル法にDEPTを組み合わせ、CHとCH_3が正、CH_2が負のクロスピークを示すようにした方法が開発されている。この場合、例えば正のクロスピークを黒、負のクロスピークを赤のように色分けして表示する。

§2.7　HMBCスペクトル

前節で示したようにHSQCスペクトルは、直接結合した^{1}Hと^{13}Cとの間のカップリング（$^1J_{CH}$）を検出する手法であるが、さらにこれを拡張して、^{1}Hと^{13}Cとの間に2本の結合がある場合（$^2J_{CH}$）と3本の結合がある場合（$^3J_{CH}$）の^{1}Hと^{13}Cの遠隔カップリングを検出できるようにした手法が**HMBC**（Heteronuclear Multiple-Bond Correlation）**スペクトル**である。HMBCスペクトルから得られる情報量は非常に多く、この手法の出現により構造決定の研究が飛躍的に発展した。図2.16にHMBCスペクトルで観測される^{1}Hと^{13}Cとの遠隔カップリング（HMBCクロスピークとして観測）をまとめた。

なお、HMBCスペクトルはHSQCスペクトルと同様^{1}H NMRの1種であり、^{13}Cからの^{1}Hへのカップリングを^{1}H側で検出する手法である。したがってHMBCの相関（クロスピーク）は「炭素からプロトンへの相関」と表現すべきであるが、「プロトンから炭素への相関」という言い方の方が一般的になっている。したがって、本節でもHMBC相関を示す矢印はプロトン

(a) HMBC スペクトルで観測される遠隔カップリング

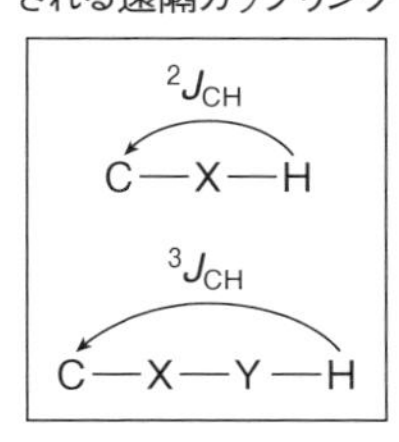

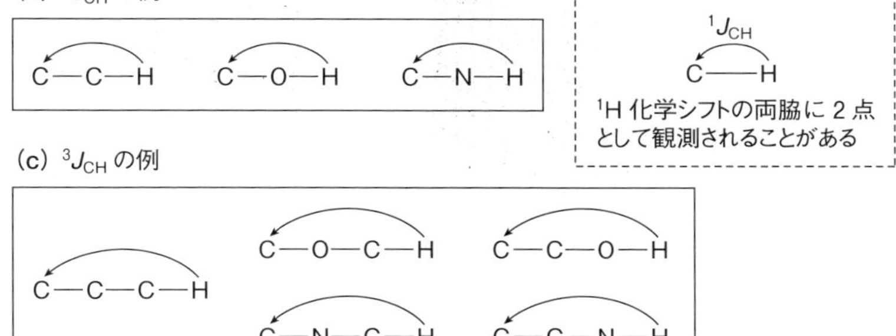

(d) 4-メチルシクロヘキサノール

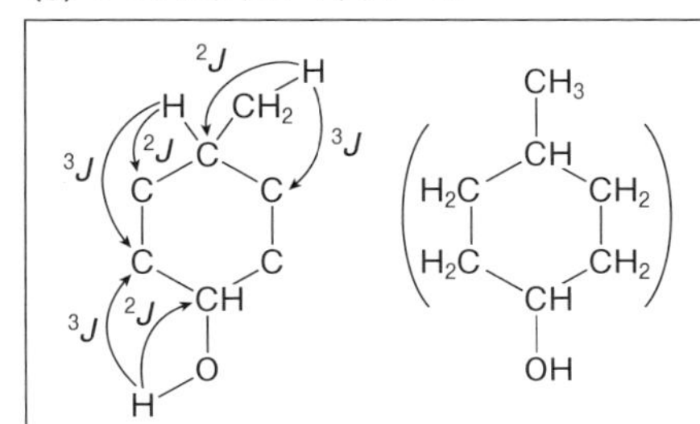

(e) 3-メトキシフェノール

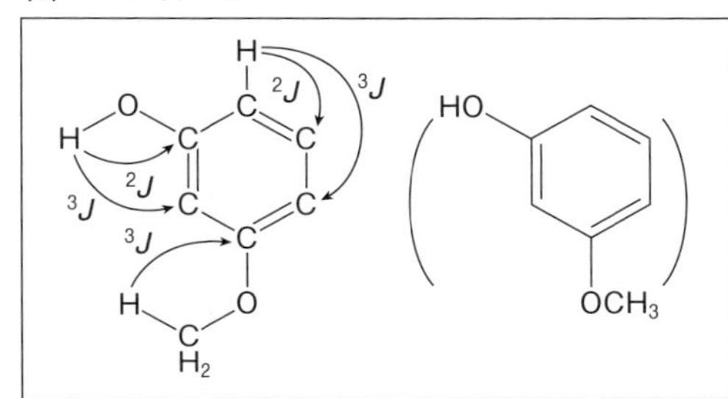

図 2.16 HMBC スペクトルで観測される ^{1}H–^{13}C 遠隔カップリング。(a) $^2J_{CH}$, $^3J_{CH}$ の一般式。通常これら 2 つの遠隔カップリングのみが観測される。(b) $^2J_{CH}$ の例。(c) $^3J_{CH}$ の例。(d), (e) 4-メチルシクロヘキサノールおよび 3-メトキシフェノールにおいて HMBC クロスピークを示すことが予想される遠隔カップリングの例。

から炭素への方向に向けてある。

HMBC スペクトルで通常観測されるのは、図 2.16 (a) の一般式で表される $^2J_{CH}$ および $^3J_{CH}$ である。すなわち、^{1}H と ^{13}C との間の結合数がそれぞれ 2 本および 3 本である場合に HMBC クロスピークが観測される。$^1J_{CH}$ は原則として観測されないが、測定条件により $^1J_{CH}$ が ^{1}H 化学シフトに対して対称的な位置に 2 個のクロスピークとして現れる場合がある (図 2.18)。

図 2.16 (a) の X と Y は炭素である必要はなく、(b) および (c) で示したように O や N でも HMBC クロスピークが観測される。ただし C–C–O–H や C–C–N–H のような場合で、OH や NH が溶媒中の H_2O などと化学交換している場合は遠隔カップリングが観測されない。(d) および (e) では、それぞれ 4-メチルシクロヘキサノールおよび 3-メトキシフェノールをモデルとして、HMBC クロスピークが観測される可能性がある遠隔カップリングの例を示してある。

HMBC スペクトルの有用性を、第四級炭素 (例えばカルボニル炭素：C=O) を例として説明する。図 2.17 [A] のように第四級炭素 (•) が 2 個のプロトン群 (H_a, H_b) と (H_c, H_d) を分割している場合、(H_a と H_b) および (H_c と H_d) はそれぞれ COSY スペクトルやデカップリングにより関連づけられるが、間にある第四級炭素により断絶されているので両者の関係は不明である。ところが HMBC スペクトルを測定すると第四級炭素に [B] のようなクロスピーク (HMBC 相関) が観測され、両プロトン群を結びつけることができる。また [C] のような相関もこの結びつきの証拠になる。[C] で第四級炭素を酸素 (O) に取り替えた [D] では、矢印で示した H_e および H_f からの相関によりエーテル結合で分断されていた二つのプロトンを関係づけられる。さらに、エステル結合 [E] では H_g からカルボニル炭素への $^3J_{CH}$ による相関によりエステル結合の位置を決定できる。

[F] は菌の代謝産物アスパーギライド A の構造決定に特に役立った HMBC 相関を示す。3-位と 7-位の間に観測された HMBC 相関によりテトラヒドロピラン環の存在が判明し、また 13-位のプロトンから 1-位のカルボニル炭素へのクロスピークにより、1-C と 13-C がエステル結合で結ばれていることが明らかになった。[G] はサンゴから得られたアクタノールで観測された HMBC 相関を示す。十四員環上に COSY スペクトルでつながりが決定された 4 個のプロトン群があるが、4 個の第四級炭素（•印）により分断されている。しかし図に示したような HMBC 相関により、全てのプロトン群および二重結合に付いたメチル基とイソプロピル基を関連づけることができた。

このように、HMBC スペクトルは化合物の炭素骨格を決定するための必須の手段である。

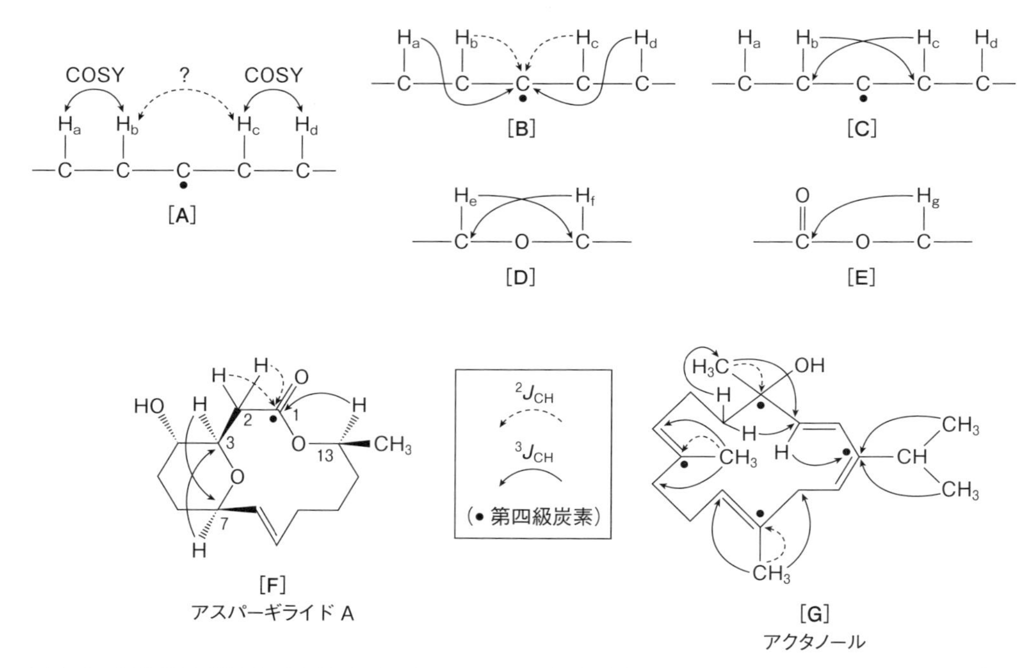

図 2.17 [A] 第四級炭素で断絶された 2 個のプロトン群。[B] 第四級炭素への周辺のプロトンからの $^3J_{CH}$ および $^2J_{CH}$。[C] 第四級炭素を飛び越したプロトンと炭素の間の $^3J_{CH}$。[D] エーテル結合を飛び越えた $^3J_{CH}$。[E] エステル結合の位置を決定するために重要な $^3J_{CH}$。[F] アスパーギライド A および [G] アクタノールの構造決定で重要な役割を果たした HMBC 相関。

図 2.18 (1) は、植物成分である 4,8-ジメトキシ-3-メチル-1-ナフトールの HMBC スペクトル (400 MHz, $CDCl_3$) の全体図である。横軸に ^{1}H NMR スペクトル、縦軸に ^{13}C NMR スペクトルを描いてある。この化合物について帰属された ^{1}H (太字) と ^{13}C (細字) の化学シフトを書いた構造式を次頁右上に示す。

このスペクトルからわかるように、HMBC スペクトルにおいては通常全ての炭素がプロトンとの $^2J_{CH}$ と $^3J_{CH}$ によるクロスピークを示すので、多数のクロスピークが観測されるのが大

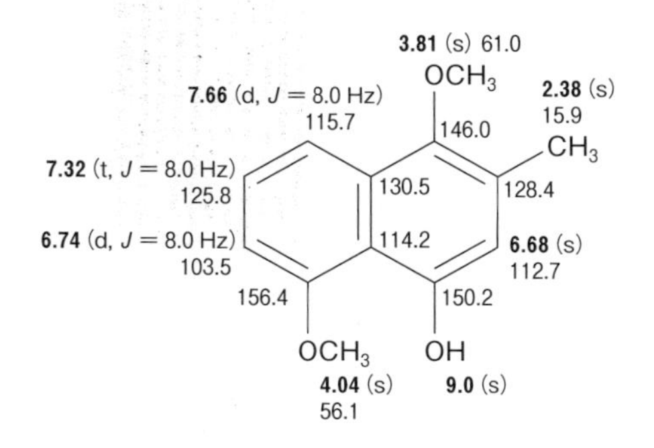

きな特徴である。すなわち炭素骨格に関する情報に富んでいる。

図中の両矢印で示した2点に見えるものは $^1J_{CH}$ によるクロスピークである。プロトン側で最も高磁場に現れている11-CH_3 に注目すると、$^1J_{CH}$ ピークは自分自身の炭素シグナル (C-11) との交点に存在することがわかる (HSQC スペクトルと同じ)。前述のように、元来 HMBC スペクトルでは $^1J_{CH}$ 由来のピークが消えるはずであるが、実際にはいくつかのシグナルがこのような $^1J_{CH}$ クロスピークを示す。この2点の間隔を (プロトン側で) Hz で計測すると該当する ^1H と ^{13}C との間の $^1J_{CH}$ を求めることができる ($^1J_{CH}$ の有用性については 2.3.2 項 (1) 参照)。

図 2.18 (2) はプロトン軸のメチル基およびメトキシ基に関する領域の拡大図である。HMBC スペクトルにおいてメチルプロトンからのクロスピークは最も強度が大きく確認しや

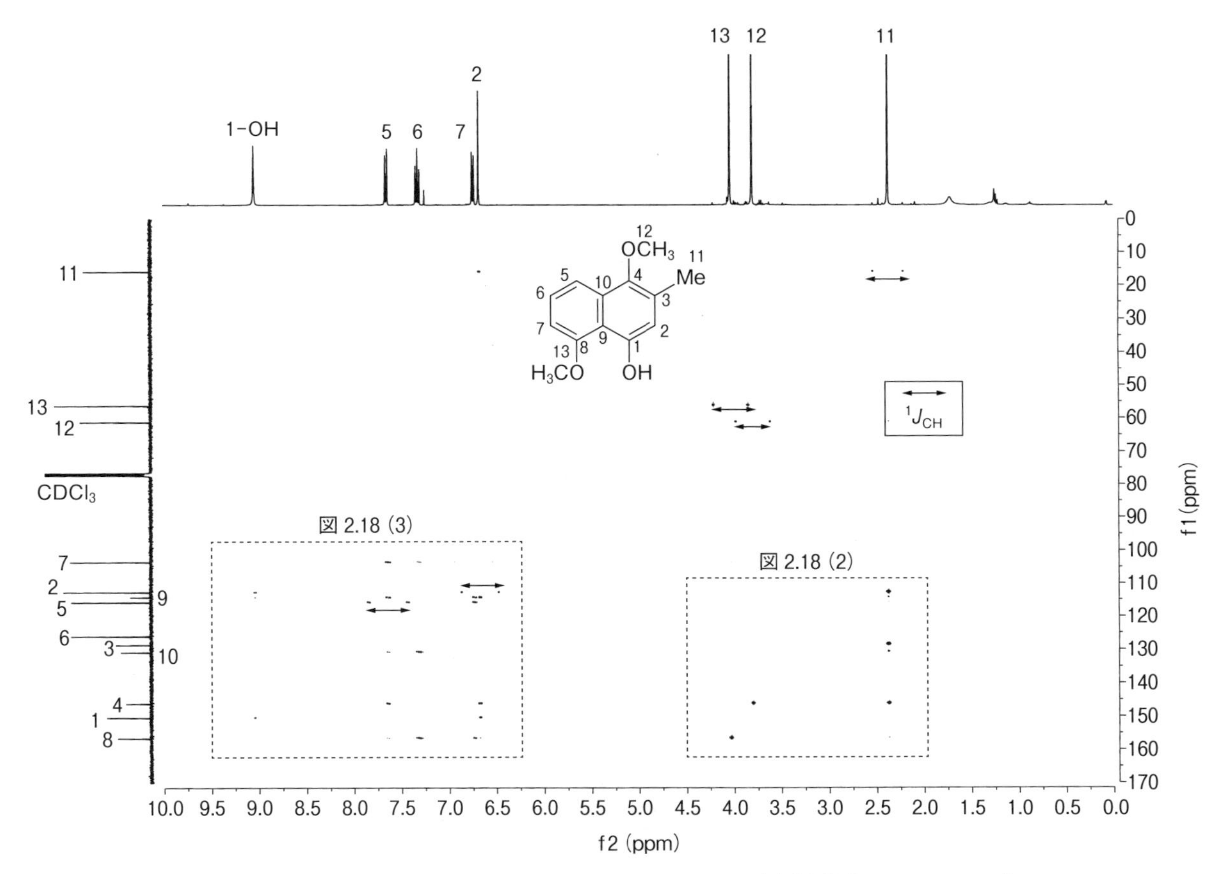

図 2.18 (1) 4,8-ジメトキシ-3-メチル-1-ナフトールの HMBC スペクトル (全体図) (400 MHz, $CDCl_3$)。両矢印は $^1J_{CH}$ によるシグナル。K. M-Yasumoto, R. Izumoto, H. Fuchino, T. Ooi, Y. Agatsuma, T. Kusumi, M. Satake, S. Sekita, *Bioorg. & Med. Chem.*, **20**, 5215 (2012).

すい。11–CH_3 はメチル基の付け根の炭素（C–3）だけでなく両隣の炭素（C–2 および C–4）にクロスピークを示す（図ではそれぞれ **11**/3, **11**/2, **11**/4：太字 ^{1}H、細字 ^{13}C）。**11**/4 を水平方向に低磁場側へ移動するとクロスピーク **12**/4 にあたる。これは 12–位の OCH_3 によるクロスピークであるので、構造式中で 11, 2, 3, 4, 12–位の部分が確定する。また 13–OCH_3 が結合した炭素（C–8）も特定できる。

図 2.18 (3) は芳香族プロトンとフェノール性水酸基の領域の拡大図である。この拡大図ではクロスピークを図 2.18 (1) よりも強く表示されるように設定してあるので、(1) では見られなかった H–7 についての $^1J_{CH}$ が現れている。拡大図の全面にクロスピークが見られ、化学構造に関する情報が多いことがわかる。全ての HMBC 相関を一つの構造式中に示すと煩雑になるので、構造式を 2 個用い、さらに $^2J_{CH}$（点線矢印）と $^3J_{CH}$（実線矢印）を分けて表示してある。全ての炭素がプロトンと関連づけられており、これらのクロスピークを綿密に解析することによりこの化合物の構造が決定された。

化合物の構造決定研究において、HMBC スペクトル中のクロスピークは $^2J_{CH}$ と $^3J_{CH}$ のみによることを前提として解析するが、その際 $^4J_{CH}$ や $^5J_{CH}$ も弱いピークとして現れることがあることに注意を払う必要がある。特に芳香族化合物にそのような「超遠隔カップリング」が観測

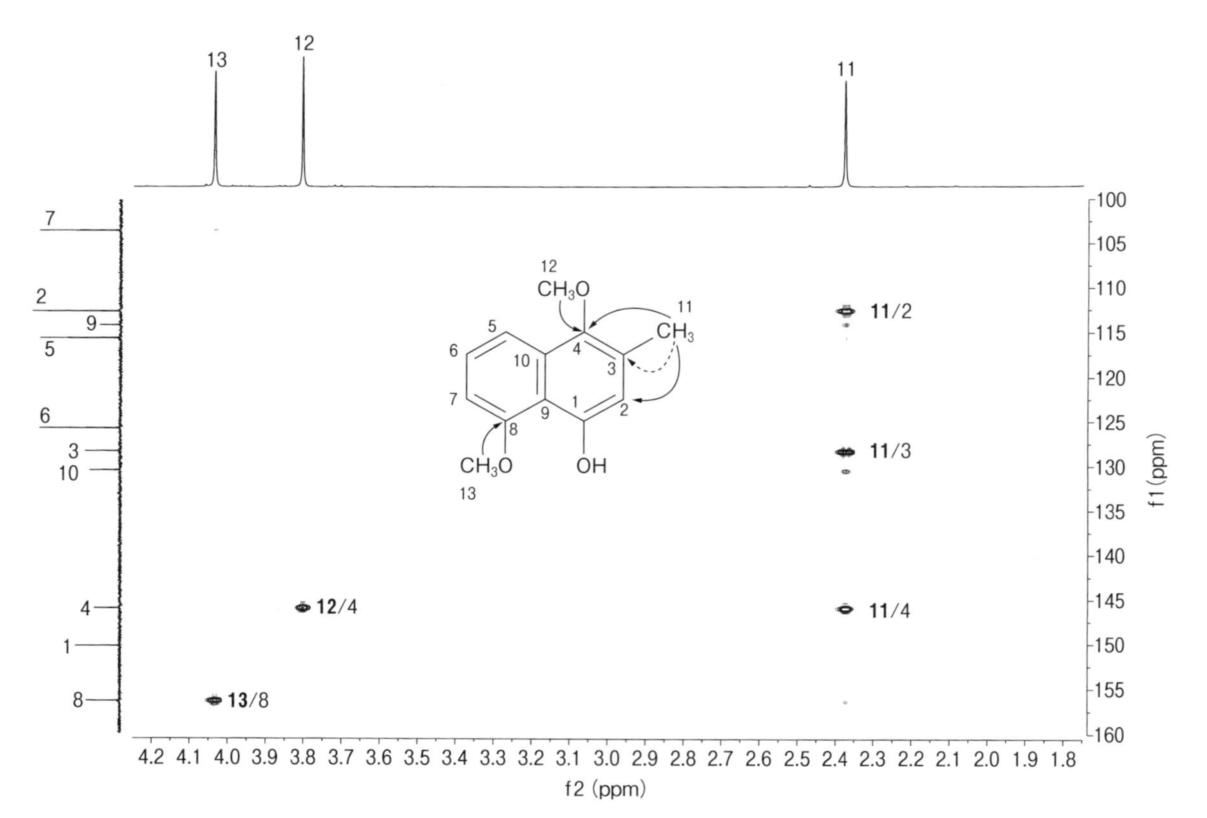

図 2. 18 (2)　4,8–ジメトキシ–3–メチル–1–ナフトールの HMBC スペクトル（拡大図）(400 MHz, $CDCl_3$)。太字の数字がプロトン、細字が炭素の位置番号を示す。構造式中の矢印は HMBC 相関を示すメチルプロトンと炭素。実線矢印は $^3J_{CH}$、点線矢印は $^2J_{CH}$。矢印の始点がプロトン、終点が炭素。

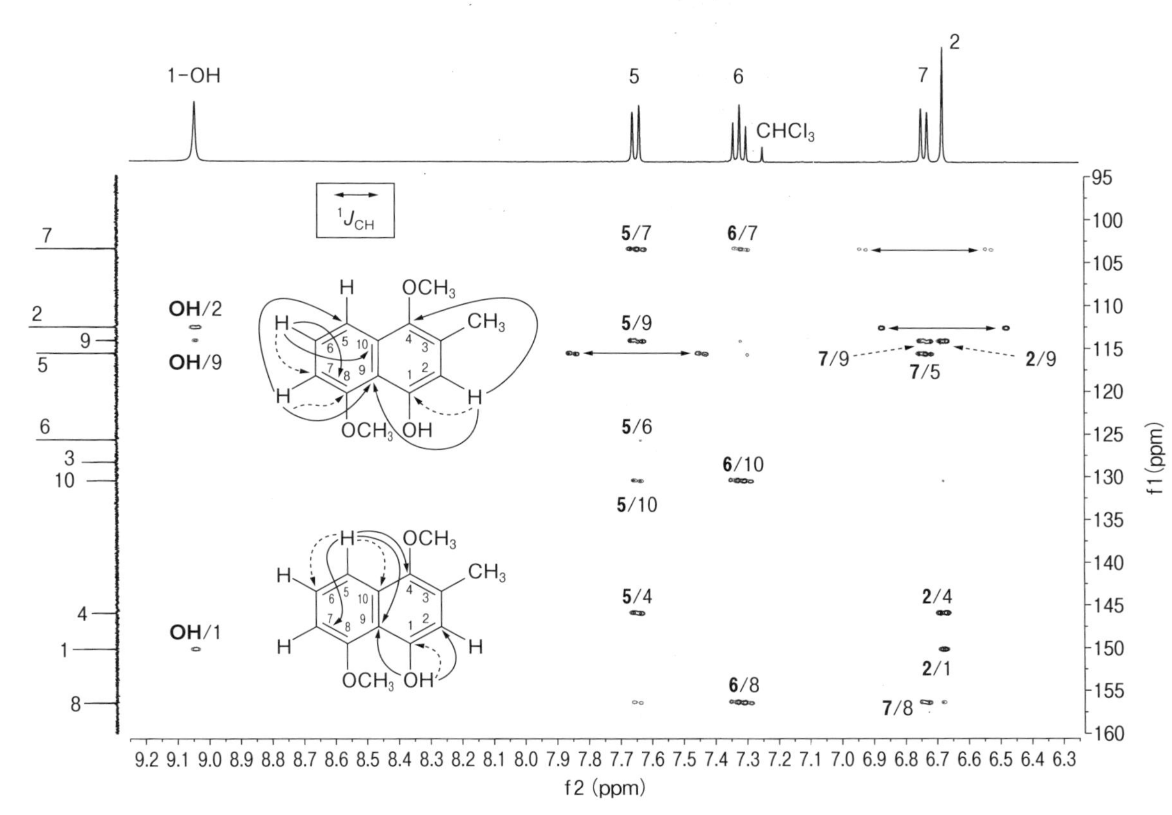

図 2.18 (3) 4,8-ジメトキシ-3-メチル-1-ナフトールの HMBC スペクトル（拡大図）(400 MHz, $CDCl_3$)。煩雑さを避けるため HMBC 相関を 2 個の構造式中に示した。点線矢印：$^2J_{CH}$、実線矢印：$^3J_{CH}$。他の詳細は図 2.18 (2) の説明参照。

されることが多い。図 2.18 (3) にもそのようなピークが観測されている。このような弱いピークを $^2J_{CH}$ または $^3J_{CH}$ として選んでしまうと誤った構造を導きだす可能性がある。したがって HMBC に基づいて組み立てた構造は、さらに NOE などの他の情報により補強することが望ましい。

HMBC スペクトル法は感度が良く、1 mg 以下のサンプルでも良好なスペクトルが得られる。例えば、分子量が数百の化合物で 0.1 mg 程度しかないサンプルでは、いくら積算を重ねても一次元の ^{13}C NMR スペクトルを得ることは難しい。特に第四級炭素のシグナルを観測することは困難である。しかし ^{1}H NMR の一種である HMBC スペクトルを測定するとほぼ全ての炭素の位置にクロスピークが観測されるので、クロスピークを縦軸に投影することにより、カルボニル炭素などの第四級炭素についても ^{13}C シグナルの化学シフトを知ることができる。

章　末　問　題

下記の化合物の構造決定をせよ。立体化学は無視してよい。

［化合物 **1**］　分子式 $C_4H_{10}O$
（22.5 MHz, $CDCl_3$）

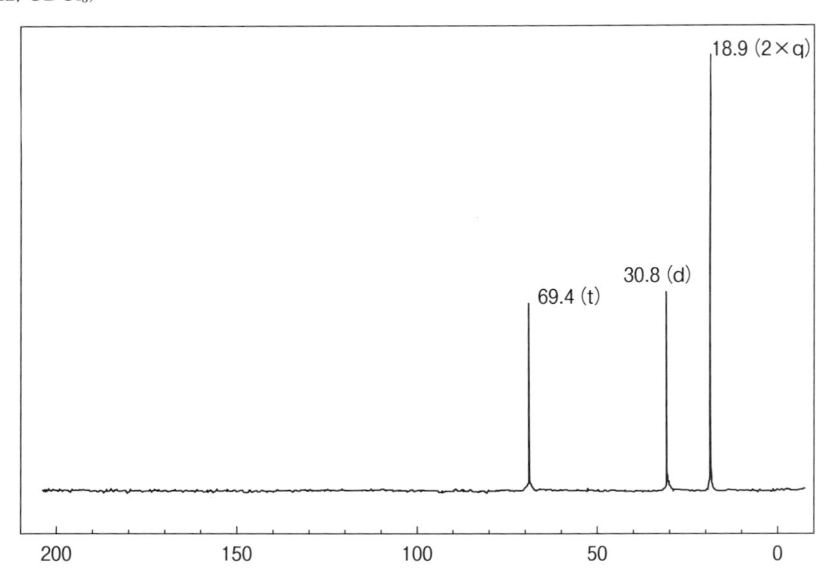

［化合物 **2**］　分子式 C_4H_6O
（22.5 MHz, $CDCl_3$）

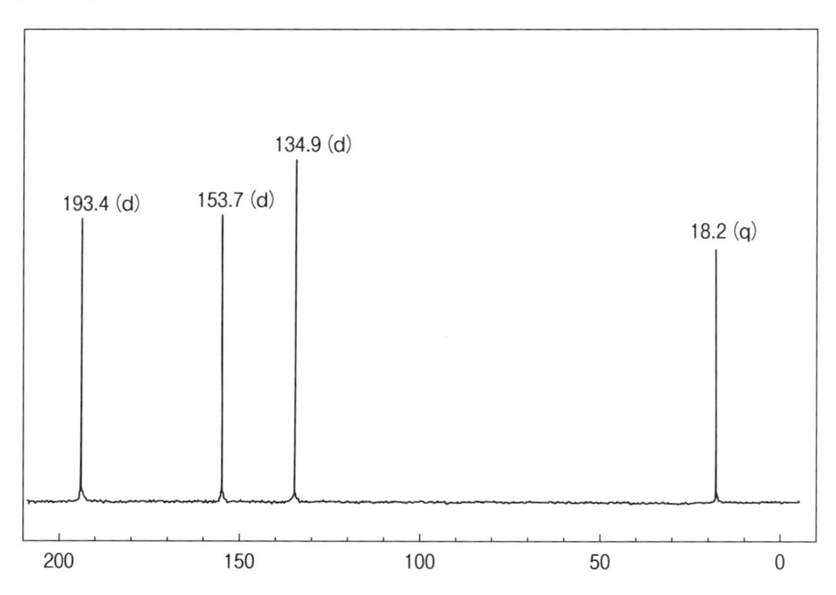

［化合物 **3**］　分子式 $C_8H_{10}O_2$
（22.5 MHz, $CDCl_3$）

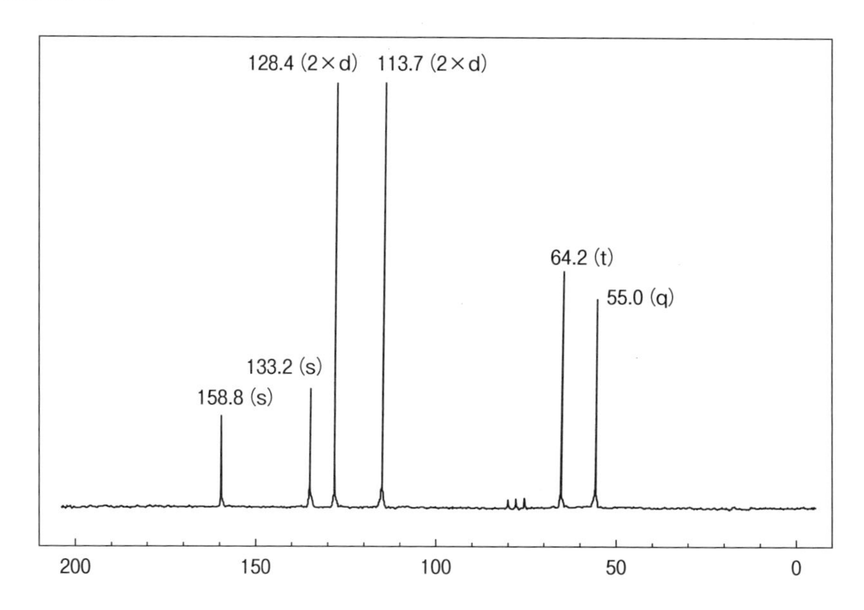

［化合物 **4**］　分子式 C_7H_9N
（22.5 MHz, $CDCl_3$）

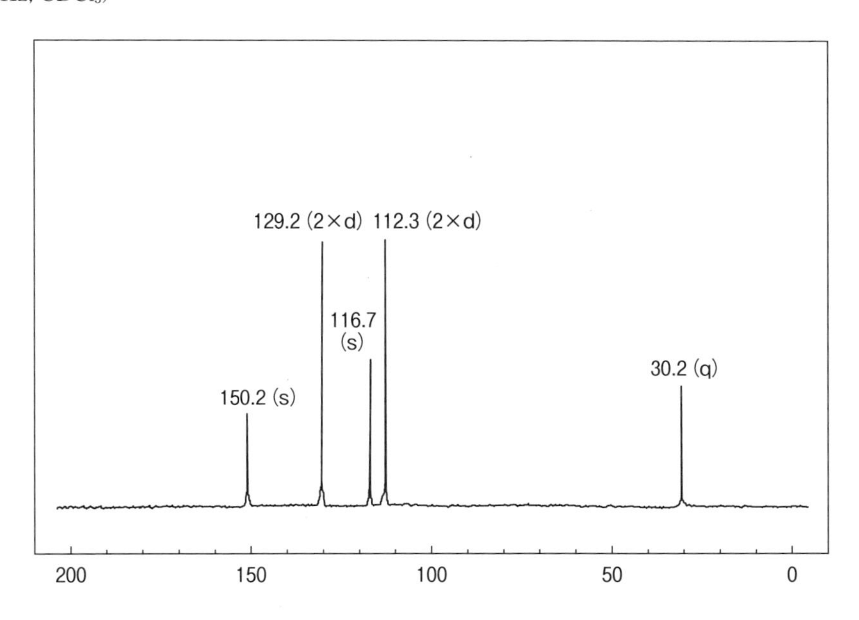

［化合物 **5**］　分子式 $C_4H_7O_2Br$ (^{1}H NMR スペクトルでトリプレットの CH_3 シグナルが観測される。)
(22.5 MHz, $CDCl_3$)

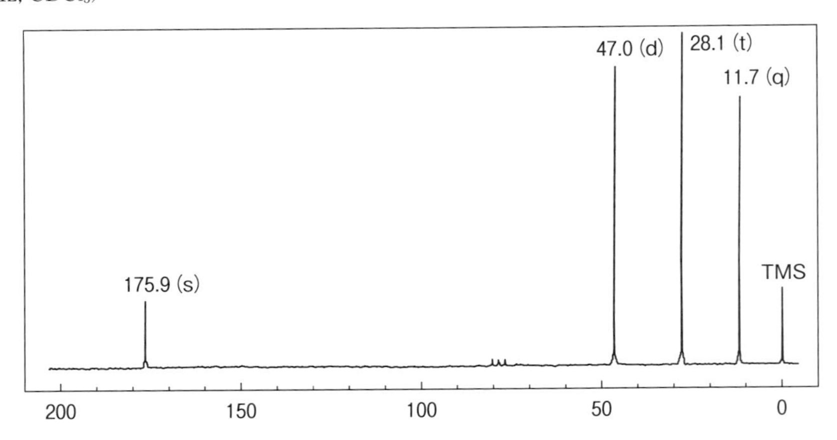

［化合物 **6**］　分子式 C_5H_8O (水酸基を持つ化合物。δ 89.0 と 70.3 のシグナルは特殊な結合によるもの。) (22.5 MHz, $CDCl_3$)

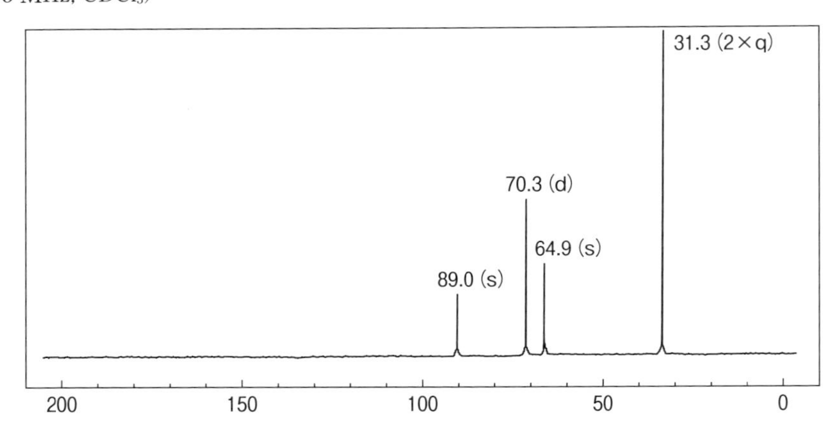

［化合物 **7**］　分子式 $C_4H_6O_2$
(25.0 MHz, $CDCl_3$)

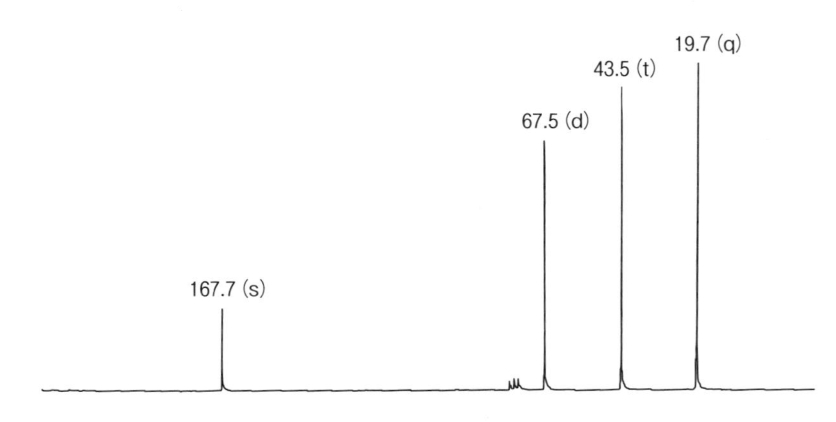

［化合物 **8**］　分子式 $C_3H_4Cl_2$
（25.0 MHz, $CDCl_3$）

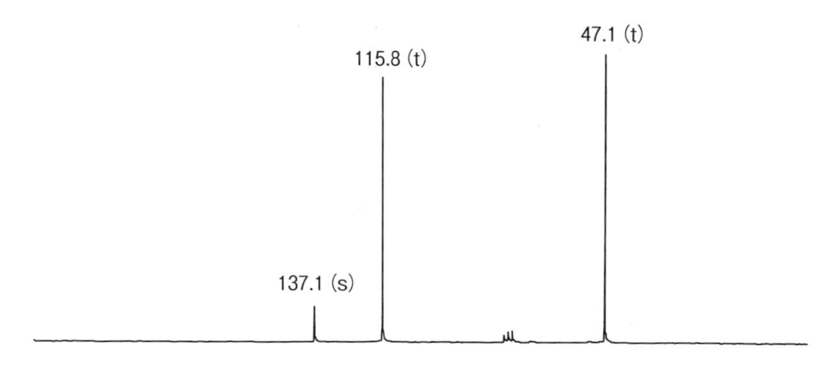

［化合物 **9**］　分子式 $C_8H_9NO_2$（ヘテロ環化合物）
（25.0 MHz, $CDCl_3$）

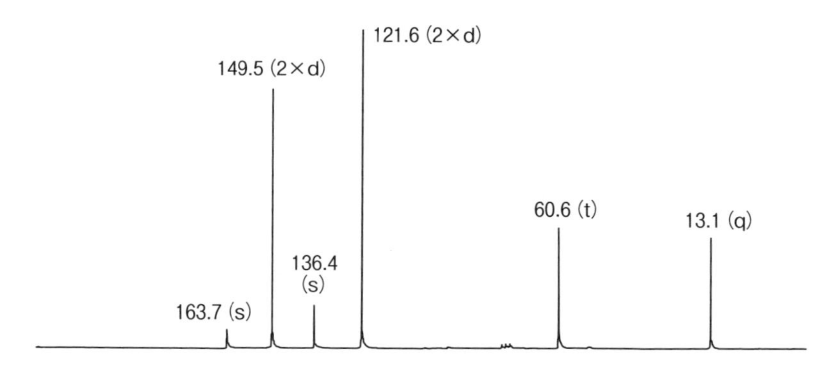

［化合物 **10**］
分子式 $C_6H_{10}O_3$（不斉炭素を持つヒドロキシラクトン。δ 22.4 と δ 18.6 のシグナルはジアステレオトピックな関係にあるメチル基のシグナル。水酸基はカルボニル基の隣にある。）
（25.0 MHz, $CDCl_3$）

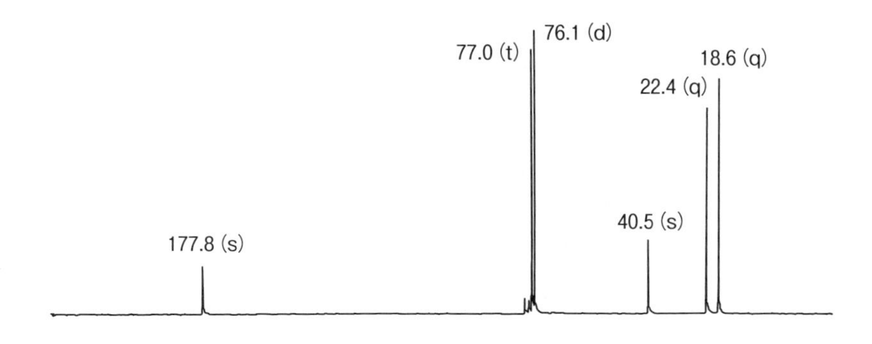

［化合物 **11**］

分子式 $C_8H_{14}O$（不斉炭素を持つアルコール。δ 24.0 と δ 23.9 のシグナルはジアステレオトピックな関係にあるメチル基のシグナル。δ 88.2 と δ 71.4 のシグナルはある特殊な基によるシグナルで、この基は δ 67.5 の炭素に結合している。メチルケトンへの付加物。）

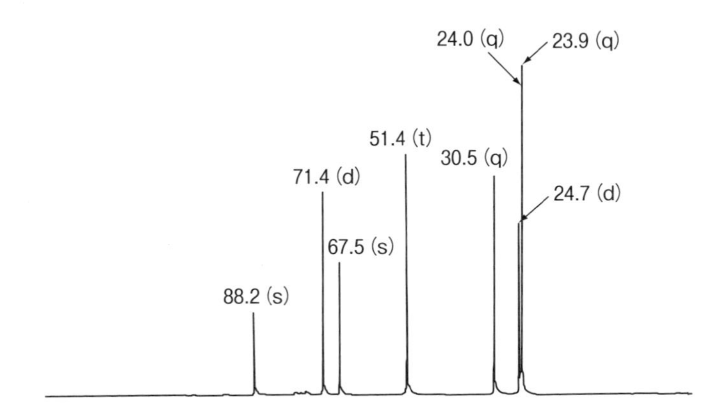

［化合物 **12**］　分子式 $C_7H_{10}O_4$

(25.0 MHz, $CDCl_3$)

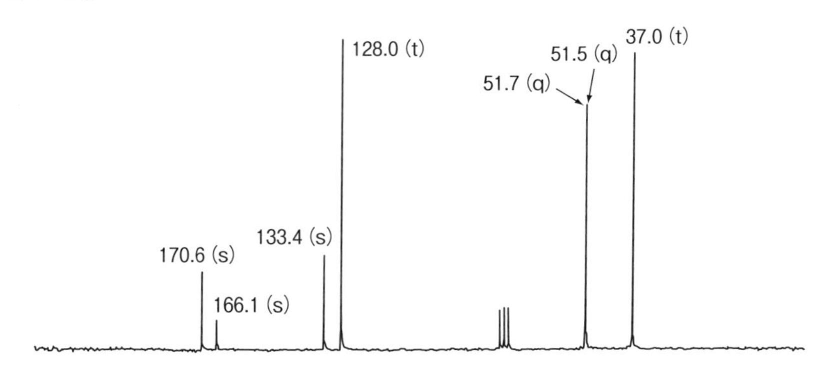

［化合物 **13**］　分子式 $C_5H_8O_2$

(25.0 MHz, $CDCl_3$)

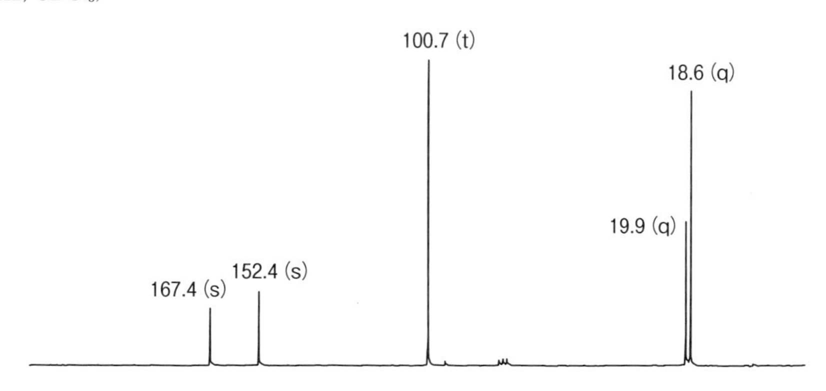

第3章 赤外線 (IR) スペクトル

§3. 1 赤外線と分子運動

赤外線 (Infrared：IR) は可視光より波長が長く、目に見えない電磁波である。赤外線が物質に吸収されると熱を発生することは、赤外線ストーブにあたると体が温まることなどの体験からよく知られている。この場合の熱は、赤外線を吸収した分子の運動が激しくなることに起因している。分子の運動は、回転、並進、振動の3形態に分類される。これらのうち、分子の振動を活性化する波長を持つ赤外線は、古くから「**赤外線スペクトル法**」(infrared spectroscopy) として分子の構造解析に用いられてきた。この赤外線の波長は 2.5μm ～ 25μm (μm：10^{-4} cm) であり、赤外線スペクトル法では便宜上、波長の逆数である cm^{-1} (波数) を単位として用いる。上記の波長は 4000 cm^{-1} ～ 400 cm^{-1} に対応する。波数 cm^{-1} は、日本では「カイザー (kayser)」とよばれることが多いが、国際的に通じることはまれで、英語では、reciprocal centimeter または wavenumber という。

分子の振動は大きく分けて、分子の結合距離が変化する**伸縮振動**と、分子の結合角が変化する**変角振動**とに分類される (図3.1)。量子の世界であるため、分子振動には不連続なエネルギー準位が存在する。分子が赤外線を吸収すると、振動の基底エネルギー準位から上のエネルギー準位にあがる、すなわち振動状態が励起する。このとき吸収するエネルギーは、各官能基により異なるため、赤外線の波長を連続的に変化させていくと、ある固有の波長の位置で吸収が観測され、その波長 (IR スペクトルでは波数) から官能基の種類が特定される。

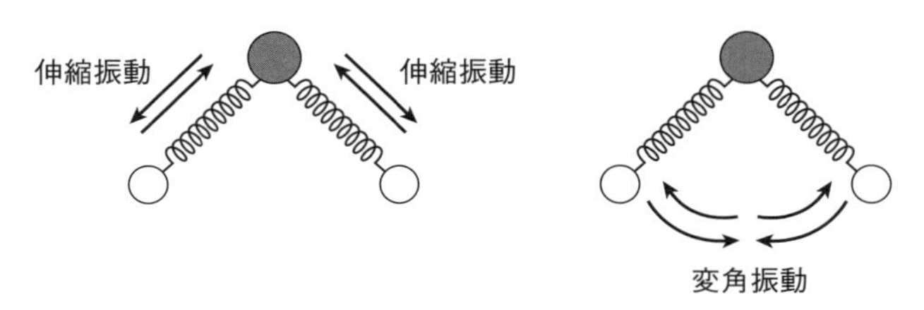

図 3.1 分子の振動は、大きく分けると伸縮振動と変角振動の2種類である。

1.2.1 項図 1.7 で触れたように、結合した2個の原子の電気陰性度が異なると結合電子の分布に偏りが生じ、電気陰性度が大きな原子が $\delta-$、小さな原子が $\delta+$ の性質を帯びる。このような電荷の偏りを分極とよぶ。分極の度合いは**双極子モーメント** (電荷と原子間の距離の積) として観測される。例えばアセトンの C=O 結合では、酸素の大きな電気陰性度により酸素原子が負、炭素原子が正の性質を帯びる。その結果 C=O 結合は大きな双極子モーメントを持つ。一方、例えばエタンの C–C 結合は、両炭素原子が全く同じ電子的環境にあるため分極が起こらない。すなわち双極子モーメントを持たない。

振動により、原子間の双極子モーメントに変化がある場合にのみ IR スペクトルに強い吸収が現れる。例えばC=O結合は電荷の偏りが大きく、振動により結合間の距離が変化すると双極子モーメントが大きく変化するため、カルボニル基による吸収は非常に強い。しかし、例えば2-ペンテン (CH_3-CH=CH-CH_2-CH_3) のC=C間の伸縮振動は、両方の炭素原子がほぼ同じ電子環境であるため、C=C間の距離が変動しても双極子モーメントの変化は極めて小さく、IRスペクトルでは弱いシグナルを示す。1,2-ジアルキルオレフィンと同様に、1,2-ジアルキルアセチレン(R-C≡C-R′) などの非常に対称性が良い官能基の振動による吸収は弱く、観測できないこともある。振動による双極子モーメントの変化が小さい官能基は、ラマンスペクトル (Raman spectrum) で強い吸収を示す。

§3.2　IRスペクトルの測定

図3.2はFT-IRスペクトル装置の概略を示したものである。光源から出た光 (赤外線) (a) は半透鏡 (ビームスプリッター) で2方向の光に分離される。一方の光 (c) はそのまま直進し、固定鏡に反射して元の方向へ戻る (c′)。もう一方の光 (b) は直角方向へ反射し可動鏡へ到達する。可動鏡で反射した光 (b′) は、固定鏡からの反射光 (c′) と合流する。可動鏡を動かし半透鏡との距離を変化させると、b′の位相が変化するのでb′とc′は干渉しあい、干渉光dを生じる。このような干渉光発生装置をマイケルソン干渉計とよぶ。干渉光がサンプルを通過すると、官能基に特有な赤外線が吸収され、透過光eとなる。検知器でとらえられた光は、アナログ-デジタル変換器によりデジタル信号化され、これをコンピュータがフーリエ変換 (FT) することにより周波数領域のスペクトル、すなわちIRスペクトルが記録される。

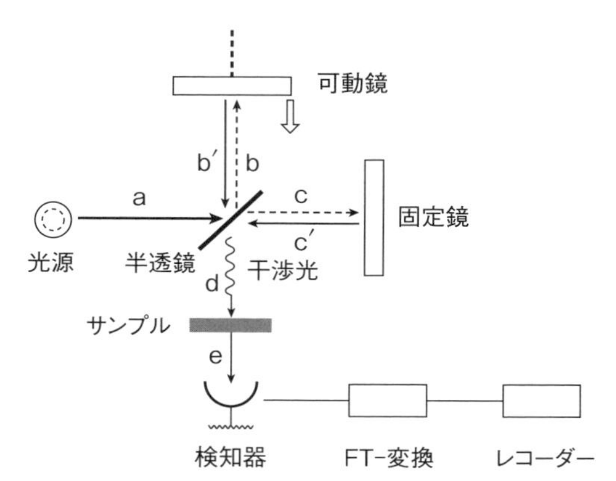

図3.2　FT-IRスペクトル装置の概略図。マイケルソン干渉計を利用して干渉光を発生する。

FT-IRではデータがデジタル化されるため積算が可能であり、非常に少量のサンプルからも良好なスペクトルが得られる。またデジタルデータは化合物検索のデータベースとして用いられている。

赤外線はガラスや石英に吸収されるので、これらの物質をサンプル保持材として使用することはできない。IRスペクトル法で最もよく使われるのは、塩化ナトリウム (NaCl) の大きな単結晶から切り出された透明な食塩板である。塩化ナトリウムは赤外線を吸収しない。サンプルが液体の場合は、食塩板の上に直接薄く塗り付け、サンプルホルダーに固定して光路上に設置する（**液膜法**）。サンプルが固体の場合は、臭化カリウム（KBr）の粉末とサンプルを乳鉢で均一に混合した後、油圧器で圧縮して半透明のタブレットに成型する（**KBr 錠剤法**）。または固体のサンプルを揮発性の有機溶媒に溶かし、食塩板上に薄く塗り、溶媒を蒸発させて液膜法と同様に測定する。この場合、溶媒としてメタノールなどの食塩を溶かすものを用いてはならない。また、有機溶媒が蒸発して気化熱を奪うことによる結露（その結果、表面の食塩が水に溶けて食塩板が曇る）にも十分注意を払う必要がある。

§3.3 IR スペクトルから得られる情報

図 3.3 はシクロヘキサノンの IR スペクトルである。4000 ～ 650 cm^{-1} の領域が表示されている。2940 cm^{-1} にある強いシグナルは、CH_3 および CH_2 の C–H 伸縮振動による吸収で、アルキル基に特徴的なシグナルである。1715 cm^{-1} の最も強いシグナルはカルボニル基の伸縮振動による吸収であり、この波数からカルボニル基がひずんだ環境にないことがわかる（p.136）。IR スペクトルで最も重要な領域は 4000 ～ 1500 cm^{-1} の「**特性吸収帯**」である。多くの官能基による特徴的な吸収がこの領域に現れるからである。したがって、IR スペクトルを解析する際には、まず、この領域の吸収に着目することになる。

一方 1500 cm^{-1} 以下の領域は「**指紋領域**」とよばれ、化合物の同定に利用される。その名が示す通り、この領域のシグナルパターンは各化合物に特有であり、同一条件で測定された IR スペクトルの指紋領域のパターンが完全に一致すれば、それらは同一の化合物であると推定できる。この性質はコンピュータ上の IR スペクトルデータベースと照合して化合物を同定する

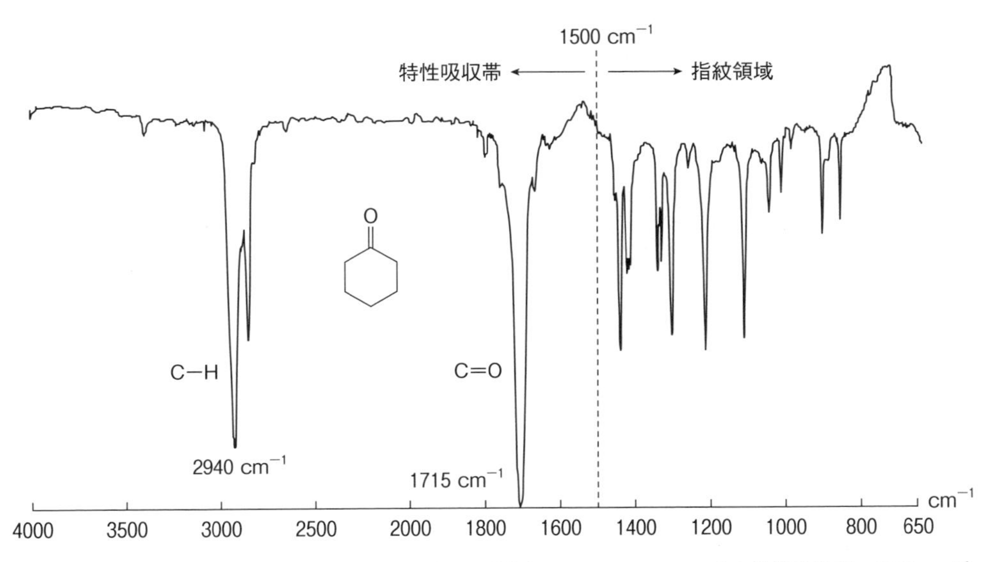

図 3.3 シクロヘキサノンの IR スペクトル（CCl_4 溶液）。4000 ～ 1500 cm^{-1} を特性吸収帯、1500 cm^{-1} 以下を指紋領域とよぶ。

際に使用されている。

§3.4　各種官能基の特性吸収

3.4.1　特性吸収の位置 — 概論

一般的な官能基の吸収位置の目安を要点3.1にまとめた。

要点 3.1

〈特性吸収帯〉

・**3500 cm^{-1}** 付近：水酸基（OH）、アミノ基（NH_2, NH）

・**2900 cm^{-1}** 付近：メチル（CH_3）、メチレン（CH_2）、メチン（CH）

・**2000 cm^{-1}** 付近：アセチレン（C≡C）、ニトリル（C≡N）、アレン（C=C=C）

・**1700 cm^{-1}** 付近：カルボニル（C=O）

・**1650 cm^{-1}** 付近：オレフィン（C=C）

・**1600 cm^{-1}** 付近：ベンゼン環

〈指紋領域〉

・**1400 cm^{-1}** 付近：メチル（CH_3）、メチレン（CH_2）、メチン（CH）

3.4.2　特性吸収の位置 — 各論

【水酸基】（OH）（例題2；p.140参照）

水酸基（OH）：**3600 ～ 3200 cm^{-1}**（強）

水酸基の吸収は、スペクトルの左端の領域に比較的幅広く強いシグナルとして現れるため見落とすことがなく、他のスペクトル法よりも確実に水酸基の存在を確認することができる。ただし、サンプルが湿っているとH_2Oによる吸収が同じ位置に現れるため注意が必要である。

通常の測定条件下では、水酸基は分子間で水素結合しており、上記は水素結合した水酸基による吸収である。特殊なセル（2枚の食塩板にはさまれた容器）により希薄溶液として測定すると、遊離の（分子間水素結合をしていない）水酸基が3640 ～ 3610 cm^{-1}に鋭い吸収を示す。分子内で強固に水素結合しているOHの吸収波数は希釈しても変わらない。

カルボキシ基（COOH）の水酸基、またはカルボニル基等と分子内水素結合したエノール性水酸基は、3500 ～ 2500 cm^{-1}に非常にブロードな吸収を示す。

［補助情報］

下記のC–O伸縮振動による吸収も水酸基の種類を推定する際の参考になる。

・第一級アルコール（CH_2–OH）：1050 cm^{-1}（強）

・第二級アルコール（CH–OH）：1100 cm^{-1}（強）

・第三級アルコール（C–OH）：1150 cm^{-1}（強）

・フェノール性OH：1200 cm^{-1}（強）

【飽和炭化水素】（CH_3, CH_2, CH）（例題 1；p. 139 参照）

アルキル基：**2960 ～ 2850 cm^{-1}**（強）

飽和度が高い化合物に必ず現れる強い吸収である。

［補助情報］

・CH_2, CH は 1450 cm^{-1}（強～中）

・カルボニルの隣の CH_2：1420 cm^{-1}（強）

・CH_3 は上記以外に 1380 cm^{-1}（中）

・アセチル基：1360 cm^{-1}（強）

・長い直鎖（$-CH_2-$）$_n$：720 cm^{-1}（強～中）

【オレフィン】（C＝C）（問題 3.7 参照）

・非共役 C＝C：**1670 ～ 1645 cm^{-1}**（中～弱）

・共役ジエン C＝C−C＝C：**1650** と **1620 cm^{-1}**（強）

・カルボニルと共役したオレフィン（CO）−C＝C：**1650 ～ 1600 cm^{-1}**（強）

・ビニルエーテル（RO−C＝C）：**1670 ～ 1610 cm^{-1}**（強）（しばしば 2 本に分裂）

非共役の C＝C 結合による吸収は弱いことが多い。しかし他のオレフィンやカルボニルと共役したり、酸素原子が結合したりすると非常に強いシグナルとなる。

［補助情報］

・末端メチレン　＝CH_2：890 cm^{-1}（強）

・ビニル基　−CH＝CH_2：990 と 910 cm^{-1}（いずれも強）

・トランス−1,2−二置換オレフィン　R−CH＝CH−R′（*trans*）：965 cm^{-1}（強）

・オレフィン結合に付いた CH［C(sp^2)−H］：3050 cm^{-1}（弱）

・ビニルエーテルの吸収が 2 本に分かれるのは *s*−シスと *s*−トランスの回転異性体による。この回転異性体間の交換は非常に速いので、IR より長い波長の電磁波（FM 波）を使用する NMR では個々を区別できない。

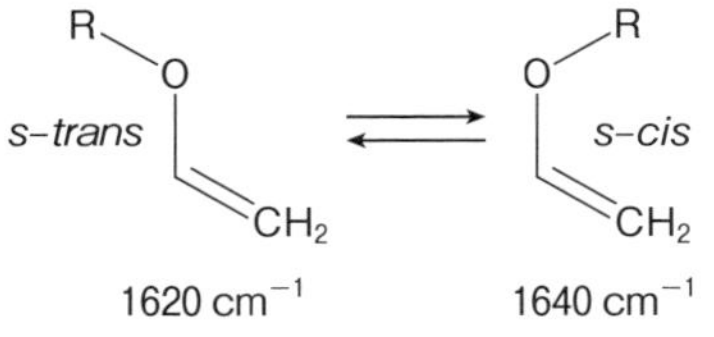

R　O　*s−trans*　CH_2　1620 cm^{-1}　⇄　R　O　*s−cis*　CH_2　1640 cm^{-1}

【カルボニル】（C＝O）

IR スペクトル中で最も強いシグナルを示す。環境を敏感に反映して吸収位置が変化するので、NMR スペクトルでは得られないカルボニル基についての有益な情報を与える。したがって、カルボニル基の存在・性質を知るためには、^{13}C NMR スペクトルよりも感度が高く、情報量も豊かな IR スペクトルを利用した方がよい。

なお、カルボニル基の吸収は IR スペクトルで最もよく利用されている吸収なので、3.4.3 項で再度詳しく説明する。

ケトン（RR′C＝O）（例題1参照）

- 直鎖および六員環以上（ひずみがない）のケトン（RR′C＝O）：**1715 cm^{-1}**（強）
- 五員環ケトン：**1745 cm^{-1}**（強）
- 四員環ケトン：**1780 cm^{-1}**（強）

◆上記の吸収はオレフィンと共役すると約 **30 cm^{-1}** 低波数側（－30 cm^{-1}）に移動する（問題3.2参照）。

［補助情報］

アルデヒドもケトンと同様1715 cm^{-1}に吸収を示す。アルデヒドがオレフィンと共役すると1685 cm^{-1}へ低波数シフトする。アルデヒド基はこれ以外にCHによる中～弱のシグナルが2700～2800 cm^{-1}に観測される。

エステル（CO_2R）（問題3.6参照）

- 直鎖エステル$-CO_2R$および六員環以上のラクトン：**1735 cm^{-1}**（強）
- 五員環ラクトン：**1780 cm^{-1}**（強）
- 四員環ラクトン：**1840 cm^{-1}**（強）
- エノールエステルとフェニルエステル：**1760 cm^{-1}**（強）

◆直鎖エステルの吸収はオレフィンと共役すると約 **15 cm^{-1}** 低波数側（－15 cm^{-1}）に移動する。

［補助情報］

エステル基のエーテル性C−Oの吸収が、それぞれ1250 cm^{-1}および1050 cm^{-1}付近に通常2本の強いシグナルとして現れる。これらのシグナルは非常に目立つので、エステル基を他のカルボニル基と区別するための重要な吸収として利用できる。

カルボン酸（CO_2H）（問題3.8参照）

- $-CO_2H$：**1710 cm^{-1}**（強）
- $-CO_2^-$（カルボン酸塩）：**1610～1550 cm^{-1}** と **1400 cm^{-1}**（強）

◆カルボキシ基の吸収はオレフィンと共役すると約 **20 cm^{-1}** 低波数側（－20 cm^{-1}）に移動する。

［補助情報］

カルボキシ基の水酸基は通常の測定条件下では二量体として存在する。強く水素結合をしている水酸基が、3500～2500 cm^{-1}にかけて、非常にブロードな吸収を示す。この特徴的なシグナルはカルボキシ基を特定するための良い指標となる。カルボン酸塩の2本のシグナルはブロードで、しかも強いのでよく目立つ。

R−C(=O···H−O)(−O−H···O=)C−R

カルボキシ基では920 cm^{-1}付近にブロードな中程度の強度の吸収が現れる。

アミド（CO−NRR′）（問題 3.21 参照）

・第一級アミド（R−CO−NH_2）：**1650 cm^{-1}**（強：C＝O）と **1640 cm^{-1}**（強〜中：NH_2）
　NH_2 はさらに **3450 cm^{-1}** と **3200 cm^{-1}** に非常に強い 2 本の吸収（特徴的）
・第二級アミド（R−CO−NH−R′）：**1655 cm^{-1}**（強：C＝O）と **1550 cm^{-1}**（中〜弱：NH）
　NH はさらに **3300 cm^{-1}** と **3100 cm^{-1}** 付近に 2 本の吸収を示す。
・第三級アミド（R−CONR′R″）：**1650 cm^{-1}**（強）
・六員環以上のラクタム：**1670 〜 1640 cm^{-1}**（強）
・五員環ラクタム：**1700 cm^{-1}**（強）
・四員環ラクタム：**1745 cm^{-1}**（強）

◆アミドのカルボニル基の吸収はオレフィンと共役すると約 15 cm^{-1} 高波数側（＋15 cm^{-1}）に移動する。

酸塩化物、酸無水物（COCl, CO−O−CO）（問題 3.12 参照）

・酸塩化物（−CO−Cl）：**1800 cm^{-1}**（強）
・酸無水物（R−CO−O−CO−R′）：**1820 cm^{-1}** と **1760 cm^{-1}**（強）

【ベンゼン環】（問題 3.5 参照）

　ベンゼン環：**1600 cm^{-1}** と **1500 cm^{-1}**（アルキル基のみが置換したシグナルは弱いが、電子求引基［C＝O, NO_2 など］や供与基［OCH_3, $N(CH_3)_2$ など］が置換すると非常に強くなる。）

　ベンゼン環の存在と置換様式は NMR スペクトルから知ることができるので、IR スペクトルからそれ以上の情報を得ることは難しい。

［補助情報］

　ベンゼン環の ＝CH は 3050 cm^{-1} に弱い吸収を示す。アントラセンなどの高度に不飽和化した化合物では、このシグナルが顕著になる。一置換ベンゼンは 700 cm^{-1} 付近に特徴的な 2 本のシグナルを示す。

【アセチレン、ニトリル、アレン】（X≡Y, C=C=C）（問題 3.17, 3.19 参照）

- 末端アセチレン（R−C≡CH）：**3300 cm^{-1}**（強）および **2140 〜 2100 cm^{-1}**（弱）
- 2置換アセチレン（R−C≡C−R）：**2260 〜 2190 cm^{-1}**（弱）
- ニトリル（R−C≡N）：**2260 〜 2210 cm^{-1}**（強〜中）
- イソニトリル（イソシアニド）（R−$\overset{+}{N}$≡$\overset{-}{C}$）：**2150 〜 2110 cm^{-1}**（強）
- アレン（RR′−C=C=C−RR′）：**1950 cm^{-1}**（強）
- ケテン（C=C=O）：**2150 cm^{-1}**（強）
- 二酸化炭素（O=C=O）：**2350 cm^{-1}**

一般にIRスペクトルにおいて2800 〜 2000 cm^{-1}にシグナルを示す官能基はまれであり、なだらかなラインのみが観測されることが多い。したがって、この領域にシグナルを示すアセチレン、ニトリル、アレンはIRスペクトル的に特徴的な官能基といえる。

これらの官能基の存在はNMRスペクトルだけからは確定しにくいので、IRスペクトルで再確認することが望ましい。ただし、アセチレンの赤外線吸収は弱いことが多い。

単純なアルキル基と結合したニトリル（R−CN）の吸収（2260 〜 2210 cm^{-1}）は非常に弱く、確認できないことがある。ただしシアンヒドリンのような、酸素が結合した炭素上のニトリル（R−O−C−CN）の吸収は非常に強い。

［補助情報］

通常、ジアルキルアセチレンの吸収は弱く、ノイズに隠れて観測されないこともある。したがって、2260 〜 2190 cm^{-1}に吸収がないからといって、これらの官能基が存在しないと結論してはいけない。ラマンスペクトルでは、これらの吸収を感度良く検出できる。アレンの吸収は非常に強いので、IRスペクトルは^{13}C NMRスペクトルよりも簡便にその存在を確定できる優れた手段である。

空気中に含まれる二酸化炭素の2350 cm^{-1}の吸収がしばしば強いシグナルとして現れる。これをアセチレンやニトリルの吸収と見誤らないこと。

【アミン】（NH_2）（問題 3.20 参照）

- 第一級アミン（RNH_2）：**3500 cm^{-1}** と **3400 cm^{-1}**（中〜弱）、**1640 〜 1560 cm^{-1}**（強〜中）
- 第二級アミン（RR′NH）：**3350 〜 3310 cm^{-1}**（弱）
- 第三級アミン（RR′R″N）：特徴的な吸収なし

【エーテル】（R−O−R′）（問題 3.4 参照）

- C(sp^3)−O−C(sp^3)：**1100 cm^{-1}**（強）
- =C(sp^2)−O−C(sp^3)（エノールエーテル）：**1250 cm^{-1}**（強）と **1050 cm^{-1}**（中）

メトキシベンゼンのような飽和アルコキシ基がついたフェノキシエーテルは、エノールエーテルと同様に 1250 cm^{-1}［C(sp^2)–O 伸縮振動］と 1050 cm^{-1}［C(sp^3)–O 伸縮振動］(CH_3–O–の場合) に 2 本の吸収を示す。

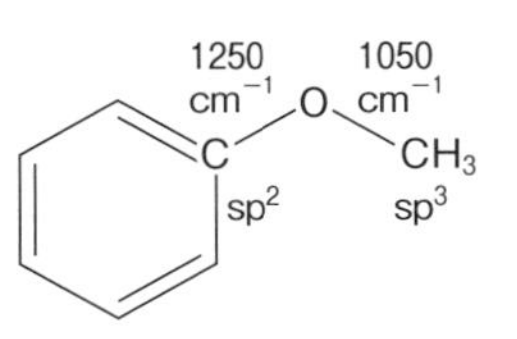

［補助情報］

ベンゼン環に付いたメトキシ基 (Ar–OCH_3) は 2830 cm^{-1} に弱いが鋭い吸収を示す。

【その他の官能基】

- ・ニトロ (NO_2)：**1560 cm^{-1}** と **1350 cm^{-1}** (強)(問題 3.22 参照)
- ・イソシアネート (–N=C=O)：**2270 cm^{-1}** (強、ブロード)
- ・イミン (–C=N–)：**1690 ～ 1640 cm^{-1}**
- ・スルホキシド (R–SO–R′)：**1050 cm^{-1}** (強)
- ・スルホン (R–SO_2–R)：**1300 cm^{-1}** と **1150 cm^{-1}** (強)
- ・硫酸エステル (R–SO_2–OR′)：**1350 cm^{-1}** と **1180 cm^{-1}** (強)(問題 3.23 参照)
- ・チオール (–SH)：**2600 cm^{-1}** (中)
- ・リン酸 (P=O)：**1300 ～ 1250 cm^{-1}** (強)

3.4.3 カルボニル基の吸収

IR スペクトルにおいて、カルボニル基の吸収は非常に強く、他のスペクトル法からは得られない重要な情報を与えてくれるので、独立した項として解説する。

例えば ^{13}C NMR スペクトルでは、化学シフトからケトン (δ 200 付近) とエステルのカルボニル基 (δ 170 付近) の区別はつけられるが、エステルとアミドの区別は困難である。しかし、IR スペクトルを測定すれば、ケトン、カルボン酸、エステル、アミドなどのカルボニル基を容易に識別できる。カルボニル基の吸収は 1900 ～ 1500 cm^{-1} の領域に通常最も強いシグナルとして現れるが、吸収位置に影響を与える主要因を理解しておくとスペクトルの解析に大いに役立つ。

(1) ひずみの影響

ケトン (C–CO–C) のカルボニル炭素は sp^2 混成である。すなわちカルボニル基を構成する 3 個の炭素と 1 個の酸素原子は同一平面にあり、3 個の炭素原子がつくる結合角は 120° である。六員環や直鎖状化合物ではこの結合角が 120° に近いのでひずみのない系である。環状ケトンにおいて、環が五員環から三員環になるにつれて結合角が 120° より小さくなり、カルボニル基のひずみが大きくなる。カルボニル基が受けるひずみが大きくなるにつれ C=O 吸収は高波数側 (cm^{-1} が大きくなる方向) にずれる。シクロヘキサノン、シクロペンタノンおよびシクロブタノンの C=O 吸収は、結合角が小さくなる順に 1715 cm^{-1}, 1745 cm^{-1} および 1780 cm^{-1} と高波数側にシフトする (要点 3.2)。

要点 3. 2

・カルボニル基の吸収はひずみが大きくなると高波数側へ移動する。

・三員環、四員環、五員環に含まれるカルボニル基はひずみが大きく、六員環以上および直鎖状カルボニル基ではひずみが小さい。

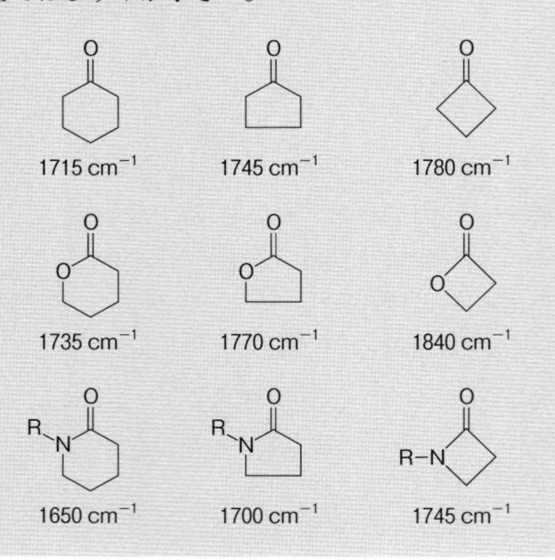

(2) 共役の影響

赤外線の波長を λ (cm) とすると、波数は $1/\lambda$ (cm^{-1}) で表される。これを光の速度 c (cm s^{-1})（一定）と振動数 ν (Hz または s^{-1}) で表すと $1/\lambda = \nu/c$ となる。すなわち、波数 $(1/\lambda)$ は赤外線の振動数 (ν) と比例関係にある。振動数が大きいことは光のエネルギーが大きいことを示す（$E = h\nu$：h はプランク定数）ので、IR スペクトルの左側（高波数）ほど赤外線のエネルギーが大きいことになる。

カルボニル基 C=O において C と O の結合は二重結合である。すなわち、C と O が 2 本のバネで結ばれていると考えることができる。これを C と O が単結合（1 本のバネ）で結ばれた C–O（アルコール、エーテルなど）と比較すると、カルボニル基の C=O を振動させるためのエネルギーは C–O の振動に要するものよりも大きいことが理解される。C=O 伸縮振動の吸収が約 1700 cm^{-1} で、C–O 伸縮振動の吸収 1010 cm^{-1} 前後よりも高波数（高エネルギー）であるのはこの理由による。

オレフィンと共役すると、共鳴により C=O の二重結合は単結合性を帯びてくる。すなわち、2 本のバネのうち 1 本の強度が弱くなるので、伸縮振動に必要なエネルギーが小さくなる（低波数側へ移動する）。

O　⟷　O$^{\ominus}$　$\oplus$

要点 3.3

カルボニル基がオレフィンと共役すると、ケトンの場合 30 cm^{-1}、エステルの場合 15 cm^{-1} 低波数側へ移動。

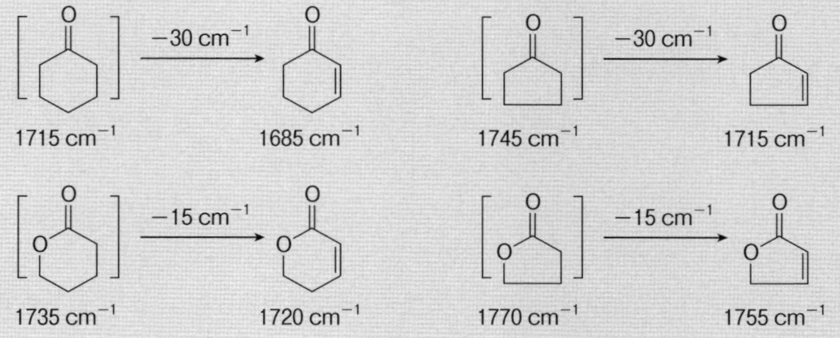

1715 cm^{-1} —(−30 cm^{-1})→ 1685 cm^{-1}
1745 cm^{-1} —(−30 cm^{-1})→ 1715 cm^{-1}
1735 cm^{-1} —(−15 cm^{-1})→ 1720 cm^{-1}
1770 cm^{-1} —(−15 cm^{-1})→ 1755 cm^{-1}

(3) I 効果、M 効果の影響

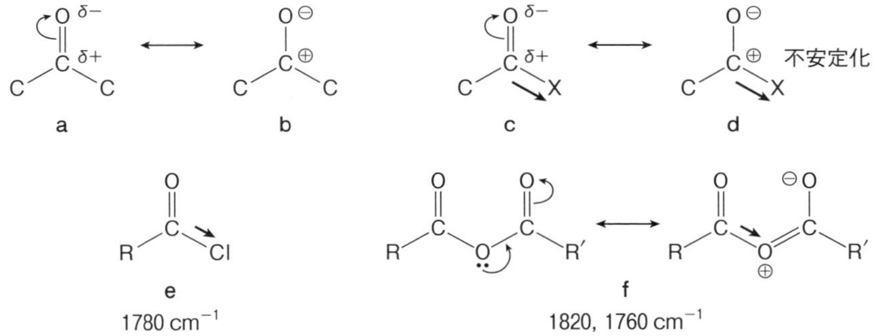

カルボニル基 (C=O) の二重結合は σ 結合と π 結合から成り立っているが、π 電子は自由度が高く動きやすい。酸素原子の電気陰性度は炭素より大きく、カルボニル基の π 電子は酸素の方に引き寄せられている。そのためカルボニル基の炭素原子は δ+ の性質を持っている（上図 **a**, **b**）。ケトン (**a**) の一つの炭素原子が、より大きい電気陰性度を持つ原子 X（例えば Cl）と置換すると、X は δ+ の性質を持つカルボニル炭素原子からさらに電子を引きつけようとする（**c**：−I 効果）ので共鳴構造式 **d** は不安定化（高エネルギー）し、共鳴構造式 **c** の寄与の方が大きくなる。すなわち C=O の二重結合性が **a** よりも大きくなり、カルボニル基の基本的な吸収波数 (1715 cm^{-1}) よりも高波数に移動する。酸塩化物 (**e**) は塩素の −I 効果により 1780 cm^{-1} と高波数に吸収を示す。また、酸無水物 (**f**) は共鳴により二つのカルボニル基にはさまれた酸素原子が大きな δ+ を持つため、1820 cm^{-1} と 1760 cm^{-1} に強い吸収を示す。2 本のシグナルが現れるのは、酸無水物の 2 個のカルボニル基の振動方式が同方向と反対方向の 2 種類存在するためである（次頁上の図参照）。

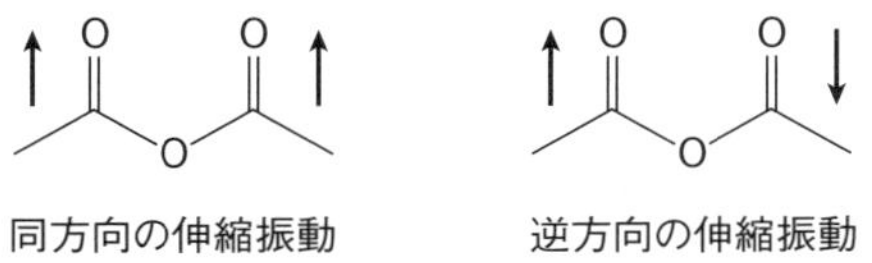

同方向の伸縮振動　逆方向の伸縮振動

一方、非共有電子対を持つ原子Yがカルボニル基に結合すると（**g**）、Yの電子対がC–Y結合に流れ込む（＋M効果）ため、共鳴構造式**h**の寄与が大きくなる。その結果C＝Oの二重結合性が弱まるため、カルボニル基の吸収は低波数側に移動する。第三級アミド（**i**）のカルボニル基による吸収が1650 cm^{-1}と低波数であるのは、窒素原子の＋M効果による。

カルボニル基に酸素が結合したエステルのカルボニル基の吸収は、酸素の－I効果（j_1）および＋M効果（j_2）の両方に影響されるが、実際の吸収は1730 cm^{-1}と通常のケトンの吸収よりも高波数であるので、－I効果（j_1）が優先していることがわかる。

カルボン酸の吸収は1710 cm^{-1}であり、エステルやケトンと比べると低波数である。これは、カルボン酸が通常 **l** のような分子間水素結合による二量体を形成しているためである。一般に、カルボニル酸素が水素結合するとカルボニル基の吸収は低波数側に移動する。カルボン酸のスペクトルを、気体状態または極めて薄い溶液状態で測定すると、単量体（**k**）の1760 cm^{-1}の吸収が観測される。しかしこの吸収は通常の測定では観測されない。

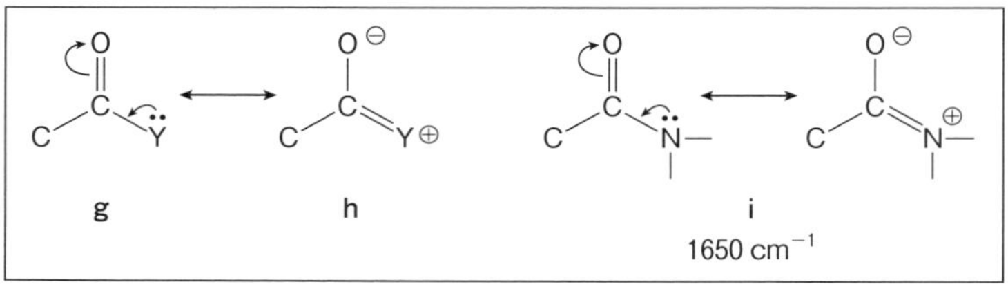

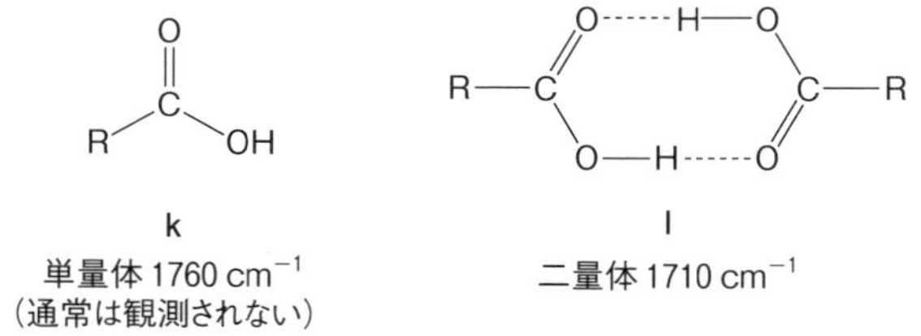

g　**h**　**i**
1650 cm^{-1}

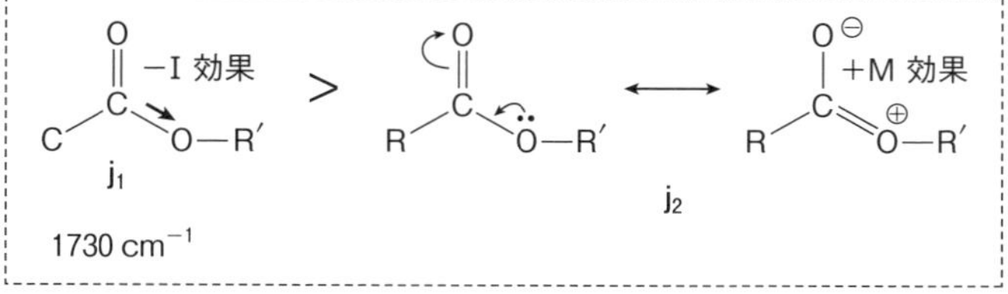

－I 効果　＞　＋M 効果
j_1
1730 cm^{-1}
j_2

k
単量体 1760 cm^{-1}
（通常は観測されない）

l
二量体 1710 cm^{-1}

要点 3.4

・カルボニル基に電気陰性度が大きい原子が直結すると、－I 効果により高波数側へ移動する（エステル、酸塩化物、酸無水物など）。
・カルボニル基に電子供与能が大きい原子が直結すると、＋M 効果により低波数側へ移動する（アミドなど）。

章末問題

^{1}H および ^{13}C NMR スペクトルと異なり、IR スペクトルでは全ての吸収を帰属する必要はなく、数個の特性吸収に着目すればよい。特性吸収の吸収強度や形（鋭い、ブロード、分裂など）を何度も見て体験することが重要である。なお、本章で示されるスペクトルは分散型赤外線分光器により得られたものであり、4000 ～ 650 cm^{-1} が測定範囲である。吸収の帰属を解答する場合は例題の解答例にならって簡潔に述べよ。

問題にはかなり専門的な設問も含まれているので、学部生は数字 (1), (2), (3) …、が付いた基本的な吸収についてだけ解答すればよい。大学院生以上の研究者は英字 (a), (b), (c) …、の吸収についても解答すること。

【例題 1】　番号で示した吸収を帰属せよ。

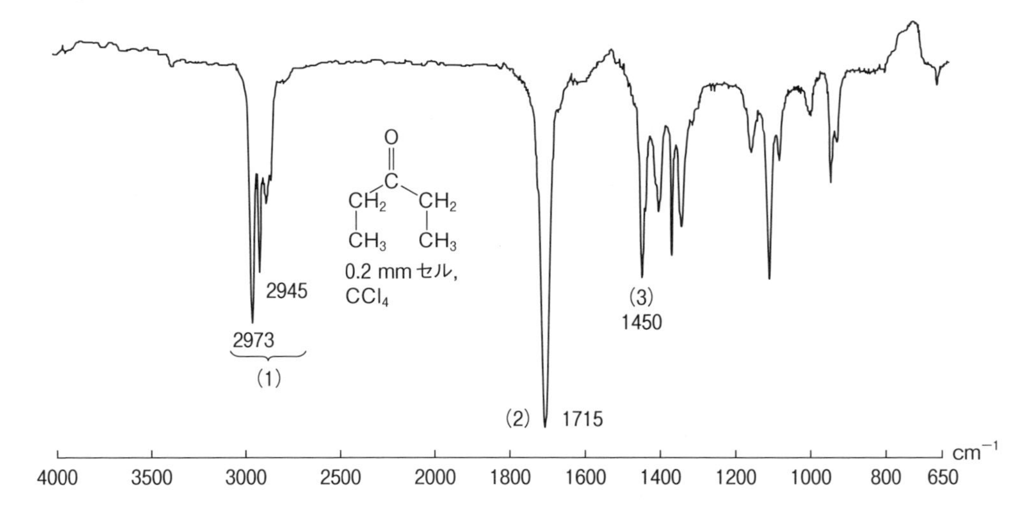

（解答例）

(1) CH_2, CH_3　(2) C＝O　(3) CH_2

【例題2】　番号と英字で示した吸収を帰属せよ。

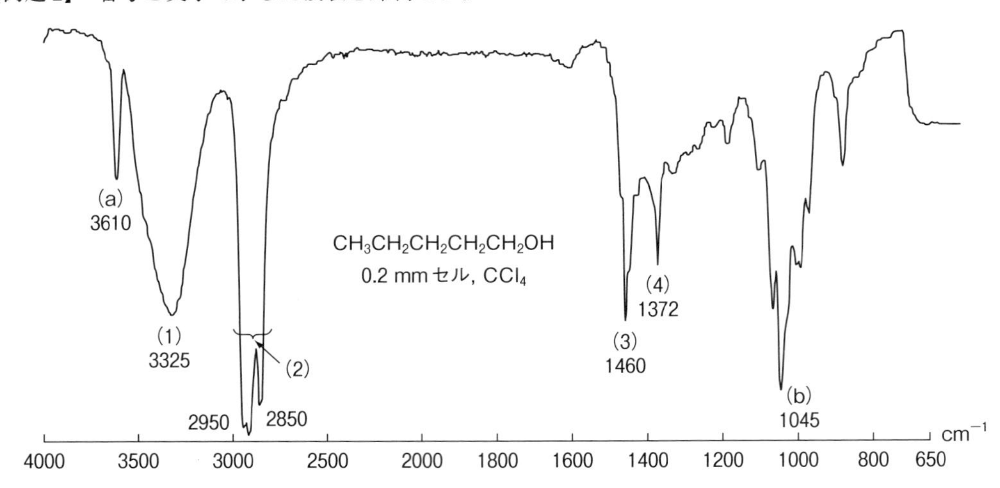

（解答例）

(1) OH（水素結合）　(2) CH_2, CH_3　(3) CH_2　(4) CH_3　(a) OH（水素結合していない）

(b) 第一級アルコールの C–O

【問題 3.1】　番号と英字で示した吸収を帰属せよ。例題1のスペクトルと比較して、化合物の構造式が非常に似ているにもかかわらず、指紋領域の吸収が著しく異なることを確認せよ。

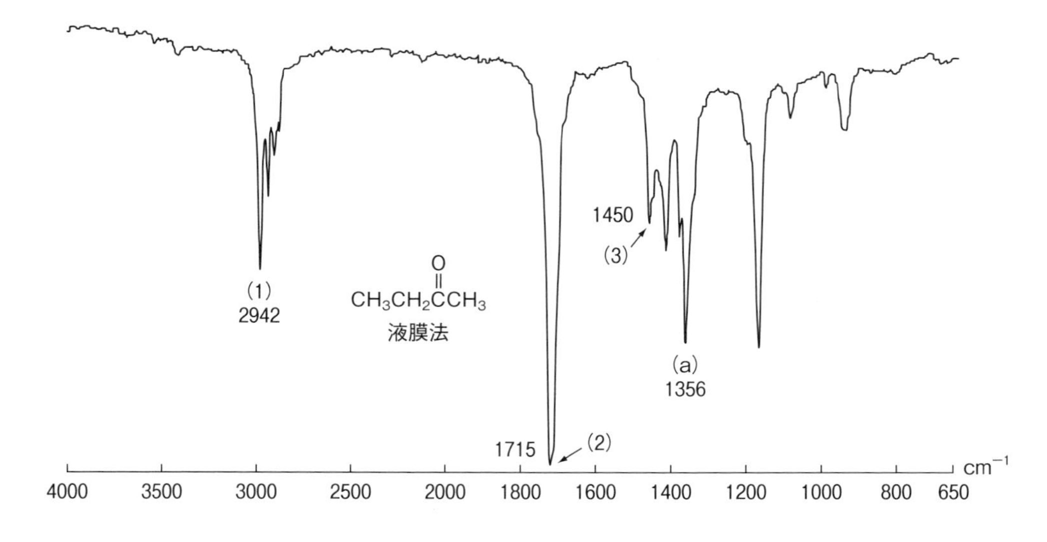

【問題 3.2】　番号と英字で示した吸収を帰属せよ。また図 3.3と比較してカルボニル基の吸収位置の変化を説明せよ。

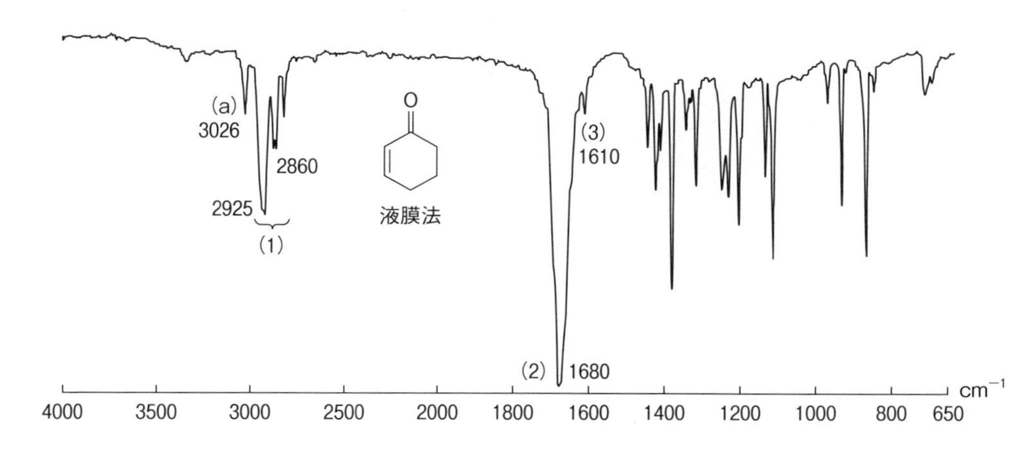

【問題 3.3】　番号と英字で示した吸収を帰属せよ。

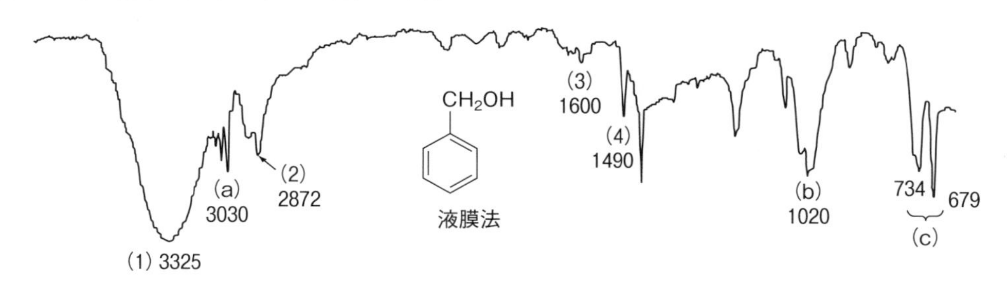

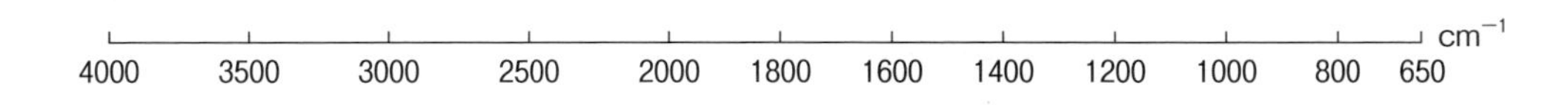

【問題 3.4】　番号と英字で示した吸収を帰属せよ。問題 3.3と比較して、ベンゼン環による吸収が強いのはなぜか。

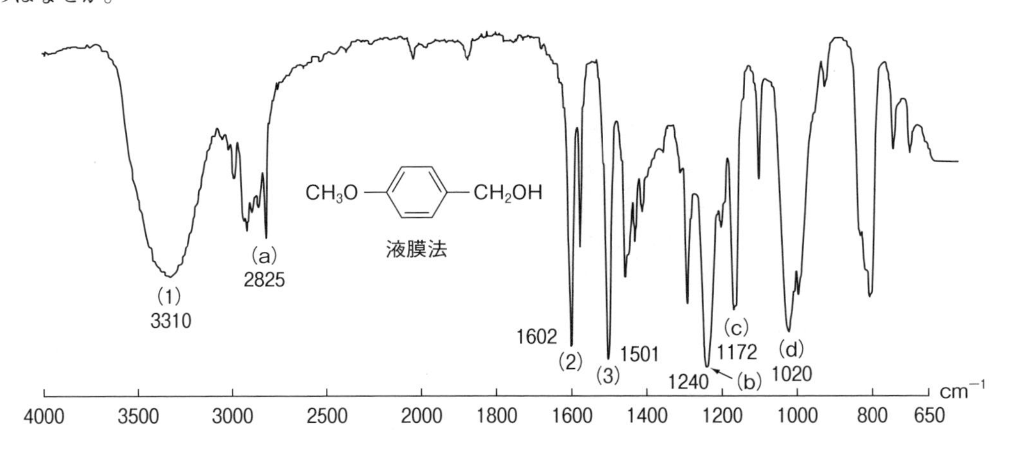

【問題 3.5】　番号と英字で示した吸収を帰属せよ。

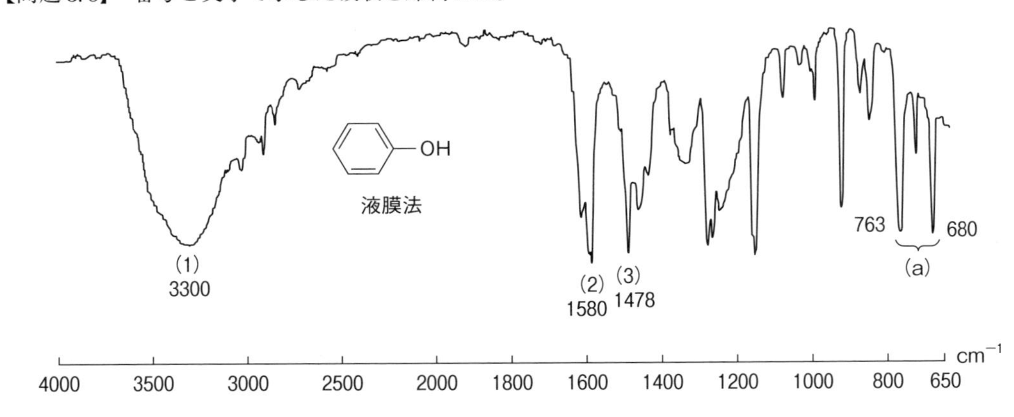

【問題 3.6】　番号と英字で示した吸収を帰属せよ。

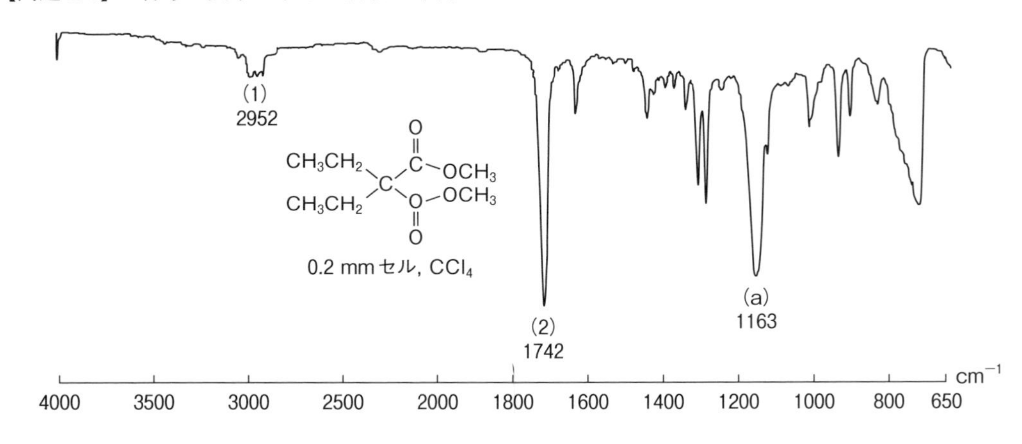

【問題 3.7】　番号と英字で示した吸収を帰属せよ。

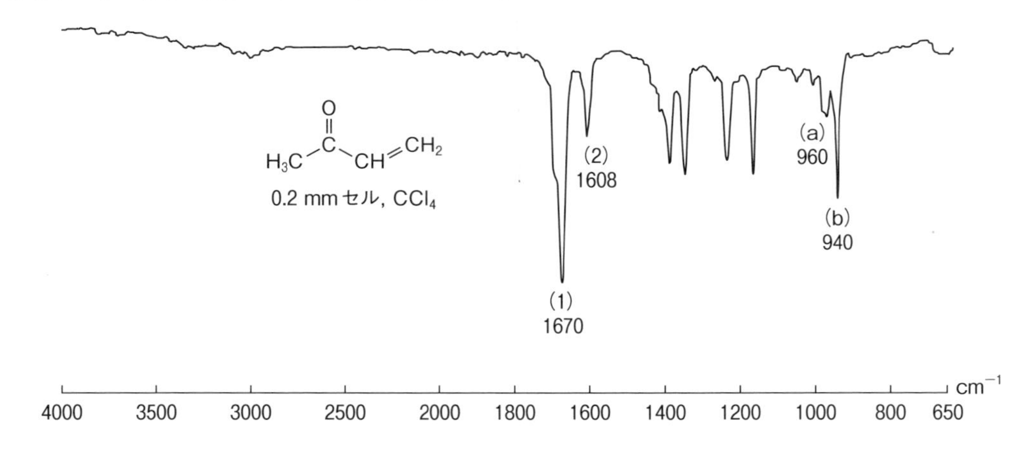

【問題 3.8】　番号と英字で示した吸収を帰属せよ。

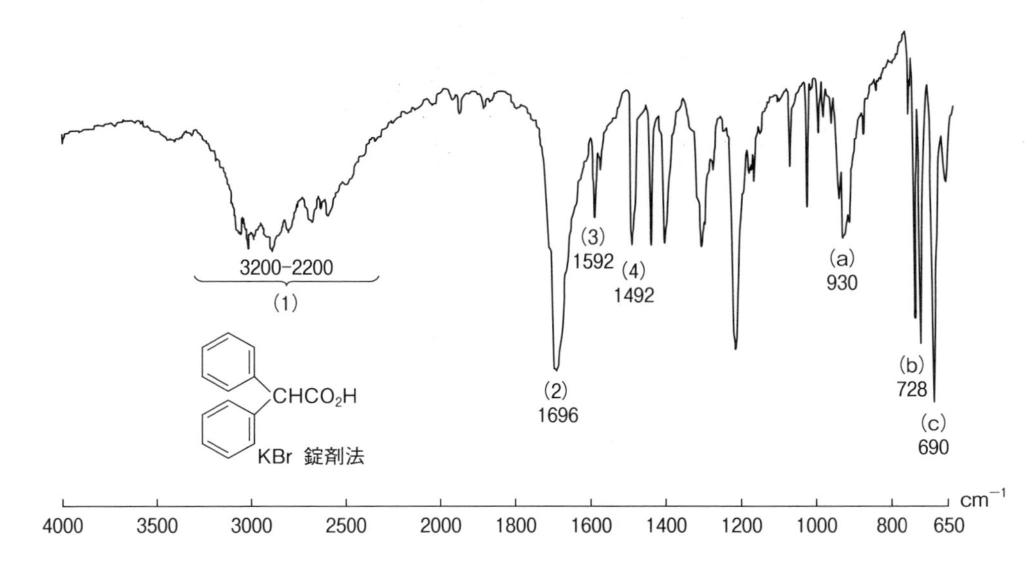

【問題 3.9】　$C_3H_6O_2$ の分子式を持つ化合物の構造を決定せよ。また、番号と英字で示した吸収を帰属せよ。

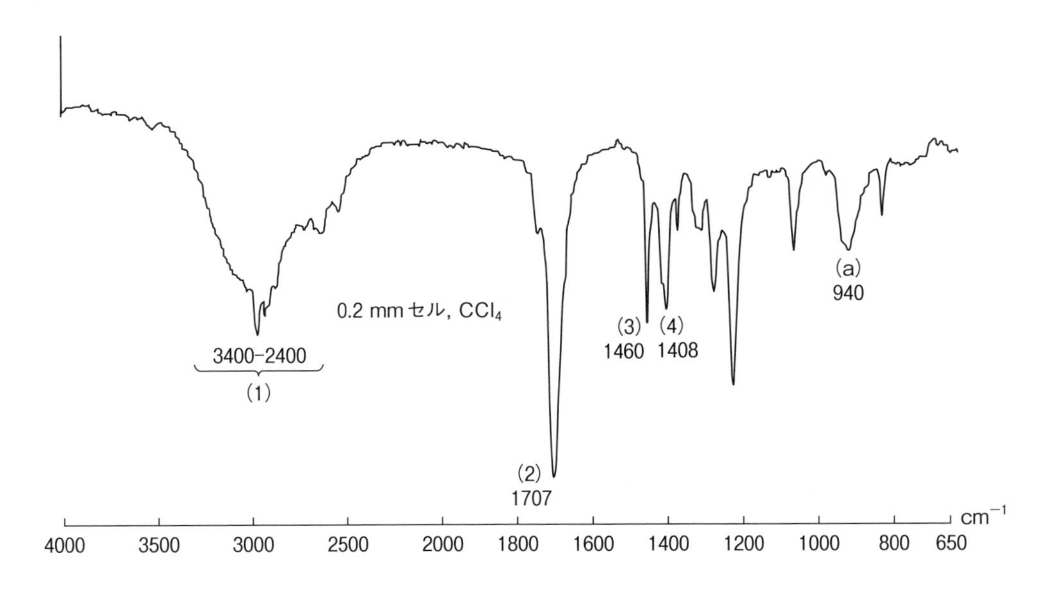

【問題 3.10】 C_7H_8O の分子式を持つ化合物の構造を決定せよ。また、番号と英字で示した吸収を帰属せよ。

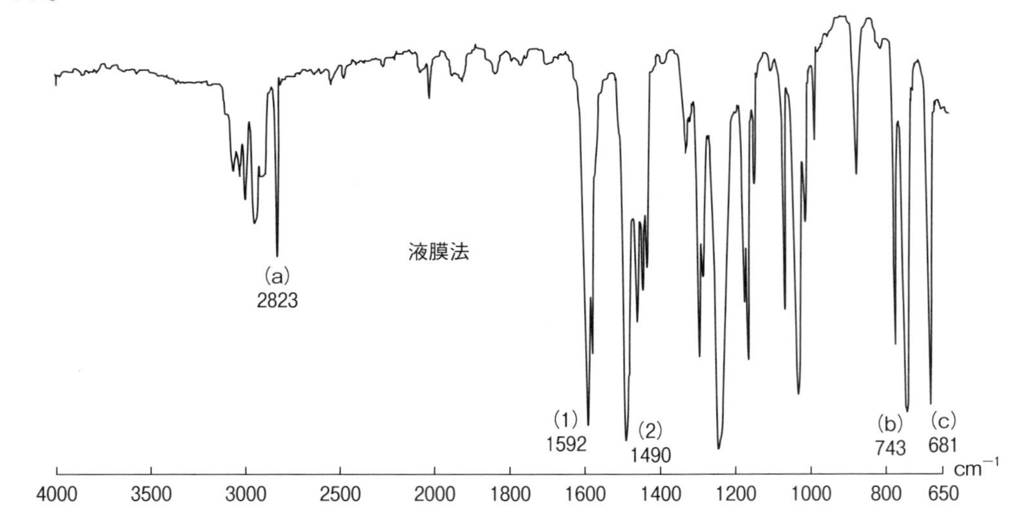

【問題 3.11】 番号と英字で示した吸収を帰属せよ。

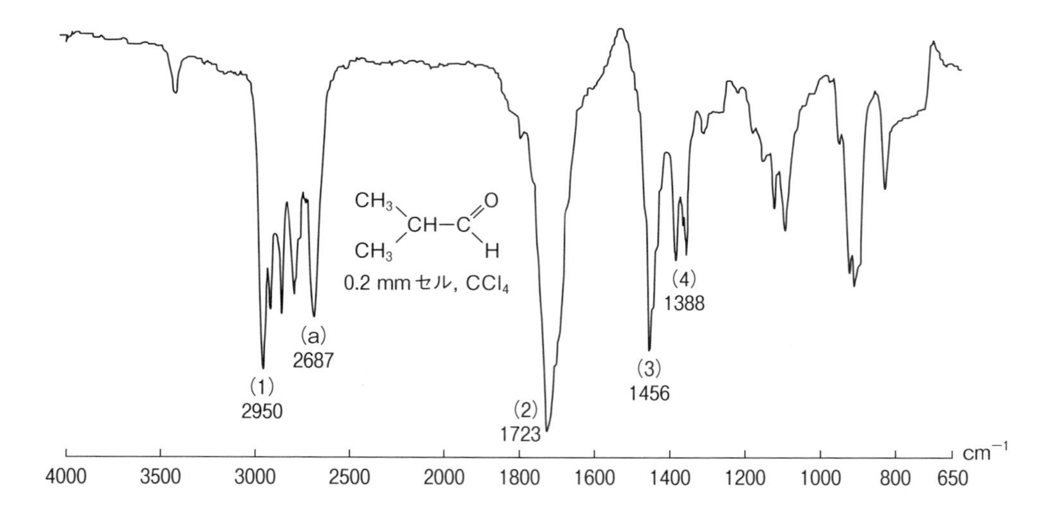

【問題 3.12】 塩化アセチル (CH_3–CO–Cl) が入った試薬ビンを長く放置したところ、塩化アセチルとは異なる物質 (分子式 $C_4H_6O_3$) が生成した。生成物の IR スペクトルからその構造式を推定せよ。

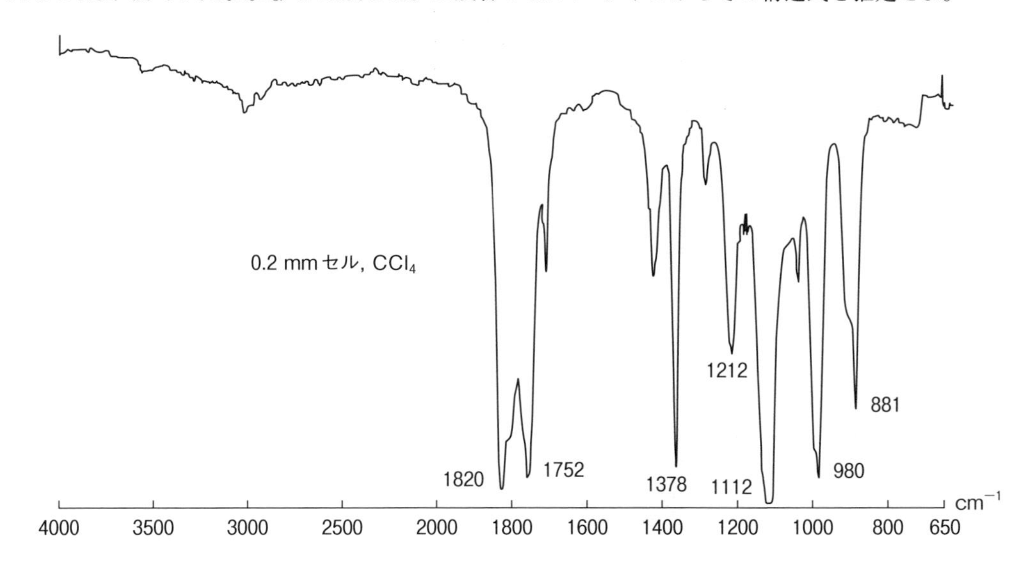

【問題 3.13】 番号と英字で示した吸収を帰属せよ。また、エステルカルボニル基の吸収が通常の 1730 cm^{-1}よりも高波数に現れる理由を、共鳴構造式を用いて説明せよ。

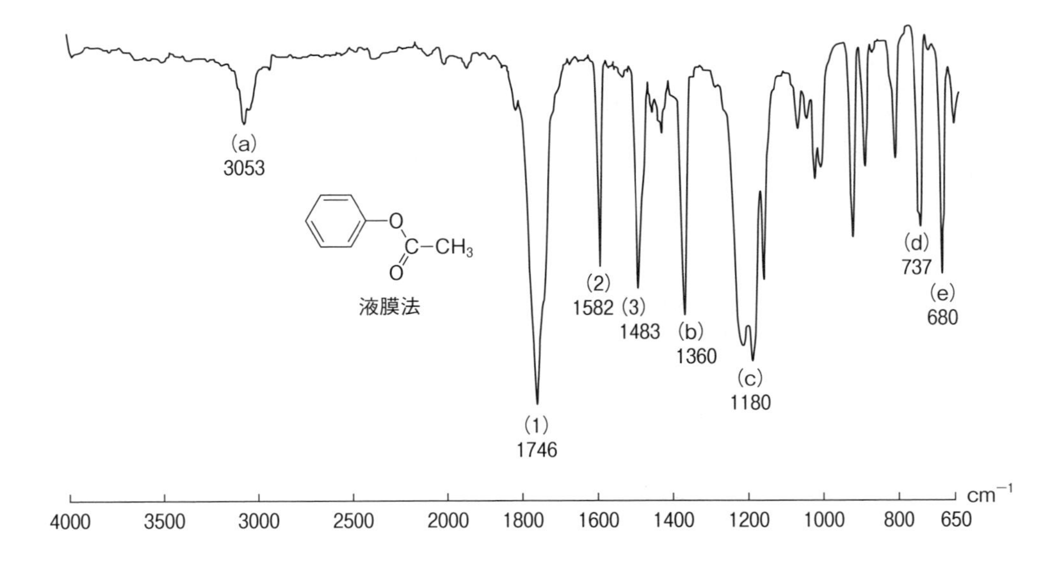

【問題 3.14】　番号と英字で示した吸収を帰属せよ。

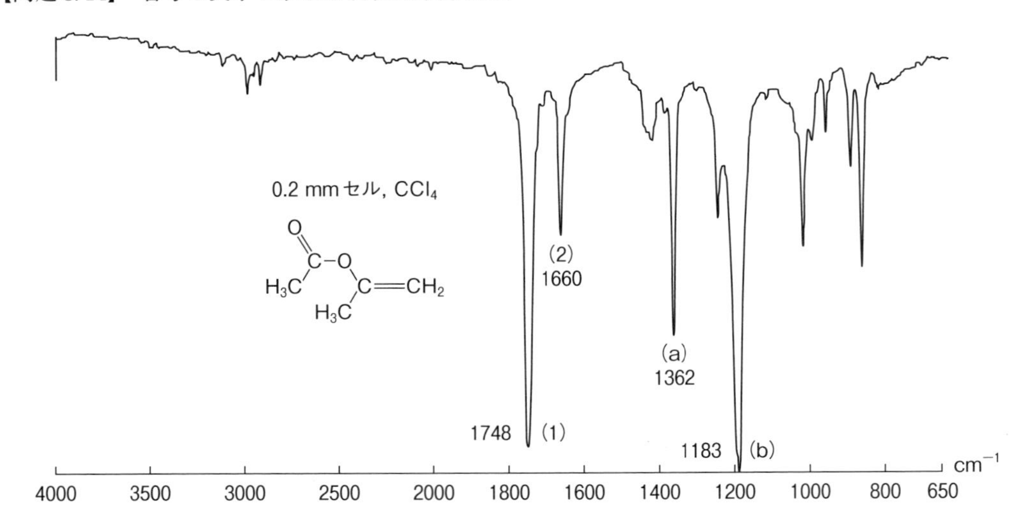

【問題 3.15】　化合物（a）をある条件で環化させた。生成物の IR スペクトルから、（b）または（c）のどちらが生成したかを推定せよ。

HO_2C　(a)　→　(b)　(c) CH_3

（生成物の IR スペクトル）

2955
0.2 mm セル, CCl_4
1778
1158
cm^{-1}
4000 3500 3000 2500 2000 1800 1600 1400 1200 1000 800 650

【問題 3.16】　下図は $C_4H_6O_2$ の構造式を持つラクトンの IR スペクトルである。この化合物の構造を決定せよ。

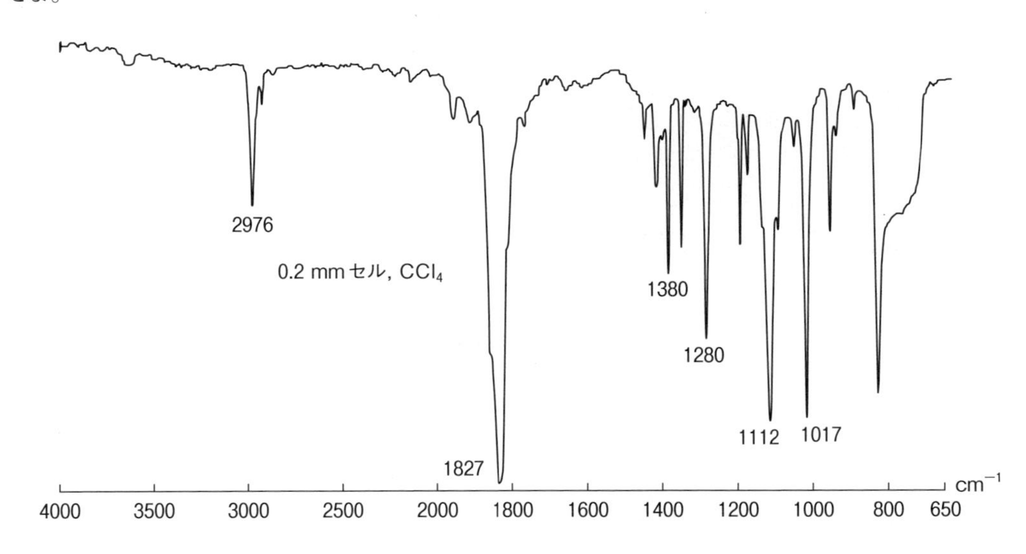

【問題 3.17】　番号と英字で示した吸収を帰属せよ。

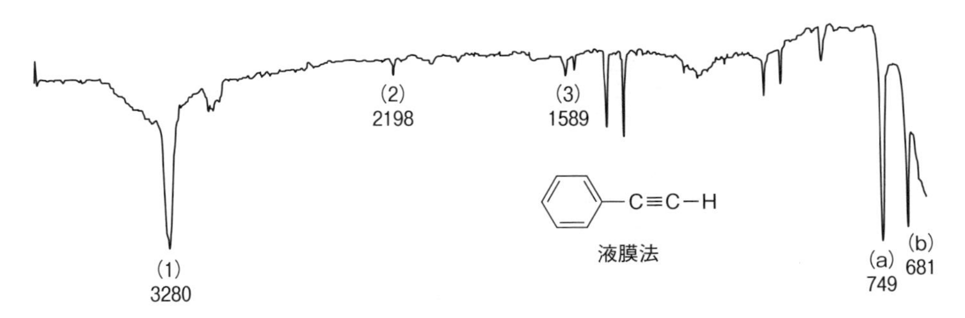

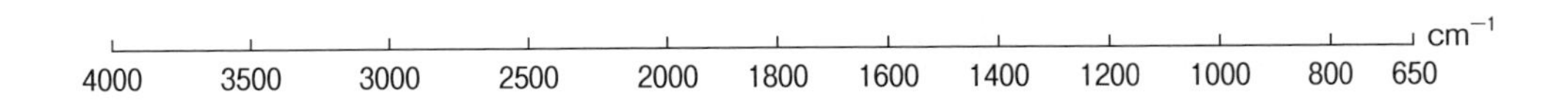

【問題 3.18】 番号と英字で示した吸収を帰属せよ。なお、このスペクトルは薄い溶液を用いて得られたものである。

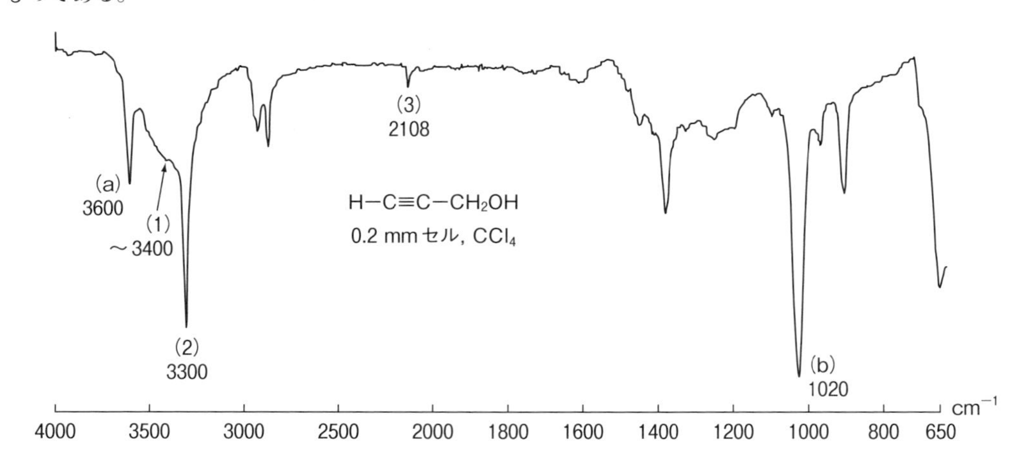

【問題 3.19】 番号で示した吸収を帰属せよ。

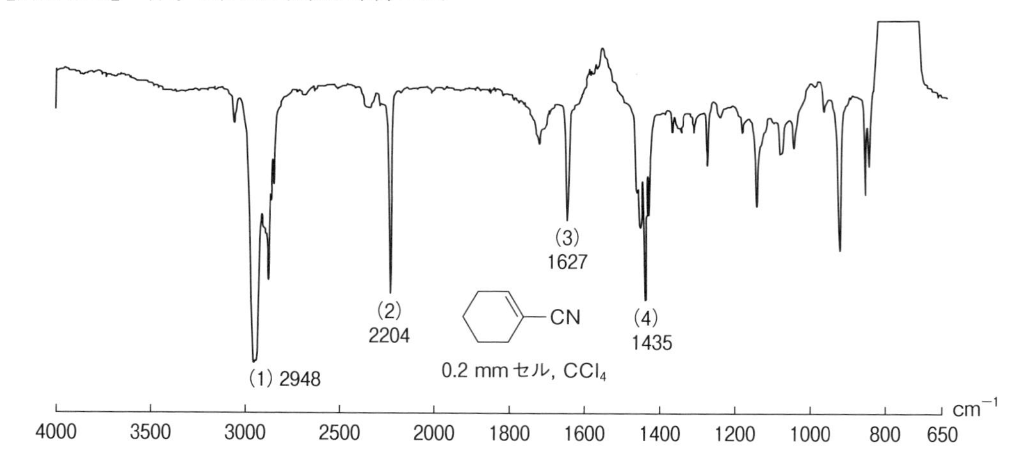

【問題 3.20】 番号と英字で示した吸収を帰属せよ。

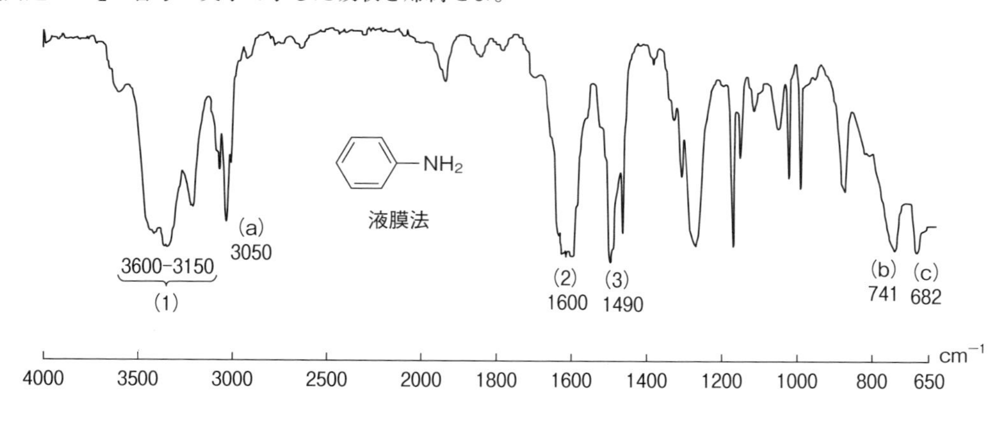

【問題 3.21】 番号で示した吸収を帰属せよ。

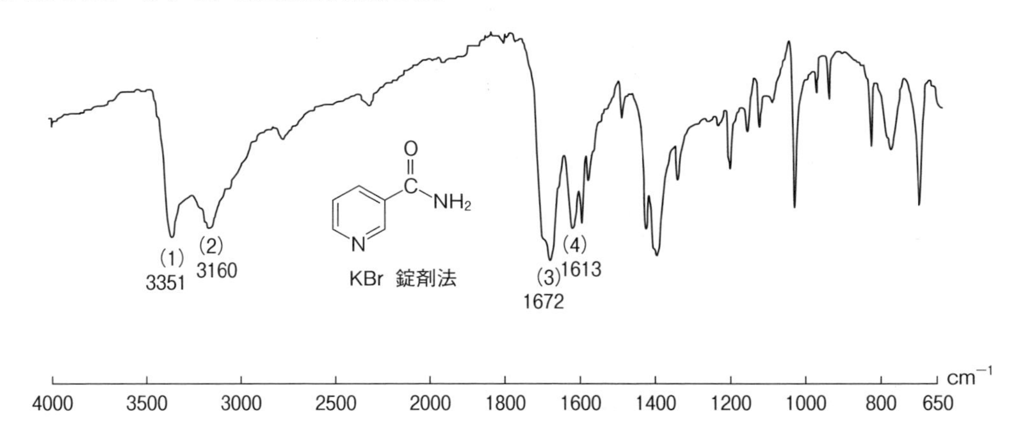

【問題 3.22】 番号と英字で示した吸収を帰属せよ。

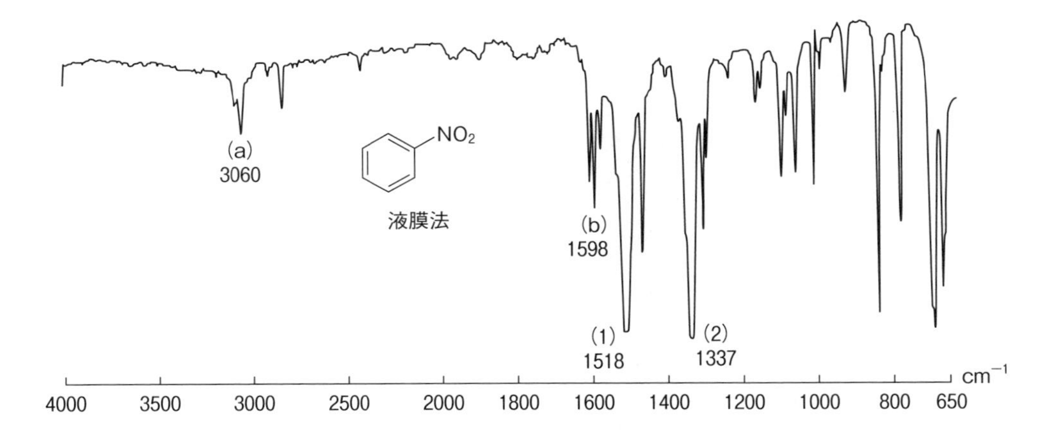

【問題 3.23】 番号で示した吸収を帰属せよ。

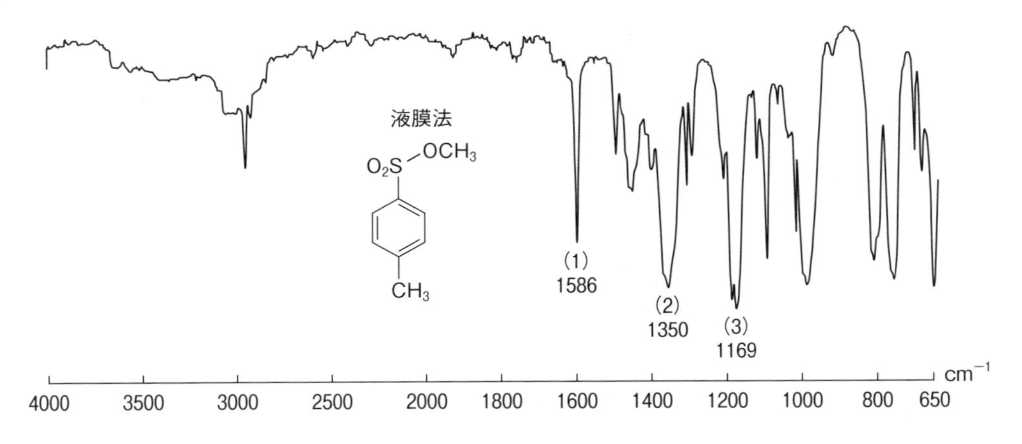

第4章 紫外・可視（UV–VIS）吸収スペクトル

§4. 1　紫外線と可視光線の性質

光のエネルギーEと波長λとの関係は、$E = hc/\lambda$（h：プランク定数、c：光速）で表される。式から、波長が短くなると光のエネルギーが大きくなることがわかる。大きなエネルギーを持つ、波長が短い光は電子に影響を及ぼす。オレフィン基（C=C）やカルボニル基（C=O）などのπ電子を持つ化合物に、短い波長を持つ強いエネルギーの光を照射すると、π電子はエネルギーを吸収して基底状態（π：HOMO）から励起状態（π^*：LUMO）へ遷移する（π–π^*遷移）[図 4.1（A）]。カルボニル基においては酸素の非共有電子対の電子（n軌道）がπ^*へ遷移するn–π^*遷移も存在する［図 4.1（B）］。しかしn–π^*遷移は電子が異なる軌道間で遷移するため（禁制遷移）、吸収の度合いはπ–π^*遷移によるものと比較して非常に小さい。

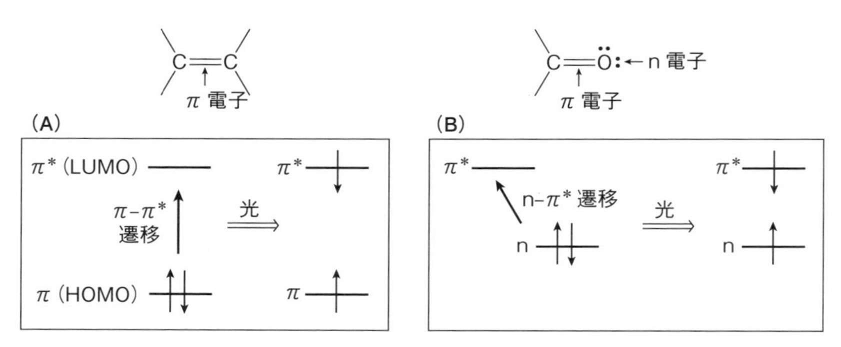

図 4.1　（A）π–π^*遷移。（B）n–π^*遷移。n–π^*遷移は「禁制遷移」であり吸収強度が小さい。

π電子の遷移を引き起こす光は200～800 nm（nm = 10^{-9} m）の波長を持ち、200～380 nmの波長の光は**紫外線**（ultraviolet：UV）（正確には近紫外線）、また380～800 nmの波長の光は**可視光**（visible light：VIS）である。

エチレン（$CH_2=CH_2$）は180 nmの光（遠紫外線）を吸収するが、1,3–ブタジエン（$CH_2=CH-CH=CH_2$）は217 nmの紫外線を吸収する。このように、二重結合が隣り合う（共役する）と、HOMOとLUMOのエネルギー差が小さくなるため、吸収光の波長が長くなる。二重結合が11個共役したβ–カロテンは426 nmの光を吸収する。これは青紫色の光であるが、β–カロテンに太陽光（全ての可視光が混合している）があたると青紫色の光が吸収され、それ以外の波長の光が反射するためβ–カロテン（ニンジンの色素）は赤橙色に見える。このように、可視光を吸収して物質に色を与える官能基を**発色団**（chromophore）とよぶ。また可視光線を吸収せず紫外線を吸収する官能基についても発色団とよぶこともある。

β-カロテン

§4.2　紫外・可視吸収スペクトルの基本

図4.2 (a) は**紫外・可視吸収スペクトル** (ultraviolet–visible absorption spectrum：UV–VIS spectrum) の模式図である。横軸が波長 (λ：200 ～ 800 nm)、縦軸が**吸光度** (***A***) に対応している。波長幅により紫外吸収スペクトル (UV spectrum) (200 ～ 360 nm) または可視吸収スペクトル (VIS spectrum) (360 ～ 800 nm) を別個に測定する場合もある。スペクトルの極大点に対応する波長を**極大吸収波長**とよび、$\boldsymbol{\lambda}_{\mathbf{max}}$ で表す。図4.2 (b) はカフェインの紫外吸収スペクトルである。λ_{max} は 275 nm である。

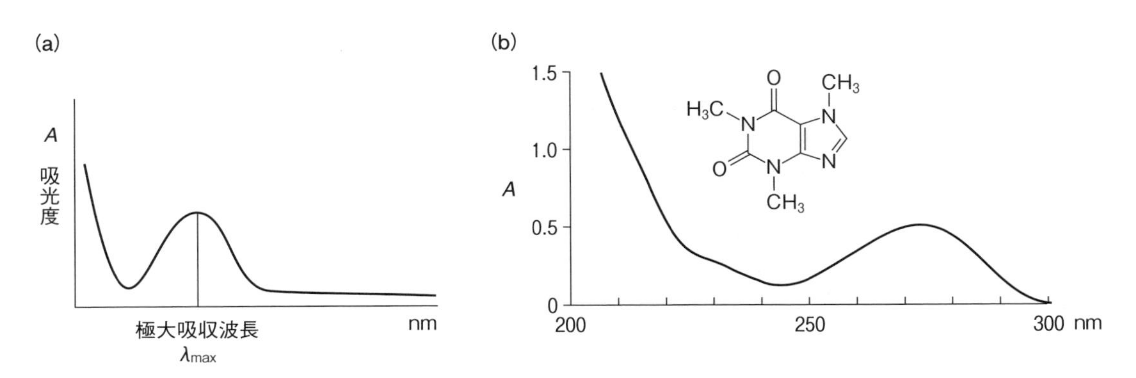

図4.2　(a) 紫外・可視吸収スペクトルの模式図。(b) カフェインの紫外吸収スペクトル。

サンプルはメチルアルコールなどの、紫外線や可視光を吸収しない溶媒に溶かす。溶液は紫外線を吸収しない石英ガラス製のセルに入れて測定するが、可視吸収スペクトルのみが必要な場合はガラス製のセルを用いることもできる。光源として、紫外線には重水素 (D) 放電管、可視光にはタングステンまたはハロゲンランプを用いる。紫外線から可視光まで連続的に測定する場合は、装置の光源が自動的に切り替わる。

入射光の強度を I_0、サンプル溶液を通過した透過光の強度を I とすると、透過率 T は式4.1で表される (図4.3)。$-\log T$ を吸光度 A と定義すると、A はサンプル溶液の濃度 c (mol/L) と、溶液を保持するセルの長さ l (cm) に比例し、式4.2として表される。なお、log は常用対数 ($\log_{10}$) である。ε は物質に固有な定数であり、**モル吸光係数** (molar absorption coefficient または molar extinction coefficient) とよばれる。式4.2は**ランベルト・ベール** (Lambert–Beer) 則とよばれる重要な式である。通常の測定では1.00 cmのセルを用いる ($l = 1.00$) ので、式4.2は極めて単純な式4.3となる。吸光度 A は装置が記録するので、濃度 c の溶液を作れば、

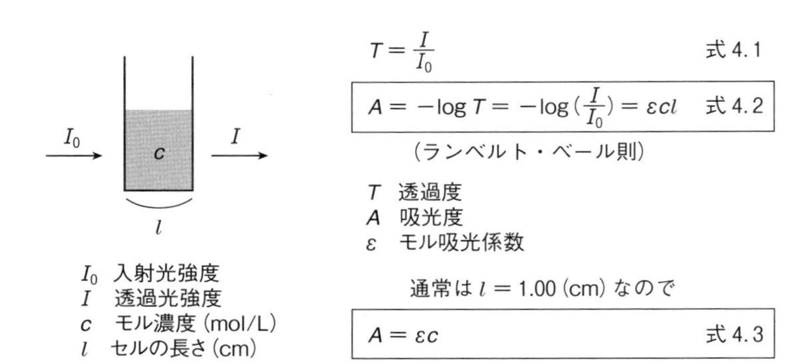

図 4.3　ランベルト・ベール則。通常は $l=1$ cm のセルを使うので、式 4.3 によりモル吸光係数 (ε) やモル濃度 (c) を求める。

その化合物の ε を計算できる。さらに重要なことは、ε が既知の化合物では、溶液の A が求まると、その化合物の濃度 c を決定できるということである。したがって、紫外・可視吸収スペクトル法は、有機・無機化合物の定量分析に非常に重要な手段である。測定にあたっては A が 2 を越えない、薄い溶液を使用することが望ましい［図 4.2 (b) の縦軸参照］。

要点 4.1

- **紫外・可視吸収スペクトル法は、π 電子が基底状態から励起状態へ遷移する際の、光のエネルギー吸収を測定する方法である。**
- **共役オレフィン（C=C−C=C）や共役エノン（C=C−C=O）の共役系が長くなると、極大吸収波長（λ_{max}）も長波長になる。**
- **ランベルト・ベール則：$A=\varepsilon cl$［A：吸光度、ε：モル吸光係数、c：サンプルのモル濃度、l：セル長 (cm)］**

図 4.4 にいくつかの化合物の極大吸収波長とモル吸光係数を示す。共役系が長くなるにつれて、極大吸収波長は長波長側へ移動し、いくつかのピークを示すようになる。またモル吸光係

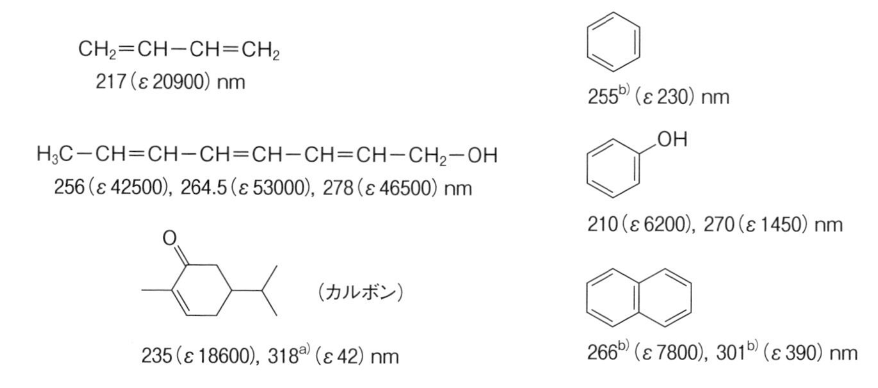

図 4.4　共役系を持つ化合物の極大吸収波長 (λ_{max}) とモル吸光係数 (ε)。a) n−π^* による吸収。b) いくつかの極大吸収波長から代表的なものを選んである。

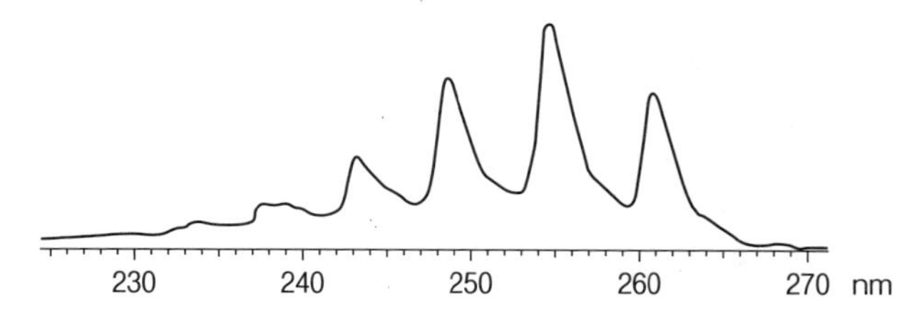

図 4.5 ベンゼンの紫外吸収スペクトル。芳香族化合物や長い共役系を持つ化合物は複数の λ_{max} を示す。

数も大きくなる傾向がある。ベンゼンのような芳香族化合物は、ベンゼンのスペクトル（図4.5）に見られるように、いくつかの群の極大吸収波長を示すが、それらのモル吸光係数は小さい（$\varepsilon \leq 230$）。カルボンのような、カルボニル基を持つ共役系では、酸素原子の非共有電子対による n–π^* 吸収が 300 nm 付近に現れる（図 4.4）。しかし、この吸収のモル吸光係数は非常に小さい（数十のオーダー）ため、この領域を縦軸方向に拡大しないと見つけることができない。

フェノールの水溶液は 210 nm と 270 nm に極大吸収波長を示すが、この溶液に水酸化ナトリウム水溶液を加えるとフェノールはフェノキシドとなり、酸素の非共有電子対のベンゼン環への共役寄与が大きくなるため、吸収極大波長は 235 nm と 287 nm へ移動する。このように吸収極大波長が長波長側へシフトすることを「**レッドシフト**（red shift）」とよぶ。一般にフェノール性化合物はアルカリ存在下でレッドシフトを示すので、フェノール基が存在する補助的な証拠となる。これとは逆に、アニリンを酸性にすると、アミノ基がアンモニウムイオンとなり窒素の非共有電子対がベンゼン環の π 電子系へ寄与できなくなるため、吸収極大波長は短波長側へシフトする。短波長側へのシフトを「**ブルーシフト**（blue shift）」とよぶ（図 4.6）。

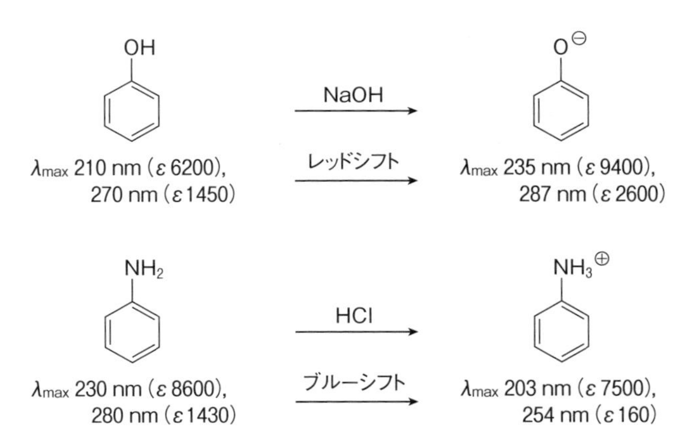

図 4.6 フェノールのレッドシフトとアニリンのブルーシフト。
レッドシフト：長波長側への移動。ブルーシフト：短波長側への移動。

§4.3 構造決定における紫外・可視吸収スペクトル法の有用性

紫外・可視吸収スペクトル法は共役系の有無および種類を確認する手段として重要である。したがって構造決定の初期の段階でスペクトルを測定することが望ましい。紫外・可視吸収スペクトル法の優れた特性として、感度の高さをあげることができる。数 μg のサンプルでも良好なスペクトルを得ることができる。

基本的に、共役系が同じであると、極大吸収波長の位置も同じである。共役系に置換基が結合すると、極大吸収波長が長波長側にシフトする。シフトの大きさについては、経験則により見積もることができる(§4.4)。

NMR スペクトルよりも紫外・可視吸収スペクトルがキーポイントとなった構造決定の例として、図4.7に、植物病原菌が生産する抗生物質カリオイネンシンの構造式と、その紫外・可視吸収スペクトルを示す。この化合物は、^{1}H NMR スペクトルがようやく測定できるほどの量しか得られず、しかも不安定で、濃縮乾固もできなかったが、その特徴的な紫外・可視吸収スペクトルを文献記載のデータと比較することにより、4個のアセチレンがジエンと共役した構造を決定することができた。

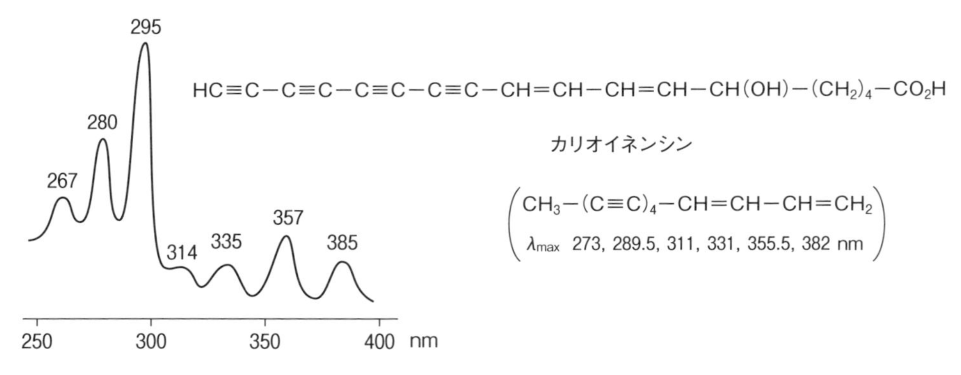

図4.7　抗生物質カリオイネンシンの構造と紫外・可視吸収スペクトル。(　)内は構造決定において参考とした化合物の構造式と極大吸収波長。
文献：T. Kusumi, I. Ohtani, K. Nishiyama, H. Kakisawa, *Tetrahedron Letters*, **28**, 3981 (1987).

§4.4 ジエンとエノンの吸収極大波長：ウッドワード・フィーザー則

比較的単純な共役ジエン(C=C−C=C)と共役エノン(C=C−C=O)については、置換基の種類と位置を解析することにより、ウッドワード(Woodward)・フィーザー(Fieser)則を使

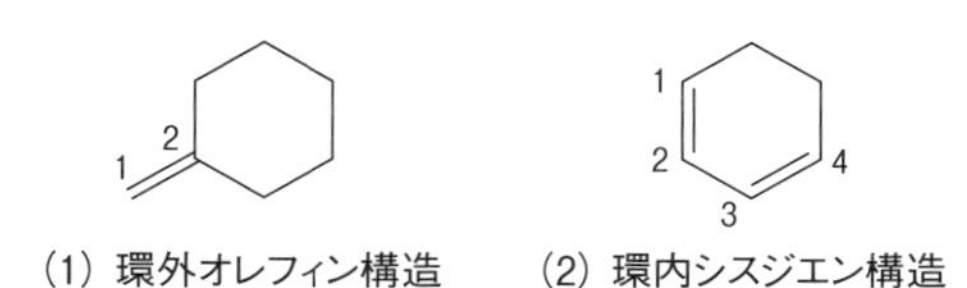

図4.8　吸収極大波長を計算する際に使われる部分構造。

用して極大吸収波長を見積もることができる。この経験則を使うにあたって、次の用語を理解しておくこと（図 4.8）。(1) 環外オレフィン構造：環から突き出たオレフィン結合。(2) 環内シスジエン構造：ジエンが同一の環内にあり、しかも C_2–C_3（単結合）についてシスの関係にある構造。環は六員環でなくてもよい。

【共役ジエンの極大吸収波長】

基本構造

基本値：214 nm

加算値（置換基および構造 1 個につき）

アルキル基	5 nm
追加の C=C	30 nm
O–アルキル基	6 nm
O–Ac（アセチル基）	0 nm
環外オレフィン構造	5 nm
環内シスジエン構造	39 nm

例 1

(a) ジエンにアルキル基（•）が 2 個置換。

214 ＋ 5 × 2 ＝ 224　（実測値 226 nm）

（基本値）　(a)

例 2

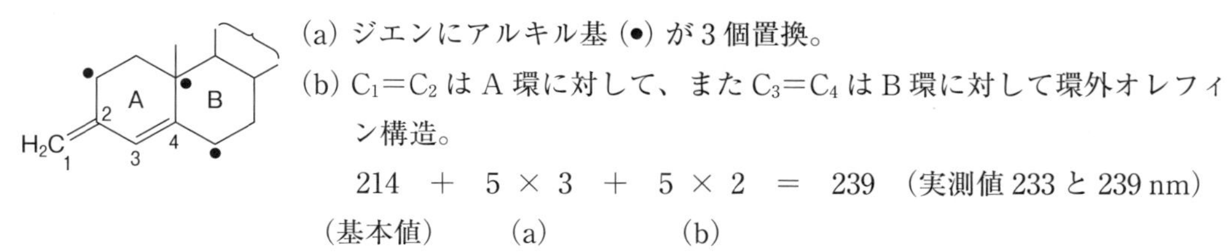

(a) ジエンにアルキル基（•）が 3 個置換。

(b) C_1=C_2 は A 環に対して、また C_3=C_4 は B 環に対して環外オレフィン構造。

214 ＋ 5 × 3 ＋ 5 × 2 ＝ 239　（実測値 233 と 239 nm）

（基本値）　(a)　(b)

例 3

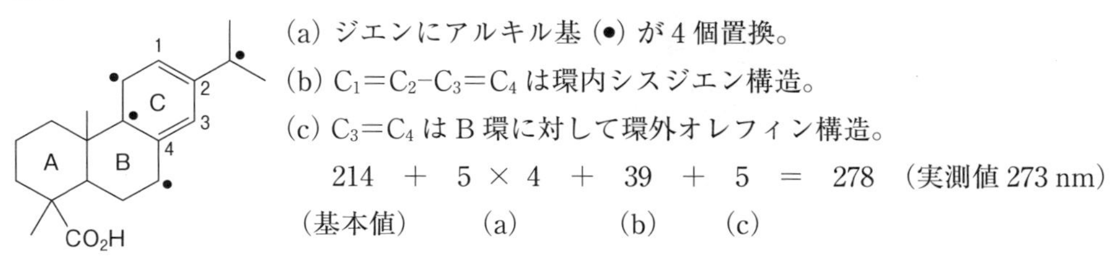

(a) ジエンにアルキル基（•）が 4 個置換。

(b) C_1=C_2–C_3=C_4 は環内シスジエン構造。

(c) C_3=C_4 は B 環に対して環外オレフィン構造。

214 ＋ 5 × 4 ＋ 39 ＋ 5 ＝ 278　（実測値 273 nm）

（基本値）　(a)　(b)　(c)

例4

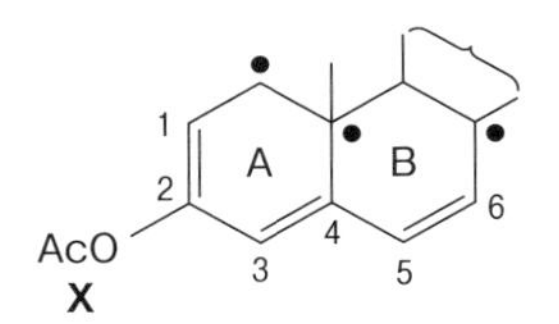

$C_1=C_2-C_3=C_4$ を基本のジエンとする（$C_3=C_4-C_5=C_6$ を基本としても同じ結果）。

(a) $C_1=C_2-C_3=C_4$ は環内シスジエン構造。

(b) $C_5=C_6$ は追加の C=C

(c) C_1～C_6 のトリエンについて、3個のアルキル基（●）が置換。
　ただし OAc（**X**）の加算値は0。

(d) $C_3=C_4$ は環Bに対して環外オレフィン。

214	+	39	+	30	+	5 × 3	+	5	=	303
（基本値）		(a)		(b)		(c)		(d)		（実測値 306 nm）

［注1］トリエンの全ての置換基について加算値を与える。

［注2］$C_5=C_6$ は $C_1=C_2-C_3=C_4$ に対する置換基として加算（+5）するのではなく、追加オレフィンとしてのみ加算（+30）する。

【共役カルボニルの極大吸収波長】

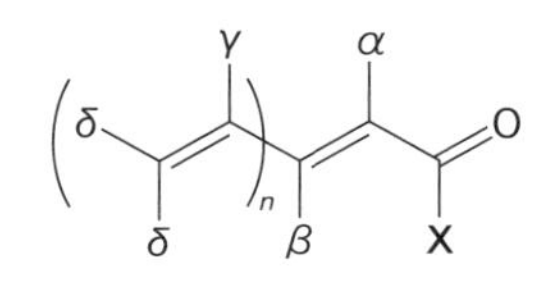

基本構造

基本値

直鎖または六員環以上の共役ケトン（X = R）		
	$n = 0$	215 nm
	$n = 1$	245 nm
五員環共役ケトン（X = R）		
	$n = 0$	202 nm
	$n = 1$	232 nm
共役アルデヒド（X = H）		
	$n = 0$	208 nm
	$n = 1$	238 nm
共役エステル、カルボン酸（X = OR, OH）		
	$n = 0$	195 nm

加算値（R：アルキル基）

α-**R**	+10
β-**R**	+12
γ-**R**	+18
δ-**R**	+18
α-**OR**	+35
β-**OR**	+30
γ-**OR**	+17
δ-**OR**	+31
$\alpha, \beta, \gamma, \delta$-**OAc**	+6
α-**OH**	+35
β-**OH**	+30
γ-**OH**	+50
環外オレフィン構造	+5
環内シスジエン構造	+39

例 5

(a) X ＝ R, n ＝ 0、直鎖共役ケトン：基本値 215 nm
(b) β−アルキル基（□）が 2 個

215 ＋ 12 × 2 ＝ 239（実測値 235 nm）
(a)　(b)

例 6

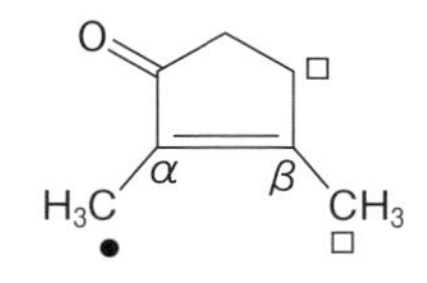

(a) X ＝ R, n ＝ 0、五員環ケトン：基本値 202 nm
(b) α−アルキル基（●）が 1 個
(c) β−アルキル基（□）が 2 個

202 ＋ 10 ＋ 12 × 2 ＝ 236（実測値 235 nm）
(a)　(b)　(c)

例 7

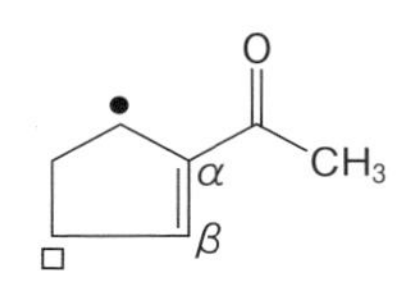

(a) X ＝ R, n ＝ 0、直鎖共役ケトン（カルボニル基が五員環にない）：
基本値 215 nm
(b) α−アルキル基（●）が 1 個
(c) β−アルキル基（□）が 1 個

215 ＋ 10 ＋ 12 ＝ 237（実測値 239 nm）
(a)　(b)　(c)

例 8

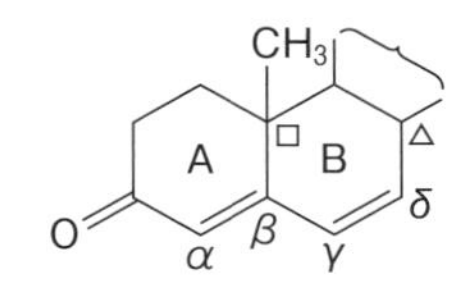

(a) X ＝ R, n＝1（六員環共役ケトン）：基本値 245 nm
(b) β−アルキル基（□）が 1 個
(c) δ−アルキル基（△）が 1 個
(d)（C_α＝C_β の B 環に対する）環外オレフィンが 1 個。

245 ＋ 12 ＋ 18 ＋ 5 ＝ 280（実測値 281 nm）
(a)　(b)　(c)　(d)

例 9

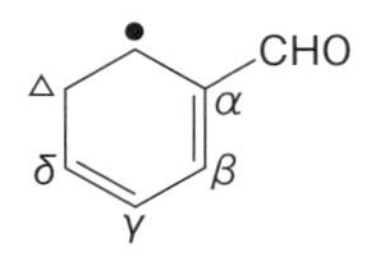

(a) X ＝ H, n ＝ 1（共役アルデヒド）：基本値 238 nm
(b) α−アルキル基（●）が 1 個
(c) δ−アルキル基（△）が 1 個
(d) 環内シスジエン構造が 1 個

238 ＋ 10 ＋ 18 ＋ 39 ＝ 305（実測値 302 nm）
(a)　(b)　(c)　(d)

例 10

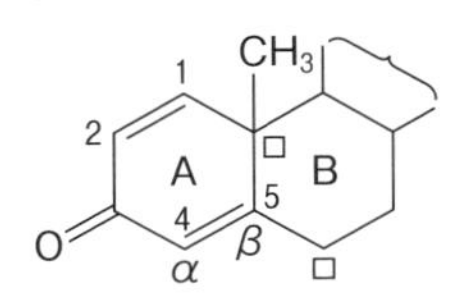

（注）例8と異なり、カルボニル基に$C_1=C_2$と$C_4=C_5$の両方が共役している。このような、二重結合が直線状ではなく、交差している共役系を「**交差共役系**」（cross conjugation）とよぶ。交差共役系においては、計算値が大きい方が実測値に近くなる。この場合は$O=C-C_4=C_5$について計算する（$O=C-C_2=C_1$は無視してよい）。

(a) X = R, $n = 0$：基本値 215 nm

(b) β-アルキル基（□）が2個

(c) 環外オレフィン構造が1個

$$\underset{(a)}{215} + \underset{(b)}{12 \times 2} + \underset{(c)}{5} = 244$$ （実測値 246 nm）

例 11

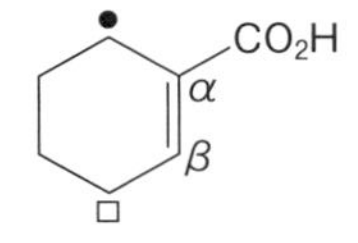

(a) X = OH, $n = 0$：基本値 195 nm

(b) α-アルキル基（●）が1個

(c) β-アルキル基（□）が1個

$$\underset{(a)}{195} + \underset{(b)}{10} + \underset{(c)}{12} = 217$$ （実測値 217 nm）

§4.5　紫外・可視光吸収とクロマトグラフィーとの組み合わせ

これまで学んだように、オレフィン基（C=C）やカルボニル基（C=O）を持つ化合物は紫外線や可視光を吸収する。この性質を利用した有機化合物の分離・精製法があるので、それらを紹介する。

(1) 薄層クロマトグラフィー（TLC）

シリカゲルの微粉末をガラス板やアルミニウム板に薄く塗った**薄層クロマトグラフィー**（thin layer chromatography：**TLC**）板に、有機化合物の混合物溶液をスポットし［図4.9 (i)］、溶媒で展開すると混合物の成分を分離することができる［図4.9 (ii)］。β-カロテンのように化合物が可視光を吸収する場合は、肉眼で色のついたスポットを確認できる。しかし、色のない化合物については、TLC板をヨウ素蒸気にさらしたり、硫酸を噴霧した後、TLC板を加熱するなどの操作により、スポットを発色させる必要がある。

有機化学実験で使用する通常のシリカゲルには蛍光剤が混合してあり、展開後溶媒を蒸発させ、紫外線ランプで254 nm近辺の波長を持つ紫外線を照射すると、TLC板は全体に緑色の蛍光を発する。TLC板上に紫外線を吸収する化合物が存在すると、その場所だけ紫外線が吸収されるので、蛍光を発せず緑色の背景に暗紫色のスポットとして確認される［図4.9 (iii) b］（暗紫色に見えるのは、紫外線ランプから漏れるわずかな紫色の可視光が白色のシリカゲルにより反射されるからである)。しかし、π電子共役系を持たない化合物はこの波長の紫外線を吸収しないため、検出されない[図4.9(iii)のaおよびc]。共役系を持つが極大吸収波長が254 nm付近に存在しない化合物でも、254 nmにおける吸光度がある程度の大きさであれば検出可能である。したがって、暗紫色のスポット(調製用TLC板を使った場合は暗紫色のゾーン)部分のシリカゲルを掻き取り、それを溶媒で抽出することにより化合物を精製できる。ヨウ素蒸気などによる発色を用いた場合は、化合物が分解する可能性が大きいので精製法としては不適当である。

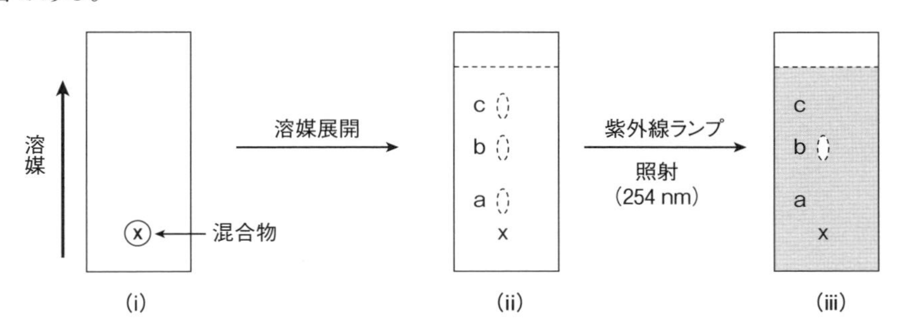

図4.9 蛍光剤入り薄層クロマトグラフィー(TLC)による分離操作。(i)混合物を原点(x)にスポットし有機溶媒で展開すると、(ii)各成分a, b, cに分離することができる。TLC板を254 nmの紫外線ランプで照射すると、紫外線を吸収する成分bのみが、緑色の蛍光を背景に浮かび上がる。紫外線を吸収しないaおよびcは検出されない。

(2) 高速液体クロマトグラフィー(HPLC)

高速液体クロマトグラフィー(high-performance liquid chromatography:**HPLC**)は、極微細なシリカゲルなどの担体が充填されたカラムに、ポンプにより高圧の溶媒を送り込むことにより混合物を分離する技法である(図4.10[A])。分離された各成分は紫外・可視光検出器を通過するが、その際、紫外・可視光を吸収する化合物が通過すると、その吸収が電気信号化されて、レコーダーによりクロマトグラムとして記録される(図4.10[B])。通常254 nmの紫外線が検出用に用いられるが、検出波長を変えることも可能である。糖など、共役系を持たない化合物でも波長を210 nm付近に設定すると検出できる。当然のことであるが、HPLCの溶媒として紫外線を吸収するベンゼンなどを用いることはできず、水、メタノール、アセトニトリル、ヘキサンなどの210 nm以上の領域で紫外線吸収を示さない(または吸収が極めて弱い)溶媒が使用される。

図4.10[B]の実験では、検出器の波長として254 nmの紫外線を使用している。クロマトグラムの横軸は**保持時間**(retentiontime:分)、縦軸は吸収強度に対応している。クロマトグラムの強度は必ずしも化合物の量に比例しない。すなわち254 nm付近に極大吸収波長を持つ化合物は、量が少なくても大きな強度のピークを示す。また極大吸収波長が254 nmから大きく離れた化合物は、量が多くても弱いピークしか示さない。

[A]

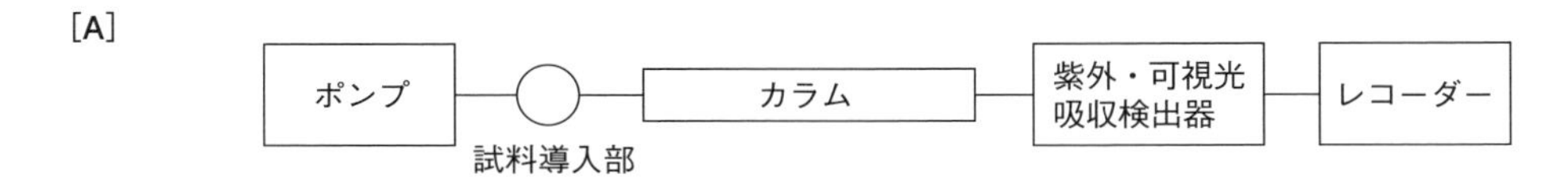

[B]

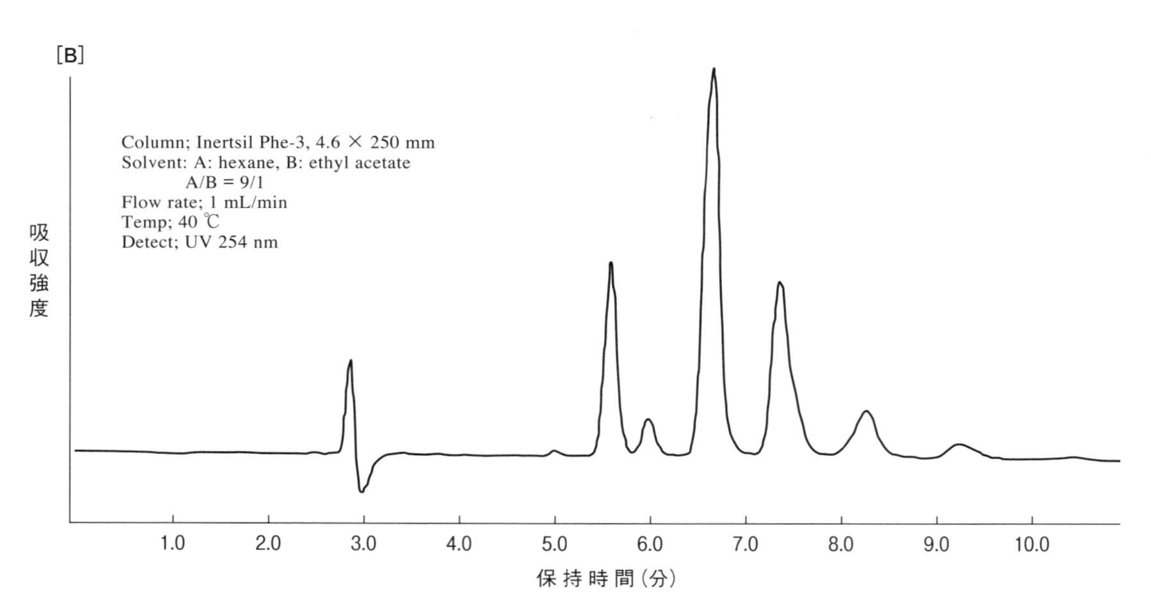

図4. 10　[A] 高速液体クロマトグラフィーの概念図。[B] 実際の実験例。検出光として254 nmの紫外線を使用。他の条件は図中のデータ参照。

章　末　問　題

【問題 4. 1】　分子量420の化合物10.4 mgをエタノールに溶かした後、溶液をメスフラスコで100 mLに定容した。この溶液の10.0 mLをメスピペットに取り、これをエタノールで100 mLに希釈した。希釈溶液の紫外・可視吸収スペクトルを測定したところ、λ_{max} 280 nmを示し、その吸光度 (A) は1.23であった。この化合物の280 nmにおけるモル吸光係数 (ε) を求めよ。なお、使用した石英セルの長さは1.00 cmである。

【問題 4. 2】　文献調査により、化合物A (分子式 C_8H_6) について λ_{max} 236 nm (ε 12500) (hexane) という報告を見出した。ある方法で抽出した化合物Aのヘキサン溶液について、1.00 cmの石英セルを用いて紫外・可視吸収スペクトルを測定したところ、236 nmでの吸光度は0.84であった。(1) この溶液のAのモル濃度を求めよ。(2) この溶液2000 mL中に含まれるAの量は何mgか。

第5章 マススペクトル（Mass Spectrum：MS）

§5.1　マススペクトルの原理

質量分析（マススペクトロメトリー）は、化合物の分子量、分子式、および構造についての情報を得るためのスペクトル法である。化合物の分子式を求める他の方法として元素分析をあげることができるが、元素分析では数 mg のサンプルを燃焼させる必要があるため、少量しか得られない天然有機化合物などに適用することは困難である。一方、質量分析では、必要とするサンプル量が 10^{-6} g（μg）〜 10^{-9} g（ng）程度であるため、サンプルをほとんど失うことなく化合物の分子量や分子式を決定し、同時に構造に関する情報を得ることができる。

図 5.1 に飛行時間型質量分析計（TOF–MS）の概念図を示す。サンプルに高速電子、高速プラズマ、レーザー光線などのエネルギーを与え、分子をイオン化する。以下、高速電子を用いてイオン化する場合（EI 法：p.163）を例として説明する。分子は電荷的に中性であるので、1 価のカチオンにするためには分子から 1 個の電子を取り去る必要がある。その結果生じるイオンは、分子を M とすると $M^{+\bullet}$、すなわちラジカルカチオンとなる。$M^{+\bullet}$を「**分子イオン**」とよぶ。ただし、イオン化の方法によっては分子に H^+ や Na^+ が付加したイオンが生じる（5.1.1 項）。

分子イオンがラジカルを放出して分解すると、質量がより小さな「**フラグメントイオン**」（fragment ion）（a^+、b^+ など）を与える。高真空中でこれらのイオンに高電圧をかけ加速させると、イオンの質量に応じて速度が異なるため、それぞれのイオンが検出器に到達する時間が異なる。すなわち、質量の小さなイオン（a^+、b^+ など）は電場により大きく加速されるため、検出器へ早く到達し、質量の大きなイオン（$M^{+\bullet}$）は遅れて到達する。到達時間は、電圧（E）、飛行距離（d）、イオンの質量（m）および電荷数（z）の関数であり、コンピュータ処理により、各イオンの ***m*/*z***（イオンの質量を電荷数で割った値）が算出される（5.1.2 項で改めて説明する）。横軸に m/z、縦軸に検出シグナルの相対強度を目盛り、グラフ化したものが**マススペク**

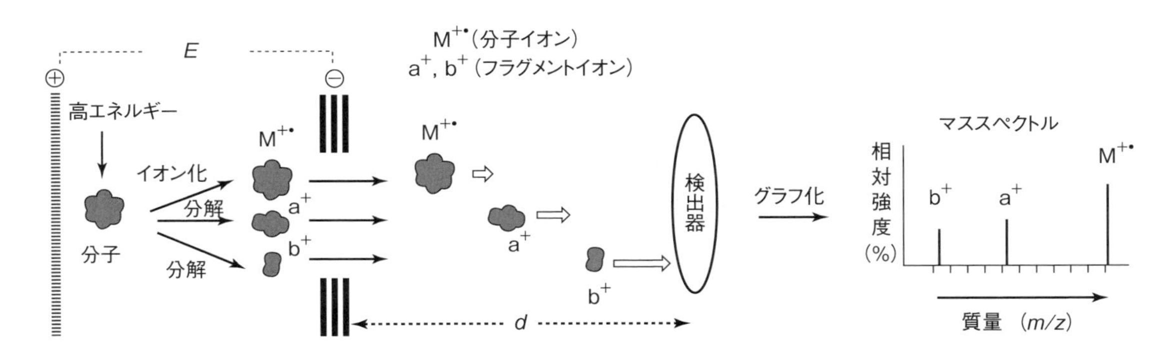

図 5.1　質量分析計（TOF–MS）の概念図。E：電圧、d：飛行距離、m：イオンの質量、z：電荷数。

トルである。通常はイオンの電荷数が1であるので、横軸はそのままイオンの質量を表す。

図5.1は非常に単純化した質量分析計の概念図であり、実際は種々のイオン化法（5.1.1項）とイオンの分離法（5.1.2項）が存在し、それらを組み合わせた多種類の装置が開発されている。

マススペクトルにおいて通常、分子イオン（またはH^+やNa^+などが付加したイオン）が最も右側（質量最大）に現れる。縦軸はイオンの相対強度を示し、最も強度が大きいピーク［**基準ピーク**（base peak）］を100（%）とする。

図5.2はエタノールのマススペクトル（EI法）である。分子イオン *m/z* 46はC_2H_6Oの分子量に対応している。また、基準ピーク *m/z* 31は分子イオンからメチルラジカル（CH_3・）が脱離して生成したフラグメントイオンである。

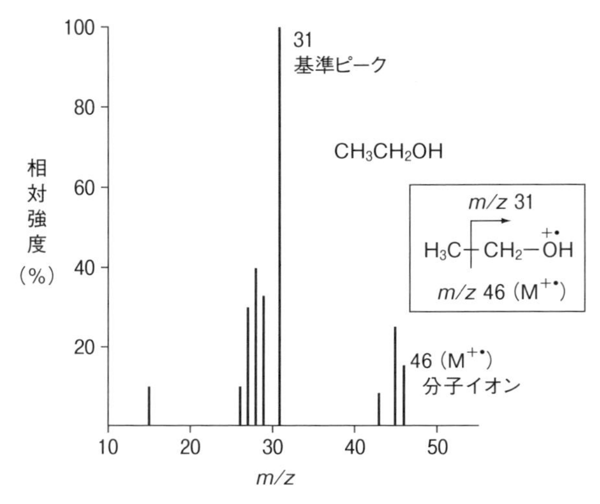

図5.2　エタノールのマススペクトル（EI法）。横軸上の最も右側（*m/z*が最大）のピーク（*m/z* 46）が分子イオン。最も強度が大きいピーク（*m/z* 31）が基準ピーク（相対存在量100 %）。

5.1.1　イオン化法

［電子イオン化法：**EI**（Electron Ionization）法］

高真空中で、気化させた化合物に高エネルギーの電子（e^-）を当てると（図5.3）、分子から1個の電子がはじき出されラジカルカチオン$M^{+\bullet}$（分子イオン）が生じる（$M + e^- \rightarrow M^{+\bullet} + 2e^-$）。ラジカルカチオンは不安定であり、分解して質量がより小さなフラグメントイオンを生じる（$M^{+\bullet} \rightarrow a\cdot + b^+$）。この過程を**フラグメンテーション**（fragmentation）とよぶ。フラグメントイオンはさらに小さなフラグメントイオンへ分解することが多いので、EI法によるスペクトルは多数のピークをあたえる（図5.2）。一方、分子内に水酸基やカルボニル基などの官能基が存在するとそれらに特有のフラグメンテーションが起こるので（5.2.1項）、EIマススペクトルは化合物の構造についての情報が豊かである。しかし、生成過程が不明なフラグメントイオンも多数観測される。この複雑さを逆に利用して、コンピュータライブラリーが作られており、基本的な化合物であれば、得られたスペクトルのパターンとライブラリーのパターンを比較することにより、自動的に化合物の同定が行われる。

EI 法は化合物を気化させる必要があるため、主として分子量が 1000 以下の揮発性の化合物に使用される。加熱により気化させるため、熱に不安定な化合物に用いることはできない。

質量分析の主要な目的は、化合物の分子量と分子式を決定することである。EI 法の欠点は、分子イオンを示さない化合物にしばしば遭遇することである。例えば第三級アルコールやアリルアルコールなどでは、脱水イオン（$M^{+\bullet}-H_2O$）が最も大きな *m/z* を与えることがある。当然のことながら、これを分子イオンとみなすと誤った構造を導き出すことになるので注意が必要である。

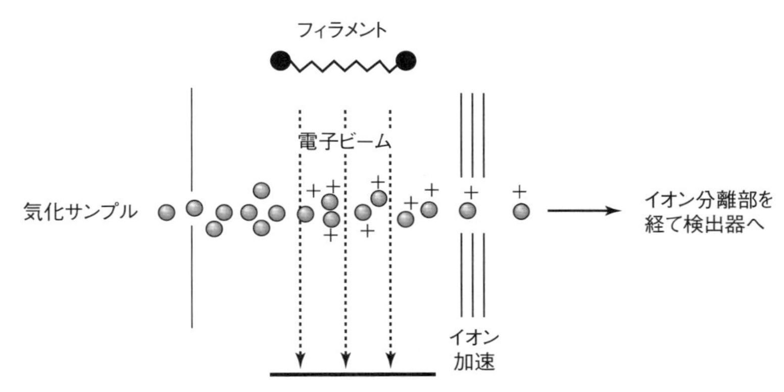

図 5.3 EI 法の概略。真空中で加熱により気化されたサンプルはイオン化室に導かれ、フィラメントから放出される高速熱電子ビームによりイオン化される。生じた分子イオン（ラジカルカチオン）とフラグメントイオン（カチオン）は静電圧により加速され、イオン分離過程を経て検出器へ至る。CI 法では、イオン化室にあらかじめ希薄な反応ガス（メタンなど）を入れておく。

以下に示すいくつかのイオン化法は、分子イオンを選択的に得ることを主たる目的として開発されたものである。しかしながら、どのような方法で得られたマススペクトルでも、*m/z* の最も大きなピークが必ずしも真の分子イオンではない、ということを常に心に留めて構造解析にあたる必要がある。

［化学イオン化法：**CI**（Chemical Ionization）法］

EI 法の装置（図 5.3）をそのまま使用できる。イオン化室中の化合物を気化させる際に、希薄なメタンガスを**反応ガス**として存在させておき、高エネルギー電子を照射すると、電子は相対濃度が圧倒的に高いメタン分子と衝突する。活性化された反応ガス中には CH_5^+ のような非常に強いプロトン化能を持つ化学種が存在し、化合物分子はプロトン化される（$CH_5^+ + M \rightarrow CH_4 + [M+H]^+$）。すなわち、分子は単なる化学反応によりプロトン化される（これを**ソフトイオン化法**という）ので、EI 法よりもエネルギーが低い状態でイオン化される。そのため、生じた $[M+H]^+$（**プロトン付加分子**）は比較的安定で、強いピークとして観測される。また、フラグメントイオンも少なく、CI マススペクトルは EI マススペクトルよりも単純化される。

反応ガスとしてメタン以外に、イソブタン、アンモニアなどが使用される。EI 法と同様に、熱により気化しやすい化合物に適用される。図 5.4 は 2–ノナノンの EI（上）および CI（下）スペクトルである。下図中のPCI（Positive Chemical Ionization）は正電荷を与えるCI法である。反応ガスとしてメタンを使用している。EI法では分子イオンピークが *m/z* 142に弱い強度で観測されるが、PCI法ではプロトン付加分子［M＋H］$^+$が *m/z* 143に非常に強いピークとして現れ、フラグメントイオンがほとんど観測されない。しかし、反応ガスから生じたカチオンが付加したイオンも、*m/z* 171および *m/z* 183に観測されている。

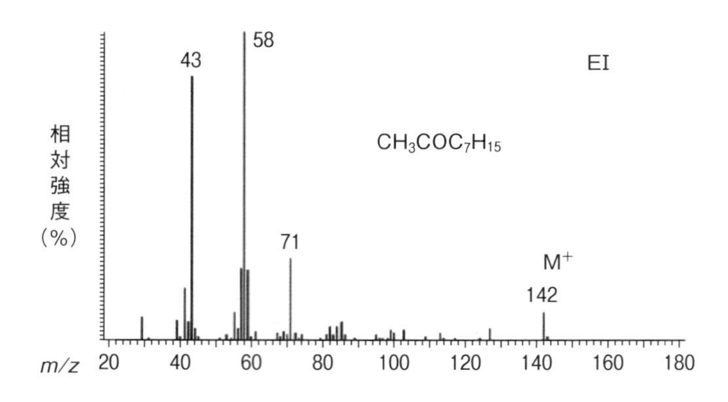

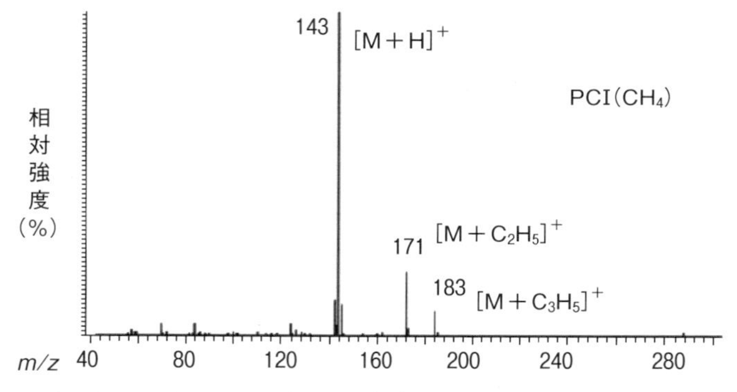

図5.4　2-ノナノン（メチルヘプチルケトン）のEI（上）およびCI（下）スペクトル。CIスペクトルでプロトン付加分子が基準ピークとして現れている。代島茂樹，ぶんせき，**2**，54（2009）より。

［高速原子衝撃法：**FAB**（Fast Atom Bombardment）法および

マトリックス支援レーザー脱離イオン化法：**MALDI**（Matrix-assisted Laser Desorption Ionization）法］

FAB法およびMALDI法は、加熱しても気化しにくい高極性化合物や分子量が大きい化合物をイオン化し、マススペクトルを測定するために開発された方法である。いずれの方法も、マトリックスとよばれる低揮発性の化合物（グリセリン、ケイ皮酸誘導体など）にサンプルを混合し、そこへ（a）高速の中性アルゴン（またはキセノン）原子（**FAB**法）または（b）窒素レーザー（**MALDI**法）を当てて、マトリックス分子とサンプル分子を瞬時に気化させる（図5.5）。気化したマトリックス分子はサンプル分子と電荷のやり取りを行い、サンプル分子をイオン化すると同時にマトリックス分子自身もイオン化する。また、マトリックスは高エネルギー状態でサンプル分子を保護する役割を持つので、フラグメンテーションが抑制され、強度が大きい**プロトン付加分子** **[M＋H]⁺**や**ナトリウム付加分子** **[M＋Na]⁺**を得ることができる。これらの方法もソフトイオン化法である。なおナトリウム付加分子以外にも**カリウム付加分子** **[M＋K]⁺**が観測されることもある。これらの付加分子は、サンプルやマトリックスに不純物として微量に含まれるナトリウムイオンやカリウムイオンにより生成したものと考えられる。

照射により正イオンと負イオンの両方が発生するが、正イオンだけを分離して加速させると「**正イオンモード** (positive ion mode)」のマススペクトルが、また負イオンだけを加速させると「**負イオンモード** (negative ion mode)」のマススペクトルが得られる。

FAB 法と MALDI 法の大きな特徴は、EI 法、CI 法では不可能であった不揮発性の化合物やタンパク質など生体分子のスペクトルが得られることである。FAB 法では分子量が数千程度の化合物、MALDI 法では分子量が数十万程度のタンパク質が測定可能である。田中耕一博士は MALDI 法によるタンパク質の構造解析手法の開発により 2002 年ノーベル化学賞を受賞した。

これらのイオン化法では、マトリックス起源のイオンも観測され、サンプルによるイオンの強度の方が小さいこともあるので、目的に応じてマトリックスの選択を行う必要がある。

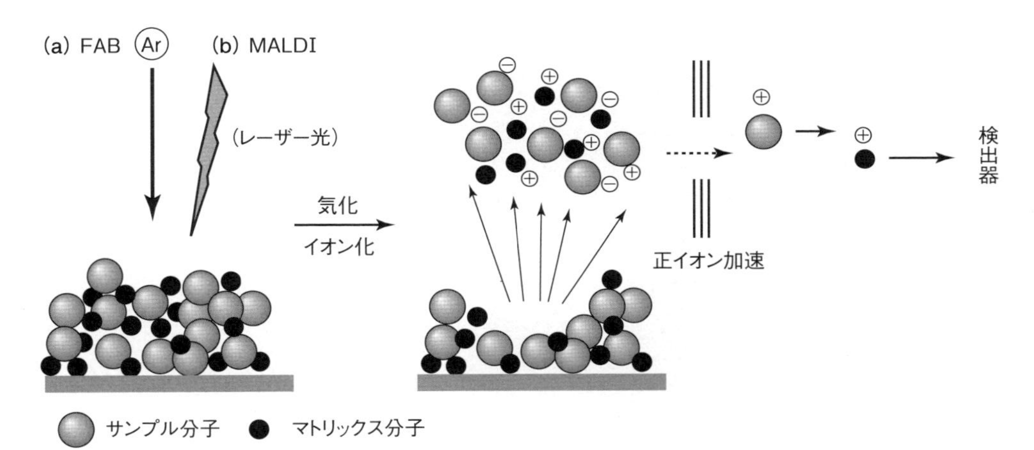

図 5.5 FAB 法および MALDI 法によるイオン化の概念図。両者共サンプルをマトリックスと混合し、FAB 法では高速アルゴンやキセノン、MALDI 法ではレーザー光によりイオン化を行う。

［エレクトロスプレーイオン化法：**ESI** (Electrospray Ionization) 法］

主として高速液体クロマトグラフ (HPLC) やキャピラリー電気泳動と連結して使用するイオン化法である。図 5.6 は HPLC と連結した正イオンモードの ESI 法についての説明である。カラムで分離された化合物溶液はステンレス製のスプレーノズルへ導かれる。ノズルと対電極間には高電圧がかけられており、溶液が先端に達すると、液滴中で電荷の分離が行われ、正電荷が表面に集中する。スプレー状に放出された液滴は毛細管（キャピラリー）を通過するが、その過程で溶媒が蒸発し、液滴のサイズが減少する。液滴が限界の大きさまで減少すると、液滴の形状を保とうとする表面張力よりも表面電荷同士の反発が大きくなり液滴は爆発的に分裂

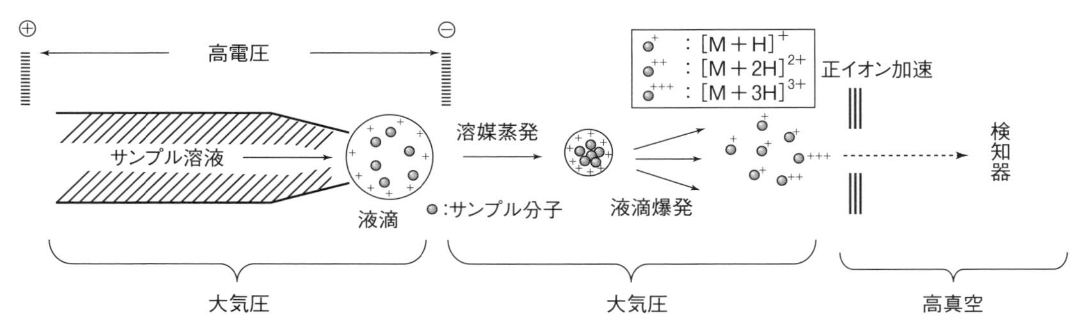

図 5.6　ESI 法（正イオンモード）の概略図。イオン化を大気圧で行えることが特長。サンプルを含み電荷を帯びた液滴が、溶媒蒸発により縮小すると、電荷同士の反発力が強まり爆発する。それと同時にサンプルは H^+ や Na^+ と反応しイオンを生じる。

する。それと同時に電荷はサンプル分子に乗り移り、正電荷を帯びたプロトン付加分子が発生する。ここまでの工程は大気圧下で行われる。イオンは高真空中のイオン分離部に導入され検出器に到達する。

プロトン付加分子については、1個のプロトンが付加した $[M+H]^+$ 以外に、複数のプロトンが付加した**多価イオン $[M+nH]^{n+}$** が観測される。例えば $[M+2H]^{2+}$ は（分子量＋2）の1/2、$[M+5H]^{5+}$ は（分子量＋5）の1/5の位置（m/z）に観測されるので、ペプチドやタンパク質などの分子量が大きな化合物の測定に役立つ。プロトン付加分子以外に $[M+nNa]^{n+}$ なども観測される。

多価イオンと1価イオンとは同位体ピークの m/z により区別できる（m/z の z がイオンの価数であることに注意）。^{12}C に対して約1％の確率で存在する ^{13}C によるピークは、^{12}C だけからなるイオンより m/z が1だけ大きい位置にピークを示す（**同位体ピーク**）（5.2.5項）。例えば質量が400.0である **a** の1価イオン（a^+）の m/z は400.0であり、これに対応する同位体ピークは m/z 401.0に現れる。いっぽう質量が800.0である **b** が2価イオン（b^{2+}）を形成すると、やはり m/z 400.0にピークを示すので a^+ と b^{2+} の区別ができない。しかし ^{13}C を1個含む **b** の質量は801.0であり、b^{2+} の同位体ピークは400.5に現れる。すなわち b^{2+} においては、m/z 400.0の同位体ピークは m/z 400.5を示し ^{12}C だけからなるピークとの質量差が m/z 0.5であるので、a^+ と明確に区別できる。

ESI法は非常にソフトなイオン化法であり、プロトン付加分子が強いピークとして現れるので、低分子から分子量10万程度の高分子化合物の分子量および分子式決定に用いられている。スプレーノズルの先端部の液滴に電荷を与える操作を大気圧で行えることが大きな特徴である。ノズルからの液滴に電圧をかける代わりにコロナ放電によりイオン化する **APCI**（Atmospheric Pressure Chemical Ionization）法（大気圧化学イオン化法）と、紫外線によりイオン化する **APPI**（Atmospheric Pressure Photoionization）法（大気圧光イオン化法）も大気圧でのイオン化法である。

［プロダクトイオンスペクトル法（Product Ion Spectroscopy）］

FAB, MALDI, ESI などのソフトイオン化法では、分子イオンに関連した分子（$[M+H]^+$や$[M+Na]^+$）のみが得られることが多い。これらの分子は化合物の分子量や分子式を求めるために有益であるが、化合物の構造についての情報を与えない。そこで、最初の質量分析計で選択されたイオンを強制的に分解させ、得られる二次的イオン（**プロダクトイオン**）をもう一つのマススペクトルへ導入する技法が考案された。この技法は、質量分析計を2個連結させるので、**MS/MS** という通称でよばれている（図5.7）。すなわち、MS (1) である特定イオン（通常は$[M+H]^+$または$[M+Na]^+$）を選択し、衝突室で Xe や N_2 ガスに衝突させる。衝突で生じるエネルギーがフラグメンテーションを引き起こし、プロダクトイオン群が生じる。これを MS (2) により *m/z* 別に分離することによりマススペクトルを得る。例えばペプチドを部分的に加水分解した混合物について FAB などのマススペクトルを測定し、各加水分解物のピークを選択的に衝突室に導き、それぞれの MS (2) を得ることにより元のペプチドのアミノ酸配列の決定を行うことができる。

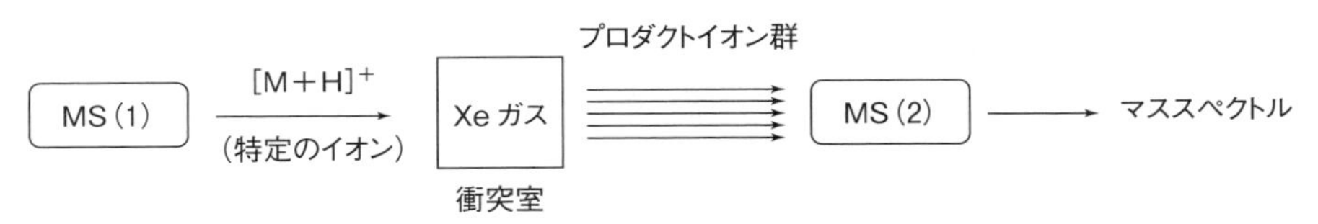

図 5.7 プロダクトイオンスペクトル法（MS/MS）の概念図。ソフトイオン化法は分子量・分子式の情報を与えるが構造の情報が乏しい。ある特定のイオンをもう一つの MS へ導き、Xe ガスと衝突させると元のイオンは多数のプロダクトイオンを与える。MS/MS 法は化合物の構造解析や混合物の分析に用いられる。

5.1.2 質量分析部

イオン化により発生したイオンを *m/z* の大きさに従って分離する部分を**質量分析部**とよぶ。質量分析部には、イオン群に電場や磁場を作用させることにより、個々のイオンの *m/z* に応じた分離を行うための分析計が備わっている。

［磁場セクター（扇形磁場）型質量分析計（Magnetic Sector Mass Spectrometer）］

「**磁場型**」ともよばれ、最も初期から用いられている方法である。イオンが磁場中を進行すると、進行方向に垂直な力を受ける（ファラデーの法則）。その結果、イオンは磁場中で円運動を開始する。イオン群の速度を一定にして磁場中に送り込むと、円の半径は各イオンの質量により異なる。イオン群の行路に置かれた扇形磁場の強度を連続的に変化させて、検出器に到達するイオンの *m/z* を観測する（図5.8）。

［四重極型質量分析計 **QMS**（Quadrupole Mass Spectrometer）］

図5.9のように4本の円筒状電極を重ね（四重極）、対向するそれぞれの電極ペアに高周波交流電圧と直流電圧を周期的に極性が変わるように印加する。この四重極にイオン群を導入すると、四重極の電圧で合成された揺動電場に最適な *m/z* のイオンのみが細かく振動しながら通過する。他のイオンは激しい振動により電極外へ脱出してしまい、通過することができない。

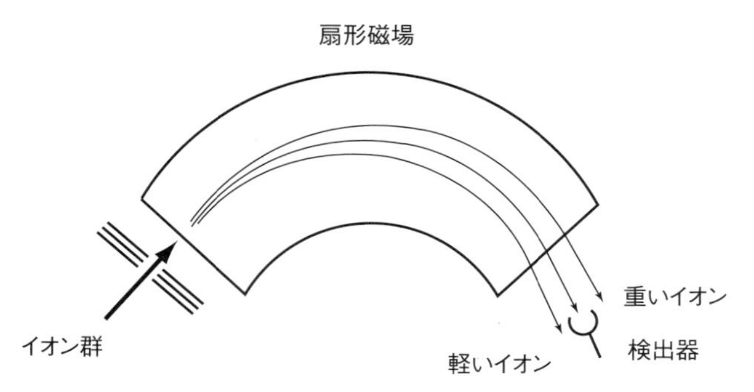

図 5.8　磁場セクター型質量分析計の概略図。一定速度のイオンが磁場中を運動すると、質量に応じた半径を持つ円運動を行う。磁場を掃引するとイオンは質量の順に検出器に到達する。検出された信号から質量スペクトルが得られる。

図 5.9　四重極型質量分析計の概略図。四本の電極に高周波交流電圧と直流電圧をかけ、電極の極性を揺動させると特定の m/z を持つイオンのみが四重極を通過できる。電圧を掃引するとマススペクトルが得られる。

電圧を掃引すると、揺動電場を通り抜けるイオンの m/z が変化するので、マススペクトルを得ることができる。QMS を備えた装置は、小型化が可能で保守や操作が簡便なため、環境物質分析や食品分析など多分野で汎用されている。

［飛行時間型質量分析計：**TOF-MS**（Time-of-Flight Mass Spectrometer）］

飛行時間型質量分析計の原理は、基本的に図 5.1 で示した概念図で説明できる。質量 m を持つ 1 価のイオンを電圧 E で加速すると $eE = mv^2/2$ の関係が成り立つ。v はイオンの速度、e は電子の電荷である。加速部を通過すると、各イオンは高真空中で各イオンの質量に応じた速度で等速度運動する。検出器までの距離を d とすると、検出器までの到達時間 t は $t = d/v$ で表される。すなわち、大きな質量のイオンは定電圧（E）によりもたらされる速度（v）が小さいので到達時間が長く、小さな質量のイオンは速度が大きいので到達時間が短い。式を変形すると $m = (2eEt^2)/d^2$ であり、t を精密に決定することにより m を求めることができる。TOF-MS は感度が高く、タンパク質などの分子量が大きい化合物についても精密な m/z を求めることができる。

5.1.3 サンプル導入法

［**直接導入**（Direct Inlet）**法**］

電子イオン化（EI）や化学イオン化（CI）のイオン化室へ、石英などのホルダーに入れたサンプルを直接導入する方法。イオン化室をいったん大気圧に戻し、サンプルホルダーを挿入後、再度高真空へ戻す。その後、サンプルを加熱し気化させ、高速電子などによりイオン化する。加熱の過程でサンプルが分解する可能性があるので、不安定な化合物や高分子量の化合物には不適である。

高速原子衝撃（FAB）法やマトリックス支援レーザー脱離イオン化（MALDI）法についても、大気圧下でマトリックスと混合したサンプルを導入し、その後サンプル室を真空にするので直接導入法の一種といえる。

［**ガスクロマトグラフィー/質量分析法：GC/MS**（Gas Chromatography Mass Spectrometry）］（§5.4 参照）

ガスクロマトグラフ（GC）と質量分析計を連結した装置を用いる方法。サンプルはヘリウム（担体ガス）とともにキャピラリーカラムを通過し、質量分析計へ導入される。カラムを通過中に分離が行われるので、複数の化合物からなるサンプルでも分析可能である。サンプルを気化させる必要があるため、主として低分子量の化合物に適しており、難揮発性の化合物には使用できない。イオン化は主に EI 法を用いる。

［**液体クロマトグラフィー/質量分析法：LC/MS**（Liquid Chromatography Mass Spectrometry）］（§5.4 参照）

高速液体クロマトグラフ（HPLC）と質量分析計を連結した装置を用いる方法。サンプルは溶液として質量分析計へ導入されるので、イオン化法として EI や CI は使用できない。カラムを通過したサンプル溶液をスプレー状にし、液滴に電圧をかけてイオン化する ESI 法と組み合わされることが多い。低分子のみならずタンパク質などの高分子にも使用できる。

要点 5.1

・マススペクトル（MS）：化合物をイオン化し、生じた分子イオンから分子量と分子式（§5.3）を求める方法。

・フラグメントイオン：分子イオンが分解して生じるイオン。構造解析に役立つ。

・横軸は m/z。m は質量、z はイオンの電荷数（通常は $z = 1$）。縦軸はイオンの強度。

・分子イオンピーク：最も大きな（最も右側の）m/z を持つピーク。

・基準ピーク：最も強度が大きいピーク。これを縦軸上で 100 % とし、他のピークの強度は相対強度（%）で表す。

〈イオン化法〉

・EI（電子イオン化）法：揮発性の分子に適用。多数のフラグメントイオンを生じる。GC と連結できるが HPLC とは連結できない。

══ 以下はフラグメントイオンによるピークが少なくソフトイオン化法とよばれる ══

・CI（化学イオン化）法：EI 法の一種。反応ガスが CH_4 の場合、$[M+H]^+$ を与える。

・ESI（エレクトロスプレーイオン化）法：大気圧下でイオン化できる。$[M+H]^+$ や $[M+Na]^+$ が生じる。低分子からタンパク質などの高分子にも適用可。HPLC と連結。

・FAB (高速原子衝撃) 法：サンプルとマトリックスの混合物に高速のアルゴン原子を衝突させてイオン化する。低揮発性の化合物に適用。
・MALDI (マトリックス支援レーザー脱離イオン化) 法：サンプルとマトリックスの混合物に窒素レーザーを照射してイオン化する。低揮発性の化合物、タンパク質などの生体高分子に適用。

〈質量分析法〉
・磁場型：初期から用いられている方法。低分子向き。
・四重極型 (QMS)：分解能 (5.3.2 項) は低いが、小型化が可能で多分野で用いられる。
・飛行時間型 (TOF–MS)：分解能が高く精密な質量が得られる。低分子から高分子まで適用可。

§5.2　マススペクトルの解析

5.2.1　フラグメンテーション

電子イオン化法 (EI 法) で得られる分子イオン ($M^{+\bullet}$) はエネルギー状態が高く、フラグメンテーションにより多数のフラグメントイオンを与える。フラグメンテーションにはラジカルや電子対が関与し、これは他のイオン化法でも同様である。したがって、官能基に応じて特有な開裂を起こす EI スペクトルについて理解すると、他の方法で得られたマススペクトルの解析に役立つ。この節で示したスペクトルは、EI 法で得られたスペクトルを編集したものである。なお、下記に見られるように EI 法では分子イオンピークが観測されない場合が少なからず存在する。そのような場合は CI 法や ESI 法などのソフトイオン化法を試すことが望ましい。

(1) 飽和炭化水素

直鎖状の炭化水素はメチレンユニット (CH_2：14 Da) [Da：Dalton (ダルトン：統一原子質量単位)] が連続的に脱離したように見える「－14 シリーズ」が特徴的である。図 5.10 (a) はオクタンの EI–MS であるが、分子イオン (m/z 114) からエチルラジカルが脱離した m/z 85 のイオンから、CH_2 が次々と脱離したように見える 4 個のイオンが観測されている。メチレン基が脱離するフラグメンテーションは、直鎖状の炭化水素に特有であり、環状化合物ではほとんど観測されない。実際はこれらのイオンは、分子イオンからエチル、プロピル、ブチルラジカルなどが順々に脱離して生成するイオンによるピークであるが、「－14 シリーズ」として覚えておくと、スペクトル中で直鎖状アルキル基によるフラグメントイオンピークを見つけるのに便利である。(b) のように、直鎖状や環状炭化水素から枝分かれしたアルキル基を持つ飽和炭化水素では、枝分かれの部分が脱離したイオンが観測される。

直鎖状アルキル基を持つ化合物は、化合物の精製に使用するクロマトグラフのカラム充填剤や溶媒由来の物質、容器の洗浄に使用した洗剤、真空ポンプのオイルなどに含まれている。し

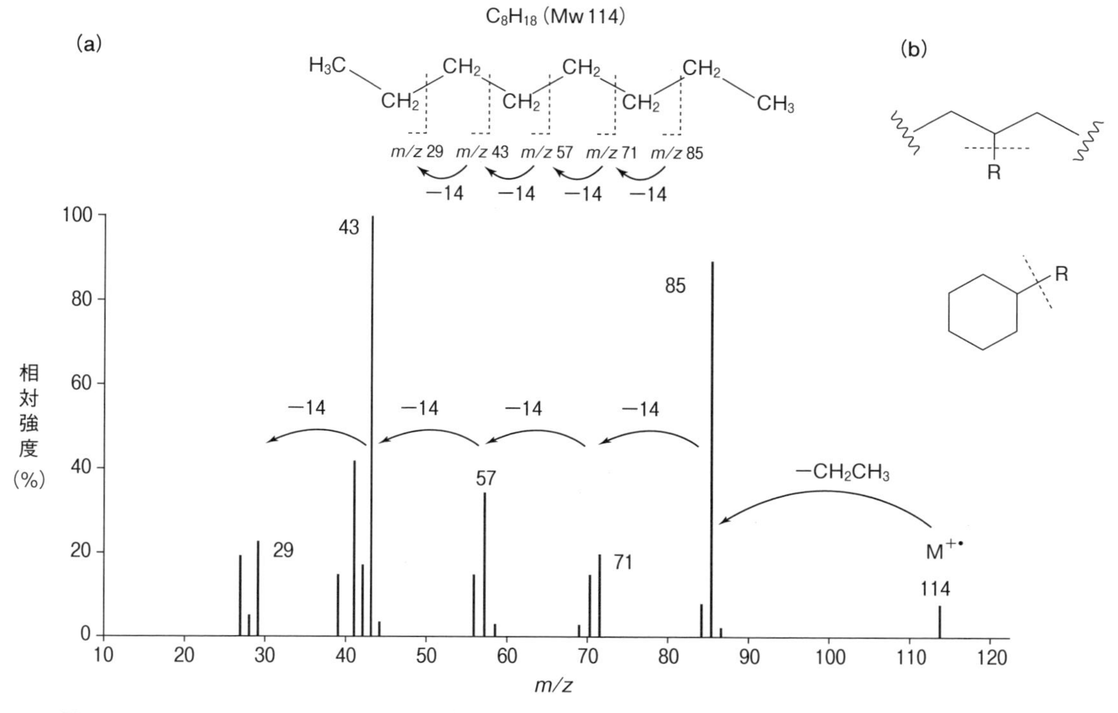

図 5. 10　オクタンの EI マススペクトル。直鎖状アルカンに特有の「−14 シリーズ」が観測される。

たがって、条件によっては、サンプルが直鎖状アルキル化合物でないにもかかわらずこれらの不純物によるフラグメントイオンがスペクトル中に強く現れることがある。その場合でも、「−14 シリーズ」に気がつけば、それらがサンプル由来のフラグメントイオンでないことがわかる。

(2) オレフィン

a　b c　c　+　d　e

直鎖状のオレフィンでは、C=C 近辺で起こる a, b, c のフラグメンテーションが考えられる。a は強固な二重結合を切断するため大きなエネルギーを必要とし、不利である。b は安定でないビニルカチオンを生成するので、好ましい切断部位ではない。c はラジカル e を放出して安定なアリルカチオン d を与えるので、最良の切断部位である。しかし、直鎖状のオレフィンにおいては、ラジカルカチオンが高エネルギーの状態であるので、しばしば二重結合の移動が起こる。その結果、例えば 3−ヘキセンでは、a (二重結合部位) の切断が起こったかのように見えるフラグメントを与えることがある (図 5. 11)。したがって、マススペクトルから直鎖状オレフィンの二重結合位置を決定することは困難である。

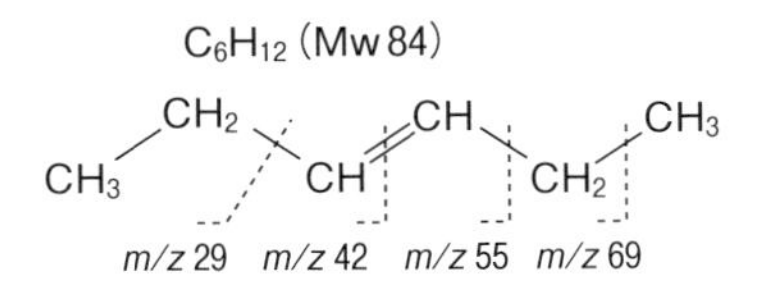

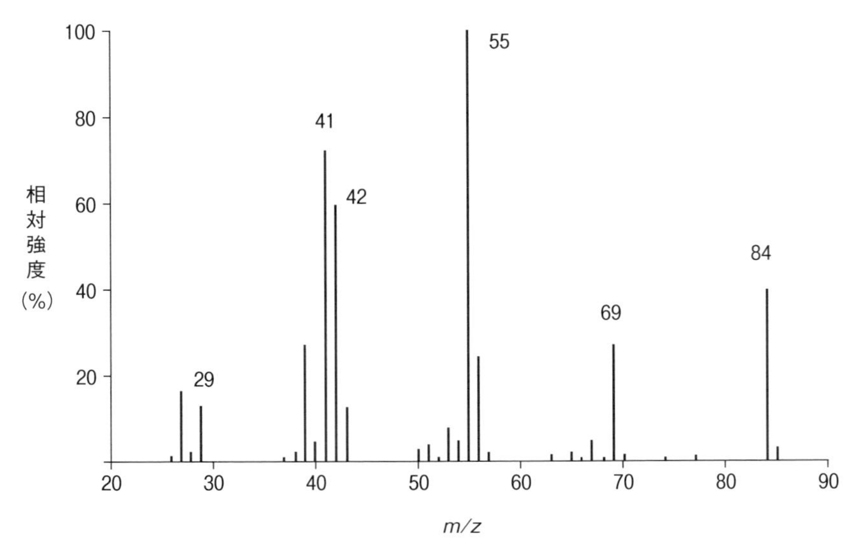

図 5.11　3-ヘキセンの EI マススペクトル。高エネルギー状態で二重結合の移動が起こるので、一見二重結合が切れたように見える *m/z* 42 が観測される。

環状オレフィンのうちでシクロヘキセン環を持つ化合物は、**逆ディールス・アルダー**（retro-Diels-Alder）**開裂**（下図）により、ジエン a またはエチレン b の構造を持つフラグメントイオンを生じる。

−28

a　b　c　d

m/z 94 ($M^{+\bullet}$)　*m/z* 66 (100 %)

ノルボルネン c のマススペクトルでは、エチレンが脱離したフラグメントイオン d が基準ピークとして観測される。また、3-メチル-1-シクロヘキセンのマススペクトル（図 5.12）では、二重結合の隣（アリル位）のメチル基が脱離したフラグメントイオン *m/z* 81（基準ピーク）(e) と共に、逆ディールス・アルダー開裂 (f) によるフラグメントイオン *m/z* 68 が強いピークとして現れている。

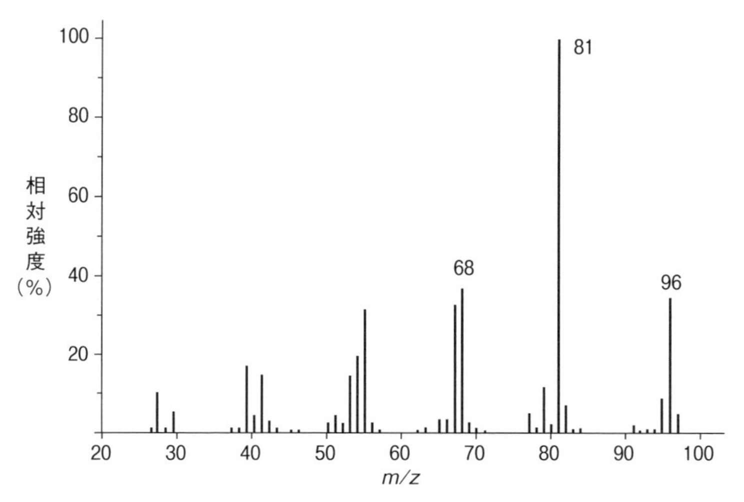

図 5.12 3-メチル-1-シクロヘキセンの EI マススペクトル。逆ディールス・アルダー開裂による *m/z* 81 のフラグメントが生成している。

【問題 5.1】 リモネンのマススペクトルでは *m/z* 68 のイオンが基準ピークである。このイオンの生成機構を示せ。

(3) ベンゼン環を持つ炭化水素

上図のような 1 置換アルキルベンゼンのカチオンラジカルは、a で切断した *m/z* 77 のフラグメントを与える。この *m/z* 77 のイオンは 1 置換ベンゼンに特有なフラグメントである。アルキルベンゼンは b で切断した安定なベンジルカチオンを与える。このカチオンは転位を起こし、**トロピリウムイオン** m/z 91 を生成する。トロピリウムイオンはアセチレンを放出し、シクロペンタジエンカチオン m/z 65 を与える。

図5.13はブチルベンゼンのスペクトルである。トロピリウムイオンが基準ピークとして現れている。

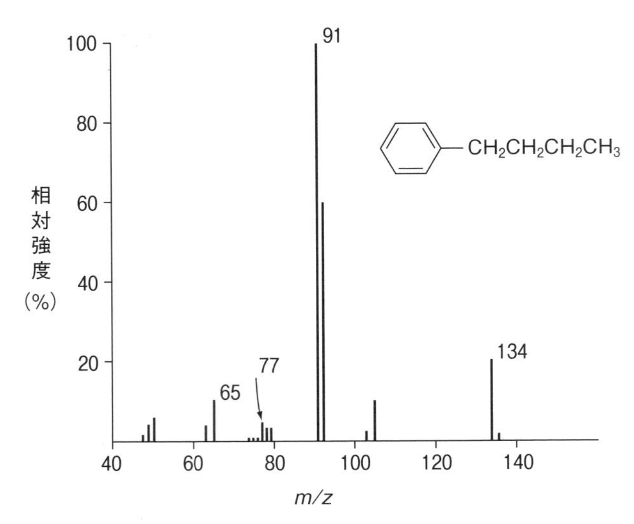

図5.13　ブチルベンゼンのEIマススペクトル。m/z 91 はトロピリウムイオンによるものである。

(4) アルコール

アルコールの分子イオンは不安定であり一般に強度が弱く、脱水したイオン（$M^{+\bullet}-H_2O$）や他のフラグメントイオンが一番大きな m/z を示すことがあるので、これらのイオンを分子イオンと間違えないように注意が必要である。

[A]　$-\overset{R}{C}-\overset{+\bullet}{O}H \xrightarrow{-R\bullet} >C=\overset{+}{O}H$

[B]　$R'-\underset{H}{\overset{R}{C}}-\overset{+\bullet}{O}H$　a → $\overset{R'}{\underset{H}{>}}C=\overset{+}{O}H$（$M^{+\bullet}-R\bullet$）　b → $\overset{R}{\underset{R'}{>}}C=\overset{+}{O}H$（$M^{+\bullet}-H\bullet$）

アルコールのフラグメンテーションは、(1) 脱水 および (2) α–炭素上の置換基の脱離［A］が主経路である。第一級（R′＝H）および第二級アルコール（R′＝アルキル基）は、［B］に示すように α–炭素上の置換基の脱離 (a) と α–炭素上の水素ラジカルの脱離 (b) の両方が起こる。

図5.14は1–ブタノールのスペクトルである。分子イオン（m/z 74）は非常に弱く見えにくいので、周辺の感度を5倍にしてある。脱水素イオン m/z 73（$M^{+\bullet}-H$）(経路b) が分子イオンより大きな強度で現れている。m/z 56 の基準ピークは脱水イオン（$M^{+\bullet}-H_2O$）によるものである。脱プロピルイオン（経路a）が m/z 31 に強いピークとして観測されている。

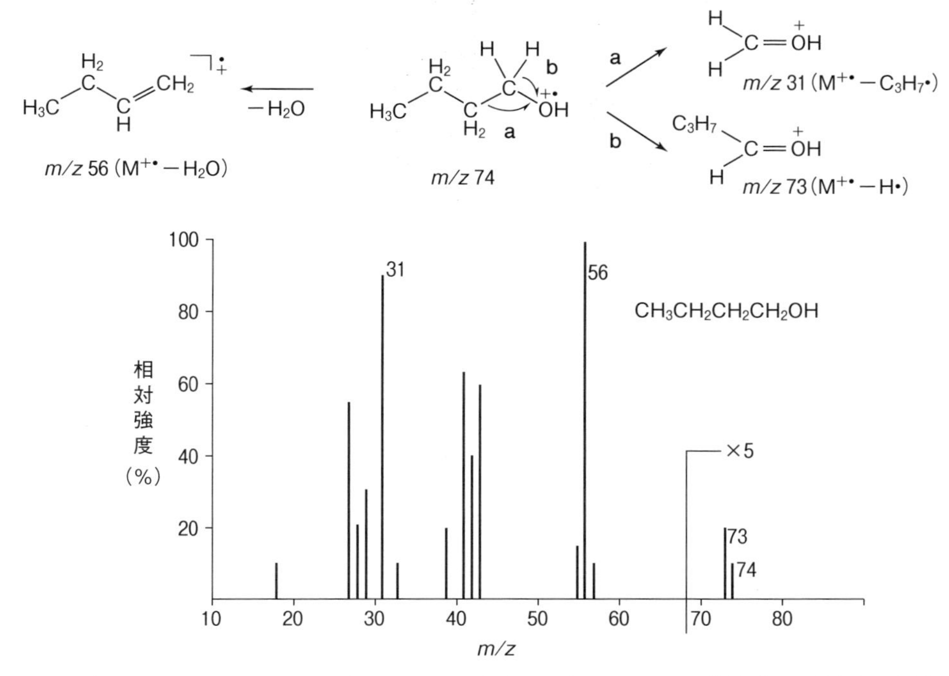

図 5.14　1-ブタノールの EI マススペクトル。EI スペクトルではアルコールの分子ピークが出ないか弱いことが多い。この場合、脱水ピーク（*m/z* 56）が基準ピークとして観測されている。

【問題 5.2】　2-ブタノールの EI マススペクトル（図 5.15）で数字をふったフラグメントイオンの生成経路を示せ。

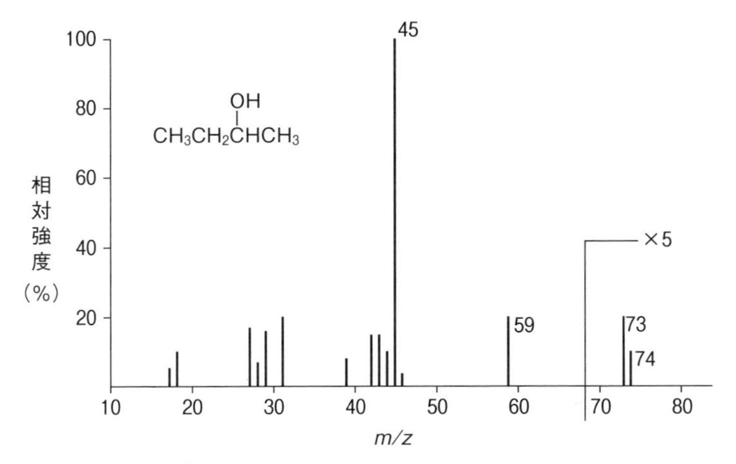

図 5.15　2-ブタノールの EI マススペクトル。

(5) フェノール

フェノール類のマススペクトルでは、脱水イオンは現れず、脱 CO イオン（$M^{+\bullet}-28$）および脱 CHO イオン（$M^{+\bullet}-29$）が顕著なピークとして観測される。フェノール、1-ナフトール、

m/z 94 (100%) フェノール → m/z 66 ($M^{+\bullet}$ − CO) (39%)、m/z 65 ($M^{+\bullet}$ − •CHO) (26%)

1−ナフトール (100%) → m/z 116 ($M^{+\bullet}$ − CO) (31%)、m/z 115 ($M^{+\bullet}$ − •CHO) (66%)

2−ナフトール m/z 144 (100%) → m/z 116 ($M^{+\bullet}$ − CO) (25%)、m/z 115 ($M^{+\bullet}$ − •CHO) (70%)

2−ナフトールのスペクトルでは分子イオンが基準ピークとなり、($M^{+\bullet}$−CO) イオンおよび ($M^{+\bullet}$−•CHO) イオンが大きな強度で観測される。

(6) ケトン、アルデヒド

ケトンの分子イオンは、カルボニル基に結合したα−結合が切断される「α−開裂」により、アルキル基が脱離した (a) および (b) のイオンを生成する。アルデヒドの分子イオンからは、c 経路でアルキル基が脱離した (c) (*m/z* 29) が生成すると共に、水素ラジカルが脱離した (d) も観測される。また、[A] のように、γ−位の炭素上に水素があるケトンでは、四角内に示した「**マクラファティ転位**」(McLafferty rearrangement) が起こり、電荷的に中性であるエチレン誘導体 [C] と共にラジカルカチオン [B] を生成する。

ケトン：R(a)R′(b)C=$O^{+\bullet}$ → R′−C≡O^{+} (a) および R−C≡O^{+} (b)

アルデヒド：R(c)H(d)C=$O^{+\bullet}$ → H−C≡O^{+} (c) m/z 29 および R−C≡O^{+} (d)

[A] ≡ マクラファティ転位 → [B] + [C]

図5.16はブタナール（ブチルアルデヒド）のマススペクトルである。α−開裂による2個のイオンが *m/z* 71 および 29 に現れている。また、マクラファティ転位で生成したイオンが *m/z* 44 に基準ピークとして観測されている。*m/z* 57 のイオンは $M^{+\bullet}$−$\bullet CH_3$、*m/z* 43 のイオンは $M^{+\bullet}$−$\bullet C_2H_5$ または CH_3−CH_2−CH_2^+ によるものである。

以上の例からわかるように、C, H, O からなる化合物では、分子イオンからラジカルが脱離して生成するフラグメントイオンの *m/z* は奇数、また脱水やマクラファティ転位のように中性分子が脱離して生成するイオンの *m/z* は偶数となる。

$CH_3CH_2CH_2CHO^{+\bullet}$　m/z 72 ($M^{+\bullet}$)
a → $CH_3{-}CH_2{-}CH_2{-}C{\equiv}O^+$　m/z 71
b → $H{-}C{\equiv}O^+$　m/z 29

→ $[CH_2{=}C(OH)H]^{+\bullet}$ + $CH_2{=}CH_2$　m/z 44

$CH_3CH_2CH_2{-}CHO$

相対強度（%）

m/z

29　43　44　57　71　72

図 5.16　ブタナールの EI マススペクトル。マクラファティ転位による m/z44 イオンが基準ピークとして現れている。

【問題 5.3】　4–オクタノン（ブチルプロピルケトン）のスペクトルで、m/z の値を付けたフラグメントイオンの生成経路を示せ。

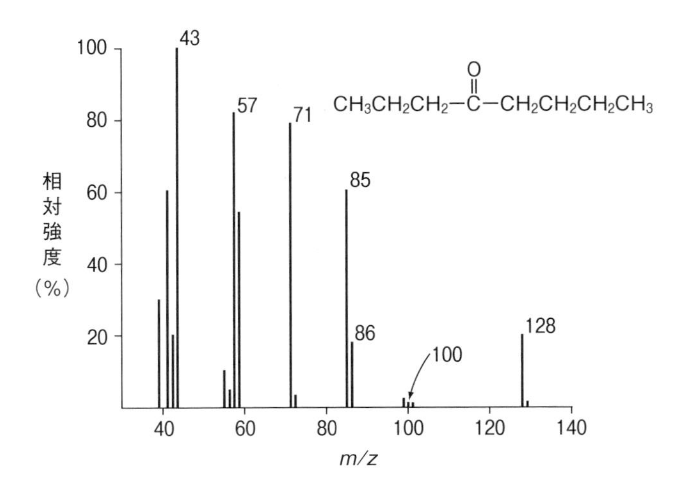

(7) エステル

エステルはケトンと同様、α–開裂によるフラグメントを生成する。また、γ–位炭素に水素が存在する場合は、マクラファティ転位が起こる。

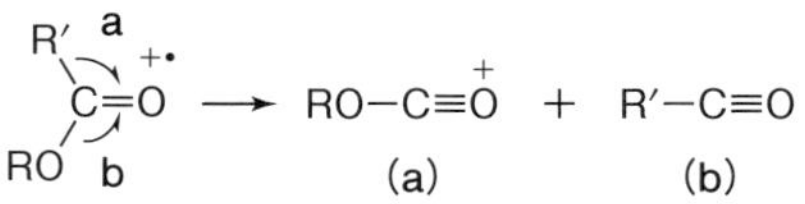

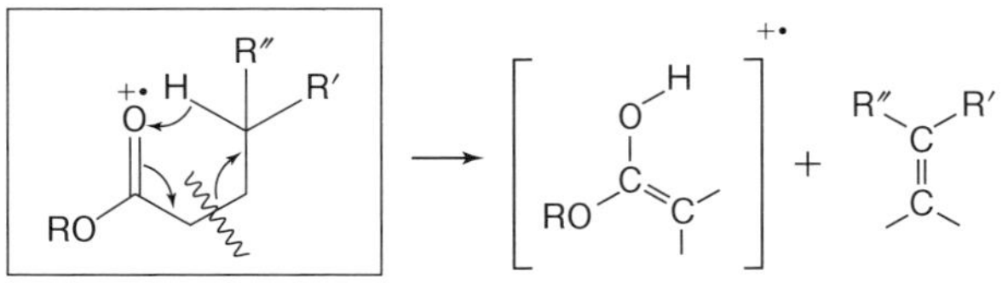

マクラファティ転位

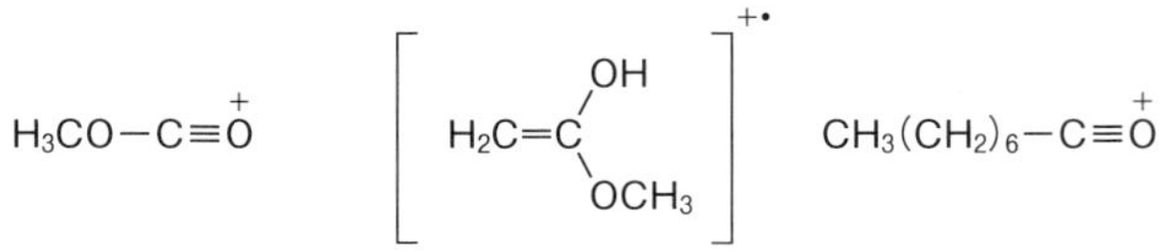

$H_3CO-C\equiv\overset{+}{O}$　m/z 59

$[H_2C=C(OH)(OCH_3)]^{+\bullet}$　m/z 74

$CH_3(CH_2)_6-C\equiv\overset{+}{O}$　m/z 127

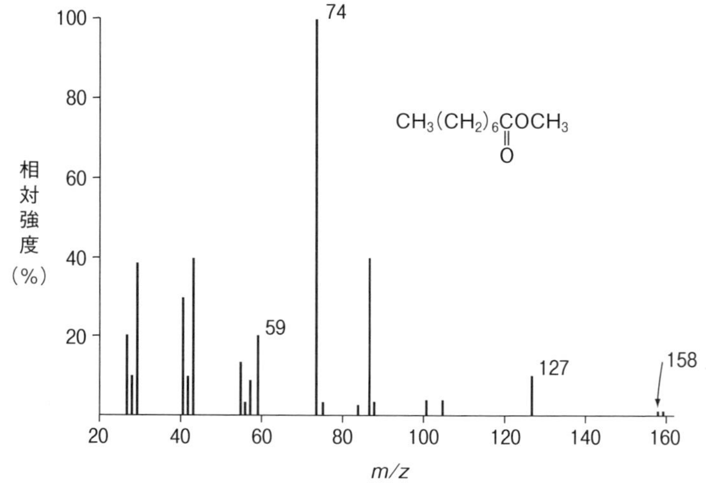

図 5.17　オクタン酸メチルの EI マススペクトル。マクラファティ転位による m/z 74 イオンが基準ピークとして現れている。

図 5.17 はオクタン酸メチルのスペクトルである。マクラファティ転位によるイオン m/z 74 が基準ピークとして現れている。

アルキルアルコールのアセテート（CH_3CO–OR）では、しばしば分子イオンが現れず、脱酢酸イオン（$M^{+\bullet}-CH_3CO_2H$）（$M^{+\bullet}-60$）が観測される。またアセチル基部分から生成したイオン（CH_3CO）$^+$が m/z 43 に現れる。フェノールのアセテートでは脱ケテンイオン（$M^{+\bullet}-CH_2=C=O$）（$M^{+\bullet}-42$）が強いピークとして観察される。

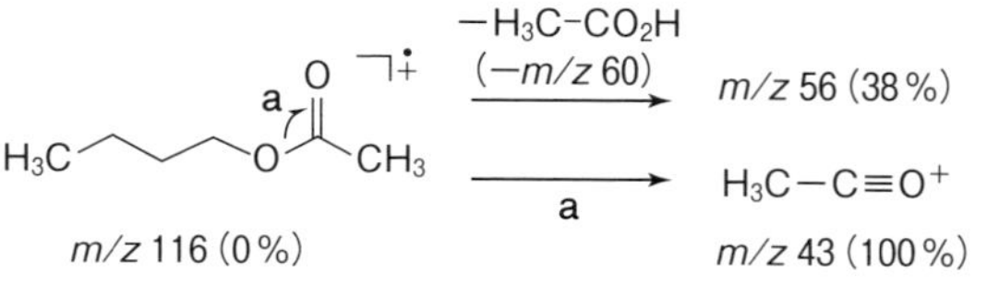

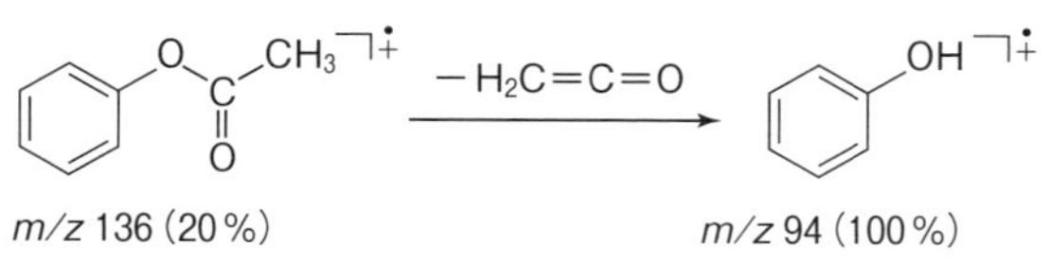

m/z 116（0％）$\xrightarrow{-H_3C-CO_2H\ (-m/z\ 60)}$ m/z 56（38％）

m/z 116（0％）$\xrightarrow{a}$ $H_3C-C\equiv O^+$　m/z 43（100％）

m/z 136（20％）$\xrightarrow{-H_2C=C=O}$ m/z 94（100％）

(8) カルボン酸

カルボン酸のフラグメンテーションはエステルと同様であり、a の開裂により水酸基ラジカルが脱離した $M^{+\bullet}-17$ が生成する。b の開裂では $M^{+\bullet}-45$ と *m/z* 45 のイオンの両方または片方が観測される。また、他のカルボニル化合物と同様、γ-位炭素に水素が存在する場合はマクラファティ転位 (c) による *m/z* 60 のイオンが生成する。

ペンタン酸のスペクトルでは分子イオンは観測されず、マクラファティ転位による *m/z* 60 のイオンが基準ピークとして現れる。また、安息香酸のスペクトルでは分子イオンが強いピークとして観測され、さらに開裂 a による *m/z* 105 が基準ピークとして、開裂 b による *m/z* 77 のイオンが 3 番目に強いピークとして観測される。

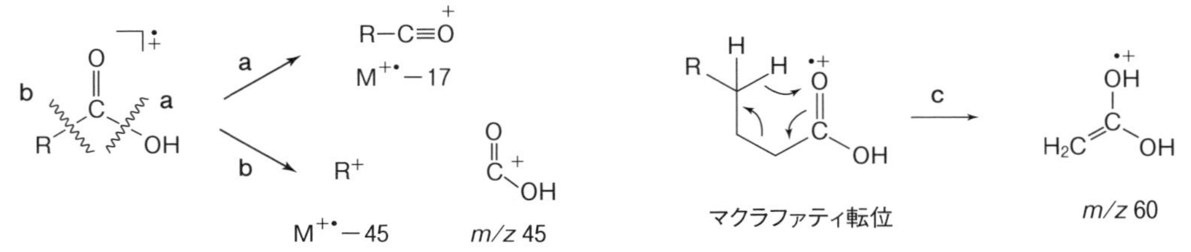

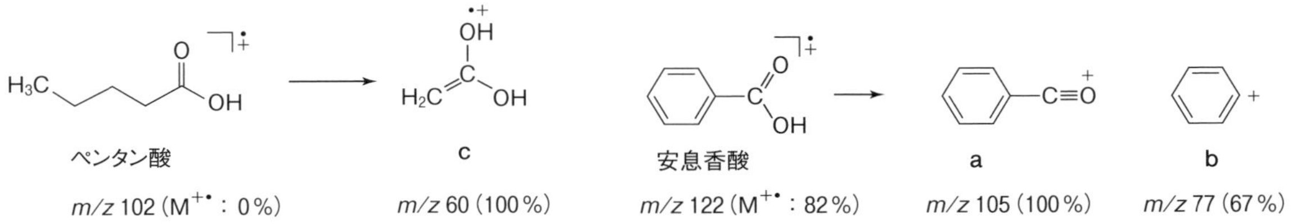

(9) エーテル、アミン、チオール、チオエーテル

エーテル (X = O)、アミン (X = N)、およびチオール、チオエーテル (X = S) はアルコールの場合と同様、α-炭素上の結合が開裂したフラグメントを与える。脂肪鎖を持つチオールはアルキルラジカルの脱離により *m/z* 47 のフラグメントを与える。トリエチルアミンのスペクトルでは、水素ラジカルが脱離したフラグメント (a) (*m/z* 100) (7 %) およびメチルラジカルが脱離したフラグメント (b) (*m/z* 86) が基準ピークとして観測される。

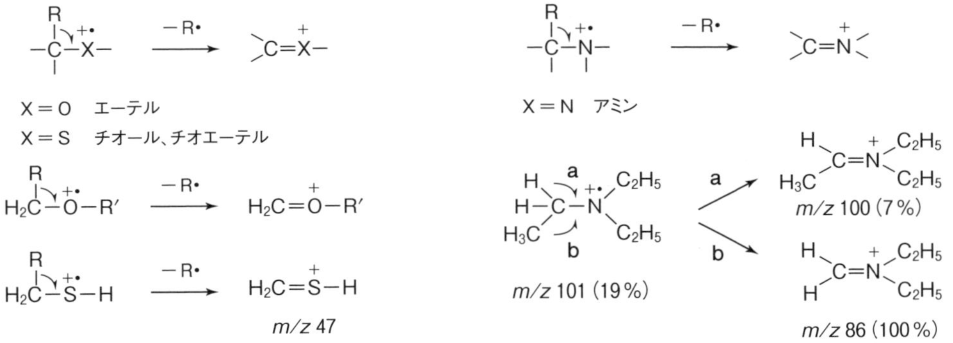

(10) ハロゲン化物

脂肪族クロリドは分子イオンが観測されにくい。1–塩化ブタンでは $M^{+\bullet}$ が観測されず、脱塩化水素イオン（$M^{+\bullet}-HCl$）が *m/z* 56 に基準ピークとして現れる。一方、芳香族クロリドでは、分子イオンが強いピークとして観測される。図 5.18 はクロロベンゼンのマススペクトルである。分子イオンが *m/z* 112（100 %）と 114（33 %）の 2 ヶ所に観測されている。これは、塩素原子に質量数 35（^{35}Cl）と 37（^{37}Cl）の同位体（アイソトープ：isotope）が 3：1 の割合で存在するためである。同位体ピークについては 5.2.5 項で改めて説明する。塩素を一つ含むイオンは、必ず 3：1 の強度比で *m/z* が 2 だけ離れた 2 本のピーク群として現れる。*m/z* 77 のピークは、*m/z* 79 に 1/3 の強度のシグナルが存在しないので、塩素を含まないイオン（$C_6H_5^+$）によるものであることがわかる。

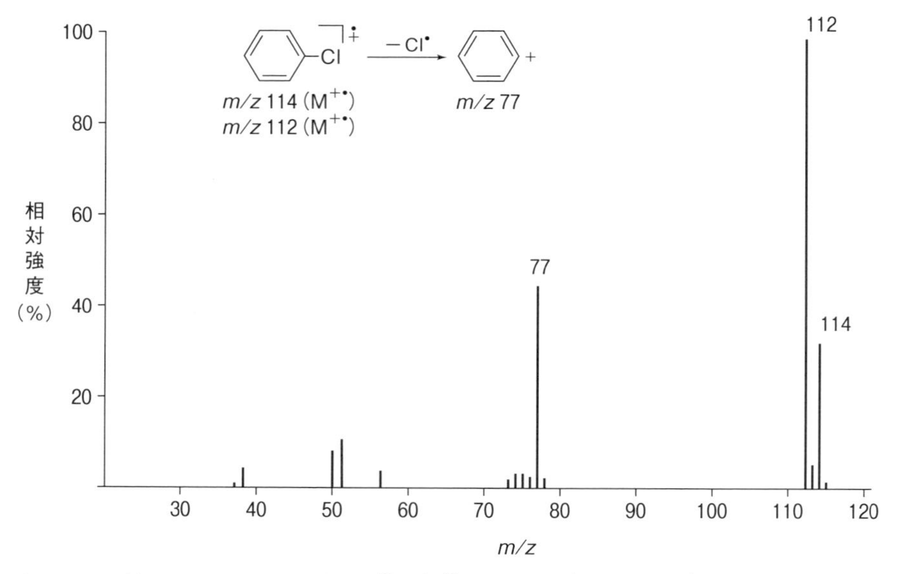

図 5.18　クロロベンゼンの EI マススペクトル。^{35}Cl と ^{37}Cl による M^+ と $[M+2]^+$ が 3：1 の比で現れている。

図 5.19 は 1–ブロモ–4–メチルペンタンのスペクトルである。分子イオン付近は強度を 5 倍に拡大してある。分子イオンが *m/z* 164 および 166 に 1：1 の強度で現れている。これは天然存在比がほぼ 1：1 である臭素の同位体 ^{79}Br と ^{81}Br によるものである。スペクトル中で *m/z* 149/151, 107/109, 93/95 はそれぞれ *m/z* が 2 だけ離れ、1：1 の強度比であるフラグメントであるので、臭素を含むイオンであることがわかる。また、*m/z* 85 のフラグメントは臭素を含まないイオンによるものである。

自然界のフッ素とヨウ素には同位体が存在しないので、^{19}F および ^{127}I の存在率はそれぞれ 100 % である。

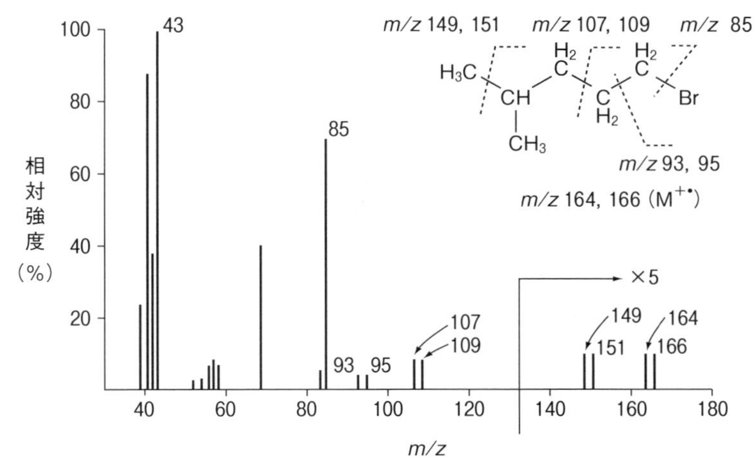

図5.19　1-ブロモ-4-メチルペンタンのEIマススペクトル。Brを1個含む化合物は^{79}Brと^{81}Brによる同位体ピークが1：1の比で現れる。*m/z* 164/166や*m/z* 149/151のように、*m/z*が2離れ、1：1の強度を持つペアは、Brを1個含むフラグメントによるものである。

5.2.2　脱離基の質量と官能基の推定

分子内にメチル基や水酸基が存在すると、分子イオンからそれぞれメチルラジカル（$\cdot CH_3$）が脱離した（$M^{+\bullet}-15$）イオン、および脱水による（$M^{+\bullet}-18$）イオンを示すことが多い。逆に、これらのフラグメントからメチル基や水酸基の存在を推定することができる。

表5.1に、分子イオンの*m/z*から減少する*m/z*の値と、推定される官能基の存在をまとめた。

5.2.3　窒素ルールと分子量

酸素原子は2価、炭素原子は4価であり、それぞれ2個（偶数個）および4個（偶数個）の水素と結合する。一方、窒素原子は3価であり、中性分子においては3個（奇数個）の水素原子

表5.1　脱離する官能基とそれに伴い減少する*m/z*値

m/z の減少	フラグメント	推定される官能基
$M^{+\bullet}-1$	$-H$	アルコール，エーテル，アミン，アルデヒド，チオール
$M^{+\bullet}-15$	$-CH_3$	メチル基
$M^{+\bullet}-17$	$-NH_3$	第一級アミン
	$-OH$	カルボン酸
$M^{+\bullet}-18$	$-H_2O$	アルコール
$M^{+\bullet}-27$	$-HCN$	芳香族アミン，含窒素ヘテロ環
$M^{+\bullet}-28$	$-CO$	フェノール，キノン
	$-CH_2{=}CH_2$	シクロヘキセン（マクラファティ転位）
$M^{+\bullet}-29$	$-CH_2CH_3$	エチル基
	$-CHO$	アルデヒド，芳香環についたメトキシ基
$M^{+\bullet}-31$	$-OCH_3$	アルキル基についたメトキシ基，メチルエステル
$M^{+\bullet}-32$	$-CH_3OH$	アルキル基についたメトキシ基
	$-O_2$	過酸化物
$M^{+\bullet}-42$	$-CH_2{=}C{=}O$	アセテート
$M^{+\bullet}-43$	$-CH_2CH_2CH_3$	プロピル基，イソプロピル基
$M^{+\bullet}-44$	$-CO_2$	カルボン酸
$M^{+\bullet}-60$	$-CH_3CO_2H$	アセテート

と結合する。したがって、C, H または C, H, O のみからなる化合物の水素数は偶数であり、窒素を1個持つ化合物では水素の数は奇数である。前者の例として酢酸（CH_3–CO_2H：分子式 $C_2H_4O_2$）、後者の例としてアセトアミド（CH_3–CO–NH_2：分子式 C_2H_5NO）をあげることができる。窒素が2個である場合、水素の数は偶数となる（例：エチレンジアミン $H_2NCH_2CH_2NH_2$：分子式 $C_2H_8N_2$）。このように、奇数の窒素原子を含む化合物では水素の数は奇数、偶数の窒素を含む化合物では水素の数は偶数という規則が成り立つ。これを「**窒素ルール**」とよぶ。塩素、臭素などのハロゲン原子は1価であるので、水素と同様に考える。

H, C, N, O の原子量をそれぞれ 1, 12, 14, 16 と整数とした場合（整数原子量）H の原子量のみが奇数なので、窒素ルールを分子量へ拡張すると、奇数の窒素原子を含む化合物の分子量は奇数、偶数の窒素を含む化合物の分子量は偶数が成り立つ。一方、C, H または C, H, O だけからなる化合物は偶数の分子量を持つ。

窒素ルールは分子式や分子量を求める際に大変便利であり、例えば分子式として $C_5H_7O_3$ や $C_{10}H_{20}NO_2$ は誤りであり、$C_6H_6N_2O_2$ の分子量として 139（奇数）という値は計算間違いであることを直ちに判断できる。

5.2.4　不飽和度

不飽和結合を持たない直鎖状炭化水素の分子式は、炭素の数を n 個とすると $C_nH_{(2n+2)}$ で表される。例えばブタン CH_3–CH_2–CH_2–CH_3 の分子式は C_4H_{10} である。酸素（2価）や硫黄（2価）が含まれても水素の数は同じである［例：CH_3–CH_2–CH_2–O–CH_3（$C_4H_{10}O$），CH_3–CH_2–CH_2–CH_2–SH（$C_4H_{10}S$）］。しかし二重結合が1個含まれると水素の数は2個減る［CH_3–CH=CH–CH_3（C_4H_8），CH_3–(C=O)–CH_2–CH_3（C_4H_8O）］。また環が1個含まれても水素の数は2個減る（例：ブタン C_4H_{10}、シクロブタン C_4H_8）。これらの場合は、分子式中の炭素の数と水素の数だけを見て、分子中に二重結合または環がいくつ含まれているかを計算できる。ところがブタンに窒素（3価）が1個付いた化合物では、水素の数が1個増える［例：CH_3–CH_2–CH_2–CH_2–NH_2（$C_4H_{11}N$），CH_3–CH_2–CH_2–NH–CH_3（$C_4H_{11}N$）］。

炭素の数を C、水素の数を H、窒素の数を N とし、二重結合や環の総数を「**不飽和度**」（Degree of Unsaturation）と定義すると、次の式が成り立つ。

$$\text{不飽和度} = \frac{2C+2-H}{2} \quad \text{（窒素を含まない化合物）} \qquad \text{（式 5.1）}$$

$$\text{不飽和度} = \frac{2C+2-H+N}{2} \quad \text{（窒素を }N\text{ 個含む化合物）} \qquad \text{（式 5.2）}$$

・二重結合1個、環1個は不飽和度1、三重結合は不飽和度2とカウントする。
・O や S の数は不飽和度に関与しない。
・ハロゲン原子については H と置き換えて計算する。
・SO, SO_2 は二重結合とみなさない。
・NO, NO_2 は不飽和度1。

不飽和度は、未知の化合物の構造を決定する際に、分子中にいくつの二重結合や環が存在するかを示すので、大変重要な値である。また、構造式や分子式の誤りを防ぐためにも大いに役立つ。下図により不飽和度の計算法を確かめること。

$H_3C-(CH_2)_{10}-CH_2-OH$

分子式　$C_{12}H_{26}O$

$$不飽和度 = \frac{2\times12+2-26}{2} = 0$$

（二重結合 0 個 + 環 0 個）

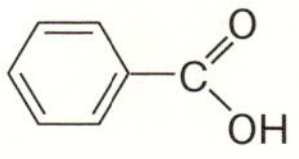

分子式　$C_7H_6O_2$

$$不飽和度 = \frac{2\times7+2-6}{2} = 5$$

（二重結合 4 個 + 環 1 個）

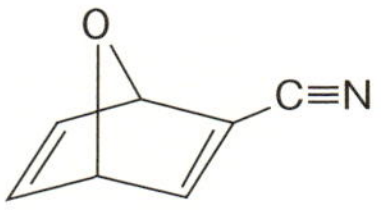

分子式　C_7H_5NO

$$不飽和度 = \frac{2\times7+2-5+1}{2} = 6$$

（二重結合 2 個 + 環 2 個 + 三重結合 1 個）*

*三重結合 1 個は不飽和度 2

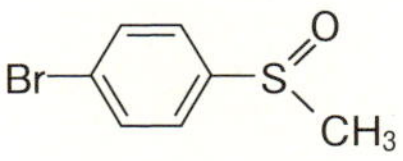

分子式　C_7H_7BrSO $\xrightarrow[\text{置き換える}]{\text{Br を H に}}$ C_7H_8SO

$$不飽和度 = \frac{2\times7+2-8}{2} = 4$$

（二重結合 3 個 + 環 1 個）**

**SO はカウントされない

【問題 5.4】　下記の分子式を持つ化合物の不飽和度を求めよ。また分子量が奇数になるものはどれか。ただし、H, C, N, O の原子量をそれぞれ 1, 12, 14, 16 とする。

(1) C_8H_6　(2) $C_8H_6O_3$　(3) $C_{10}H_{17}N$　(4) $C_6H_{16}N_2$　(5) C_3H_3NO

【問題 5.5】　(1) 化合物 1 ～ 4 の構造式からそれぞれの不飽和度を求めよ。(2) 1 ～ 4 の分子式を求め、分子式からそれぞれの不飽和度を計算せよ。

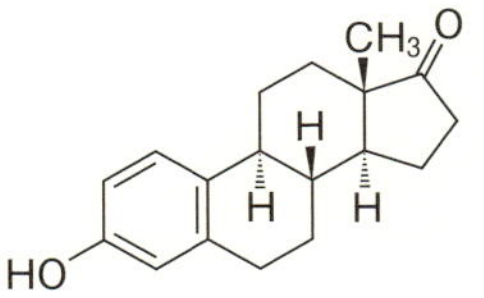

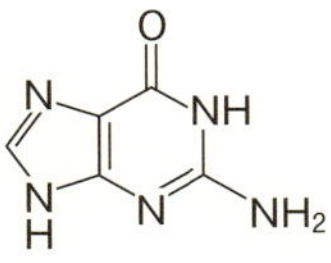

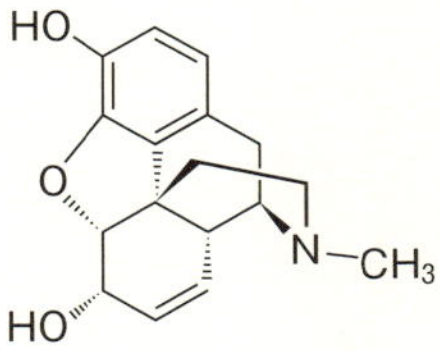

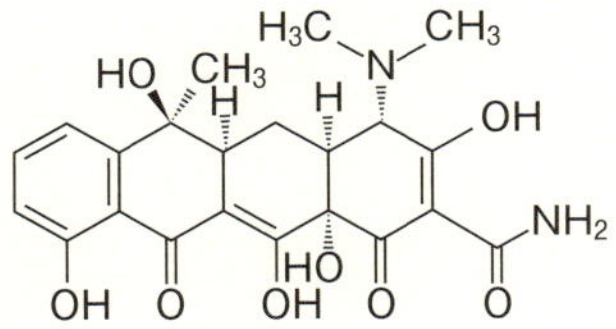

5.2.5　同位体ピーク

(1) 塩素、臭素化合物の同位体ピーク

ここでは分子内に塩素を含む塩化物と臭素を含む臭化物の同位体ピークについて考察する（塩素と臭素を同時に含む化合物については除外する）。

2個の同位体の存在比が $a:b$ であり（^{35}Cl：^{37}Cl＝3：1、^{79}Br：^{81}Br＝1：1）、分子中に同じハロゲン原子が1個または複数個存在する場合、同位体ピークの相対強度は式5.3の各項の比で表される。

$$(a+b)^n \qquad (n：\text{ハロゲン原子の数}) \qquad (\text{式}5.3)$$

$$n=1 \qquad a+b$$

$$n=2 \qquad a^2+2ab+b^2$$

$$n=3 \qquad a^3+3a^2b+3ab^2+b^3$$

臭素の場合、^{79}Brと^{81}Brの存在比が1：1（$a=b=1$）であるから、分子中に1個のBrが存在する（$n=1$）場合、$(1+1)^1=1+1$ すなわち各項の比が1：1である。図5.19のスペクトル中に、^{79}Br：^{81}Br＝1：1の同位体によるピーク（*m/z* 93/95；107/109；149/151；164/166）が観測される。分子中に2個のBrが存在すると $(1+1)^2=1+2+1$ であり、第1項は^{79}Br–^{79}Br、第2項は^{79}Br–^{81}Br、第3項は^{81}Br–^{81}Brに対応するので、便宜的に分子イオンをM^+と表記すると、M^+：$[M+2]^+$：$[M+4]^+$が1：2：1の強度比で現れる。

塩素原子の場合、^{35}Cl：^{37}Cl＝3：1であるので、2個の塩素原子を持つ化合物では $(3+1)^2=9+6+1$ となり、M^+：$[M+2]^+$：$[M+4]^+$が9：6：1の強度比で現れる。

1,4–ジクロロベンゼンのマススペクトル（図5.20）では、M^+：$[M+2]^+$：$[M+4]^+$がほぼ9：6：1の強度比で現れている。*m/z* 111と113は、塩素が1個脱離したイオンで、それらの強度比は3：1である。

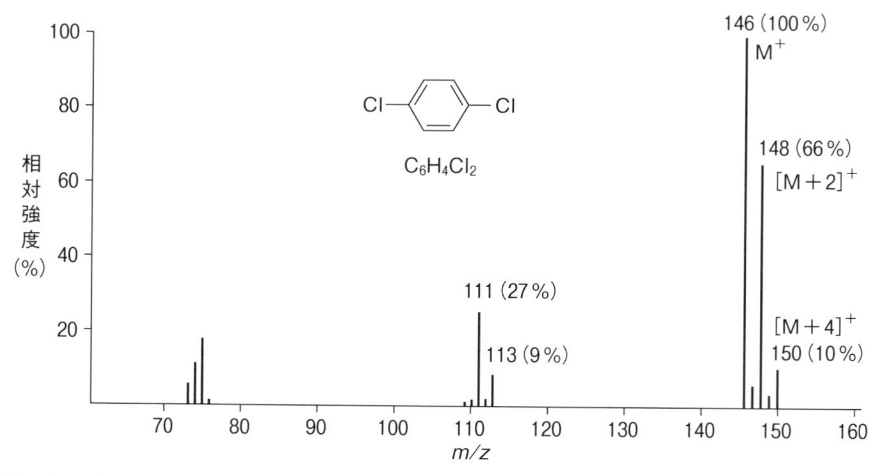

図5.20　1,4–ジクロロベンゼンのEIマススペクトル。分子イオンがM^+、$[M+2]^+$、$[M+4]^+$として9：6：1の比で現れている。

精密な同位体ピークの強度比を求める場合は、^{79}Br：^{81}Br＝50.69（％）：49.31（％），^{35}Cl：^{37}Cl＝75.76（％）：24.24（％）（表5.2）（p.188）の値を用いる。分子内にClとBrが同時に含まれている化合物については、より複雑な計算が必要である。

【問題 5.6】 $^{35}Cl:{}^{37}Cl = 3:1$、$^{79}Br:{}^{81}Br = 1:1$ とし、(1) Cl を 3 個含む化合物および (2) Br を 3 個含む化合物の分子イオンの同位体ピーク比を計算せよ。

(2) H, C, N, O, S から構成される化合物の同位体ピーク

天然の水素、炭素、窒素、酸素、硫黄の同位体存在比は表 5.2 の通りである。これらの元素を含む有機化合物はどのような同位体ピークを与えるのであろうか。

最初に、炭素だけからなる物質のスペクトルについて考察する。表が示す精密な存在比は $^{12}C:{}^{13}C = 98.93:1.07$ であるが、以下これを $^{12}C:{}^{13}C = 100:1$ と単純化する。炭素が 1 個だけからなる仮想的な物質 (C_1) の場合、マススペクトルは m/z 12 $[M^+]$ と 13 $[M+1]^+$ の 2 本のピークを示し、両者の強度比は 100：1 である。すなわち $[M+1]^+$ の M^+ に対する比率は 1 % である。分子式が C_2 の物質では、式 5.3 に $a = 100$, $b = 1$, $n = 2$ を代入すると $100^2 + 200 + 1$ が得られる。したがって $M^+ : [M+1]^+ : [M+2]^+ = 100 : 2 : 1/100$ であり、$[M+1]^+$ の M^+ に対する比率が 2 % に増加する。$[M+2]^+$ の強度は無視できるほど小さい。このように、炭素数が増えるにつれて、$[M+1]^+$ の比率は増加することがわかる。炭素を n 個を含む物質では $[M+1]^+$ の M^+ に対する比率は約 n % になる。したがって、炭素数が 100 個に到達すると $M^+ : [M+1]^+ \cong 1:1$ となり、C_{100} という分子式を持つ化合物では、分子イオンピークと m/z が 1 だけ大きい同位体ピークとの強度比が近似的に 1：1 となる。同時に $[M+2]^+$ 以上のイオンの強度も無視できなくなる。

図 5.21 は、炭素原子 60 個だけからなる「C_{60} フラーレン」(分子式 C_{60}) および炭素原子 100 個だけからなる「C_{100} フラーレン」(分子式 C_{100}) の分子イオンと ^{13}C による同位体イオンのシミュレーションパターンを示す。$[M+1]^+$ の割合が M^+ に対してそれぞれ約 60 % および 100 % であることがわかる。さらに炭素数が大きくなるにつれ、^{13}C を 2 個含む分子による $[M+2]^+$、3 個含む分子による $[M+3]^+$ などの存在比が大きくなることがわかる。

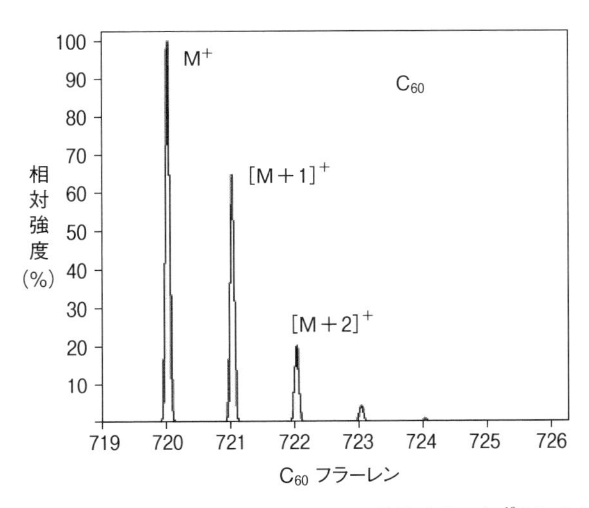

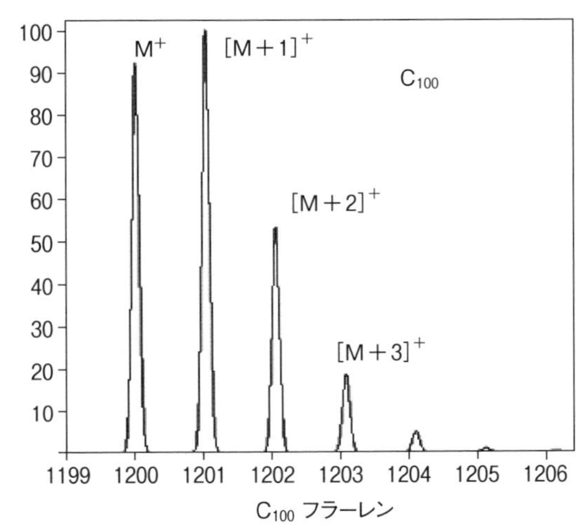

図 5.21　C_{60} および C_{100} フラーレンの分子イオンと ^{13}C による同位体イオンのシミュレーションパターン。アジレント・テクノロジー株式会社 内田秀明博士提供。

ここでCおよびH, N, Oから構成される現実的な化合物について考察する。表5.2から、水素の同位体である^{2}H（D：重水素）の存在率は0.0115％であり、小さな分子では^{2}Hの[M＋1]$^{+}$への寄与は無視できるほど小さい。酸素、窒素に関しても同様である。したがって、H, C, N, Oからなる分子量が数百以下の化合物のスペクトルでは、^{13}Cによる[M＋1]$^{+}$が主な同位体ピークであるとみなしてよい。しかし、分子量が1000を越え、酸素や窒素が多く含まれるペプチドや多糖などの生体高分子では、H, O, Nの同位体が無視できなくなり、[M＋1]$^{+}$およびそれ以上の*m/z*を持つ同位体ピークが分子イオンピークと同等または数十％の強さで現れる。図5.22は、10個のアミノ酸から構成されるアンジオテンシン1のLC/MS（ESI）による高分解能TOF–MSスペクトルである。プロトン付加分子[M＋H]$^{+}$（基準ピーク）の同位体ピーク群が、*m/z* 1ずつ大きくなる順に約80％，30％，10％の強度で現れている。

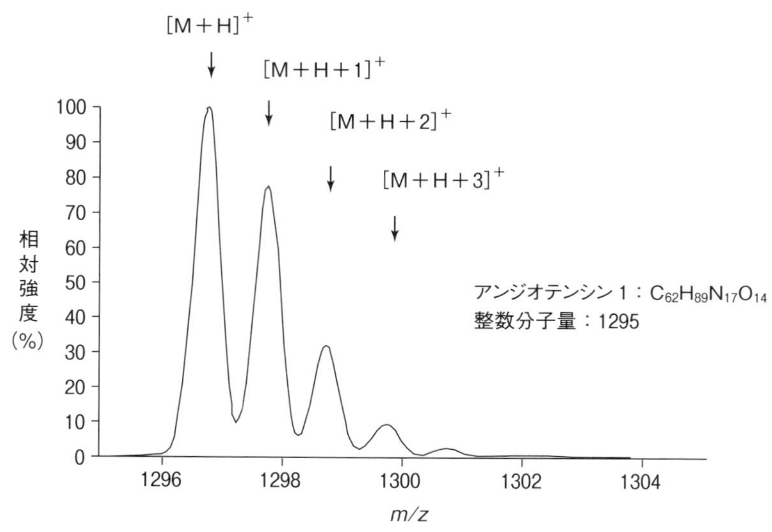

図5.22　アンジオテンシン1のTOF–MSスペクトル。分子量が大きくなり多数のNとOを含む化合物では、同位体ピークの強さが非常に大きくなる。アジレント・テクノロジー株式会社 内田秀明博士提供。

塩素や臭素は、マススペクトルにおいて強い[M＋2]$^{+}$を示すが、これ以外にも[M＋2]$^{+}$を示す例がある。表5.2から、硫黄（^{32}S）の同位体である^{34}Sの存在率が4.25％であり、^{13}Cの存在率の4倍程であることがわかる。したがって[M＋2]$^{+}$に注目すると、硫黄の存在に気がつく糸口になる。マススペクトル以外の機器分析法で、硫黄原子の存在に気がつくことは難しい。

図5.23はチオフェノールのマススペクトルである。分子イオンが*m/z* 110に基準ピークとして現れており、^{34}Sに基づく[M＋2]$^{+}$が4％の強度で観測される。なお、[M＋1]$^{+}$は^{13}C由来の同位体イオンで、炭素が6個の化合物なので6％の強度を持つ。

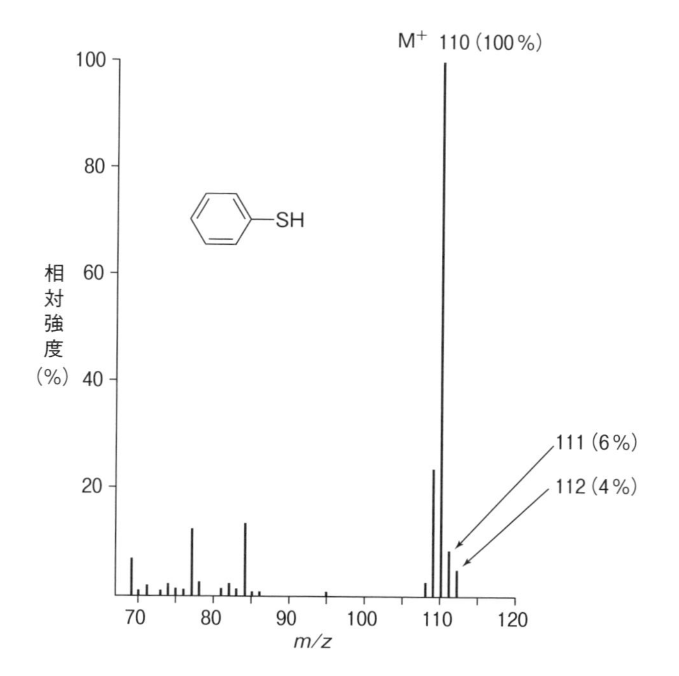

図 5.23　チオフェノールの EI−マススペクトル。S が 1 個存在すると $[M+2]^+$ の強度が 4 % の強さで現れる。

§5.3　高分解能マススペクトル

5.3.1　原子量と同位体の質量

本書の表見返しに印刷されている「4 桁の原子量表 (2017)」(日本化学会) は、自然界から得られた元素の原子量を示している。元素の原子量は、^{12}C の質量を 12 と定め、これに対する元素の質量の相対値と定められている。裏見返しの「元素の周期表 (2017)」にある炭素の原子量は 12.0096 ～ 12.0116 であり、12 より若干大きな値である。これは天然の炭素が ^{12}C より重い ^{13}C を約 1 % 含むためである。また、値に幅があるのは、^{13}C の割合がサンプルの採集場所 (例えば陸上と海洋) により異なるためである。

表 5.2 には有機化学に関係が深い元素について、同位体の精密な質量が小数第六位まで記載されている。本書でこれまで示したスペクトル (図 5.22 を除く) は、*m/z* 1 の差までしか区別できない (低分解能の) 装置で測定したものである。より高度な装置では、イオンの質量を *m/z* で小数第四位以上の精度で求めることができる。このような高い分解能を持つ装置を「高分解能質量分析計」とよび、得られるスペクトルを「**高分解能マススペクトル** (High−Resolution Mass Spectrum)」(**HR−MS**) とよぶ。

^{12}C の原子核は 6 個の陽子と 6 個の中性子から成り立っている。中性子の質量は陽子の質量よりわずかに大きいが、両者にはほとんど差がないと考えてよい。^{12}C 原子 (6 個の電子を含む) の質量を 12 と定義したのであるから、^{13}C (^{12}C より中性子が 1 個多い) の質量は 13.000000 になるように思われるが、実際の質量は 13.003355 であり若干大きい。また ^{16}O (陽子 8 個、中性子 8 個) の質量は 15.994915 であり、予想される 16.000000 より若干小さい。この差は、主

表5.2　有機化合物によく含まれる元素の同位体存在率と精密質量

元素	同位体	同位体の質量	存在率(%)	元素	同位体	同位体の質量	存在率(%)
水素	^{1}H	1.007825	99.9885	硫黄	^{32}S	31.972071	94.99
	^{2}H	2.014102	0.0115		^{33}S	32.971458	0.75
リチウム	^{6}Li	6.015122	7.59		^{34}S	33.967867	4.25
	^{7}Li	7.016004	92.41		^{36}S	35.967081	0.01
ホウ素	^{10}B	10.012937	19.9	塩素	^{35}Cl	34.968853	75.76
	^{11}B	11.009305	80.1		^{37}Cl	36.965903	24.24
炭素	^{12}C	12.000000	98.93	カリウム	^{39}K	38.963707	93.2581
	^{13}C	13.003355	1.07		^{40}K	39.963999	0.0117
窒素	^{14}N	14.003074	99.636		^{41}K	40.961826	6.7302
	^{15}N	15.000109	0.364	ヒ素	^{75}As	74.921596	100
酸素	^{16}O	15.994915	99.757	セレン	^{74}Se	73.922477	0.89
	^{17}O	16.999132	0.038		^{76}Se	75.919214	9.37
	^{18}O	17.999160	0.205		^{77}Se	76.919915	7.63
フッ素	^{19}F	18.998403	100		^{78}Se	77.917310	23.77
ナトリウム	^{23}Na	22.989770	100		^{80}Se	79.916522	49.61
アルミニウム	^{27}Al	26.981538	100		^{82}Se	81.916700	8.73
ケイ素	^{28}Si	27.976927	92.223	臭素	^{79}Br	78.918338	50.69
	^{29}Si	28.976495	4.685		^{81}Br	80.916291	49.31
	^{30}Si	29.973770	3.092	ヨウ素	^{127}I	126.904468	100
リン	^{31}P	30.973762	100				

同位体の精密質量：G. Audi, A. H. Wapstra, *Nucl. Phys. A*, **565**, 1-65 (1993). G. Audi, A. H. Wapstra, *Nucl. Phys. A*, **595**, 409-480 (1995). 同位体存在率：「原子量(2015)について」(日本化学会原子量専門委員会)

として原子核の安定性が核種により異なることに起因する。安定な原子核の質量は、安定化エネルギー(ΔE)を質量(Δm)に換算した分だけ小さくなる($\Delta E = \Delta mc^2$)(質量欠損)。

高分解能質量分析計の利点を例で示す。一酸化炭素(CO)とエチレン(C_2H_4)は、低分解能スペクトルで両者とも分子イオンを m/z 28に示すため区別できない。一方、表5.2から$^{12}C^{16}O$：27.994915および$^{12}C_2{}^{1}H_4$：28.031300が求められ、質量差が0.036385であるので、小数第四位以上を見分けられる高分解能質量分析計によれば容易に両者を区別できることがわかる。逆に、精密な m/z が求まると、その値を示す可能な原子の種類と数がコンピュータによって提示されるので、他の分析から得られた情報とあわせると、そのイオンの組成を決定できる。すなわち、高分解能マススペクトルにより分子式が決定できるのである。

例えば、高分解能マススペクトルで m/z 386.3536に分子イオンが現れると、その可能な組成式がコンピュータにより示される。他のスペクトル情報でこの物質がC, H, Oのみから構成されていることが分かっている場合、あらかじめその条件を入力しておくと、$C_{27}H_{46}O$という分子式と、そこから計算される理論的な精密質量(386.3549)との差(－0.0013)が示される。分子量が500以下の化合物では、計算値との差が m/z として±0.003(分子量が500～1000の場合は±0.005)以内である場合、その分子式の信頼性が高い。

新しい化合物を有機化学雑誌に報告する際、本来は元素分析のデータが必須であるが、高分解能マススペクトルの結果のみでも容認される場合が多い。5.2.1項で学習したように、分子イオンを示さない化合物も少なくないので、それが真の分子イオンであるか細心の注意をもって解析する必要がある。また分子イオンのデータは、その物質の純度を保証するものではない。

§5.2 で示したマススペクトルでは、炭素は 12、酸素は 16 などの「**ノミナル質量**」(**整数質量**)を用いてイオンの質量を計算してある。高分解能スペクトルにおいては、「**モノアイソトピック質量**」(天然存在比が最大の同位体の質量を用いて計算したイオンまたは分子の計算精密質量)† を使用する。すなわち、エタノール C_2H_6O のノミナル質量による分子量は 46 であるが、モノアイソトピック質量は 46.041865 ($^{12}C_2{}^1H_6{}^{16}O$) である。ちなみに、4 桁の原子量を用いたエタノールの分子量は 46.07 である。塩素では ^{35}Cl、臭素では ^{79}Br の精密質量がモノアイソトピック質量として用いられる。

5.3.2 分 解 能

質量分析における分解能 (Resolution：R) は図 5.24 に示すように定義されている。質量が m のピークとその隣の等しい高さのピークの質量を $m + \Delta m$ とする。2 本のピークの重なりの谷がベースラインからピークの高さ (H) の 10 % の位置 ($H/10$) にあるとき、分解能 R は $R = m/\Delta m$ で表される。この定義により求められる分解能を「10 % 谷分解能」とよぶ。m/z 500 と 501 を区別するためには、$\Delta m = 1$ であるので $R = 500$ の分解能が必要である。同様に、m/z 1000 と 1001 が区別できる分解能は $R = 1000$ である。分解能が 10000 である高分解能質量分析計では m/z 10000 と 10001 を明確に区別できる。高分解能質量分析計の分解能は数万から百万である。

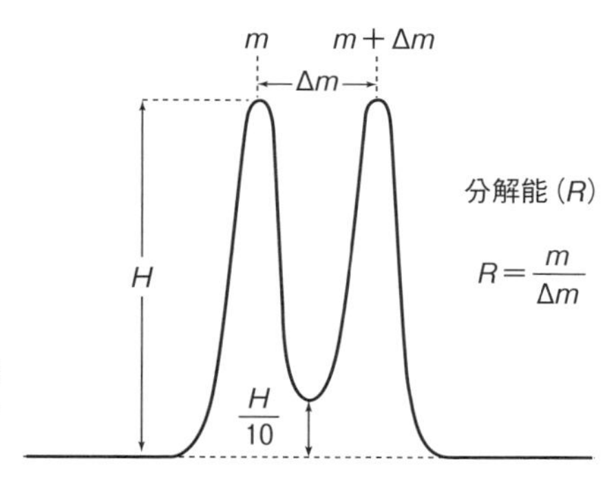

図 5.24　分解能の定義 (10 % 谷分解能)。この定義によれば、m/z 1000 と m/z 1001 を明確に区別するためには 1000 の分解能が必要である。

§5.4 GC/MS と LC/MS

質量分析計はガスクロマトグラフ (Gas Chromatograph：GC) と結合できる (**GC/MS**)。すなわち、GC のカラムで分離されたフラクションからヘリウムなどの担体ガスを取り除いた後、サンプルを高真空のイオン化室へ導くことにより、GC の各ピーク成分のマススペクトルを測定できる。GC は揮発性がある低分子有機化合物の分離に適しており、GC/MS は環境汚染物質の分析などに広く用いられている。揮発性が低い極性有機化合物に対しては、カラムの温度を上げて分離する必要があり、熱に安定でない化合物については不向きである。

† 日本質量分析学会用語委員会 編『マススペクトロメトリー関係用語集』(2005 年 11 月第 2 版第 3 刷)

高速液体クロマトグラフ（HPLC）は、化合物の極性、大きさ、熱に対する安定性にあまり制約されずに使用できるため、有機化学系実験室において最も汎用される分離分析装置である。しかし、移動相として液体を使用するため、高真空が必要とされる質量分析計と連結することは困難であった。その後、技術の進歩により、HPLCカラムを通過した溶液から溶媒を効率よく除去できる方法が確立し、HPLC装置と質量分析計を結合した**LC/MS**装置が広く用いられるようになった。以下の説明はGC/MSにも共通している。

HPLCで分離された各化合物は、**保持時間**（retention time：***Rt***）（カラムに注入されてから流れ出てくるまでの時間）に従って質量分析計（MS）に導入されていくが、MS部ではあらかじめ設定された範囲（例えば m/z 10 ～ 800）のスペクトルを短い間隔で測定し、結果をコンピュータに蓄積する。同時に各スペクトルに現れたイオンの総量（total ion：TI）をレコーダーに伝えるので、実験者はクロマトグラムをリアルタイムで観測することができる。イオンの総量をモニターして得られるクロマトグラムを**イオン総量クロマトグラム**（**TIC**：total ion chromatogram）とよぶ。測定終了時にはコンピュータ上に膨大な量のマススペクトルが蓄積されている。TIC上のピークの *Rt* に対応するスペクトルを読み出せば、その化合物のマススペクトルが得られる（図5.25参照）。

このようにLC/MSのデータはデジタル化されているので、例えば合成反応により複数の化合物が得られたような場合、期待する化合物の分子量の m/z をモニターし *Rt* と共にプロットアウトしてクロマトグラムを作製すると、その m/z に対応する場所にのみピークが現れる。すなわち期待する化合物のHPLCにおける *Rt* が判明する。またこの *Rt* に対して得られたマススペクトルを読み出すこともできる。このように特定の m/z を選択して得られるクロマトグラムを**抽出イオンクロマトグラム**（慣用的には**マスクロマトグラム**）とよぶ。

図5.25は海洋生物から得られた臭素を含む不飽和脂肪酸のLC/HR-MSである。[A]は酢酸を含むアセトニトリルを溶媒とするHPLCにより得られたTICである。カラムを通過した溶出物は溶媒が除かれた後、質量分析計（この場合はTOF-MS）へ導入される。質量分析計は短時間の間隔であらかじめ指定された m/z の領域（この場合は m/z 50 ～ 1000）のマススペクトルを測定し続ける。TIC[A]で3.46分に現れたピークのマススペクトルが[B]である。臭素化合物に特有な2本のピークが現れている。測定されたモノアイソトピック質量は349.0810であり、コンピュータによる可能な分子式は $C_{18}H_{22}BrO_2$ である。観測値と計算値349.0803の差は＋0.0007であり、この分子式が正しいものであることを示している。スペクトルが負イオンモードで測定されたこと、および他の機器分析によりカルボン酸が存在することを考慮し、このピークは $[M-H]^-$ によるものであり、分子式は $C_{18}H_{23}BrO_2$ であると決定された。

LC/MSで用いられるイオン化法としては、エレクトロスプレーイオン化（ESI）法、大気圧化学イオン化（APCI）法、大気圧光イオン化（APPI）法などがあり、質量分析計としては四重極型（QMS）や飛行時間型質量分析計（TOF-MS）などが用いられる。前述（p.165）のように、これらのイオン化法では分子イオンは得られず、$[M+H]^+$ や $[M+Na]^+$ などが観測される。また、負イオンを観測する「負イオンモード」で測定すると、$[M-H]^-$（カルボン酸やフェ

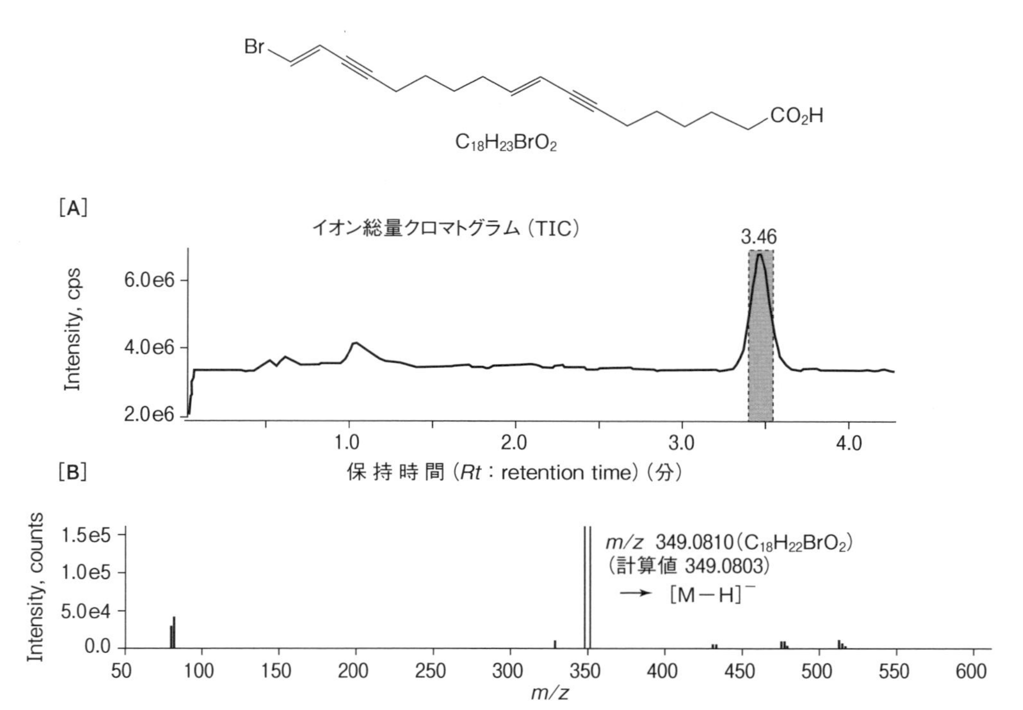

図 5.25　臭素を含む不飽和脂肪酸の LC/HR-MS（イオン化：ESI、HPLC カラム：ZORBAX XDB-C8、質量分析計 Agilent 1100 LC/MSD TOF、負イオンモード）。M. Taniguchi, Y. Uchio, K. Yasumoto, T. Kusumi, T. Ooi, *Chem. Pharm. Bull.*, **56**, 378 (2008).

ノール性水酸基などの酸性官能基から H^+ が脱離して生成）や $[M+Cl]^-$（分子に Cl^- イオンが付加）などが観測される。これらのイオンはソフトイオン化法で生成するため、通常基準ピークとして現れ、フラグメンテーションが起こることはまれである。したがって、HPLC と高分解能質量分析計を結合した LC/HR-MS 法は、有機化合物の分子量・分子式決定のための重要な手段となっている。

【問題 5.7】　$C_{10}H_8N_2O$ の分子式を持つ化合物について

(1) 不飽和度を計算せよ。

(2)「4 桁の原子量表（2017）」（表見返し）を用いて分子量を求めよ。

(3) 表 5.2 を用いて分子のモノアイソトピック質量を求めよ。

(4) 分子量がモノアイソトピック質量より若干大きい理由を述べよ。

要点 5.2

(1) フラグメンテーション：分子イオンなどからラジカルまたは中性分子が脱離してより小さな *m/z* を持つフラグメントに分解すること。

◆マクラファティ転位：カルボニル基を持つ化合物に特有。

◆逆ディールス・アルダー開裂：シクロヘキセン環がエチレンとブタジエン誘導体へ開裂。

◆トロピリウムイオン：ベンジル基カチオンが転位した七員環のカチオン（$C_7H_7^+$）

(2) イオン化法

◆小さな分子：電子イオン化（EI）法。不安定な化合物には化学イオン化（CI）法。

◆大きな分子：高速原子衝撃（FAB）法、マトリックス支援レーザー脱離イオン化（MALDI）法、エレクトロスプレーイオン化（ESI）法。

(3) 同位体ピーク：元素に含まれる同位体（アイソトープ：陽子の数が同じで中性子の数が異なる核種）によるピーク。

◆炭素が *n* 個の化合物では、^{13}C による $[M+1]^+$ の強度は分子イオンの *n* %

◆ $^{35}Cl : {}^{37}Cl = 3 : 1$, $^{79}Br : {}^{81}Br = 1 : 1$

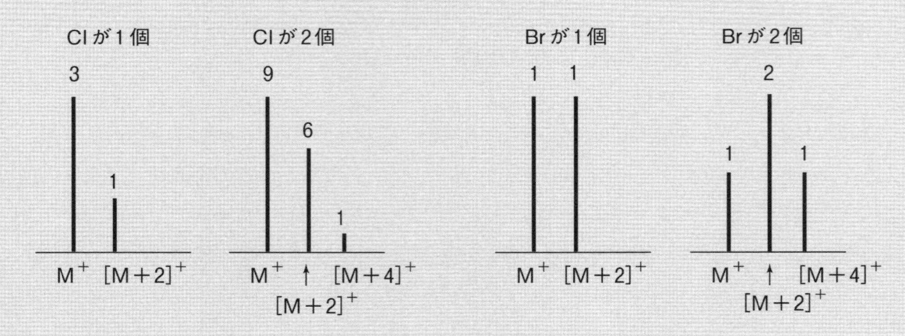

(4) 窒素ルール

◆窒素を含まない分子：分子式で H は偶数。整数分子量は偶数。

◆窒素を奇数個含む分子：分子式で H は奇数。整数分子量は奇数。

◆窒素を偶数個含む分子：分子式で H は偶数。整数分子量は偶数。

(5) 質量

◆ノミナル質量：元素の整数質量（H＝1, C＝12, O＝16, N＝14 など）を用いて計算した質量（小数第一位以下切捨て）

◆モノアイソトピック質量：分子またはイオンについて、存在比が最大である同位体（^{1}H, ^{12}C, ^{14}N, ^{16}O, ^{35}Cl, ^{79}Br）の質量を用いて計算した精密質量（小数第一位以下数桁）

総合問題

総合問題 1 構造決定せよ。分子式：$C_6H_{12}O_2$

IR スペクトル IR スペクトル中の (s), (m), (w) はそれぞれ (強), (中), (弱) の吸収強度と対応している。また、br. はブロードな吸収を意味する (以下の問題についても同様)。
2970 (s), 1740 (s), 1465 (m), 1360 (m), 1190 (s), 1084 (m) cm^{-1}

^{1}H NMR スペクトル (500 MHz, $CDCl_3$)

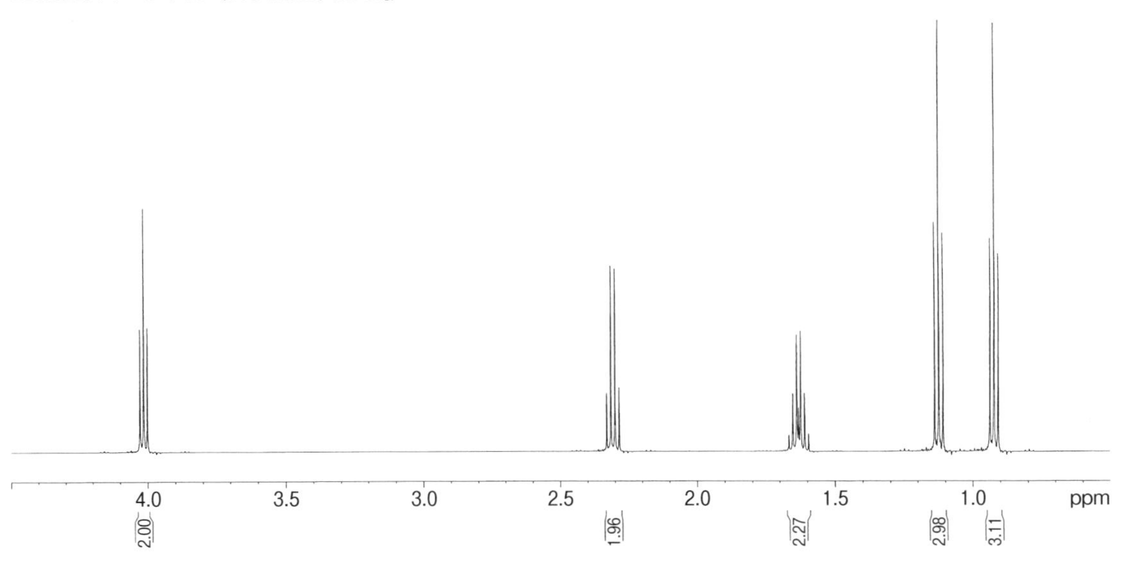

^{13}C NMR スペクトル (125 MHz, $CDCl_3$)

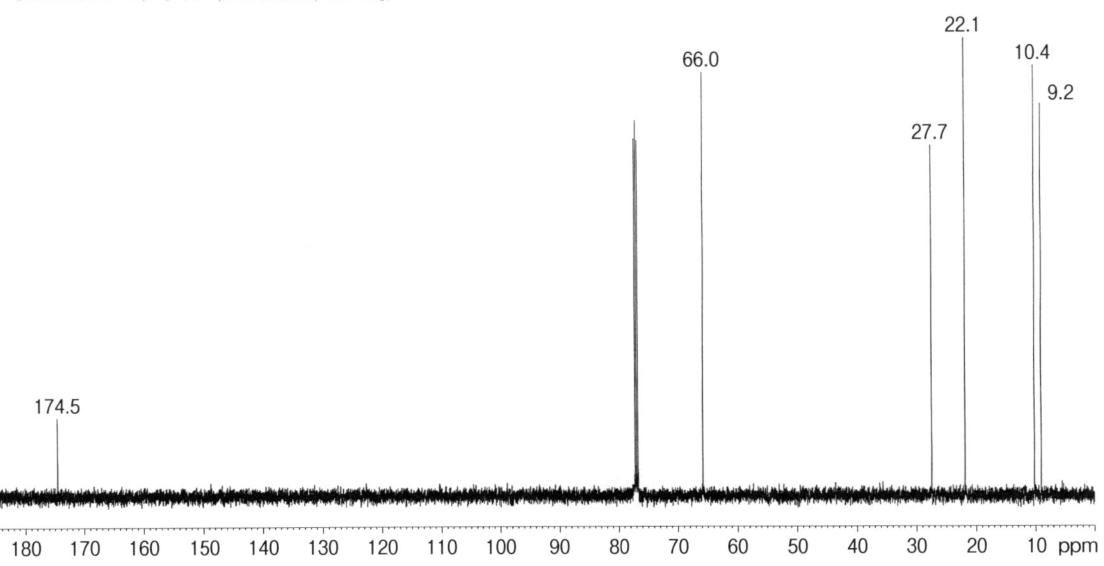

COSY スペクトル（500 MHz, $CDCl_3$）

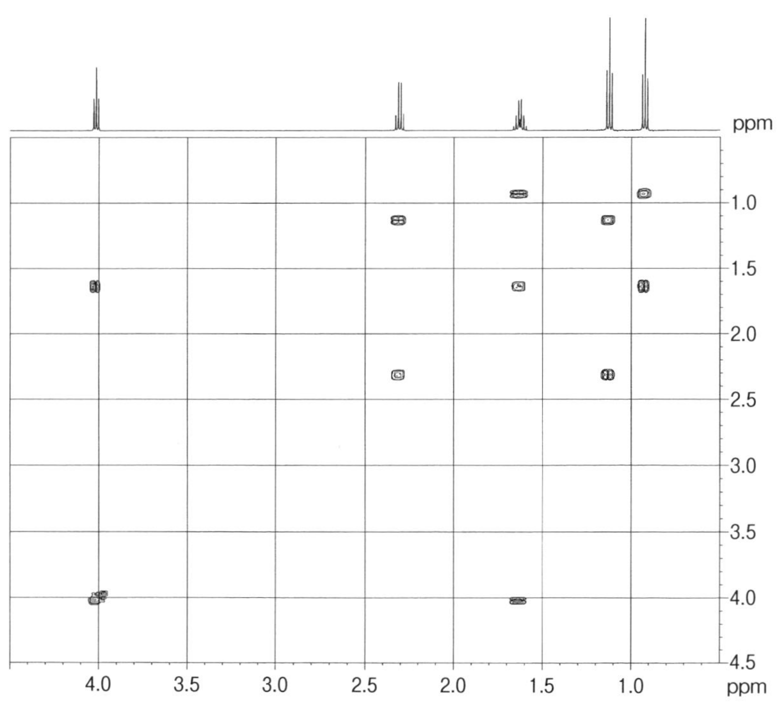

HSQC スペクトル（500 MHz, $CDCl_3$）

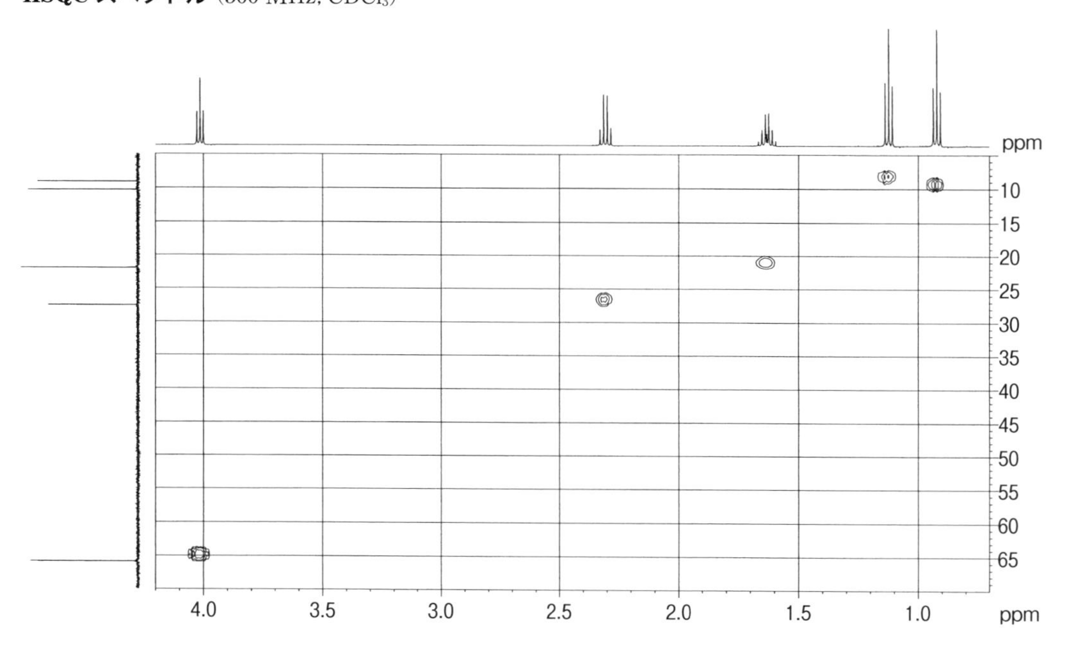

総合問題 2 構造決定せよ。分子式：$C_5H_6O_2$

IR スペクトル（3270 cm^{-1} と 2130 cm^{-1} の強い吸収に注目せよ）
3270 (s), 2990 (m), 2130 (s), 1712 (s), 1240 (s) cm^{-1}

^{1}H NMR スペクトル（500 MHz, $CDCl_3$）（δ 2.85 のシグナルは D_2O を添加しても消えない。）

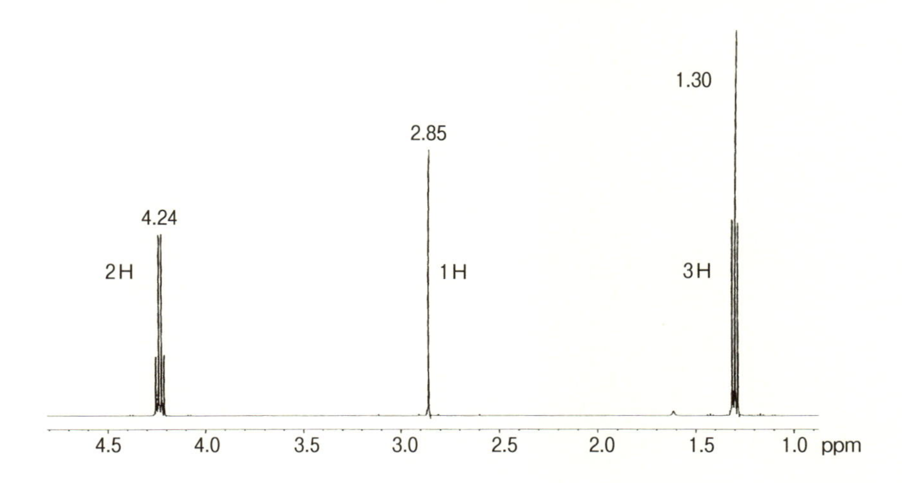

COSY スペクトル（500 MHz, $CDCl_3$）

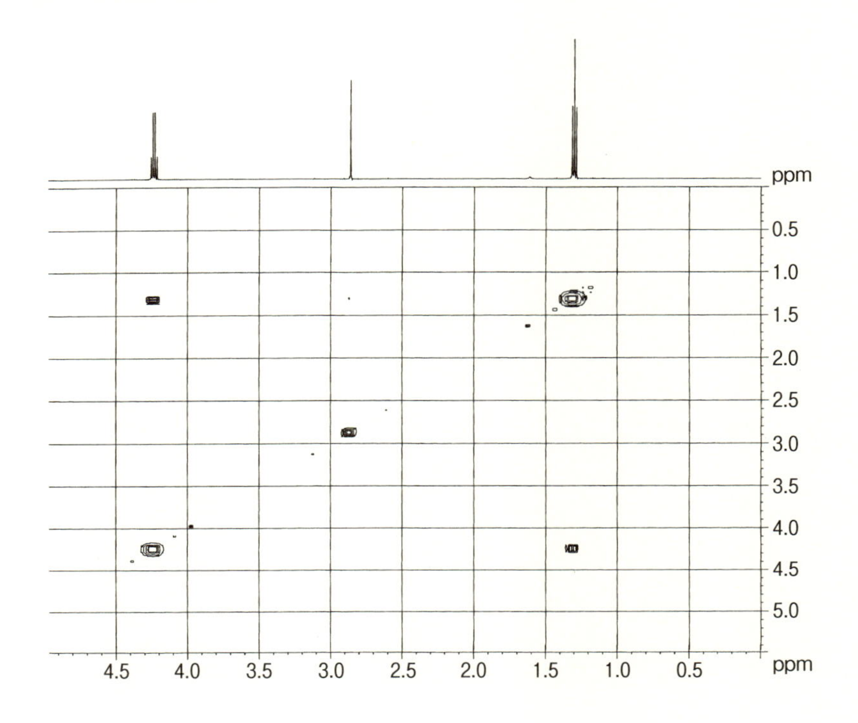

総合問題 3 1-ブロモブタンの HSQC スペクトルを解析し、炭素 1～4 の帰属（a～d）を行え。

$\overset{4}{CH_3}-\overset{3}{CH_2}-\overset{2}{CH_2}-\overset{1}{CH_2}-Br$

HSQC スペクトル（500 MHz, $CDCl_3$）

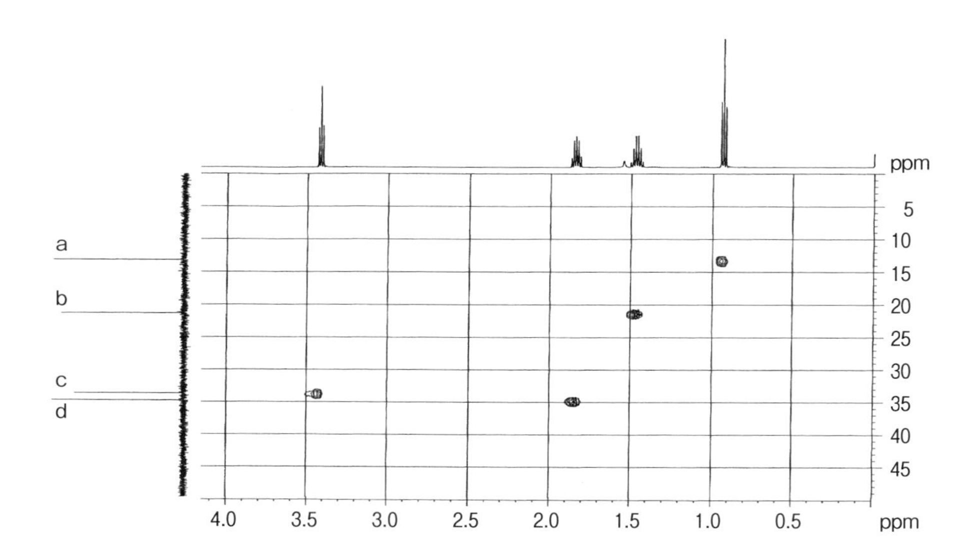

総合問題 4 構造決定せよ。また ^{13}C NMR スペクトルのメチル基の化学シフトから立体化学も推定せよ。なお NMR 測定に用いたサンプルには若干の不純物が含まれている。分子式：C_6H_8O

IR スペクトル（3300 cm^{-1} の強く鋭い吸収と 2110 cm^{-1} の特徴的な吸収に注目）

3400 (br. s), 3300 (s), 2990 (m), 2110 (w), 1645 (w), 1070 (m) cm^{-1}

^{1}H NMR スペクトル（500 MHz, $CDCl_3$）（D_2O を添加すると、δ 2.1 付近のブロードなシグナル（*）は消えるが δ 3.18 のシグナルは消えない。強度の弱いシグナルは不純物由来。）

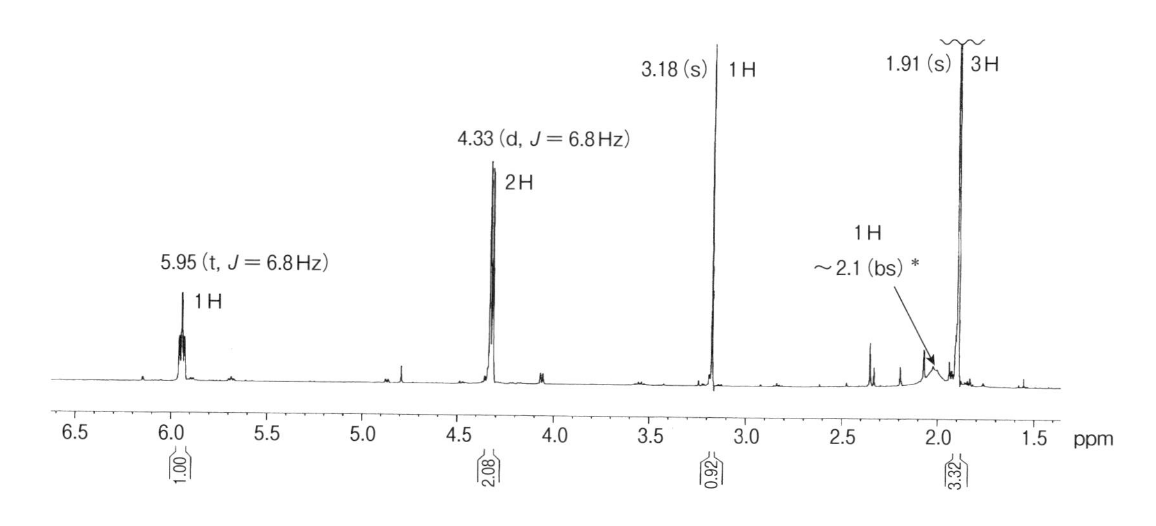

^{13}C NMR スペクトル (125 MHz, $CDCl_3$)(強度の弱いシグナルは不純物由来。)

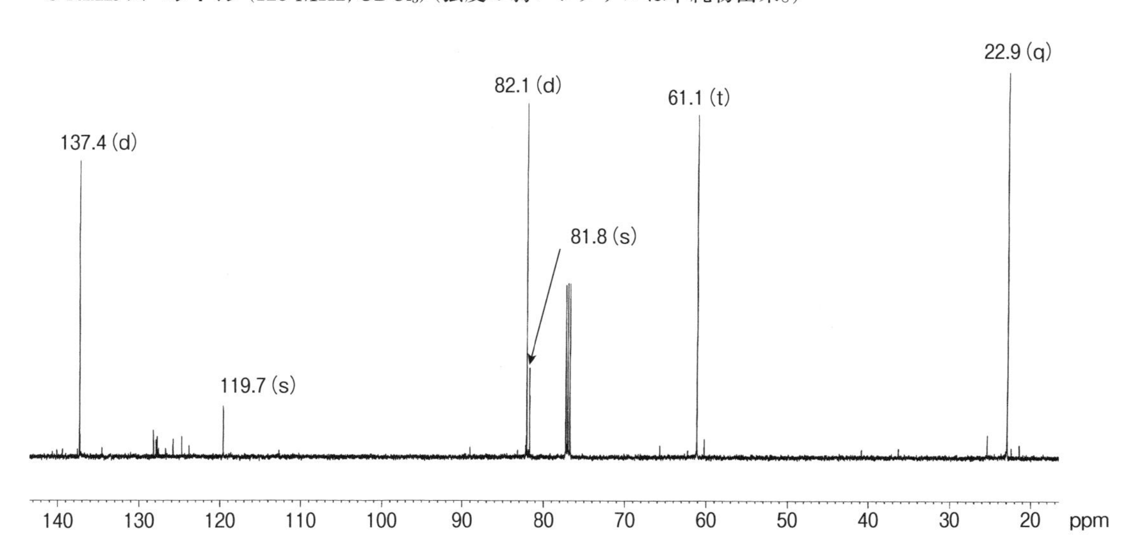

COSY スペクトル (500 MHz, $CDCl_3$)
(「点線の丸」で囲ったクロスピークは遠隔カップリングによるもの。*J* 値が非常に小さいため、1D ^{1}H NMR スペクトルでは明確に観測されていない。)

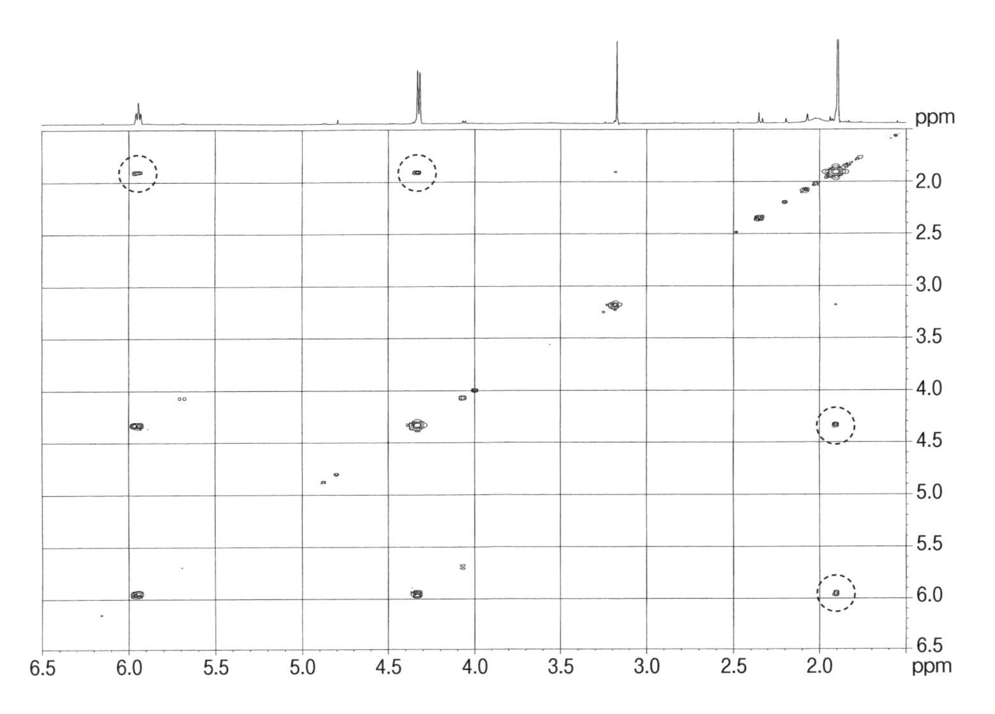

総合問題5

(1) ブタン酸ビニルのプロトンおよび炭素の帰属をせよ。記号は構造式とスペクトル中に記したものを使え。

解答例：H (1)：(i)，H (2)：(ii)，……。C (1)：a，C (2)：b，……。

(2) H_X, H_Y, H_Z について相互間の J 値（J_{XY}, J_{XZ}, J_{YZ}）を記せ。

^{1}H NMR スペクトル（$CDCl_3$, 500 MHz）

δ 7.29 (1H, dd, J = 14.0, 6.5 Hz)，4.87 (1H, dd, J = 14.0, 1.5 Hz)，4.56 (1H, dd, J = 6.5, 1.5 Hz)，2.37 (^{2}H, t, J = 7.2 Hz)，1.65 (2H, sext, J = 7.2 Hz)，0.98 (3H, t, J = 7.2 Hz)

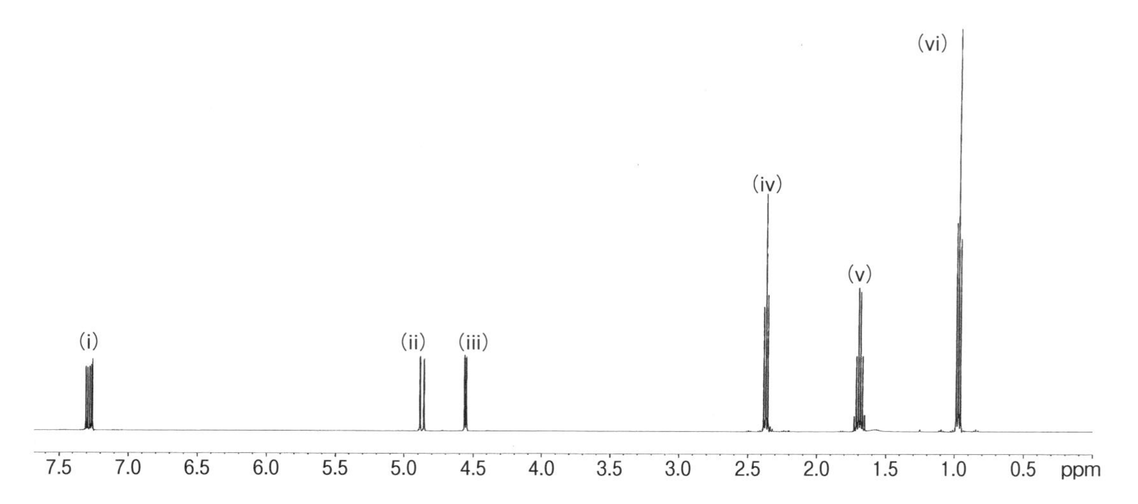

^{13}C NMR スペクトル（125 MHz, $CDCl_3$）

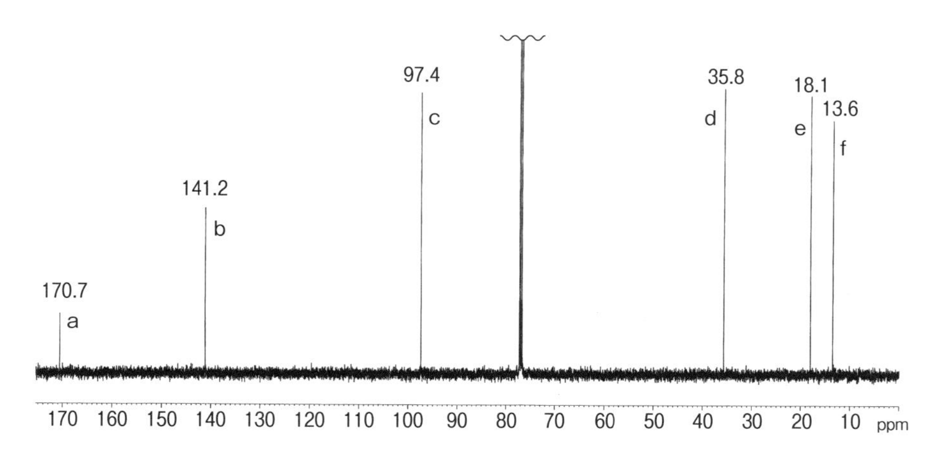

COSY スペクトル（500 MHz, $CDCl_3$）

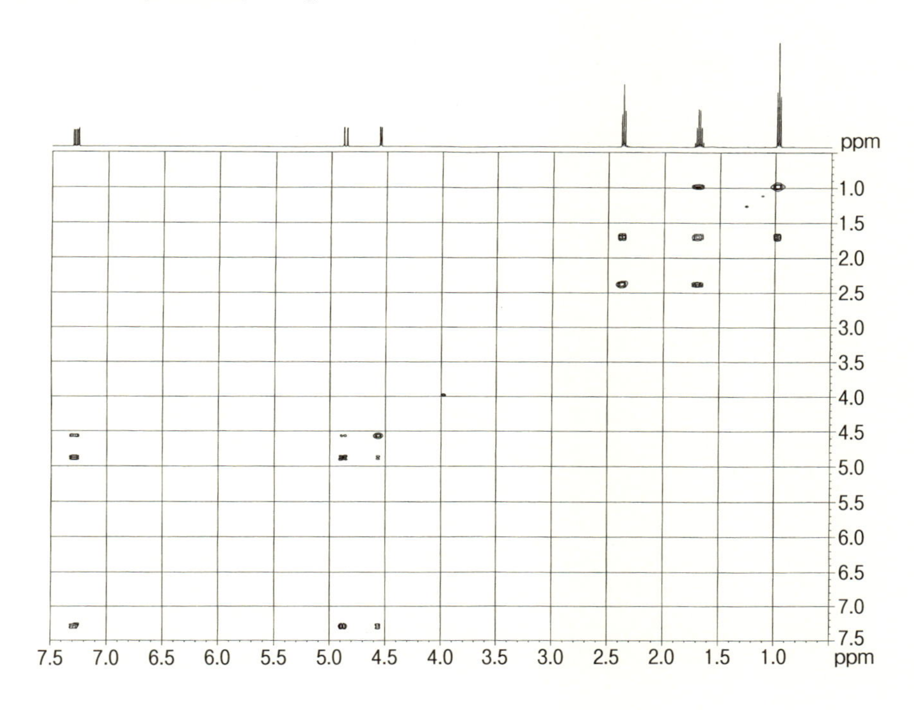

HSQC スペクトル（500 MHz, $CDCl_3$）

δ 170.7 の炭素のシグナルはクロスピークを示さないので、スペクトル中に入れていない。

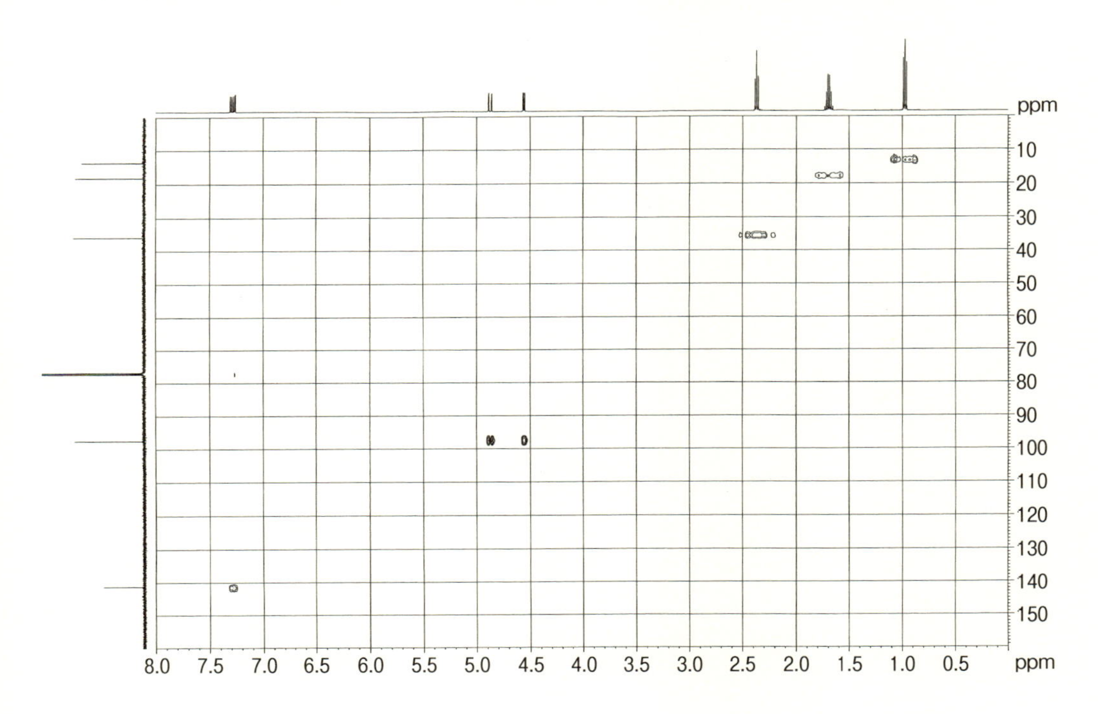

総合問題 6 構造決定せよ。分子式：C_5H_9Br

^{1}H NMR スペクトル (500 MHz, $CDCl_3$)

δ 5.52 (1H, t, J=8.4 Hz), 4.00 (2H, t, J=8.4 Hz), 1.77 (3H, s), 1.72 (3H, s)

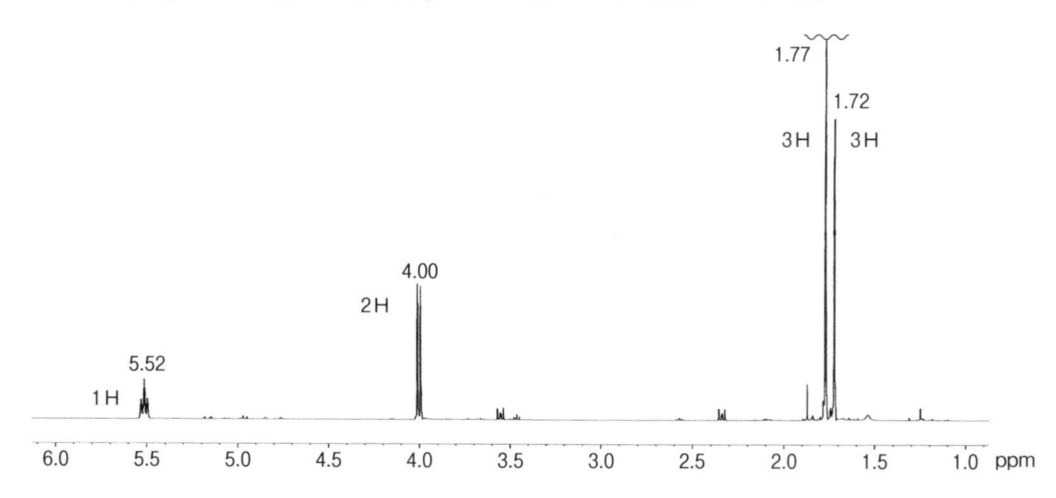

総合問題 7 構造決定せよ。分子式：$C_5H_8O_2$

IR スペクトル

2945 (s), 1740 (s), 1192 (s) cm^{-1}

^{1}H NMR スペクトル (500 MHz, $CDCl_3$)

δ 5.90 (1H, m), 5.31 (1H, dd, J=17.8, 0.8 Hz), 5.23 (1H, dd, J=9.2, 0.8 Hz), 4.55 (2H, d, J=5.8 Hz), 2.08 (3H, s)

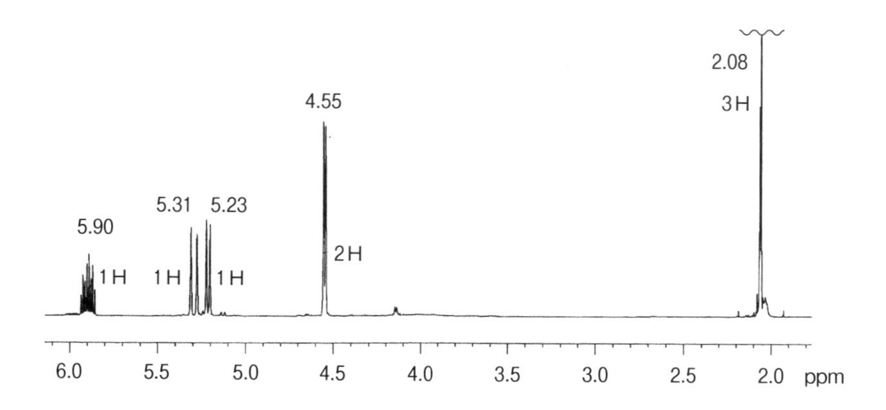

^{13}C NMR，DEPT 90，DEPT 135 スペクトル（125 MHz, $CDCl_3$）

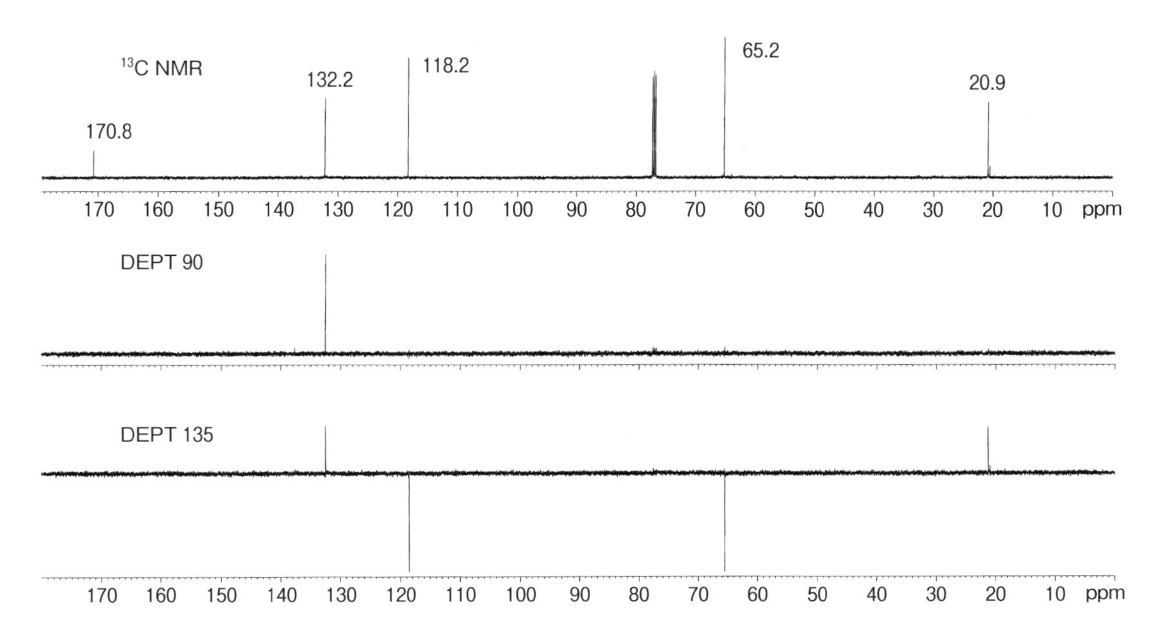

総合問題 8 構造決定せよ。分子式：$C_6H_{10}O_3$

IR スペクトル

3090 (w), 2970 (m), 1750 (s), 1650 (m), 1260 (s), 1000 (s), 940 (m) cm^{-1}

^{1}H NMR スペクトル（500 MHz, $CDCl_3$）

δ ~5.9 (1H, m), 5.35 (1H, dd, J=17, 1 Hz), 5.25 (1H, dd, J=7, 1 Hz), 4.61 (d, J=6 Hz), 4.18 (2H, q, J=7 Hz), 1.29 (3H, t, J=7 Hz)

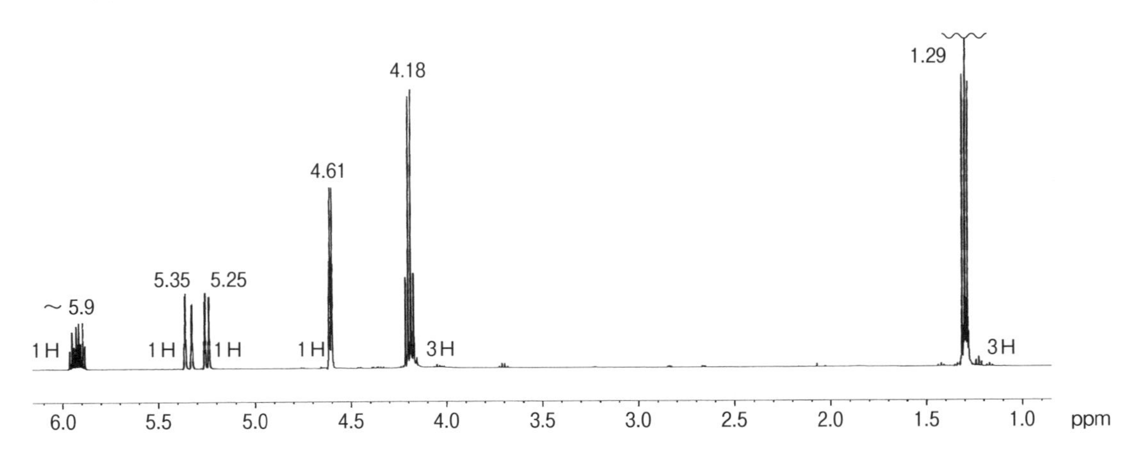

^{13}C NMR スペクトル（125 MHz, $CDCl_3$）

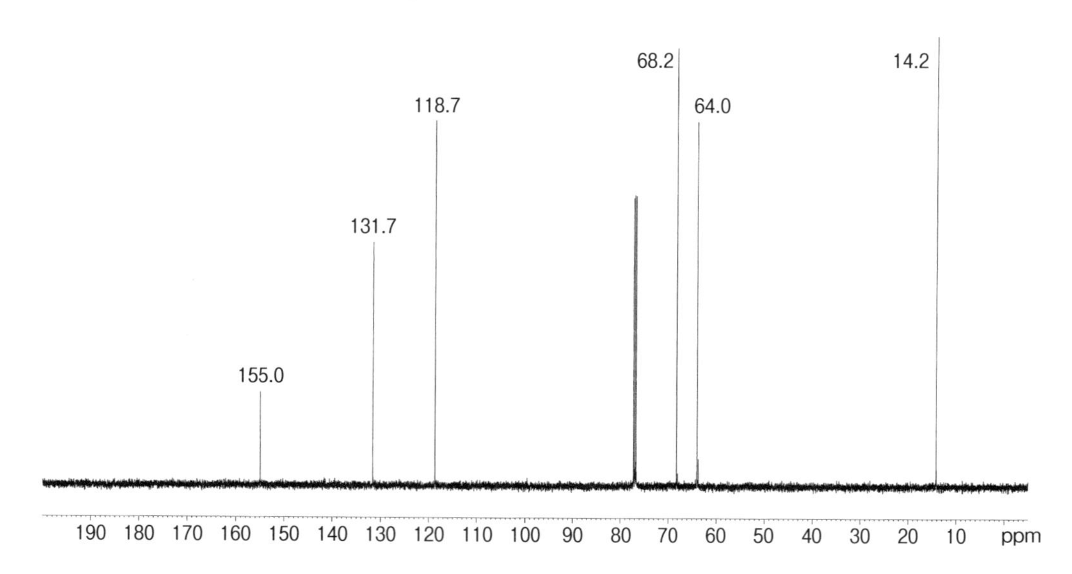

COSY スペクトル（500 MHz, $CDCl_3$）

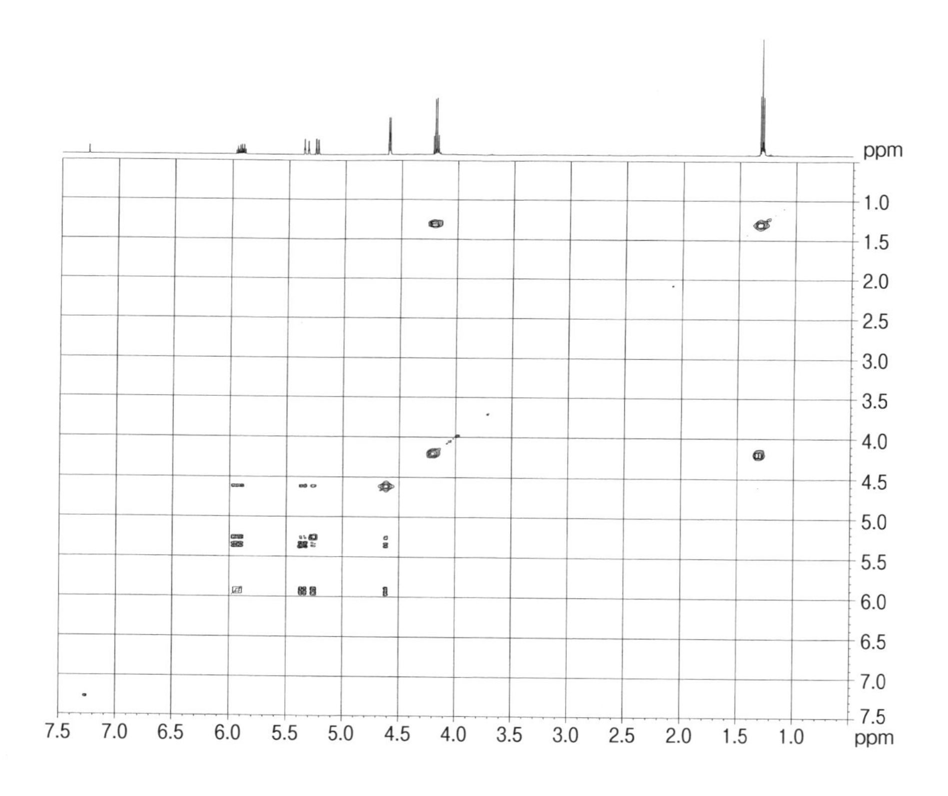

HSQC スペクトル (500 MHz, $CDCl_3$)

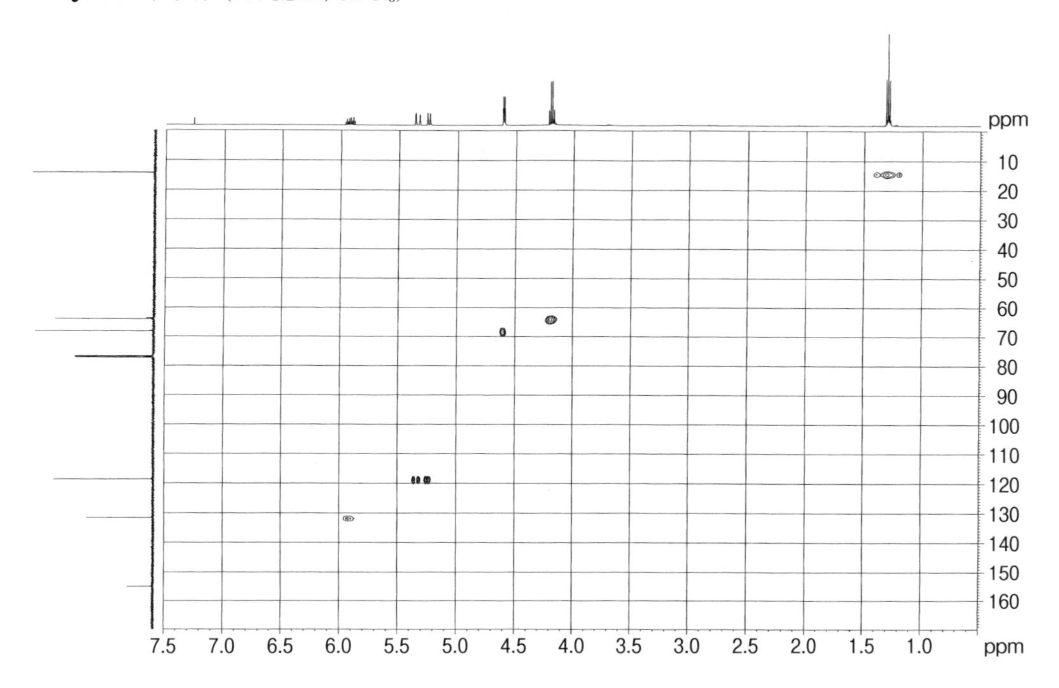

総合問題 9 構造決定せよ。立体化学も明らかにせよ。分子式：$C_{11}H_{12}O_2$

IR スペクトル

3030 (m), 2930 (m), 1735 (s), 1660 (w), 1600 (w), 1580 (w), 1230 (s), 1030 (s), 970 (s), 750 (s), 690 (s) cm^{-1}

^{1}H NMR スペクトル (500 MHz, $CDCl_3$)

δ 7.40 (2H, dd, $J=7.5$, 1.5 Hz), 7.33 (2H, t, $J=7.5$ Hz), 7.28 (1H, tt, $J=7.5$, 1.5 Hz), 6.66 (1H, d, $J=15.9$ Hz), 6.29 (1H, dt, $J=15.9$, 6.5 Hz), 4.73 (2H, d, $J=6.5$ Hz), 2.10 (3H, s)

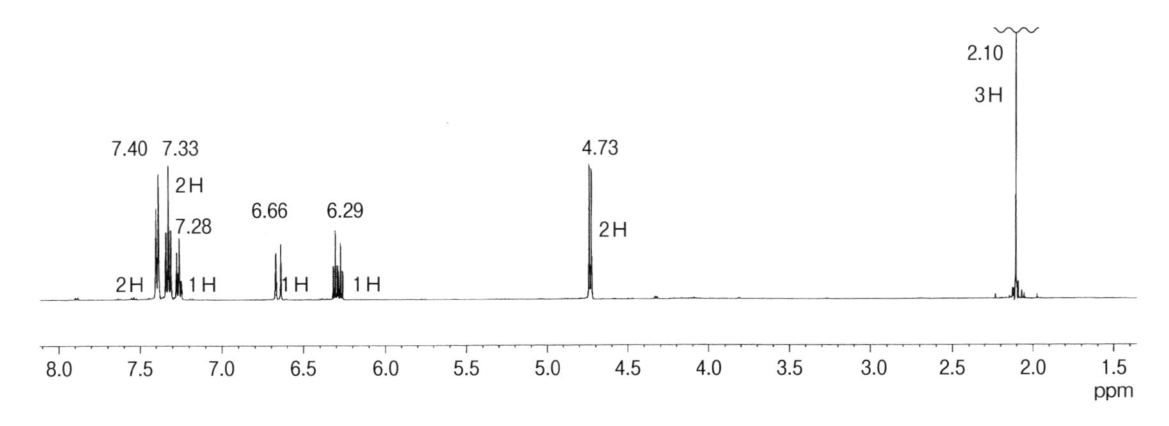

^{13}CNMR スペクトル（125 MHz, $CDCl_3$）

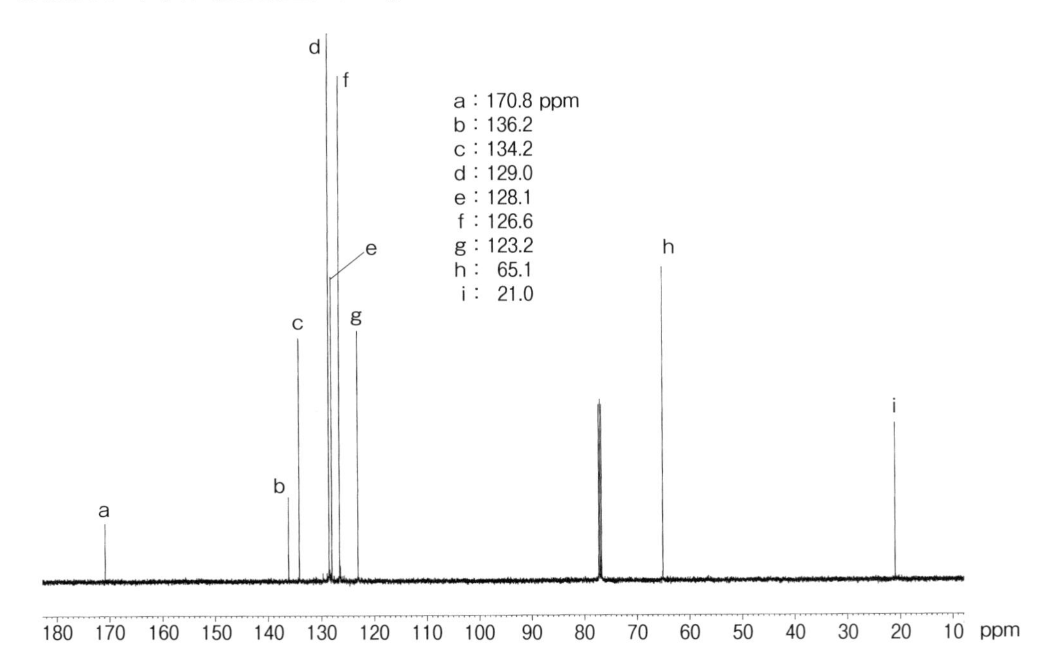

COSY スペクトル（500 MHz, $CDCl_3$）

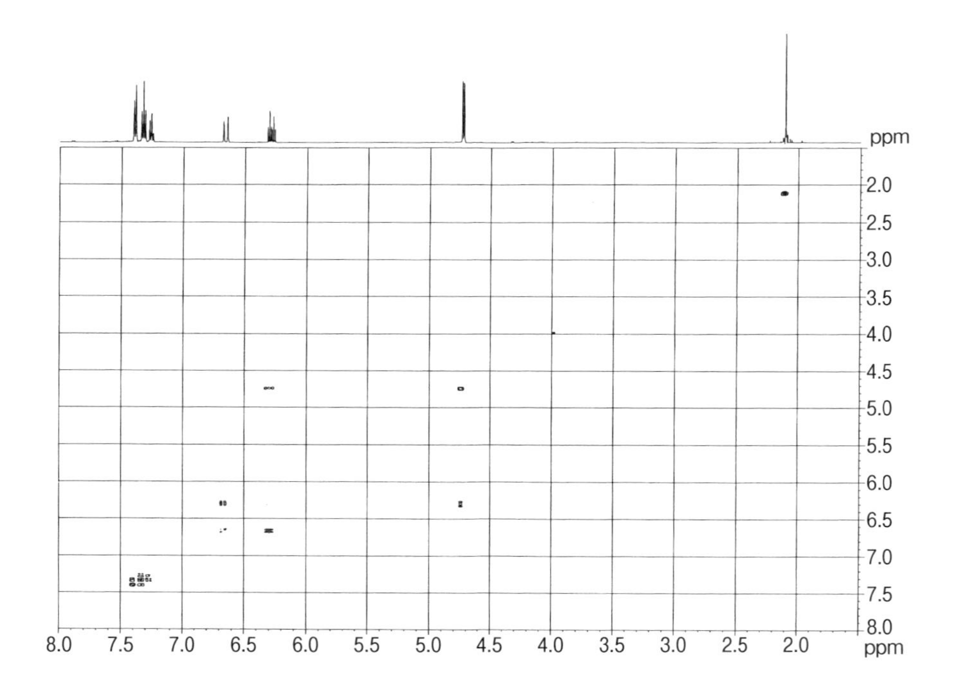

HSQC スペクトル（500 MHz, $CDCl_3$）

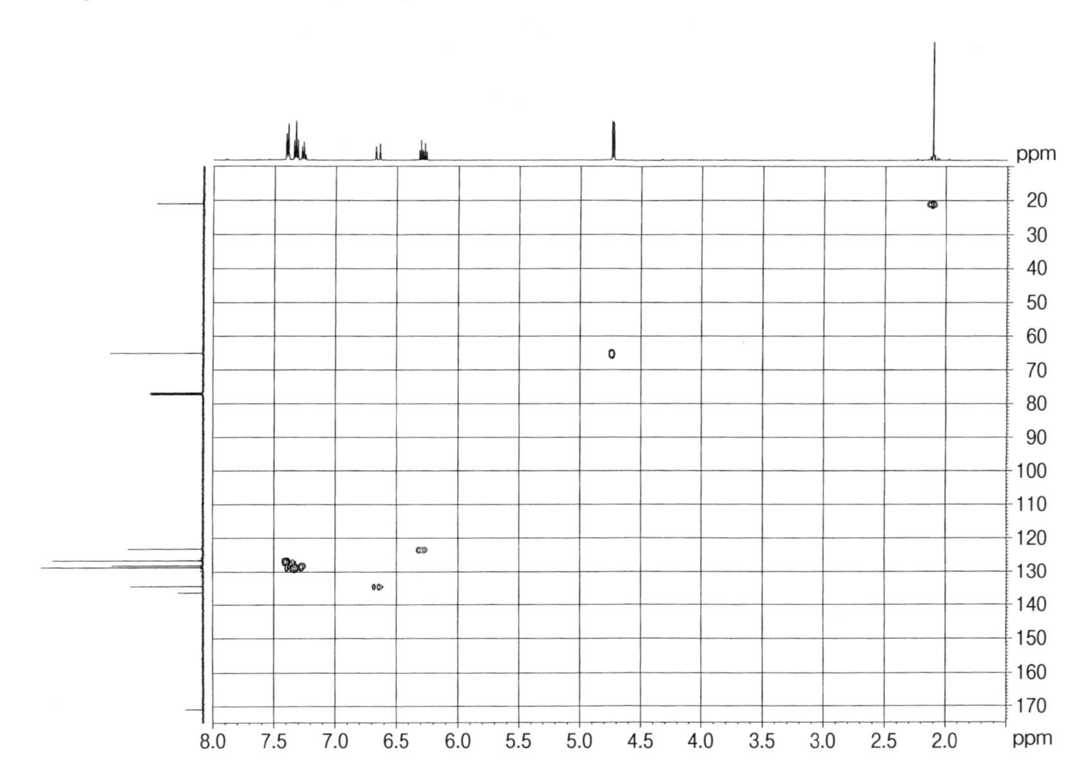

総合問題 10 構造決定せよ。分子式：$C_8H_{12}O$

IR スペクトル

3020（w），2960（s），1680（s），1620（w）cm^{-1}

^{1}H NMR スペクトル（500 MHz, $CDCl_3$）

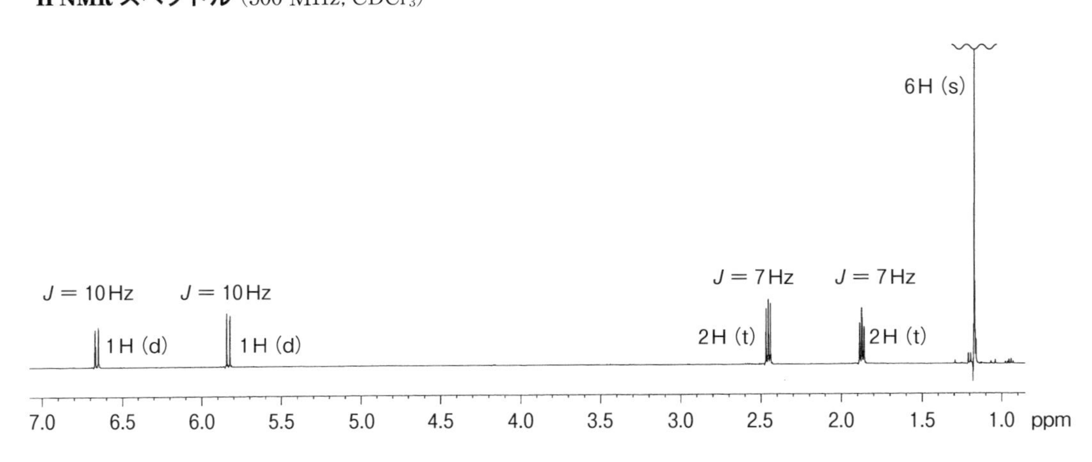

^{13}C NMR スペクトル（125 MHz，$CDCl_3$）

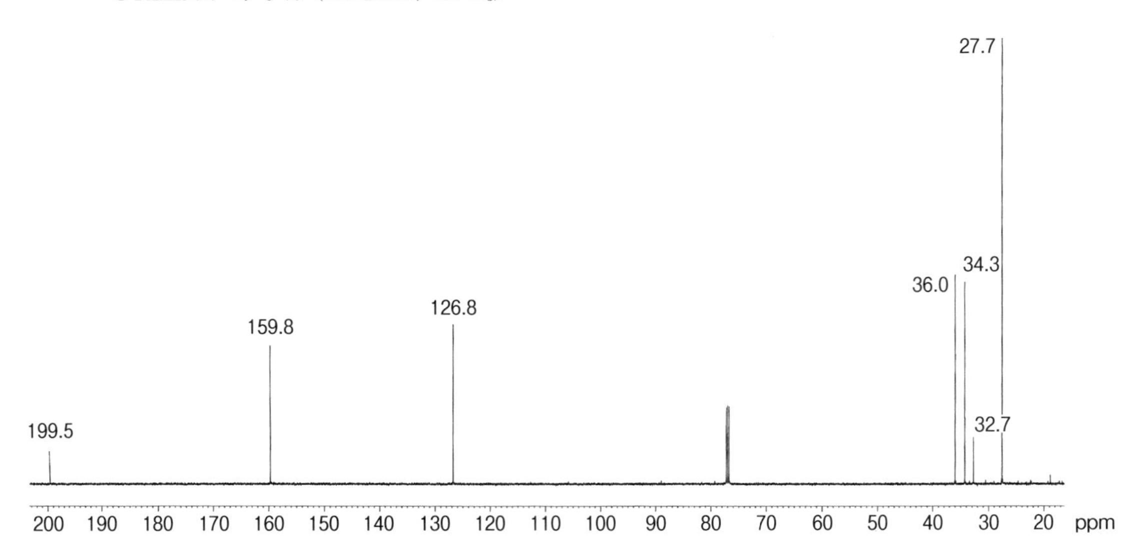

COSY スペクトル（500 MHz, $CDCl_3$）

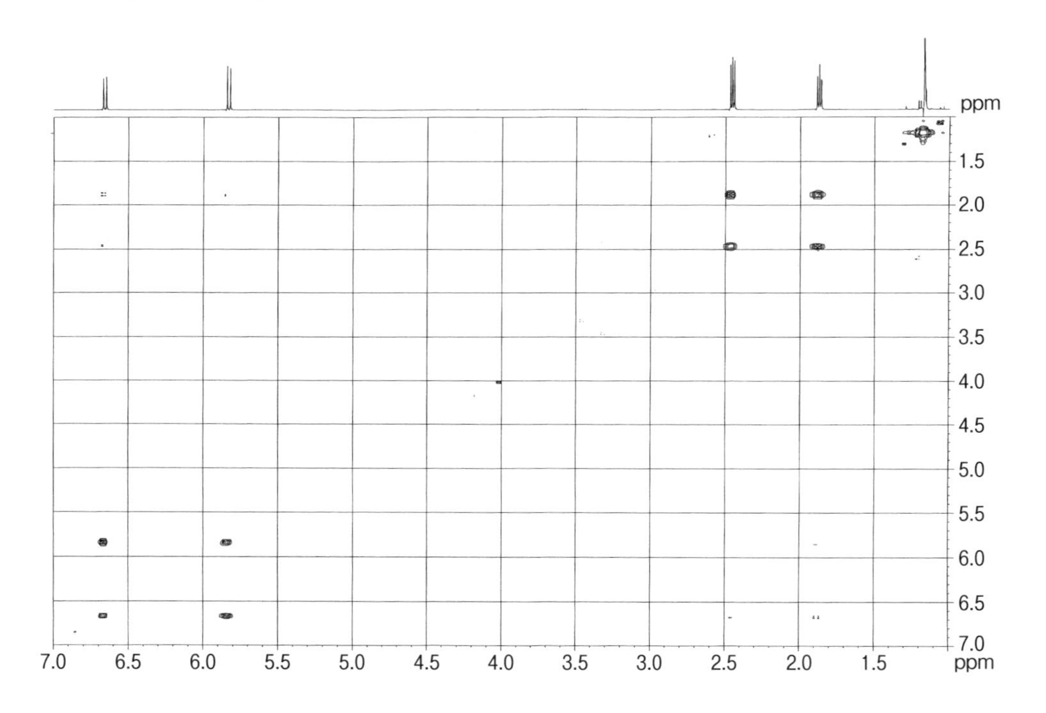

HSQC スペクトル (500 MHz, $CDCl_3$) (δ 199.5 の ^{13}C シグナルはクロスピークを示さない)

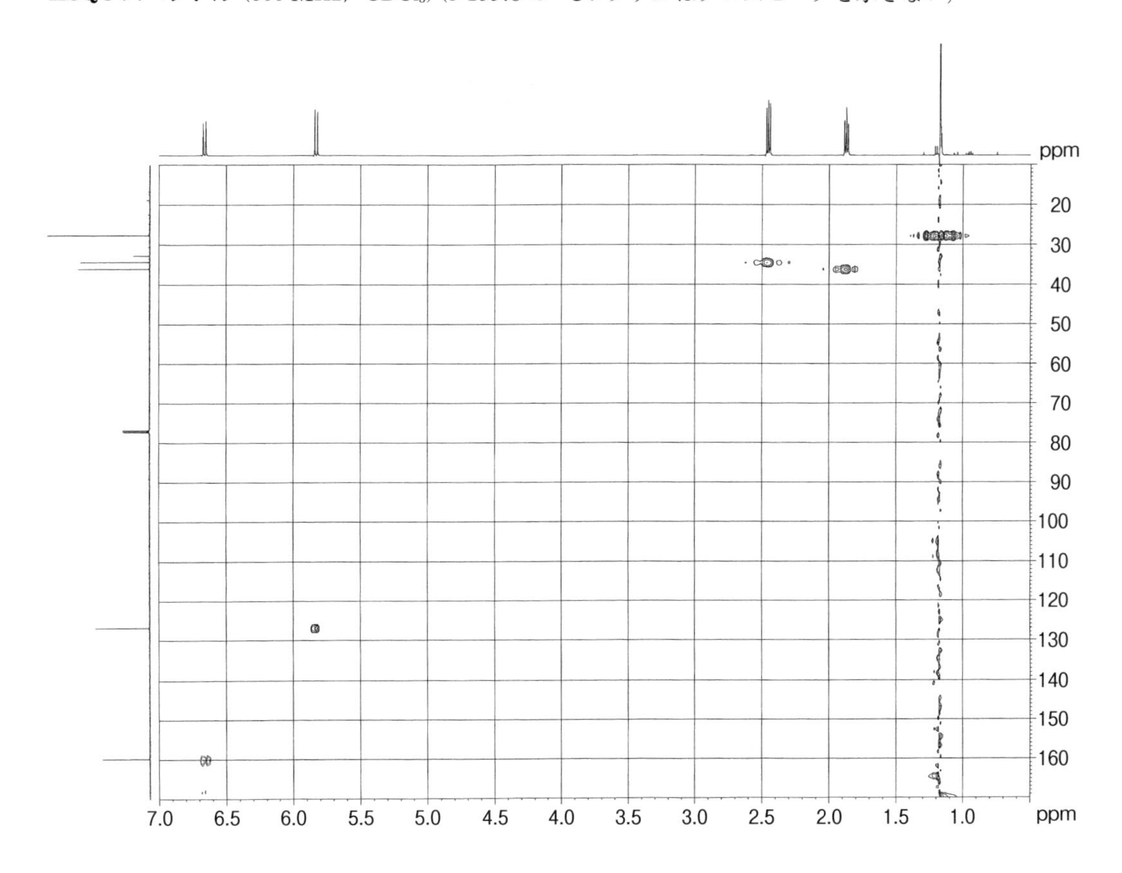

参考文献

スペクトル全般

1)「有機化合物のスペクトルデータベース」(SDBS)(国立研究開発法人 産業技術総合研究所), http://sdbs.db.aist.go.jp
2) R. M. Silverstein, G. C. Bassler, T. C. Morrill, "Spectrometric Identification of Organic Compounds", 4th edition, John Wiley & Sons, New York (1981).
3) E. Pretsch, P. Bühlmann, M. Badertscher, "Structure Determination of Organic Compounds. Tables of Spectral Data", 4th, Revised and Enlarged Edition, Springer, Berlin (2009).

NMR スペクトル

1) L. M. Jackman, S. Sternhell, "Application of Nuclear Magnetic Resonance Spectroscopy in Organic Chemistry, 2nd Edition", Pergamon Press, Oxford (1969).
2) 中川直哉, 現代化学, **6**, 17 (1971).
3) R. J. Abraham, P. Loftus 共著, 竹内敬人 訳,『^{1}H および ^{13}C NMR 概説』, 化学同人 (1979).
4)『フーリエの冒険』, トランスナショナルカレッジオブレックス 編, ヒッポファミリークラブ (1989).
5) Hans J. Reich (University of Wisconsin), "Structure Determination Using NMR", http://www.chem.wisc.edu/areas/reich/chem605/index.htm
6) P. J. Pouchert, J. Behnke, "The Aldrich Library of ^{13}C and ^{1}H FT NMR Spectra", Aldrich Chemical Company (1993).
7) 安藤喬志・宗宮 創 共著,『これならわかる NMR [そのコンセプトと使い方]』, 化学同人 (1997).
8) H. Günter, "NMR Spectroscopy. Basic principles, concepts, and application in chemistry," 2nd Edition, Kohn Wiley & Sons, New York (1995).

マススペクトル

1) 志田保夫・笠間健嗣・黒野 定・高山光男・高橋利枝 共著,『これならわかるマススペクトロメトリー』, 化学同人 (2001).
2) 藤嶽美穂代, Bulletin of Osaka University of Pharmaceutical Sciences, **6**, 85 (2012).
3) 日本質量分析学会用語委員会 編,『マススペクトロメトリー関係用語集第 3 版 (WWW 版)』(2009), http://www.mssj.jp/publications/pdf/MS_Terms_2009.pdf

赤外線スペクトル

1) 中西香爾 著,『赤外線吸収スペクトル ―定性と演習―』, 南江堂 (1960).

紫外・可視吸収スペクトル

1) 日本化学会 編,『実験化学講座 1 基礎技術 I (上)』, 丸善 (1957).

問題解答

第１章

【問題 1.1】 両者ともスピン量子数（I）が０であり、磁場中では１個の状態（$2I+1=1$）しか取れずエネルギーレベルも１個である。したがって、電波を与えてもエネルギーの吸収や放出が起こらないため NMR 不活性となる。

【問題 1.2】 磁場強度と共鳴周波数は比例する。テキストより、9.4 T の磁石を使う装置は共鳴周波数が 400 MHz であるので、1.4 T の磁石を使用する装置の周波数は $9.4:400=1.4:x$、$x=60$ (MHz)、また 1020 MHz の装置は $9.4:400=x:1020$、$x=24$ (T) の磁場強度である。

【問題 1.3】 1 (t), 2 (sext), 3 (t), 4 (t), 5 (q), 6 (s), 7 (s), 8 (q), 9 (t), 10 (s), 11 (t), 12 (sext), 13 (t), 14 (sept), 15 (d), 16 (d), 17 (d), 18 (m), 19 (s), 20 (d), 21 (d)

【問題 1.4】 二つの CH_2 は化学的環境が同一（化学的等価）であり、同じ化学シフトを持つのでカップリングが観測されない。

【問題 1.5】 ヨードが付いた CH_2 の方が低磁場シフト：δ 3.28 (4H, t), 2.27 (2H, quint)。

【問題 1.6】 ２組のシグナル。等価な２個の $-CH_2-I$ はトリプレット。真中の等価な２組の $-CH_2-$ は隣り合っているが互いにカップリングを示さず、$-CH_2-I$ とのみカップリングするためトリプレット。

【問題 1.7】 1) a：2-CH_2, b：1-CH_3, c：3-CH_2, d：4-CH_2, e：5-CH_3。
2) a：トリプレット, triplet, t、 b：シングレット, singlet, s、 c：クインテット, quintet, quint、 d：セクステット, sextet, sext、 e：トリプレット, triplet, t。
3) 電気陰性度が大きい酸素により 2-CH_2 (a) の電子密度が低くなり $\delta+$ 性を帯びる。この $\delta+$ がさらに隣の 3-CH_2 (c) の電子密度を低下させるため低磁場にシフトする。4-CH_2 (d) は酸素から遠いので 3-CH_2 ほど低磁場シフトを示さない。

【問題 1.8】　スケールの目盛りは 2 Hz 間隔。

(1)

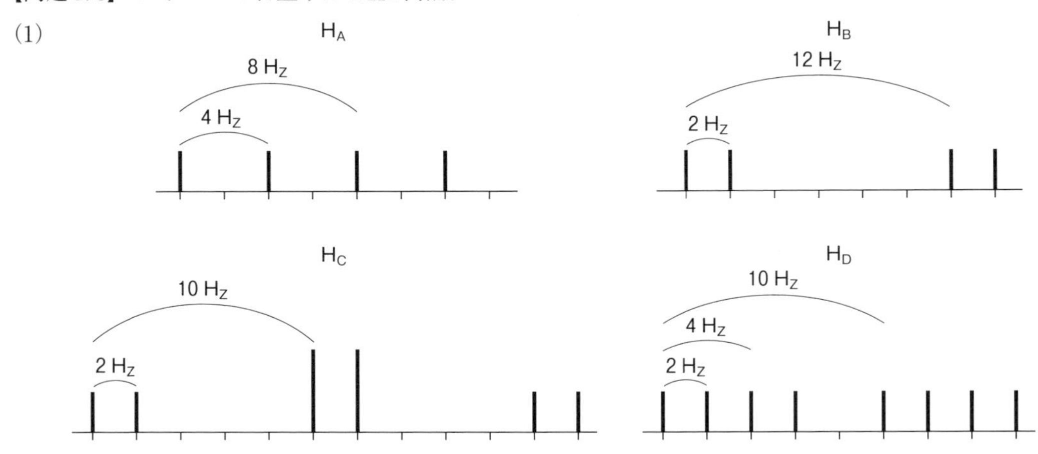

(2)

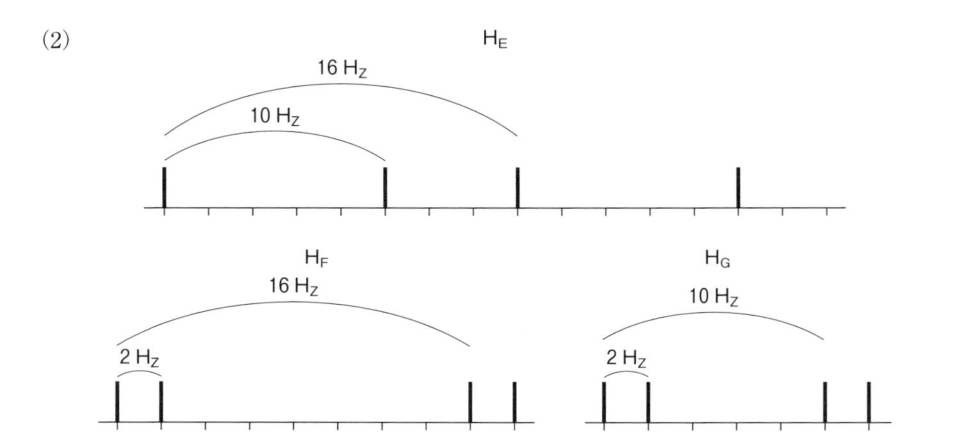

【問題 1.9】　(1) (6.6813 − 6.6615) (ppm) × 500 (MHz) = 9.9 (Hz)。高磁場側のダブレットで計算すると 9.85 Hz。したがって $J = 9.9$ Hz。

(2) 両者の化学シフトの差（ダブレットの低磁場側または高磁場側同士のシフトの差）は 0.44 (ppm) × 500 (MHz) = 220 Hz = $\Delta\nu$。したがって $\Delta\nu/J = 22$。この値は図 1.34 の AX 型シグナルの値 $\Delta\nu/J = 14$ より大きいので AX 型シグナルと見なしてよい。

(3) AX 型シグナルなのでダブレットの中心が化学シフトになる。α,β-不飽和ケトンでは β プロトンの方が低磁場に現れるので H-1：δ 6.67，H-2：δ 6.23。

(4) 右図のような共鳴式から、$\delta+$ 性を持つ C-1 に結合した H-1 の方が低磁場の化学シフトを示す。

【問題 1.10】　構造式に見られるように、水酸基が隣のカルボニル酸素と強固な水素結合をしているためプロトンの電子密度が減少し、シグナルが低磁場にシフトする。この溶液に D_2O を少量加えてふり混ぜてから再測定し、シグナルが消えれば水酸基のシグナルであることが分かる。

【問題 1.11】　(1) a：H-β，b：H-2，c：H-6，d：H-5，e：H-α。H-2 と H-6 はメタカップリングしている。(2) $J = (7.5879 - 7.5562)\,(\mathrm{ppm}) \times 500\,(\mathrm{MHz}) = 15.9\,\mathrm{Hz}$。(3) トランス。(4) ${}^5J_{2,5} = 0\,\mathrm{Hz}$，${}^4J_{2,6} = 2.1\,\mathrm{Hz}$ (2.0 Hz も可)，${}^3J_{5,6} = 8.2\,\mathrm{Hz}$ (8.3 Hz も可)。(5) CD_3OD の重水素 (D) と化学交換しているため。

【問題 1.12】

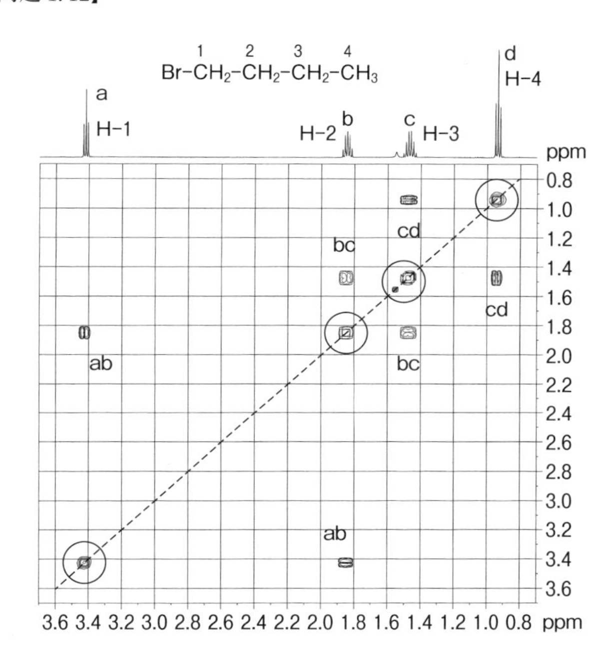

【問題 1.13】

$H_3C-CH_2-C(=O)-O-CH_2-CH_3$（炭素番号：1, 2, 3, 4）

a：H-3，b：H-2，c：H-4，d：H-1

【問題 1.14】　ホモトピックな CH_2：**2**。エナンチオトピックな CH_2：**3, 6, 8**。ジアステレオトピックな CH_2：**1, 4, 5, 7, 9**。**4** はグリセロールであり、CH_2 シグナルは D_2O 中で ABX 型を示す。

【問題 1.15】　**11**（ジアステレオトピックなメチル基）

【問題 1.16】　$\Delta\nu = 9.6\,\mathrm{Hz}$ から $k_c = 2.22 \times 9.6 = 21.3\,\mathrm{s}^{-1}$。$T_c = 273 + 65 = 338\,\mathrm{K}$ であるので式 1.20 より $\Delta G^{\neq}_{AB} = 4.58 \times 10^{-3} \times 338\,(10.32 + \log_{10} 338/21.3) = 1.55\,(10.32 + \log_{10} 15.9) = 17.9\,\mathrm{kcal/mol}$。

第 1 章 章末問題解答

[化合物 **1**]

CH_3–CH_2–$CHCl_2$

[化合物 **2**]

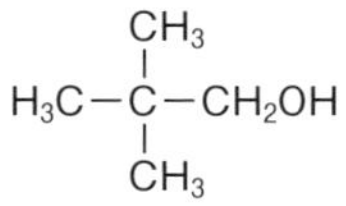

CH_3
H_3C–C–CH_2OH
CH_3

[化合物 **3**]

CH_2–CH_3
H_3C–C–OH
CH_2–CH_3

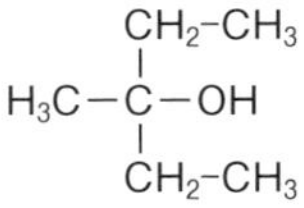

[化合物 **4**]

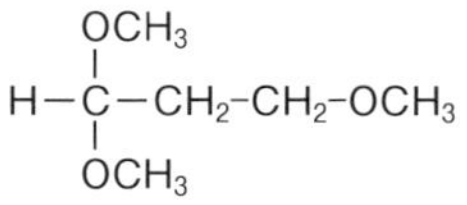

OCH_3
H–C–CH_2–CH_2–OCH_3
OCH_3

[化合物 **5**]

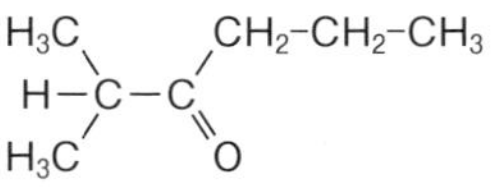

H_3C / H–C–C(=O) / H_3C　CH_2–CH_2–CH_3

[化合物 **6**]

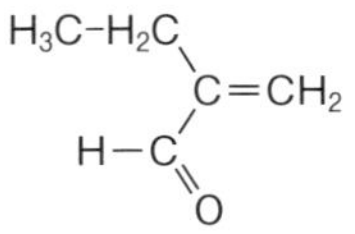

H_3C–H_2C
C=CH_2
H–C=O

[化合物 **7**]

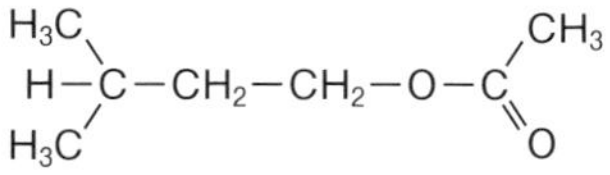

H_3C / H–C–CH_2–CH_2–O–C(=O)–CH_3 / H_3C

[化合物 **8**]

H_3C / N–C(=O)–CH_2–CH_3 / H_3C

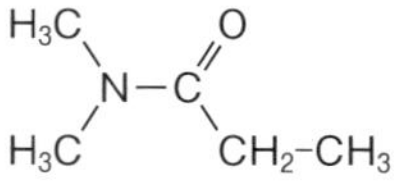

（N に付いた 2 個の CH_3 はアミド結合の回転障害により非等価になる。）

[化合物 **9**]

H_3C–H_2C–C_6H_4–CH_2–CH_3

[化合物 **10**]

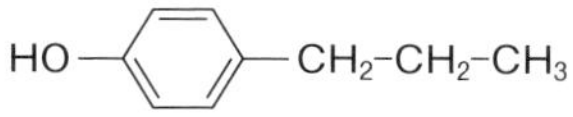

HO–C_6H_4–CH_2–CH_2–CH_3

[化合物 **11**]

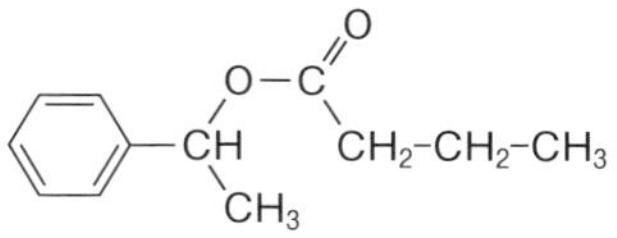

C_6H_5–CH(CH_3)–O–C(=O)–CH_2–CH_2–CH_3

[化合物 **12**]

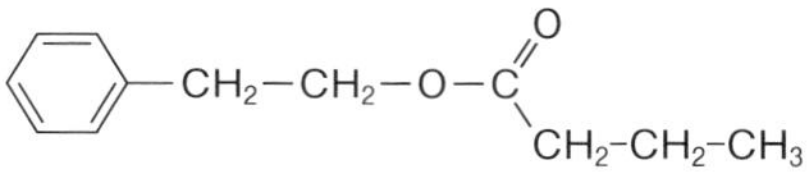

C_6H_5–CH_2–CH_2–O–C(=O)–CH_2–CH_2–CH_3

[化合物 **13**]

H_3CO–C_6H_4–C(=O)–OCH_3

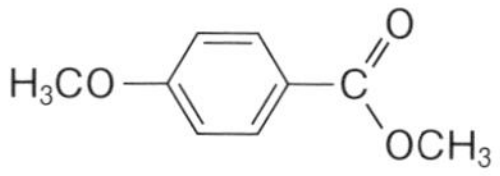

第 2 章

【問題 2.1】　CH_3–CO–O–CH_2–CH_3

【問題 2.2】

(1)　H_3C–H_2C–O–CH=CH_2

H　H　H

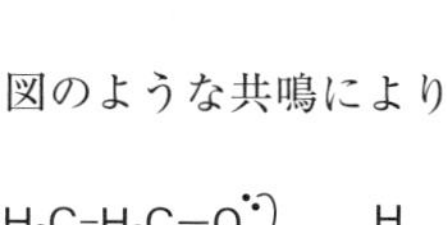

(2) 図のような共鳴により C–2 の電子密度が大きくなり高磁場へシフトする。

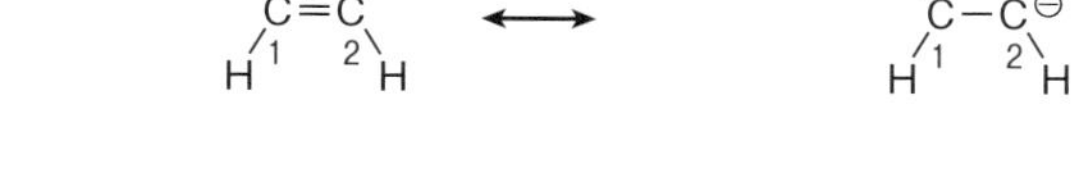

H_3C–H_2C–$\ddot{O}$–$\underset{1}{C}$H=$\underset{2}{C}H_2$　⟷　H_3C–H_2C–$O^{\oplus}$=$\underset{1}{C}$H–$\underset{2}{C}^{\ominus}H_2$

第 2 章 章末問題解答

［化合物 1］

H_3C
$CH-CH_2OH$
H_3C

多重度から計算した水素の数が分子式より 1 小さいので、OH 基が 1 個あると推定できる。

［化合物 2］

H
$C-CH=CH-CH_3$
O

二置換オレフィンなのでメチル基の化学シフトから立体化学を決められない。サンプルはトランス体である。

［化合物 3］

H_3CO—(ベンゼン環)—CH_2OH

［化合物 4］

H_3C—(ベンゼン環)—NH_2

多重度から計算した水素の数が分子式より 2 小さいので、NH_2 基が 1 個あると推定できる。

［化合物 5］

$CH_3-CH_2-CHBr-CO_2H$

［化合物 6］

H_3C
$HO-C-C\equiv CH$
H_3C

［化合物 7］

CH_3
H_2C-CH
$C-O$
O

［化合物 8］

$ClCH_2$
$C=CH_2$
Cl

［化合物 9］

N(ピリジン環)—C(=O)—$O-CH_2-CH_3$

［化合物 10］

H　CH_3
$HO-C-C-CH_3$
C　CH_2
O　O

［化合物 11］

OH　CH_3
$HC\equiv C-C-CH_2-CH$
CH_3　CH_3

［化合物 12］

H_3CO
$C-CH_2$
O　$C=CH_2$
$O=C$
OCH_3

［化合物 13］

H_3C
$C-O$
O　$C=CH_2$
H_3C

第 3 章 章末問題

【問題 3.1】 (1) CH_3, CH_2　(2) C=O　(3) CH_2　(a) アセチル基の CH_3

【問題 3.2】 (1) CH_2　(2) オレフィンと共役した C=O　(3) カルボニル基と共役した C=C
(a)（オレフィンの）$C(sp^2)-H$

カルボニル（ケトン）基の吸収はオレフィンと共役すると約 30 cm^{-1} 低波数へシフトする。

【問題 3.3】 (1) OH　(2) CH_2　(3) と (4) ベンゼン環　(a) ベンゼン環の $C(sp^2)-H$
(b) 第一級アルコールの C–O　(c) 一置換ベンゼン

※ 指紋領域の吸収で、ベンゼン環の置換様式が明確にわかるのは、一置換ベンゼンによる 700 cm^{-1} 付近の強い 2 本の吸収だけである。他の置換様式は IR スペクトルからは推定できない。

【問題 3.4】 (1) OH　(2) と (3) ベンゼン環　(a) ベンゼン環に付いたメトキシ基*　(b) エーテル $C(sp^2)-O$　(c) エーテル $C(sp^3)-O$　(d)（第一級アルコールの）C–O

ベンゼン環の1600 cm^{-1}と1500 cm^{-1}の吸収は、ベンゼン環に電子供与基（OR, NRR′など）や電子求引基（カルボニル基など）が置換すると強くなる。この場合はメトキシ基（OCH_3）が置換したのでベンゼン環の吸収が強くなっている。

*ベンゼン環についたメトキシ基は2830 cm^{-1}付近に弱いが鋭い吸収を示す。

【問題3.5】（1）OH　（2）と（3）ベンゼン環　（a）一置換ベンゼン

【問題3.6】（1）CH_2, CH_3　（2）エステル基のC=O　（a）エステル基のエーテル性C–O
※エステル基の吸収が非常に強いので、他の吸収が相対的に弱く見える。

【問題3.7】（1）オレフィン基と共役したC=O　（2）カルボニル基と共役したC=C　（a）と（b）ビニル基（$-CH=CH_2$）

【問題3.8】（1）カルボキシ基のOH　（2）カルボキシ基のC=O　（3）と（4）ベンゼン環
（a）カルボキシ基　（b）と（c）一置換ベンゼン
※COOH基の3000 cm^{-1}付近のだらだらとしたブロードな吸収の形を覚えておくとよい。また920 cm^{-1}付近の吸収もCOOH基の特徴的な吸収であるので、^{13}C NMRスペクトルでCOOH基の存在を確定できないような場合は、IRスペクトルの（1），（2），（a）の吸収が決め手となる。

【問題3.9】$H_3C-CH_2-CO_2H$（プロピオン酸）（1）カルボキシ基のOH（2950 cm^{-1}付近の鋭い2本の吸収はCH_3, CH_2）（2）カルボキシ基のC=O　（3）CH_2, CH_3　（4）CH_3　（a）カルボキシ基

【問題3.10】（メトキシベンゼン）（1）と（2）（酸素官能基が置換した）ベンゼン
（a）メトキシ基　（b）と（c）一置換ベンゼン

$C_6H_5-OCH_3$

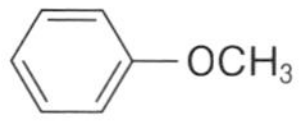

【問題3.11】（1）CH_3, C(sp^3)–H　（2）C=O　（3）CH_3, C(sp^3)–H　（4）CH_3　（a）アルデヒドのCH

【問題3.12】$CH_3-CO-O-CO-CH_3$（無水酢酸）

【問題3.13】（1）エステルのC=O　（2）と（3）（酸素が付いた）ベンゼン環　（a）ベンゼン環のC–H［C(sp^2)–H］（b）アセチル基のCH_3　（c）エステル基のエーテル性C–O　（d）と（e）一置換ベンゼン
ベンゼン環に付いた酸素の非共有電子対がベンゼン環に流れ込む（a）ため、この酸素がプラスの性質を帯びる（b）。それによりカルボニル基の二重結合性が強まり、高波数へ移動する（p. 138参照）

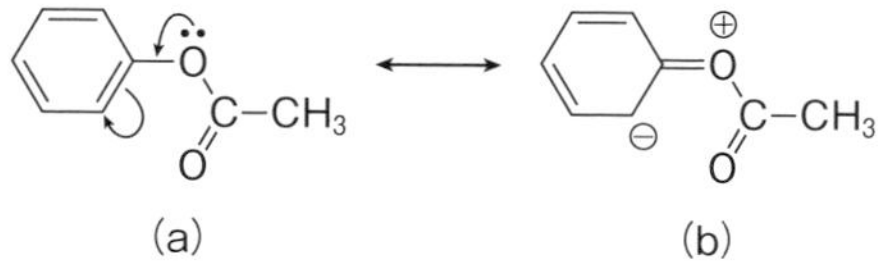

O–C(=O)–CH3 ⟷ ⊕O–C(=O)–CH3 ⊖

（a）　（b）

※一般に二重結合に酸素で結合したエステル結合（=C–O–CO–R）のカルボニル吸収は1750～

1760 cm^{-1} と高波数になる。

【問題 3.14】 (1)(二重結合に酸素で結合した) エステルの C=O　(2)(酸素が付いた) C=C
(a) アセチル基の CH_3　(b) エステル基のエーテル性 C–O

【問題 3.15】 1778 cm^{-1} は五員環ラクトンの吸収

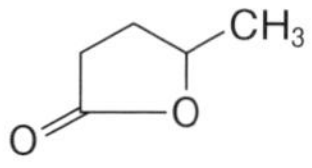

(c)

【問題 3.16】

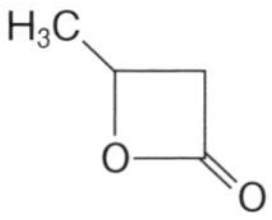

【問題 3.17】 (1) 末端アセチレン (≡C–H)　(2) アセチレン (C≡C)　(3) ベンゼン環
(a) と (b) 一置換ベンゼン
※ アセチレンの 2100 ～ 2200 cm^{-1} の吸収は極めて弱い。末端アセチレンの場合は C(sp)–H による 3300 cm^{-1} の鋭く強い吸収が特徴的である。

【問題 3.18】 (1) OH　(2) 末端アセチレン (≡C–H)　(3) アセチレン (C≡C)　(a) 水素結合していない OH (溶液中で測定したアルコールのスペクトルでのみ観測される)　(b) 第一級アルコールの C–O
※ 問 3.17 解答のコメント参照。

【問題 3.19】 (1) CH_2　(2) C≡N　(3) C=C　(4) CH_2
※ C≡N の吸収は C≡C よりも強く、見つけやすい。

【問題 3.20】 (1) NH_2　(2) NH_2 とベンゼン環 (重なっている)　(3) ベンゼン環　(a) ベンゼン環の CH　(b) と (c) 一置換ベンゼン
※ アミノ基 ($-NH_2$) の吸収は 3500 cm^{-1} 付近と 1600 cm^{-1} 付近の 2 カ所に現れることに注意。

【問題 3.21】 (1) と (2) NH_2　(3) C=O　(4) NH_2
※ 第一級アミドの 3300 cm^{-1} 前後の 2 本の吸収が特徴的である。

【問題 3.22】 (1) と (2) NO_2　(a) ベンゼン環の CH　(b) ベンゼン環

【問題 3.23】 (1) ベンゼン環　(2) と (3) 硫酸エステル (SO_3CH_3)

第 4 章 章末問題

【問題 4.1】　$\varepsilon = 49600$

【問題 4.2】　(1) 6.72×10^{-5} mol/L または 6.72×10^{-2} mmol/L　(2) 13.7 mg

第 5 章

【問題 5.1】

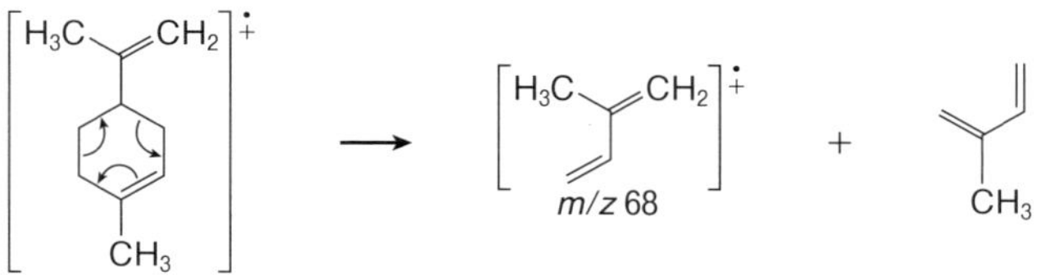

【問題 5.2】

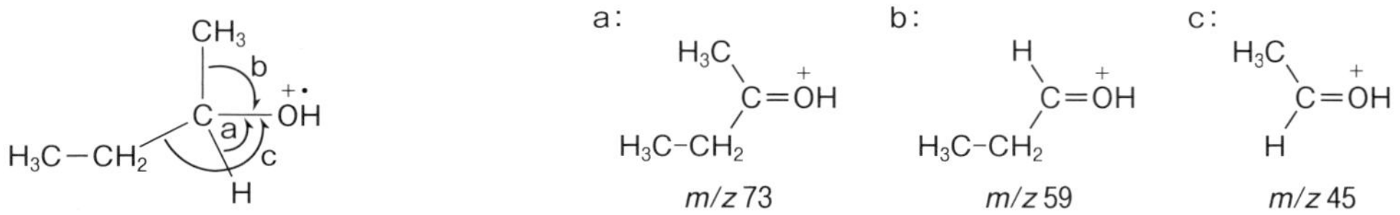

【問題 5.3】

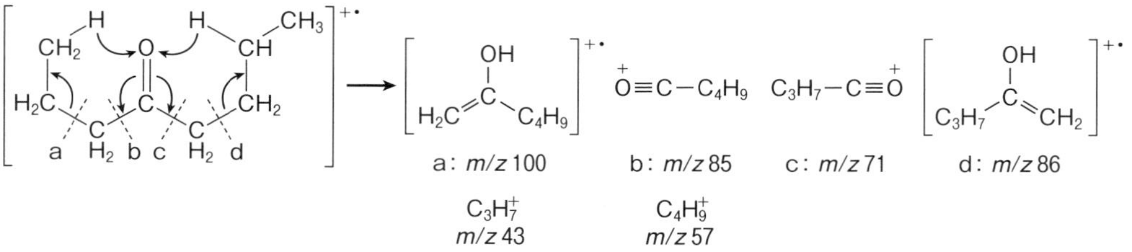

【問題 5.4】　(1) 6、(2) 6、(3) 3、(4) 0、(5) 3。分子量が奇数になるのは (3) と (5)。

【問題 5.5】　**1**：分子式；$C_{18}H_{22}O_2$ (不飽和度；8)、**2**：$C_5H_5N_5O$ (6)、**3**：$C_{17}H_{19}NO_3$ (9)、**4**：$C_{22}H_{24}N_2O_8$ (12)。

【問題 5.6】　(1) $a = 3,\ b = 1$ とし $(a+b)^3 = a^3 + 3a^2b + 3ab^2 + b^3$ により、$M^+ : [M+2]^+ : [M+4]^+ : [M+6]^+ = 27 : 27 : 9 : 1$。(2) $a = 1,\ b = 1$ とし上式により $M^+ : [M+2]^+ : [M+4]^+ : [M+6]^+ = 1 : 3 : 3 : 1$。

【問題 5.7】　(1) 8。(2) $12 \times 10 + 1.008 \times 8 + 14.01 \times 2 + 16.00 = 172.084$。(3) $12 \times 10 + 1.007825 \times 8 + 14.003074 \times 2 + 15.994915 = 172.063663$。(4) (2) で求めた分子量は自然界に存在する同位体を含めたものであり、それらの同位体の精密質量が各元素のモノアイソトピック質量より大きいため。

総合問題

総合問題 1　CH_3−CH_2−CH_2−O−C(=O)−CH_2−CH_3

総合問題 2

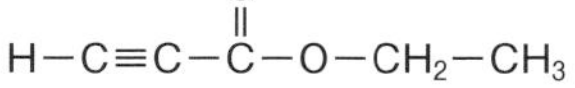

O
‖
H−C≡C−C−O−CH_2−CH_3

総合問題 3　Br が付いた炭素はあまり低磁場シフトしない。2−H_2 と 3−H_2 の多重度に注意。

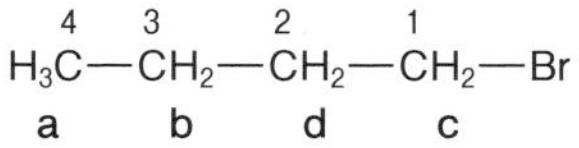

4　3　2　1
H_3C—CH_2—CH_2—CH_2—Br
a　b　d　c

総合問題 4　オレフィンの立体化学については p. 105 参照。

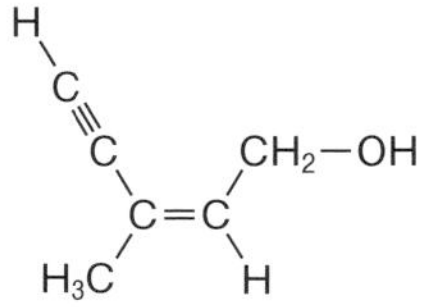

H
C
⫴
C　CH_2−OH
C=C
H_3C　H

総合問題 5　(1) H(1)：(vi), H(2)：(v), H(3)：(iv), H(X)：(i), H(Y)：(iii), H(Z)：(ii)。
C(1)：f, C(2)：e, C(3)：d, C(4)：a, C(5)：b, C(6)：c。
(2) $J_{XY}=6.5$ Hz, $J_{XZ}=14.0$ Hz, $J_{YZ}=1.5$ Hz。オレフィンにヘテロ原子である酸素が結合しているので、シス、トランスの J 値が通常より小さい。

総合問題 6　Br−CH_2−CH=C(CH_3)$_2$

総合問題 7　CH_2=CH−CH_2−O−C(=O)−CH_3

総合問題 8　CH_2=CH−CH_2−O−C(=O)−O−CH_2−CH_3

総合問題 9　オレフィンプロトン同士が 15.9 Hz でカップリングしているのでトランスの立体化学を持つ。

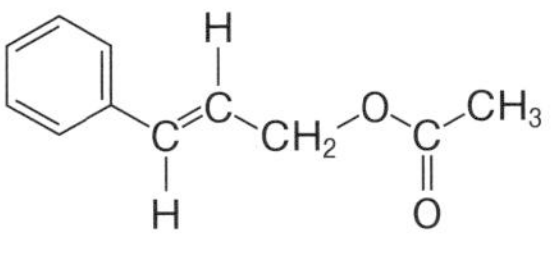

H
C=C　CH_2　O　C　CH_3
H　O

総合問題 10

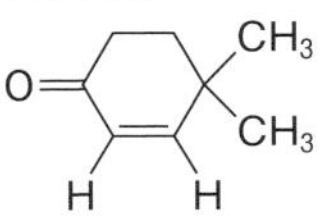

CH_3
O=　CH_3
H　H

索　引

アルファベットなど

ア

イ

エ

オ

カ

キ

ク

著者略歴

楠見 武徳（くすみ たけのり）

1942年　神奈川県に生まれる
1966年　東京教育大学理学部化学科卒業
1973年　東京教育大学理学研究科博士課程化学専攻修了　理学博士
1973年　東京教育大学理学部化学科助手
1976年　筑波大学化学系講師
1992年　徳島大学薬学部教授
2008年　徳島大学名誉教授
2008年　東京工業大学特任教授
2021年　東京工業大学特定教授
　　　　現在に至る.

専門は天然物有機化学（天然物の構造決定）.
著書は『有機機器分析演習』（共著，裳華房），『特論 NMR立体化学』（共著，講談社）など数冊.
趣味は鳥・植物観察と酒.

テキストブック
有機スペクトル解析　―1D，2D NMR・IR・UV・MS―

2015年11月25日　第1版1刷発行
2019年 8 月25日　第3版1刷発行
2023年 8 月25日　第3版4刷発行

検印省略

定価はカバーに表示してあります.

著作者　楠見武徳
発行者　吉野和浩
発行所　東京都千代田区四番町8-1
　　　　電話　03-3262-9166(代)
　　　　郵便番号　102-0081
　　　　株式会社　裳華房
印刷所　三報社印刷株式会社
製本所　牧製本印刷株式会社

一般社団法人
自然科学書協会会員

ISBN 978-4-7853-3509-0

元素の

原子番号	元素記号[注1]
元素名	
原子量(2017)[注2]	

周期＼族	1	2	3	4	5	6	7	8	9
1	1 H 水素 1.00784~ 1.00811								
2	3 Li リチウム 6.938~ 6.997	4 Be ベリリウム 9.0121831							
3	11 Na ナトリウム 22.98976928	12 Mg マグネシウム 24.304~ 24.307							
4	19 K カリウム 39.0983	20 Ca カルシウム 40.078	21 Sc スカンジウム 44.955908	22 Ti チタン 47.867	23 V バナジウム 50.9415	24 Cr クロム 51.9961	25 Mn マンガン 54.938044	26 Fe 鉄 55.845	27 Co コバルト 58.933194
5	37 Rb ルビジウム 85.4678	38 Sr ストロンチウム 87.62	39 Y イットリウム 88.90584	40 Zr ジルコニウム 91.224	41 Nb ニオブ 92.90637	42 Mo モリブデン 95.95	43 Tc* テクネチウム (99)	44 Ru ルテニウム 101.07	45 Rh ロジウム 102.90550
6	55 Cs セシウム 132.90545196	56 Ba バリウム 137.327	57~71 ランタノイド	72 Hf ハフニウム 178.49	73 Ta タンタル 180.94788	74 W タングステン 183.84	75 Re レニウム 186.207	76 Os オスミウム 190.23	77 Ir イリジウム 192.217
7	87 Fr* フランシウム (223)	88 Ra* ラジウム (226)	89~103 アクチノイド	104 Rf* ラザホージウム (267)	105 Db* ドブニウム (268)	106 Sg* シーボーギウム (271)	107 Bh* ボーリウム (272)	108 Hs* ハッシウム (277)	109 Mt* マイトネリウム (276)

ランタノイド	57 La ランタン 138.90547	58 Ce セリウム 140.116	59 Pr プラセオジム 140.90766	60 Nd ネオジム 144.242	61 Pm* プロメチウム (145)	62 Sm サマリウム 150.36	63 Eu ユウロピウム 151.964
アクチノイド	89 Ac* アクチニウム (227)	90 Th* トリウム 232.0377	91 Pa* プロトアクチニウム 231.03588	92 U* ウラン 238.02891	93 Np* ネプツニウム (237)	94 Pu* プルトニウム (239)	95 Am* アメリシウム (243)

注 1：元素記号の右肩の*はその元素には安定同位体が存在しないことを示す。そのような元素については放射性同位体の質量数の一例を（ ）内に示した。ただし，Bi, Th, Pa, U については天然で特定の同位体組成を示すので原子量が与えられる。

備考：原子番号 104 番以降の超アクチノイドの周期表の位置は暫定的である。

周期表(2017)

10	11	12	13	14	15	16	17	18	族／周期
								2 **He** ヘリウム 4.002602	1
			5 **B** ホウ素 10.806~ 10.821	6 **C** 炭素 12.0096~ 12.0116	7 **N** 窒素 14.00643~ 14.00728	8 **O** 酸素 15.99903~ 15.99977	9 **F** フッ素 18.998403163	10 **Ne** ネオン 20.1797	2
			13 **Al** アルミニウム 26.9815385	14 **Si** ケイ素 28.084~ 28.086	15 **P** リン 30.973761998	16 **S** 硫黄 32.059~ 32.076	17 **Cl** 塩素 35.446~ 35.457	18 **Ar** アルゴン 39.948	3
28 **Ni** ニッケル 58.6934	29 **Cu** 銅 63.546	30 **Zn** 亜鉛 65.38	31 **Ga** ガリウム 69.723	32 **Ge** ゲルマニウム 72.630	33 **As** ヒ素 74.921595	34 **Se** セレン 78.971	35 **Br** 臭素 79.901~ 79.907	36 **Kr** クリプトン 83.798	4
46 **Pd** パラジウム 106.42	47 **Ag** 銀 107.8682	48 **Cd** カドミウム 112.414	49 **In** インジウム 114.818	50 **Sn** スズ 118.710	51 **Sb** アンチモン 121.760	52 **Te** テルル 127.60	53 **I** ヨウ素 126.90447	54 **Xe** キセノン 131.293	5
78 **Pt** 白金 195.084	79 **Au** 金 196.966569	80 **Hg** 水銀 200.592	81 **Tl** タリウム 204.382~ 204.385	82 **Pb** 鉛 207.2	83 **Bi*** ビスマス 208.98040	84 **Po*** ポロニウム (210)	85 **At*** アスタチン (210)	86 **Rn*** ラドン (222)	6
110 **Ds*** ダームスタチウム (281)	111 **Rg*** レントゲニウム (280)	112 **Cn*** コペルニシウム (285)	113 **Nh*** ニホニウム (278)	114 **Fl*** フレロビウム (289)	115 **Mc*** モスコビウム (289)	116 **Lv*** リバモリウム (293)	117 **Ts*** テネシン (293)	118 **Og*** オガネソン (294)	7

64 **Gd** ガドリニウム 157.25	65 **Tb** テルビウム 158.92535	66 **Dy** ジスプロシウム 162.500	67 **Ho** ホルミウム 164.93033	68 **Er** エルビウム 167.259	69 **Tm** ツリウム 168.93422	70 **Yb** イッテルビウム 173.045	71 **Lu** ルテチウム 174.9668
96 **Cm*** キュリウム (247)	97 **Bk*** バークリウム (247)	98 **Cf*** カリホルニウム (252)	99 **Es*** アインスタイニウム (252)	100 **Fm*** フェルミウム (257)	101 **Md*** メンデレビウム (258)	102 **No*** ノーベリウム (259)	103 **Lr*** ローレンシウム (262)

注２：この周期表には最新の原子量「原子量表（2017）」が示されている。原子量は単一の数値あるいは変動範囲で示されている。原子量が範囲で示されている12元素には複数の安定同位体が存在し，その組成が天然において大きく変動するため単一の数値で原子量が与えられない。その他の72元素については，原子量の不確かさは示された数値の最後の桁にある。